CHAOSHEN YU FUZA DIZHI TIAOJIAN
HUNNINGTU FANGSHENQIANG GUANJIAN JISHU

超深与复杂地质条件混凝土防渗墙关键技术

宗敦峰　刘建发　肖恩尚　王玉杰　等　编著

中国水利水电出版社
www.waterpub.com.cn
·北京·

内 容 提 要

全书分为技术篇和应用篇，共22章，主要内容包括：200m级超深防渗墙成套成槽设备与机具、防渗墙成套造孔挖槽工法技术体系、新型固壁泥浆研发与大体积泥浆自动搅拌系统、超深防渗墙接头管接头技术与成墙技术、复杂恶劣地质条件超深防渗墙槽孔施工技术、复杂地质条件与环境病险水库防渗墙施工技术、复杂地质条件大型围堰防渗墙优质高效施工技术、塑性混凝土防渗墙技术和工程实例等。

本书可供从事混凝土防渗墙设计、科研、施工以及运行管理等专业的技术人员参考使用，亦可作为大专院校相关专业的教学参考用书。

图书在版编目（CIP）数据

超深与复杂地质条件混凝土防渗墙关键技术 / 宗敦峰等编著. -- 北京 : 中国水利水电出版社, 2017.11
ISBN 978-7-5170-6129-8

Ⅰ. ①超… Ⅱ. ①宗… Ⅲ. ①特殊环境－工程地质条件－混凝土防渗墙－工程施工 Ⅳ. ①TV223.4

中国版本图书馆CIP数据核字(2017)第300317号

书　　名	**超深与复杂地质条件混凝土防渗墙关键技术** CHAOSHEN YU FUZA DIZHI TIAOJIAN HUNNINGTU FANGSHENQIANG GUANJIAN JISHU
作　　者	宗敦峰　刘建发　肖恩尚　王玉杰　等 编著
出版发行	中国水利水电出版社 （北京市海淀区玉渊潭南路1号D座　100038） 网址：www.waterpub.com.cn E-mail：sales@waterpub.com.cn 电话：(010) 68367658（营销中心）
经　　售	北京科水图书销售中心（零售） 电话：(010) 88383994、63202643、68545874 全国各地新华书店和相关出版物销售网点
排　　版	中国水利水电出版社微机排版中心
印　　刷	清淞永业（天津）印刷有限公司
规　　格	184mm×260mm　16开本　22.25印张　528千字
版　　次	2017年11月第1版　2017年11月第1次印刷
印　　数	0001—1500册
定　　价	**100.00**元

前言

PREFACE

我国混凝土防渗墙的建设开始于20世纪50年代末期，历经密云水库、葛洲坝水利枢纽、水口水电站、铜街子水电站等工程，特别是小浪底水利枢纽和三峡二期围堰防渗墙工程的建设，到20世纪末，防渗墙施工技术取得了长足的进步。适用于各种水工永久建筑物与临时工程（大坝、围堰、堤防等）防渗处理、采用不同墙体材料（常规混凝土、塑性混凝土、黏土混凝土等）、厚度在60～150cm范围内的100m以上深度防渗墙施工技术已经成熟，技术水平跻身世界先进行列。

21世纪初，伴随着我国西部大开发与“西电东送”战略的实施，我国水电工程的开发重点逐步向西部地区转移，向长江、黄河、澜沧江、雅砻江、大渡河等大江大河中上游迈进，西部地区大型水利工程设施的建设也将大力推进。西部地区水利水电工程大多地处高原、山高谷深、气候恶劣、覆盖层深厚区域，工程建设面临众多技术难题。一大批高坝覆盖层地基100m以上超深与复杂地质条件防渗墙工程需要建设，复杂条件下大型工程围堰和病险水库防渗墙施工技术亟待提升和创新，防渗墙施工技术面临全新的形势和任务。

针对上述发展需求，我国水利水电地基处理专业企业开展了施工装备、施工工法技术、固壁泥浆新材料和槽段连接技术等方面的攻关，系统解决了深厚覆盖层高坝地基防渗处理难题，大幅提升了复杂条件下大型工程围堰和病险水库防渗墙安全、优质与高效施工技术水平，成功建设了一批100m以上超深防渗墙工程，创造了201m深防渗墙施工的世界纪录。

本书以近20年来超深防渗墙施工技术创新成果为主线，重点围绕超深防渗墙成槽施工装备、成槽施工工法技术、固壁泥浆材料与设备、墙段接头管连接技术与成墙技术以及复杂恶劣地质条件成槽专项技术等方面，结合复杂条件病险水库、大型围堰和塑性混凝土防渗墙等施工技术进行系统总结，并提供了大量工程实例，代表了目前防渗墙施工技术的最高水平。

本书编写人员均长期从事混凝土防渗墙的施工、科研工作，具有相应的理论研究水平和丰富的工程实践经验。在本书编写过程中，中国水电基础局有限公司、中国水利水电科学研究院岩土工程研究所、水利部水利水电规划设计总院、天津大学等单位的近百名同志给予了大力支持和帮助，陈祖煜院士给予了悉心指导，在此一并表示感谢。

由于时间仓促，书中难免存在不妥和错误之处，恳请广大工程技术人员和专家提出宝贵意见和建议。

作者

2017年7月

目录

CONTENTS

应 用 篇

技术篇

第1章 绪论

1.1 概况

1.1.1 混凝土防渗墙基本特性

混凝土防渗墙（以下简称“防渗墙”）是在水工建筑物地基或土石坝（围堰、堤）体中，利用钻孔、挖槽机械，以泥浆固壁造孔挖槽，在泥浆下浇筑混凝土筑成的地下连续构筑物，主要起防渗作用和提高土基或土石坝（围堰、堤）体的渗透稳定性，在水利水电工程之外的其他基础设施行业，统称为地下连续墙，如图 1.1 所示[1]。

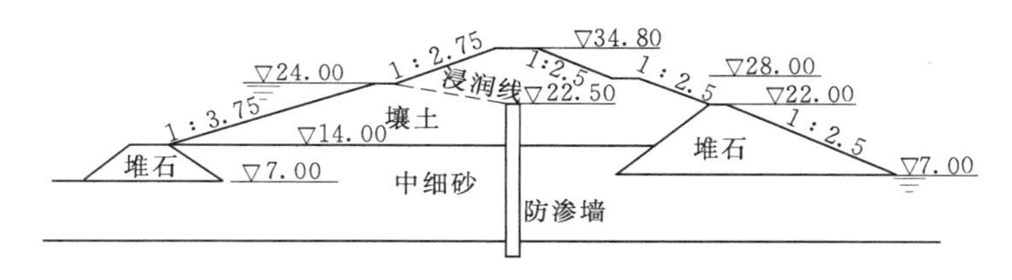

图 1.1 土石坝防渗墙防渗示意图

在水利水电工程中，防渗墙主要有连锁桩柱式和槽孔型。连锁桩柱式防渗墙是在土体中，采用钻机钻孔形成独立桩体，并通过套接、平接等方式形成连续体，如图 1.2 所示。槽孔型防渗墙是利用钻孔、挖槽机械分独立单元挖掘槽形孔，浇筑混凝土或回填其他防渗材料后，通过接头技术形成连续体，如图 1.3 所示[1]。

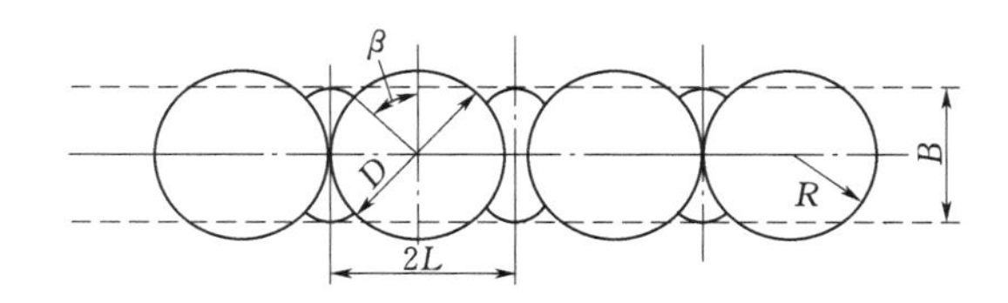

图 1.2 连锁桩柱式防渗墙示意图

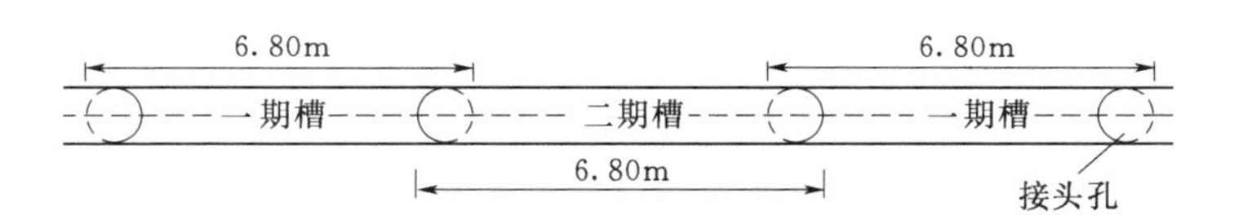

图 1.3 槽孔型防渗墙示意图

防渗墙工程是隐蔽工程，如何通过周密的设计、严谨的施工和有效的检测，达到设计要求和质量标准，有它独特的规律和要求，防渗墙的质量与效率直接关系到工程安全与成败。防渗墙施工技术与装备发展很快，施工机械、工艺、材料等不断有新的成果涌现出来，防渗墙的施工能力常常关系到工程建设的方案、技术经济水平。防渗墙与其他行业地下连续墙施工技术相辅相成，已被其他建筑领域广泛推广应用，其他行业的先进技术也不断地移植到防渗墙工程上[1]。

1.1.2 国内外防渗墙技术发展历程

1.1.2.1 20世纪我国防渗墙技术发展历程

防渗墙作为地下连续墙在水利水电工程中的专有形式，起源于欧洲，它是综合了钻井技术和水下浇筑混凝土技术而发展起来的。1950年前后开始在意大利和法国等国家应用。

我国防渗墙的建设开始于20世纪50年代末期。1958年湖北省明山水库创造了预制连锁管柱桩防渗墙[2]。同年在山东省青岛月子口水库用这种办法在砂砾石地基中首次建成了深20m、有效厚度43cm的桩柱式防渗墙。

1959年，中国水电基础局有限公司（以下简称“基础局”）在北京市密云水库砂砾石地基中创造了“钻劈法”造孔工法，建成了最大深度44m、厚0.8m的槽孔型防渗墙，成墙面积1.9万m^2，形成了规模施工和最初的成套技术[3]。

1967年，在四川省大渡河上的龚嘴水电站中，首次将防渗墙用作大型土石围堰的防渗设施，最大深度52m，墙厚0.8m，成墙面积12382m^2。这一工程的顺利建成，为我国水利水电工程找到了一种“多快好省”的围堰防渗结构[1]。

20世纪60年代后期，许多地质条件很差的坝（闸）基都纷纷采用了防渗墙方案。如四川省映秀湾水电站闸基防渗墙和渔子溪一级水电站闸基防渗墙。

20世纪70年代，防渗墙作为病险土石坝处理的最佳手段被广泛应用。主要工程有1974年建成的广西壮族自治区百色澄碧河水库大坝防渗墙[4]、甘肃省武威黄羊河水库坝体防渗墙[5]和1978年建成的江西省永修柘林水库坝体防渗墙等[6]。

20世纪80年代初，在葛洲坝水利枢纽大江围堰防渗墙施工中，首次引进了日本液压导板抓斗挖槽机，进行了施工试验，并首次进行了防渗墙“拔管法”接头技术的试验[7]。

1986年，四川省铜街子水电站左深槽承重防渗墙工程建成，最大深度74.4m，墙厚1.0m，成墙面积6896.2m^2，大型防渗墙兼作承重结构，创造了防渗墙深度的新纪录[8]。

1989年，河北省岳城水库溢洪道出口防冲墙建成，该防渗墙由44个工字形断面单元墙段组成，工字形断面12.6m、宽7.3m，墙厚1.3m，成功实施了异型布置的防渗墙施工，其施工难度前所未有[9]。

1990年，福建省水口水电站主围堰防渗墙首次应用塑性混凝土[10]，取得了良好效果，防渗效率达98%，塑性混凝土材料开始应用推广，如山西省册田水库防渗墙[11]、北京市十三陵水库防渗墙[12]、河南省小浪底水利枢纽上游围堰防渗墙[13]以及长江三峡大江围堰防渗墙[14]等。

1994年，小浪底主坝混凝土右岸防渗墙工程建成，最大墙深81.9m，墙厚1.2m，成墙面积10541m^2，混凝土设计强度35MPa，是迄今为止我国墙体材料强度最高的防渗墙。

施工中右岸部分采用了缓凝型高强混凝土，缓解了墙体混凝土强度过高给钻凿接头带来的困难，并创造了防渗墙深度的新纪录[15]。

1997 年，在冶勒水电站现场，进行了百米深防渗墙首次施工试验，开展了 CZF－1500 冲击反循环钻机钻孔、传统“钻劈法”防渗墙造孔工艺、传统“套接法”与新型“双反弧法”接头技术以及泥浆下混凝土浇筑技术等试验研究[16]。

1997 年 12 月，基础局在调研的基础上，开始了 CZF－2000 型重型冲击反循环钻机的设计和样机生产与现场试验工作，同期开展了 JHB 型系列泥浆净化机研发。

1999 年 3 月至 2002 年 3 月，在黄壁庄水库除险加固工程中，继续开展了 CZF－2000 型冲击反循环钻机的研究应用工作，系统开展了复杂地层水库除险加固防渗墙施工技术研究[17]。

1998 年，长江三峡工程二期上游围堰防渗墙工程建成，该防渗墙是我国 20 世纪已建防渗墙工程中规模最大、综合难度最大的防渗墙，地层地质条件复杂，其中二期围堰防渗墙体现了关键技术。为了确保在一个枯水期完成任务，基础局进行了全面攻关，并通过精心组织成功完成了施工[18]。该工程与小浪底工程一起，标志着我国 100m 以下深度防渗墙施工技术已经成熟，施工技术水平总体达到国际先进水平。

1998 年以前国内部分防渗墙工程情况见表 1.1。

1.1.2.2 21 世纪我国防渗墙技术发展历程

2001 年 7 月至 2005 年 6 月，冶勒水电站防渗墙工程施工。

2002 年 1—10 月，润扬大桥地下连续墙工程开展了大口径液压拔管机系列研发和防渗墙“接头管法”施工技术研究，并成功进行了 50m 深拔管试验[19]。

2002 年 9 月至 2003 年 11 月，在下坂地水利枢纽现场，再次进行了百米深防渗墙施工试验。

2004 年 12 月至 2005 年 10 月和 2008 年 11 月至 2009 年 4 月，结合向家坝水电站一期、二期围堰防渗墙工程，开展了复杂地质条件围堰防渗墙优质快速施工技术研究[20]。

2005 年 10 月至 2006 年 9 月，狮子坪水电站防渗墙工程施工[21]。

2006 年 4 月至 2009 年 5 月，下坂地水利枢纽防渗墙工程施工[22]。

2007 年 12 月至 2008 年 3 月，结合溪洛渡水电站围堰防渗墙工程，开展了复杂地质条件围堰防渗墙优质快速施工技术研究[23]。

2008 年 9 月至 2009 年 4 月，结合窄口水库除险加固防渗墙工程，开展了复杂地层水库除险加固防渗墙施工技术研究[24]。

2007 年，开展了防渗墙正电胶（MMH）泥浆调研、室内试验和工程应用研究[25]。

2008 年 11 月至 2010 年 4 月，泸定水电站防渗墙工程施工[26]。

2009 年 9 月至 2013 年 6 月，旁多水利枢纽防渗墙工程施工[27]。

2012 年 9 月至 2013 年 7 月，黄金坪水电站防渗墙工程施工[28]。

2013 年 10 月至 2014 年 10 月，新疆小石门水库防渗墙工程施工。

1.1.2.3 国外防渗墙技术发展历程

地下连续墙技术起源于欧洲，它是综合了水井、石油钻井以及水下浇筑混凝土技术而发展起来的。1950 年前后开始在意大利和法国等国家应用，这是因为意大利米兰和法国

表 1.1　1998 年以前国内部分防渗墙工程情况表

工程名称	建设地点	防渗墙施工起止时间	坝型	坝高/m	坝顶长/m	覆盖层特性	墙顶长/m	最大墙深/m	墙厚/m	造孔进尺/m	截水面积/m^2
密云水库主坝	北京密云，潮白河	1959 年 11 月至 1960 年 5 月	斜墙土坝	66	957.5	砂砾卵石	784.8	44.0	0.8	35574	18876
毛家村水库主坝	云南会泽，以礼河	1962 年 4 月至 1964 年 2 月	黏土心墙土石坝	82.5	467	含泥砂砾石层	277	40.0	0.8～0.9	11660	7831
龚嘴水电站上游围堰	四川乐山，大渡河	1966 年 6 月至 1967 年 6 月	土石围堰	35	194	块石、砂卵石、漂石及淤泥层	193.7	47.8	0.8	7378	8062
龚嘴水电站下游围堰	四川乐山，大渡河	1967 年 4—7 月	土石围堰	19	148	块石、砂卵石、漂石及淤泥层	86	52.0	0.8	3661	4320
南谷洞水库坝体加固	河南林州，浊漳河	1968 年 4 月至 1969 年 1 月	斜墙堆石坝	73.5	164	砂卵石层	65	53.3	0.8	4113	2913
十三陵水库主坝	北京昌平，温榆河	1969 年 12 月至 1970 年 9 月	斜墙土坝	29	627	砂卵石层、黏土层	487	60.0	0.8	28095	20790
西斋堂水库主坝	北京门头沟，清水河	1970 年 12 月至 1971 年 6 月	斜墙土坝	58	380	砂砾石、漂石	226.4	56.0	0.7	9267	6230
碧口水电站大坝	甘肃文县、白龙江	1972 年 5 月至 1973 年 1 月	壤土心墙土石坝	101	297	黏土砂卵石层	181	65.5	0.8	9651	7865
澄碧河水库坝体加固	广西百色，澄碧河	1972 年 7 月至 1974 年 3 月	心墙土坝	70	397		377	55.2	0.8	19155	14715
黄羊河水库坝体加固	甘肃武威，黄羊河	1973 年 4 月至 1974 年 9 月	宽心墙土石坝	52	126	砂卵石层	76	64.4	0.8	6292	5430
南营水库坝体加固	甘肃武威，金塔河	1975 年 2—11 月	壤土心墙砂砾壳坝	42.17	300.2	砂砾石层	213.6	49.5	0.8	11930	8700

续表

工程名称	建设地点	防渗墙施工起止时间	坝型	坝高/m	坝顶长/m	覆盖层特性	墙顶长/m	最大墙深/m	墙厚/m	造孔进尺/m	截水面积/m^2
海子水库副坝加固	北京平谷，蓟运河	1975年8月至1976年6月	黏土斜墙土坝	28	616.5	砂质黏土、洪积砂砾石	622	44.0	0.8	17812	13157
柘林水库坝体加固	江西永修，修水	1974年12月至1977年11月	黏土心墙土坝	62	591	无覆盖层	591	61.2	0.8	34939	33000
北台上水库坝体加固	北京怀柔，雁栖河	1976年10月至1977年7月	均质土坝	28.6	521	砂质黏土、砾石互层	511	49.0	0.7	22615	15101
葛洲坝二期上游围堰	湖北宜昌，长江	1979年11月至1982年3月	土石围堰	47	894.3	砂卵石层	822.3	47.3	0.8	81770	51155
双塔堡水库坝体加固	甘肃安西	1979年9月至1982年6月	黏土心墙砂壳坝	26.8	1040		327.6	54.0	0.8	15763	11725
白盘珠水库副坝	广东惠阳	1981年4月至1982年1月	复式土坝	40	288		184.9	50.5	0.8	9312	6727
邱庄水库坝体加固	河北丰润，还乡河	1978年3月至1983年4月	均质土坝	28	926	亚黏土及砂砾石层	895.6	58.7	0.8	54958	37627
丹江口水库副坝加固	湖北均县，汉江	1982年11月至1983年7月	心墙土石坝	56	1223		136.8	50.5	0.9	8271	5589
桥墩水库主坝	浙江苍南		沥青混凝土斜墙砂坝	50	605.5		211	45.0	0.8	11364	8120
渔子溪二级水电站闸基	四川汶川	1983年1月至1984年2月	钢筋混凝土闸	31.5	84	漂卵砂砾石	74	57.5	0.8	3708	2455
牛头山水库坝体加固	浙江临海	1980年10月至1984年4月	沥青混凝土斜墙砂砾石坝	49.3		砂砾石层	349.5	62.0	0.8	17283	13000

续表

工程名称	建设地点	防渗墙施工起止时间	坝型	坝高/m	坝顶长/m	覆盖层特性	墙顶长/m	最大墙深/m	墙厚/m	造孔进尺/m	截水面积/m²
万安水电站主坝	江西万安	1979—1981年、1984年3月至1985年1月	黏土心墙砂壳坝	64.5	385.4	黏土、壤土砂卵石	420	44.5	0.8	17422	14900
铜街子堆石坝挡墙	四川乐山	1984年5月至1986年6月	混凝土重力挡墙	28		砂卵石、漂石、孤石	178.34	74.4	1.0	10707	7954
青狮潭水库坝体加固	广西桂林	1985年9月至1987年7月	土坝					61.3	0.8	13798	
阿湖水库主坝	新疆阿图什	1987年8月至1989年4月	黏壤土心墙坝	33	386	砂卵石、崩塌体及漂卵石	182.8	67.0	0.8	6823	3654
棘洪滩水库大坝	山东青岛	1988年7—10月	土坝	15.24	14265	黏土及壤土层	165.5	50.0	0.8	1743	1228
松华坝水库坝体加固	云南昆明	1989年6月至1990年1月	黏土心墙土石坝	48.6	224	黏土夹碎石	127.5	53.2	0.8	6378	4651
水口水电站二期上游围堰	福建闽清	1989年5月至1990年1月	土石围堰	44.55	467	砂卵石、漂石	386	44.0	0.8	14211	10044
乌拉泊水库坝体加固	新疆乌鲁木齐	1989年4月至1991年11月	土石坝	26.07	1100	黏土层、砂卵石层	465.2	47.4	0.8	25664	16319
册田水库南副坝加固	山西大同	1990年6月至1991年7月	土坝	41.5	930	壤土、砂卵石	451	44.0	0.8	17223	12337
横山水库坝体加固	浙江奉化	1990年3月至1991年10月	薄黏土心墙面板堆石坝	70.2	380	无覆盖层	313	72.3	0.8	19724	14715
黑龙潭水库大坝	云南路南		混凝土闸			黏土、粉细砂	267	51.0	0.8	15623	11057

续表

工程名称	建设地点	防渗墙施工起止时间	坝型	坝高/m	坝顶长/m	覆盖层特性	墙顶长/m	最大墙深/m	墙厚/m	造孔进尺/m	截水面积/m^2
小浪底上游围堰	河南孟津	1993年4月至1994年1月	土石围堰	23	490	粉细砂、砂卵石夹漂石	239.4	73.4	0.8	20876	13832
大峡水电站二期围堰	甘肃白银	1993年12月至1994年4月	土石围堰			砂卵石层、粉细砂夹漂石	162.4	55.2	0.8	7322	5230
小浪底主坝	河南孟津	1993年2月至1998年3月	斜墙堆石坝	154	1317	粉细砂、砂卵石夹漂石	310.6	81.9	1.2	15184	15642
云州水库主坝	河北赤城	1993年至1994年2月	斜墙土石坝	43.15		砂卵石层、粉细砂夹漂石	172.3	50.15	0.8	7526	5376
西枝江水库坝体加固	广西惠东	1981年5月至1982年12月	均质土坝	40.5	278	坝体土料级配不良	185	50.5	0.6		7352
蛤蟆通水库坝体加固	黑龙江宝清	1991年5月至1992年7月	均质土坝			黏土、砂卵砾石夹碎石		47.0	0.2		20000
姐勒水库坝体加固	云南瑞丽	1992年2—10月	土石坝	20.8	216	砂卵石	208	49.1	0.8	9295	6644
太河水库大坝加固	山东淄博	1994年9月至1997年4月	宽心墙砂卵石坝	48.5	1182	黏土砂卵石层	1042	519	0.8	66295	47600
三峡一期围堰	湖北宜昌	1993年6月至1994年7月	土石风化砂围堰	42	2502	淤砂及淤泥、砂卵石夹孤石	830.2	43.0	0.8	88500	59000
三峡二期上游围堰	湖北宜昌	1997年2月至1998年4月	土石风化砂围堰	82.5	1439.6	淤砂及淤泥、砂卵石夹孤石	992.3	73.5	0.8	48259	42244
三峡二期下游围堰	湖北宜昌	1997年2月至1998年5月	土石风化砂围堰	70	998.5	淤砂及淤泥、砂卵石夹孤石	1075.9	66.7	0.8～1.1	42919	36350
隔河岩引航道围堰	湖北长阳	1997年12月至1998年5月	土石围堰	84	200	砂砾石	52	18.2	0.8		5470

巴黎的地基是由砂砾石和石灰岩构成的，不便采用打桩或打板桩的办法进行基础施工，特别是临近已有建筑物部位的施工更加困难。在这种情况下，首先出现了由桩柱排列形成的防渗墙，1951—1952 年在巴舍斯坝的导流围堰下修建了连锁桩柱式防渗墙。1954—1955 年在玛利亚奥拉哥坝 42m 深的含有大漂石的砂砾石层中修建了同样的防渗墙。接着，为了建造等厚度的防渗墙又发展了槽孔式防渗墙施工法，在莱茵河侧渠电站修建了深 40m、厚 0.8m 的围堰防渗墙，并迅速向其他建筑领域扩展，成为深基础和地下构筑物施工的重要手段，建筑的数量和规模不断扩大。与此同时，施工工艺不断改进，形成了许多高效实用的工法，较著名的有意大利的采用抓斗和冲击钻联合作业成槽的伊科斯（Icos）法、单斗挖槽的埃尔塞（Else）法；法国的冲击回转式钻机成槽的索列丹斯（Soletanche）法；德国的反循环法等[1,29]。

1959 年日本从意大利引进伊科斯法，用于中部电力田雉坝的防渗墙施工。1961 年在地下铁道 4 号线的方南街段用伊科斯法建造了箱型隧道的边墙。此后，日本各大公司陆续开发研制成功了许多独创的地下连续墙施工设备和相应的施工方法，如以多头钻切削成槽的 BW 工法、以双头滚刀式成槽机成槽的 TBW 工法、以凿刨式成槽机成槽的 TW 工法等，共有 30 多种。

20 世纪 90 年代以前，国外修建了大量的防渗墙工程，深度比较大的有：1966 年修建的墨西哥马莱罗斯心墙壤土坝防渗墙，深 91.4m；1968 年修建的墨西哥拉·维力大心墙堆石坝防渗墙，深 80.0m；1970 年修建的加拿大马尼克-3 号心墙土石坝防渗墙，深 130.4m；1972 年修建的土耳其心墙土石坝防渗墙，深 100.6m；1987 年修建的美国纳沃霍坝土坝防渗墙，深 110.0m；1990 年修建的美国穆德山坝土石坝防渗墙，深 122.5m。

最近 20 多年来，国外水利水电领域比较大的防渗墙工程较少，修建了大量城市与交通等领域的地下连续墙工程，例如，日本横跨东京湾道路的川崎人工岛工程，地下连续墙深 119m；东京江东泵站工程，地下连续墙深 104m；外郭放水公路 1 号、2 号、3 号、4 号竖井工程，地下连续墙深度分别为 130m、129m、140m、122m，主要特点有以下几个方面：

（1）大多数地下连续墙工程不需要嵌入基岩，地层相对均匀。

（2）施工设备主要采用各类抓斗、液压铣槽机，日本也经常采用多头钻机，设备昂贵，冲击钻机很少被采用。

（3）液压铣槽机可直接采用“铣削法”接头，地下连续墙大量采用刚性接头，接头不需要起拔，也有不少采用接头管（板）技术的。

（4）一般采用优质膨润土泥浆固壁，超深墙经常采用钠基膨润土，成本较高。

（5）建造了一批 100m 以上深度的地下连续墙工程，最大深度为 140m。

国外建设的部分防渗墙工程与城市地下连续墙工程情况见表 1.2。

1.1.3 超深与复杂地质条件防渗墙技术发展需求与技术难点

1.1.3.1 发展需求

进入 21 世纪，伴随着我国西部大开发与“西电东送”战略的实施，我国水利水电工程的开发重点逐步向西部地区转移，向长江、黄河、澜沧江、雅砻江、大渡河等大江大河

表 1.2　国外建设的部分防渗墙工程与城市地下连续墙工程情况表

工程名称	国家	坝型	坝高/m	覆盖层厚度/m	防渗墙最大深度/m	防渗墙结构形式	防渗墙厚度/m	防渗墙面积/m^2	防渗墙完成年份
维尔尼	法国	土石坝		75.0	50.0	槽孔墙	1.20		
苏达依	意大利	土坝	18.0		40.0	圆孔防渗墙			
卡斯提勒托	瑞士	心墙土坝	90.0	>100.0	52.0	洞挖回填墙	2.00	17700	1953
马利亚拉奇	意大利	堆石坝	30.0	35.0	40.0	桩柱式	0.60	7500	1954
佐科罗	意大利	斜墙土石坝	66.5	100.0	55.0	槽孔墙	0.60	33100	1960
利诺	法国	闸基	9.1		40.0	槽板式	0.80	6000	1963
加塔维塔	哥伦比亚	黏土斜心墙坝	54.0	92.0	78.6	槽孔墙	0.80		1963
蒙塔	芬兰	心墙堆石坝	26.0	40.0	40.0	桩柱式	0.60		1963
马尼克-5号围堰	加拿大	土石围堰	72.0	76.0	77.0	连锁桩柱墙	0.61	2760	1964
塞斯基勒	哥伦比亚	心墙堆石坝	52.0	100.0	76.0	连锁桩柱与槽孔混合墙	0.55		1964
阿勒格尼	美国	堆石坝	51.0	55.0	56.0	槽孔墙	0.76	10700	1964
阿罗坝围堰	加拿大	土石围堰	35.0	51.0	52.0	槽孔墙	0.75		1965
箭湖坝	加拿大	斜墙土石坝	35.0		52.0	槽孔墙	0.75		1965
弗莱斯特利茨	奥地利	沥青面板堆石坝	22.0	>100.0	47.0	槽孔墙	0.50		1965
马莱罗斯	墨西哥	心墙壤土坝	60.0	80.0	91.4	连锁桩柱墙	0.61	15160	1966
矢木泽副坝	日本	堆石坝	6.0	50.0	41.3	连锁桩柱墙	0.60	3550	1966
埃伯尔拉斯特	奥地利	沥青心墙堆石坝	26.0	>124.0	47.0	槽孔墙		15000	1967
拉·维力大	墨西哥	心墙堆石坝	60.0	80.0	80.0	桩柱式和槽板式	0.60	15000	1968
包尔德赫德	英国	心墙堆石坝	55.0		46.4	槽孔墙	0.60	8240	1968
大角坝	加拿大	斜心墙土石坝	92.0	63.0	73.0	连锁桩柱与槽孔混合墙	0.61	3249	1969

续表

工程名称	国家	坝型	坝高/m	覆盖层厚度/m	防渗墙最大深度/m	防渗墙结构形式	防渗墙厚度/m	防渗墙面积/m^2	防渗墙完成年份
第一瀑布	加拿大	斜心墙土石坝	38.0	60.0	61.0	槽孔墙	0.75	5500	1969
马尼克-3号围堰	加拿大	土石坝			48.0	槽孔墙	0.61	5500	1970
马尼克-3号主坝	加拿大	心墙土石坝	107.0	130.4	131.0	双孔式连锁桩柱与槽孔混合墙	0.61	20740	1972
凯版	土耳其	心墙土石坝		40.0	100.6	洞挖回填墙	1.50	16900	1972
特南哥	墨西哥	土坝			50.0			106700	1972
勒克萨帕	墨西哥				44.0			9700	1972
波埃乔斯	秘鲁	心墙土坝	48.0	46.0	47.0	槽孔墙	0.60		1973
邦纳维尔	哥伦比亚	厂房扩建围堰		45.0	33.5～46.0	槽孔墙	0.60	24000	1976
坎文托·维约	智利	心墙土坝	40.0	55.0	55.0	槽孔墙	0.80	16412	1977
沃尔夫·克里克	美国	均质土坝	79.0	较薄	64.0	连锁桩柱	1.00	5960	
科尔本坝	智利	心墙上坝	116.0		68.0	槽孔墙	1.20	12900	1984
纳沃霍坝	美国	土坝	110.0		110.0	槽孔墙（在砂岩中造孔）	1.00	11000	1987
穆德山坝	美国	土石坝	128.0		122.5	槽孔墙	0.85	1100	1990
东京江东泵站	日本	地下连续墙			104.0		1.50		1988
横跨东京湾道路的川崎人工岛	日本	圆形地下连续墙			119.0		2.80		1991
外郭放水公路3号竖井	日本	圆形地下连续墙			140.0		2.10		1993
外郭放水公路2号竖井	日本	圆形地下连续墙			129.0		2.10		1993
外郭放水公路1号竖井	日本	圆形地下连续墙			130.0		2.10		1994
外郭放水公路4号竖井	日本	圆形地下连续墙			122.0		1.70		1995

中上游迈进，西部大型水利水电工程设施的建设也将大力推进。西部地区社会经济条件较差，水利水电工程大多地处高原地区，山高谷深、气候恶劣、覆盖层深厚，工程建设面临众多技术难题。一大批高坝覆盖层地基100m以上超深复杂地质条件防渗墙工程需要建设，复杂地层条件下大型工程围堰防渗墙和病险库防渗墙施工技术亟待提升和创新，防渗墙技术面临全新的形势和任务。

（1）深厚覆盖层地基高坝建设提出了迫切需求。我国西部地区水利水电工程建设面临的重要课题之一是深厚覆盖层建设高坝问题。我国有大量的水利水电工程需要在深厚覆盖层上建设高坝，如冶勒水电站覆盖层厚度约400m，下坂地水利枢纽覆盖层厚度为148m，狮子坪水电站覆盖层厚度为110m，瀑布沟水电站覆盖层厚度为110m，黄金坪沥青混凝土心墙堆石坝覆盖层厚度为128m，旁多水利枢纽覆盖层厚度为420m，新疆小石门水库覆盖层厚度为120m，西藏雅砻水库覆盖层厚度为120m，新疆大河沿水库覆盖层厚度为180m等。部分国内外深厚覆盖层建坝案例见表1.3[30]。

深厚覆盖层建设高坝的技术难点之一是坝基渗漏及渗流控制措施，特别是百米以上超深覆盖层地基防渗处理技术，常常关系到工程的安全与成败。在枢纽建筑物中，防渗体系关系到地基的稳定、大坝的安危，许多大坝失事，大都是防渗体系失效或遭到破坏。据统计，国内外大坝失事中因渗流导致的高达30%～40%，我国241座大型水库土石坝的千次事故中，渗透破坏占31.9%。

渗漏及渗流控制的措施主要有截水墙、防渗墙、帷幕灌浆等垂直防渗措施和上游黏土铺盖等水平防渗措施。其中，上游黏土铺盖应在上游地形有利、有天然铺盖或坝前淤积物较厚可以利用时采用，但水平铺盖防渗方案效果有限，对中、高坝及复杂地层和防渗要求较高的工程，一般要慎重选用。

垂直防渗方案中，明挖回填黏土的截水槽深度一般在15m以内施工较为方便。帷幕灌浆方案对于深厚覆盖层建设高坝在技术上是可行的，如埃及的阿斯旺土斜墙坝，最大坝高122m，覆盖层厚225～250m，采用悬挂式灌浆帷幕，上游设铺盖、下游设减压井等综合渗控措施。帷幕灌浆最大深度达170m，上部15排帷幕，深部7排帷幕，厚20～40m，但造价高和工期长；我国在坝基和围堰覆盖层防渗中也大量采用灌浆帷幕防渗方案，但由于深孔帷幕灌浆排数多、工程量大、幕体连续性较差等原因，目前，多用于70m以下深度防渗工程。防渗墙具有墙体连续好、质量可靠等优势，对各种地层和坝型适应性好，造价较低，防渗效果好，对于深厚覆盖层地基建设高坝，是广泛采用的方法。

基于防渗墙在深厚覆盖层地基高坝工程建设中的独特优势，防渗墙技术的应用前景十分广阔。20世纪我国防渗墙工程最大深度超过80m，具备了100m以下深度施工防渗墙的技术能力，但对于100m以上超深与复杂地质条件防渗墙的施工，技术储备与能力明显不足，全面开展超深与复杂地质条件防渗墙技术研究的需求十分迫切。

（2）复杂地质与环境条件病险库除险加固工程提出了新的挑战。20世纪50年代到70年代末，我国兴修了大量的水库大坝，由于当时建设条件及管理水平所限，运用过程中出现了各种病险隐患，不但影响到水库效益的发挥，而且还严重威胁下游人民生命财产及设施的安全，病险水库已日益成为水利防洪体系中最为薄弱的环节和最大的安全隐患，对全

表 1.3　部分国内外深厚覆盖层建坝案例

工程名称	国家	坝型	坝高/m	防渗形式	防渗深度/m	覆盖层厚度/m
塔贝拉土斜墙堆石坝	巴基斯坦	土斜墙堆石坝	147.0	黏土铺盖防渗		230
马特马克土斜墙堆石坝	瑞士	土斜墙堆石坝	115.0	水泥黏土灌浆		100
阿斯旺土斜墙坝	埃及	土斜墙坝	122.0	悬挂式灌浆帷幕	170.0	225～250
马尼克-3号黏土心墙坝	加拿大	黏土心墙坝	107.0	防渗墙	131.0	126
普卡罗面板堆石坝	智利	面板堆石坝	83.0	深悬挂式混凝土防渗	60.0	70
冶勒水电站	中国	沥青混凝土心墙碾压堆石坝	125.5	防渗墙、帷幕灌浆	200.0	400
下坂地水利枢纽	中国	沥青混凝土心墙砂砾石坝	78.0	防渗墙下接帷幕灌浆	150.0	148
狮子坪水电站	中国	土心墙堆石坝	136.0	防渗墙	101.8	110
泸定大坝	中国	黏土心墙堆石坝	79.5	防渗墙	125.0	120～130
黄金坪沥青混凝土心墙堆石坝	中国	沥青混凝土心墙堆石坝	82.5	防渗墙	129.0	128
龙头石沥青混凝土心墙堆石坝	中国	沥青混凝土心墙堆石坝	58.5	防渗墙	71.8	70
直孔水电站	中国	土心墙砂砾石坝	84.0	防渗墙	79.0	84
长河坝水电站心墙堆石坝	中国	砾石土心墙堆石坝	256.0	防渗墙	50.0	70
小浪底斜心墙堆石坝	中国	斜心墙堆石坝	160.0	防渗墙	82.0	80
瀑布沟水电站	中国	心墙堆石坝	186.0	防渗墙	80.0	110
旁多水利枢纽	中国	碾压式沥青混凝土心墙砂砾石坝	73.1	防渗墙	158.0	420
新疆小石门水库	中国	沥青混凝土心墙坝	81.5	防渗墙	116.0	120
西藏雅砻水库	中国	碾压式沥青混凝土心墙砂砾石坝	73.5	防渗墙	124.1	120
新疆大河沿水库	中国	沥青混凝土心墙砂砾石坝	75.0	防渗墙	186.5	180

国范围的病险水库实施除险加固工作已显得十分必要和迫切。

据统计，我国87076座水库中有38019座为病险水库。造成水库病险的重要因素之一是大坝渗流不安全问题，即坝体或坝基存在渗漏，大量土石坝出现管涌、流土、接触冲刷等渗透破坏问题，浆砌石及混凝土坝发生溶滤破坏。据相关资料，计入1998年前全国第一、第二批病险水库中，有46座坝型为均质坝的大型病险水库，其中10座渗流不安全，17座坝基严重渗漏，8座存在绕渗、接触渗漏，11座下游坝坡渗漏严重；有55座坝型为心墙坝的大型病险水库，其中5座渗流不安全，19座坝基渗漏严重，9座存在绕渗、接触渗漏，11座坝的心墙存在防渗质量问题；有16000座存在渗流安全问题的小型病险水库。

在病险库土石坝坝体防渗加固中采取防渗墙方案的约占52%，其中相当部分的防渗墙工程墙深、工程量大、面临不良与特殊地质条件；多数水库需要不降水施工，施工期需要保护大坝安全和水库水资源；防渗墙施工设备布置在坝体上，施工空间受到限制；特别是病险库长期带病运行，使得坝体和地层结构发生恶化，情况十分复杂。其中一些防渗墙工程，如黄壁庄水库除险加固工程防渗墙（约26万m^2）、窄口水库坝体加固工程防渗墙（最大深度为83.28m），均为当期高难度工程，技术难度很大，对防渗墙技术提出了新的挑战。

（3）我国西部地区大型围堰建设提出了新的课题。我国西部中上游大江、大河导截流围堰工程，大多具有山谷狭峻、河道陡窄、水流湍急的地形特点，覆盖层中多存在松散架空地层，孤、漂石比例高，为保证工程安全，围堰防渗墙工程常常需要在一个枯水期内完成。防渗墙施工工期紧、地层条件差、地下水流速高，有的深度达80～100m，面临造孔成槽难度大、槽孔安全风险高、施工效率低等困难，防渗墙是否能够按照设计工期优质完成，直接关系到围堰的安全，甚至成为工程成败的关键因素。因此，创新和优化传统大型工程围堰防渗墙施工技术，形成相适应的安全、优质、高效的成套施工技术，是十分重要的课题。

1.1.3.2　技术难点

100m以上超深与复杂地质条件防渗墙、复杂地质与环境条件病险库除险加固防渗墙和大型围堰防渗墙优质高效建设的技术难点主要体现在以下几个方面：

（1）防渗墙造孔挖槽施工机械与机具的性能和能力需要大幅提升。100m以下深度防渗墙施工的实践表明，随着墙体深度量级增加，对设备性能与能力的要求越来越高。100m以上超深防渗墙槽孔的施工，加之复杂地质与西部高原恶劣气候等条件叠加效应，传统冲击钻机、液压（钢丝绳）抓斗等造孔挖槽设备，面临动力不足、提升系统不适应、机具不配套等问题，即使是最先进的液压铣槽机，面对超深槽孔严重漏浆塌孔，大比例孤、漂（块）石地层与硬岩地层等复杂恶劣地质条件的地层，其适应性也需要检验，能力面临考验。因此，必须通过新设备研发和改进，全面提升防渗墙造孔挖槽施工机械与机具的性能与能力，否则很难突破防渗墙100m深度大关。

（2）防渗墙造孔成槽施工工法技术需要创新和完善。与防渗墙造孔挖槽设备的研发与改进相配套，100m以上超深与复杂地质条件防渗墙造孔成槽施工工法技术需要创新和完善，如“钻劈法”等传统单一的工艺已远远不能满足要求，多种设备配合的施工工艺需要创新和完善，新的工法技术需要研究和总结。此外，针对不同超深与复杂地层防渗墙工程的不同特点与条件，以往经验式的项目组织方式已难以适应，通过对不同造孔成槽设备特性的把握和各种施工工法特点的发挥运用，项目成槽施工方案优化组合综合比选方法需要系统研究。

(3) 传统固壁泥浆性能制约着超深与复杂地质条件防渗墙槽孔稳定性要求。20 世纪末，在基础局的带动下，我国防渗墙施工已大规模应用优质膨润土泥浆，显著提高了固壁泥浆的性能，保证了槽孔稳定性和混凝土浇筑质量。但近 100m 深度防渗墙施工的工程实践表明，随着 100m 以上超深槽孔稳定性风险的大幅增大，固壁泥浆材料性能面临更高的要求，传统思路和方法已不适用，研发新型固壁泥浆材料、改进泥浆性能和配套设备等，显得十分必要。

(4) 防渗墙接头技术是超深与复杂地质条件防渗墙的技术瓶颈。我国的防渗墙接头长期采用“套打法”施工，因为 100m 以上超深防渗墙混凝土强度高、墙体深，这种方法，从小浪底工程 84m 深度防渗墙的施工实践看，已不可能应用于 100m 以上超深防渗墙。20 世纪末，“铣削法”与“双反弧接头法”在工程中开始试验应用，但“铣削法”是液压铣槽机专用的接头方式；“双反弧接头法”在冶勒水电站 100m 深墙试验中，也暴露出种种弊端，在 100m 以上超深防渗墙施工中应用难度极大。为此，防渗墙接头技术成为 100m 以上超深与复杂地质条件防渗墙技术的瓶颈，关系到防渗墙防渗在超深覆盖层高坝建设中运用的成败，研发新的防渗墙接头方式和相应设备、机具十分迫切。

(5) 复杂恶劣地质条件防渗墙施工仍然是防渗墙施工技术的突出难点。随着防渗墙深度的增加，复杂恶劣地质条件下防渗墙施工更加困难，如严重漏失塌孔地层和大比例孤、漂（块）石地层与硬岩地层造孔，大倾角陡坡硬岩地层嵌岩等，面临众多技术难点。

(6) 超深与复杂地质条件防渗墙的其他配套技术，如清孔换浆技术、混凝土浇筑技术、墙下预埋灌浆管技术等，随着防渗墙深度量级的增加，都需要全面研究和实践。

(7) 我国病险库除险加固防渗墙工程量巨大，其中有相当数量的高难度工程，基于水库大坝安全运行条件下的复杂恶劣地质条件问题、水库水环境保护问题、水库正常运行动水渗流影响问题等，需要系统研究与实践。

(8) 我国西部中上游大江、大河导截流围堰工程，水文气候条件更加恶劣，地形地质条件更加复杂，由于关系到围堰度汛安全和基坑按期抽水，防渗墙的工期往往异常紧张，如何实现安全、优质、高效施工，将是十分重要的课题。

综上所述，100m 以上超深与复杂地质条件防渗墙、病险库防渗墙和复杂地层条件下大型工程围堰防渗墙施工的技术难点主要有以下几个方面：

(1) 两大瓶颈。传统接头技术无法用于 100m 以上深度防渗墙工程，传统固壁泥浆难以满足 100m 以上深度防渗墙槽孔稳定性要求。

(2) 三大障碍。造孔挖槽施工机械与机具的性能与能力需要大幅提升，超深与复杂地质条件防渗墙施工工法体系和配套施工技术需要创新和完善，复杂恶劣地质条件超深防渗墙施工诸多技术难题需要突破。

(3) 两大难点。病险库除险加固高难度防渗墙施工技术需要研究与探索，大型围堰防渗墙安全、优质、高效施工技术水平需要进一步提升。

1.2 本书主要内容

针对超深与复杂地质条件防渗墙技术发展的巨大需求和众多技术难点，本书对防渗墙造孔成槽施工设备与机具、施工工法技术、拔管机与接头技术、新型固壁泥浆与配套施工设备、复杂恶劣地质地层处理技术、泥浆下混凝土浇筑技术、防渗墙下帷幕灌浆管埋设工艺等进行了系统介绍，并对复杂恶劣地质与特殊环境条件病险水库除险加固防渗墙施工和我国西部地区大江、大河中上游导截流围堰防渗墙优质快速施工技术进行了专项介绍，旨在全面提升我国防渗墙施工技术水平，支撑水利水电行业技术发展。

1.2.1 超深与复杂地质条件防渗墙成套成槽设备与机具研发、改造

(1) 冲击反循环钻机。CZF－1200 型冲击反循环钻机与传统冲击钻机相比，工效可提高 2～3 倍，配套的泥浆循环系统可循环利用泥浆，槽孔清孔效果好，为超深与复杂地质条件防渗墙施工做出了一定的技术储备，但在 100m 以上深度防渗墙施工时，其存在冲击性能偏低、钻头偏轻、工效随深度增加明显降低等问题，无法实施超深防渗墙施工，本书 2.2 节介绍了新一代重型冲击反循环钻机的研制工作[31]。

(2) 重型冲击钻机。传统冲击钻机具有适应地层能力强、制造简单、价格低廉、市场保有量巨大等特点，必将在超深与复杂地质条件防渗墙工程中充分发挥其重要作用，但 100m 以下深度防渗墙普遍使用的 CZ－22、CZ－30 型等钻机，其冲击性能、钻头质量以及相应的设备动力、传动系统等，已不能满足 100m 以上超深与复杂地质条件防渗墙的要求，80m 左右深度防渗墙施工情况表明，该类机型的冲击性能偏低、钻头偏轻、工效随深度增加明显降低，针对 100m 以上深度、特别是深度到达 150m 以上防渗墙施工要求，本书 2.3 节介绍了重型冲击钻机的研究改造。

(3) 重型钢丝绳抓斗与配套机具。基础局引进的钢丝绳抓斗，是世界上先进的挖槽设备，在 100m 以上深度防渗墙施工中得以快速普及，面向超深与复杂地质条件防渗墙工程，其能力依然不足，本书 2.4 节对重型钢丝绳抓斗及配套机具作了介绍。

(4) 重型液压抓斗。液压抓斗一般挖掘深度在 30～60m，对于 100m 以上超深与复杂地质条件防渗墙工程而言，施工能力显然受到了局限，鉴于液压抓斗大量的市场拥有量，为发挥其在超深防渗墙施工中的作用，本书 2.5 节开展了液压抓斗能力提升研究改造工作的介绍。

(5) 液压铣槽机。基础局引进的液压铣槽机，是世界上最先进的挖槽设备，鉴于我国超深与复杂地质条件防渗墙工程的地层特点和建设条件，本书 2.6 节进行了液压铣槽机适应性研究内容的介绍。

1.2.2 超深与复杂地质条件防渗墙成套造孔挖槽工法技术体系

(1) 传统造孔成槽工法技术。基于冲击（反循环）钻机、钢丝绳（液压）抓斗和液压铣槽机等防渗墙造孔成槽主要设备的特性，本书 3.3 节对传统“钻劈法”和引进的“纯抓法”“铣削法”工法技术进行了超深与复杂地质条件防渗墙施工的适应性研究及其改进的介绍。

（2）新型造孔成槽工法技术。针对超深与复杂地质条件防渗墙工程施工，特别是我国防渗墙工程的建设条件和特点，与造孔挖槽设备及组合配套，本书3.3节介绍了新型造孔成槽工艺的研发与改进情况。

（3）防渗墙成槽方法综合比选原则与方法。针对超深与复杂地层防渗墙工程的主要特点与因素，通过对不同造孔成槽设备特性的把握和各种施工工法特点的发挥运用，本书3.2节介绍了在不同地质、地形、水文、气象、工期、成本以及社会环境等诸多因素影响下的防渗墙成槽施工方案优化、选择原则与研究方法，以改变以往经验式的项目组织方式。

1.2.3 新型防渗墙固壁泥浆与配套施工设备

长期以来，我国的水利水电行业防渗墙工程绝大多数采用黏土造浆固壁，有些工程为改善泥浆性能，在黏土浆中掺加一部分膨润土。三峡一期围堰防渗墙工程中，通过室内和现场试验，认为膨润土泥浆固壁性能好、泥皮薄、清孔效果好，同时，由于其造浆率高，容易搅拌，综合成本并不高于黏土泥浆，经过技术经济比较后开始在工程中采用。三峡二期上游围堰防渗墙施工中，基础局开展了包括膨润土性能、泥浆配比、泥浆试验方法和泥浆制备与净化等的全面研究，系统论证了膨润土泥浆的优越性，膨润土泥浆开始在水利水电行业防渗墙工程中大规模广泛应用。

黏土泥浆与膨润土泥浆均属于分散型固壁液，即由淡水、膨润土或黏土和起分散作用的处理剂组成。常用的处理剂主要是纯碱、烧碱以及起降滤失作用的羧甲基纤维素（CMC）等。该类固壁液抑制性差，性能不稳定，抗污染能力差，浆液中加入大量烧碱、纯碱等，给自然环境带来不利影响，工程实践表明，在100m以下深度防渗墙施工中尚具有技术经济可行性，但对于100m以上超深与复杂地质条件防渗墙工程，钻孔效率明显受到影响，漏浆塌孔现象随深度增大逐渐增多，孔壁不稳定问题日益严重，甚至影响到工程质量与安全。因此，本书4.1节介绍了新型固壁泥浆的研发工作。

超深防渗墙固壁泥浆用量庞大，传统泥浆搅拌设备生产能力低，基本靠人工上料操作，难以满足施工要求，本书4.2节介绍了大体积泥浆自动搅拌系统的研制工作。

1.2.4 新型防渗墙接头管技术与专用设备

传统防渗墙采用“套打法”施工，即二期槽孔施工时，在一期槽孔端部重复套打防渗墙混凝土，形成二期混凝土端部主孔，二期槽孔浇筑后，与一期槽孔形成圆弧界面的套接。水利水电工程永久建筑物基础防渗处理多为常态高强度混凝土，如黄河小浪底主坝防渗墙混凝土设计强度为35MPa，接头孔混凝土钻进十分困难，特别是超深墙施工时，工效极低，加之孔斜、孔内事故影响，甚至导致施工无法进行。工程实践表明，100m以上深度防渗墙工程，采用“套打法”施工技术上是不可行的，其接头技术必须加以突破，否则，将有可能导致防渗墙防渗形式在超深覆盖层地基处理中被淘汰。

本书介绍了冶勒水电站100m深墙现场试验和主体工程施工期对“双反弧接头法”进行的系统研究工作，结果表明，该种接头形式接头效果好，在100m深墙施工中具有一定的可行性，但由于该方法对一期槽孔边孔孔斜要求高，特别是二期双反弧遇孤、漂石时，

接头孔施工十分困难，尚没有有效的解决方法，局限性较大。

“接头管法”在葛洲坝工程中做过试验，但由于设备机具限制，基本不成功。之后一段时期，也有过少数研究，但离工程要求相距甚远，甚至有被全盘否定的趋势。基于超深与复杂地质条件防渗墙应用的需求，在充分调研和分析的基础上，从拔管机理研究、新型拔管机设备研制、施工工艺入手，系统进行了接头管技术研究工作，以解决超深防渗墙技术的瓶颈，具体见5.1节和5.2节。

1.2.5 超深防渗墙槽孔清孔换浆技术

清孔换浆技术在防渗墙施工中占有十分重要的地位，关系到整个防渗墙墙体混凝土质量和防渗效果。目前，国内外采用的清孔换浆方法主要有抽桶法、泵吸法和气举反循环法。施工实践表明，100m以上超深防渗墙施工，采用抽桶法抽渣、清孔，施工效率会极低，很难满足质量要求，泵吸法由于砂石泵能力的限制，也表现出众多劣势，针对100m以上超深防渗墙施工要求，本书5.3节介绍了超深防渗墙气举反循环清孔技术研究。

1.2.6 超深防渗墙泥浆下混凝土浇筑技术

泥浆下防渗墙混凝土浇筑是防渗墙施工的最后一道工序，事关防渗墙混凝土浇筑质量。100m以下深度防渗墙混凝土浇筑工艺成熟，设备机具配套，但如果工艺不精细、控制不严格，断墙、包裹等浇筑事故也有发生。100m以上深度防渗墙混凝土浇筑，特别是深度达150m以上时，难度呈量级增加，本书5.4节从混凝土配合比、浇筑工艺等方面进行了深入介绍。

1.2.7 超深防渗墙墙内预埋灌浆管工法技术

防渗墙嵌入基岩一定深度后，其下部基岩常常仍然存在有透水地层，局部会有大的裂隙、断层等地质构造，透水率不满足防渗要求，需要处理；由于此时已经进入基岩，加大墙深的办法在技术经济上已不合理，一般采用墙下接帷幕灌浆的方法。

对于超过一定深度的防渗墙，特别是100m以上超深防渗墙下接帷幕灌浆的方案，由于防渗墙墙体较窄，如采用钻机在墙内钻帷幕灌浆孔难度较大，常常钻出墙外，工效很低，难以满足工期要求，同时也不经济。工程中，常常在防渗墙体内埋设1～2排帷幕灌浆管，用作墙下帷幕灌浆孔，大幅度减小了帷幕灌浆钻孔的难度，但是，在超深防渗墙内埋管难度也很大，成功率低，是防渗墙施工的技术难点，本书5.5节介绍了解决方案。

1.2.8 复杂恶劣地质条件超深防渗墙槽孔施工技术

防渗墙施工所指的恶劣地质条件，主要包括松散、架空、高渗透性地层，大比例孤、漂（块）石地层与硬岩陡坡地层等，这些地层给防渗墙施工带来很大难度，超深防渗墙更是如此，为解决此技术难题，本书第6章进行了系列专项施工技术的介绍。

1.2.9 复杂地质与环境条件病险水库除险加固防渗墙施工技术

针对病险水库除险加固防渗墙工程需要在水库运行条件下施工，坝体与地层条件复杂恶劣，水库水体保护要求高，病险水库“摘帽”任务工期紧等特点，本书第7章以黄壁庄水库和窄口水库两个典型病险库除险加固防渗墙工程为例，对复杂恶劣地质条件与特殊环境下优质、高效、环保的防渗墙施工技术进行了系统介绍。

黄壁庄水库副坝是该水库存在隐患最多、最危险的建筑物。从兴建时起，就一直存在坝体填筑质量极差，铺盖裂缝塌坑严重，坝顶开裂，坝后渗透破坏和沼泽化严重，减压井冒砂、塌陷，管涌、反滤破坏等问题。2002 年 3 月，副坝在除险加固防渗墙施工中发生大范围坍塌，塌坑顺坝轴线方向长度为 46.20m，垂直坝轴线方向宽度为 53.50m，地表塌陷深度为 12.10m，塌坑影响范围顺轴线方向长度为 127m，垂直坝轴线方向宽度为 79.50m，估计总塌陷方量约 4000m^3。坝体塌陷威胁到水库安全，同时也关系到除险加固工程的成败，本书第 7 章结合塌陷区防渗墙工程介绍了坝体塌陷区防渗墙抢险加固技术。

1.2.10 大型围堰防渗墙优质快速施工技术

针对我国西部中上游大江、大河导截流围堰防渗墙工程施工技术呈现的新特点，特别是由于关系到围堰度汛安全和基坑按期抽水，防渗墙施工一般要在截流后一个枯水期内完成，工期往往异常紧张，本书第 8 章依托向家坝一期、二期围堰防渗墙工程和溪洛渡围堰防渗墙工程，介绍了包括防渗墙造孔挖槽工法技术、施工设备与机具、复杂不良地质条件、防渗墙接头技术、施工技术等方面的内容，旨在形成相适应的安全、优质、高效的成套施工技术，确保围堰安全。

1.2.11 塑性混凝土防渗墙施工技术

塑性混凝土防渗墙是基础局率先开始研究、应用和大力推广的，本书第 9 章在认真总结已有技术成果的基础上，详细介绍了塑性混凝土技术的发展和应用情况。

国内典型部分防渗墙工程情况见表 1.4。

表 1.4　国内典型部分防渗墙工程情况表

工程名称	施工起止时间	坝　型	墙顶长/m	最大墙深/m	墙厚/m	截水面积/m^2
旁多水利枢纽	2009 年 7 月至 2013 年 6 月	碾压式沥青混凝土心墙砂砾石坝	1073	158.47（试验段 201）	1.0	125000
黄金坪水电站	2012 年 1 月至 2013 年 8 月	沥青混凝土心墙堆石坝	276.2	129	1.2	23000
冶勒水电站	2001 年 7 月至 2005 年 5 月	沥青混凝土心墙碾压堆石坝		84（试验段 101）	1.0	55100
狮子坪水电站	2005 年 10 月至 2006 年 9 月	土心墙堆石坝	85.38	101.8	1.2	5242
下坂地水利枢纽	2007 年 9 月至 2009 年 10 月	沥青混凝土心墙砂砾石坝	303.76	85（试验段 102）	1.0	20100
泸定水电站	2008 年 3 月至 2010 年 4 月	黏土心墙堆石坝	425.3	125	1.0	29241
新疆小石门水库	2014 年 2—11 月	沥青混凝土心墙坝	512.95	116.2	1.0	21000

续表

工程名称	施工起止时间	坝　型	墙顶长/m	最大墙深/m	墙厚/m	截水面积/m²
黄壁庄水库副坝除险加固	1998年9月至2001年11月	水中填土均质坝		66.5	0.8	264500
窄口水库除险加固	2008年11月至2009年3月	黏土宽心墙堆石坝	234	82.38	0.8	11097
向家坝一期围堰	2004年12月至2005年10月	土石围堰	1168.78	81.8	0.8	45700
向家坝二期围堰	2008年11月至2009年4月	土石围堰	908	57.5	0.8	6088
溪洛渡水电站上游围堰	2007年12月至2008年3月	斜心墙土石围堰	120.23	55	1.0	4296.12
溪洛渡水电站下游围堰	2007年11月至2008年3月	土工膜心墙土石围堰	97.85	52.2	1.0	3356.75
润扬大桥	1996年9月至1997年11月		235.2	56.5	1.2	18125.76
西藏甲玛沟尾矿库塑性混凝土防渗墙	2014年6月至2015年5月	面板堆石坝	817	119	0.8～1.0	55000
西藏雅砻水库防渗墙	2015年1—8月	碾压式沥青混凝土心墙砂砾石坝	258.6	124.05	1.0	19195
新疆大河沿水库	2015年11月至2017年9月（计划）	沥青混凝土心墙砂砾石坝	237.4	186.5	1.0	
云南红石岩堰塞湖整治工程	2016年3月至2017年12月	堆石堰塞坝	267.939	131.52	1.2	30000

参　考　文　献

[1] 高钟璞，等. 大坝基础防渗墙［M］. 北京：中国电力出版社，2000.
[2] 聂长晔. 湖北省明山水库坝基覆盖层防渗连锁管柱的施工［J］. 中国水利，1958（8）：37-53.
[3] 陈赓仪. 我国水工混凝土防渗墙技术的应用和发展［C］//中国水利学会地基与基础工程专业委员会.2002年水利水电地基与基础工程学术会议论文集，2002.
[4] 广西壮族自治区百色地区水电局. 混凝土防渗墙技术在险坝加固中的应用——澄碧河水库土坝裂缝分析和防渗处理［J］. 水利水电技术，1978（1）：38-43.
[5] 牛运光. 病险水库大坝除险加固实例连载（之六）［J］. 水利建设与管理，2002（1）：75-78.
[6] 牛运光. 病险水库大坝除险加固实例连载（之十三）［J］. 水利建设与管理，2003（3）：80.
[7] 饶维轩. 葛洲坝工程大江上游围堰混凝土防渗墙接头管拔管成孔技术的应用［J］. 水利学报，1983（10）：53-58.
[8] 孟庆林. 铜街子电站74m深混凝土防渗墙土压力盒的埋设［C］// 水利水电地基与基础工程技术论文集，1988：16-22.
[9] 李顺行，赵文权，宋双蕾. 岳城水库大副坝防渗墙塑性混凝土施工工艺及质量控制［J］. 河北水利水电技术，2002（3）：3-4.

[10] 高钟璞. 塑性混凝土在水口水电站主围堰防渗墙中的应用 [C] //水利水电地基与基础工程技术论文集，1991：1-8.
[11] 佟耀，林宗禹，郭巨才. 册田水库南副坝塑性混凝土防渗墙 [J]. 水利水电工程，1992 (3)：6-13.
[12] 靳满常. 十三陵抽水蓄能电站尾水围堰塑性混凝土防渗墙施工 [J]. 北京水利科技，1993 (3)：12-16.
[13] 高钟璞，安致文，王国民，等. 小浪底水利枢纽上游围堰塑性混凝土防渗墙的施工 [J]. 水力发电，1994 (3)：10-12.
[14] 黄家权. 三峡二期围堰防渗工程主要施工技术 [J]. 人民长江，1999，30 (5)：1-3.
[15] 高钟璞，王国民. 小浪底主坝81.9m深混凝土防渗墙的施工 [C] //水利水电地基与基础工程技术论文集，1996：6-10.
[16] 赵献勇，苏少武，涂江华. 冶勒水电站右岸深厚覆盖层防渗墙施工工艺研究 [C] //水利水电地基与基础工程技术论文集，2004：42-48.
[17] 王德文，朱新瑞，刘义发，等. 黄壁庄水库副坝垂直防渗墙防渗效果分析 [J]. 南水北调与水利科技，2002，23 (6)：38-40.
[18] 蒋乃明，陈珙新. 三峡工程二期围堰设计关键技术问题研究 [C] //水利水电地基与基础工程学术交流会论文集，1998：21-28.
[19] 宋康，吕鹏，徐伟. 我国地下连续墙施工之最——润扬大桥北锚碇超厚、超深地下连续墙嵌岩成槽工艺 [J]. 建筑施工，2002，24 (1)：4-6.
[20] 程频，田学良，黄灿新. 向家坝水电站塑性混凝土防渗墙施工 [C] //水利水电地基与基础工程技术论文集，2006.
[21] 杨伟，翁嘉玲. 狮子坪水电站坝基防渗墙试验施工 [C] //水利水电地基与基础工程技术论文集，2006.
[22] 周春选，杨智睿，王健. 新疆下坂地水库坝基防渗处理设计 [J]. 陕西水利水电技术，2005 (2)：22-27.
[23] 张世荣，田学良. 溪洛渡水电站上下游围堰防渗墙施工 [C] //水利水电地基与基础工程技术论文集，2008.
[24] 赵廷华. 窄口水库大坝坝体防渗加固技术研究 [J]. 人民黄河，2010，32 (6)：139-141.
[25] 王丽娟，孔祥生. 新型固壁泥浆——MMH正电胶的试验研究与在仁宗海大坝防渗墙施工中的应用 [C] //水利水电地基与基础工程技术论文集，2007.
[26] 李伟，郑远建. 泸定水电站防渗墙下深厚覆盖层帷幕灌浆施工技术 [J]. 水力发电，2012，38 (1)：54-56.
[27] 韩伟，孔祥生，石峰，等. 西藏旁多水利枢纽坝基158m深防渗墙施工技术 [M] //158m超深地下连续墙施工技术. 北京：中国水利水电出版社，2014：3-14.
[28] 杜鹏，赵先锋. 四川大渡河黄金坪水电站大坝防渗墙施工技术 [J]. 防护工程，2014 (9).
[29] 刘国兰. 国内外混凝土防渗墙的发展简介 [J]. 基础处理技术，1985 (1).
[30] 党林才，方光达. 深厚覆盖层上建坝的主要技术问题 [J]. 水力发电，2011，37 (2)：24-28，45.
[31] 张杭生，张志良. CZF系列冲击反循环钻机的研制与应用 [J]. 水利水电技术，1996 (1)：14-18.
[32] 奎中. YBG系列液压拔管机的研制 [J]. 探矿工程（岩土钻掘工程），2008，35 (7)：64-67.

第2章　200m级超深防渗墙成套成槽设备与机具

2.1　概述

钻孔挖槽机械是防渗墙施工的主要设备。自 20 世纪 50 年代引进防渗墙技术至 90 年代中期，我国防渗墙施工的钻孔设备长期以仿苏式 CZ22、CZ30 型钢丝绳冲击钻机为主。这种钻机结构简单、易于维修、对地层的适应范围广，但钻进深度有限、工效低，曾长期适应我国当时的生产力水平[1]。

随着我国水利水电工程开始大规模建设，在政府和相关业主的支持下，我国开发研制出了适用于不同地层的、多种样式的、高工效的钻机及配套机具，并引进了液压（钢丝绳）抓斗、液压铣槽机等国际先进的造孔挖槽设备，通过协作攻关和引进、优化国外先进技术，并应用到工程实践中，到 20 世纪末，针对 100m 以下深度防渗墙施工，形成了系列配套的施工设备。

对于 100m 以上超深与复杂地质条件防渗墙工程，相关工程实践表明，传统冲击钻机、冲击反循环钻机，包括液压抓斗、钢丝绳抓斗、液压铣槽机以及相关配套机具等都面临能力不足、地层适应性有待提高等问题，必须通过研发和改造，全面提升机械设备能力。通过重型冲击反循环研制、重型冲击钻机改造、钢丝绳抓斗与配套机具研发、液压抓斗能力提升、液压铣槽机配套机具研究以及防渗墙辅助设备研发等全面攻关，现已取得了整体突破，形成了 100m 以上、200m 级超深与复杂地质条件防渗墙成套成槽施工的设备与机具。

2.2　重型 CZF 系列冲击反循环钻机

2.2.1　概述

以 CZ 系列曲柄摇杆冲击钻机为基础，基础局在 100m 以下深度防渗墙施工中，研制了 CZF－1200 型冲击反循环钻机，可提高工效 2～3 倍，体现了较高的设备性能，在 100m 以下深度防渗墙施工中得以大规模应用[2]。但在冶勒水电站防渗墙 100m 深墙试验中，CZF－1200 型冲击反循环钻机在动力、结构以及钻头质量（1t 左右）方面显现能力的明显不足，为适应 100m 以上超深与复杂地质条件防渗墙施工需要，基础局又研制了 CZF－1500、CZF－2000 型系列重型冲击反循环钻机，工效是同级别冲击钻机的2～3倍，且由于其自身配套了泥浆净化循环系统，不用再设清孔换浆设备，工程应用钻进深度已达到100m以上深度防渗墙施工的能力，但由于其配套的国产砂石泵能力问题，仅可用于120m以下深度防渗墙的施工。

2.2.2　冲击反循环钻机研制的关键技术[2]

2.2.2.1　基本思路

CZF系列冲击反循环钻机是借鉴CZ系列冲击钻机的冲击工作原理，将抽砂筒间断排渣改进为砂石泵泵吸出渣，同时配套泥浆循环净化系统，实现浆渣分离、泥浆回收，使其具备冲击反循环钻机的功能，从而提高钻机的工效。

要使钻机由单一的冲击功能转化为既有曲柄摇杆自动冲击功能又有反循环排渣功能，必须研制出适应双钢丝绳冲击的平衡同步双卷扬，将传统钻机的单钢丝绳改为双钢丝绳悬吊钻具，以让出钻孔和钻头中心，插入砂石泵排渣管，需解决的关键技术是用于悬吊钻头的两根钢丝绳在作业时的同步平衡问题。

在实际作业时，卷筒直径的制造误差、钢丝绳缠绕松紧的不一和钢丝绳提放不均等问题，都会造成两根钢丝绳在钻孔过程中的不等长。基于差速同步平衡调节原理，研究采用了双绳同步机构，动力输入轴采用常闭式制动器，左、右卷筒在动态或静态条件下实现了随动调节双绳平衡，如图2.1所示。

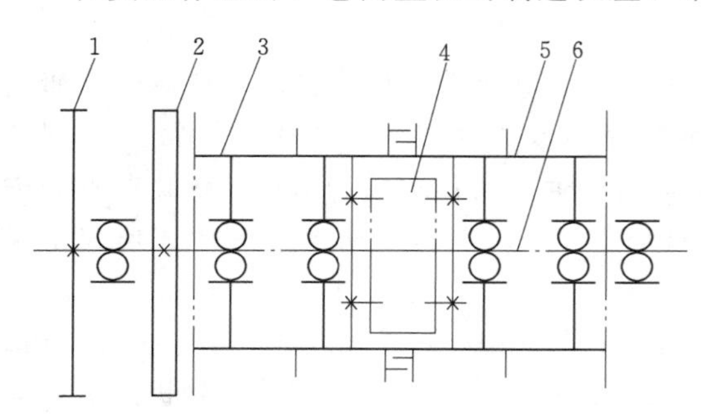

图2.1　同步双筒卷扬平衡原理示意图
1—链轮；2—制动轮；3—左卷筒；4—平衡轮系；5—右卷筒；6—主轴

同步双筒卷扬的平衡原理是：动力经链轮、主轴传至平衡轮系装置，并由特殊连接装置分别与左、右卷筒连成一体。当悬吊钻头的两根钢丝绳等长时，中心平衡轮系带动左、右卷筒同步运转。当两根钢丝绳由于外部原因造成长短不一时（即不同步时），中心平衡轮系在带动左、右卷筒公转的同时，还将使左、右卷筒之间产生相对转动，直至双绳等长，达到新的平衡，使钻头在平衡状态中实现冲击钻进。

2.2.2.2　钻机结构与工作原理

CZF系列冲击反循环钻机主要由桅杆、底盘、传动系统、冲击机构、同步双筒卷扬、操纵机构等组成。底盘、桅杆等结构已进行了改进设计，冲击机构为曲柄连杆形式，为适应双钢丝绳作业，设计成双冲击轮和双导向轮。由于承力点靠近两边连杆，改善了结构受力，整机工作平稳良好。

钻机的工作原理是：钻机的动力通过传动系统驱动曲柄连杆冲击机构，使钻头做冲击运动。悬吊钻头的双钢丝绳利用同步双绳卷扬调节动态与静态平衡等长。空心套筒式钻头中心设置排渣管，利用砂石泵组（或空气压缩机），将钻渣随循环浆液经排渣管及循环管路，从孔底连续抽吸带渣泥浆进入泥浆净化装置，经振动筛除去大颗粒钻渣、旋流器除去粉细砂，净化后的泥浆直接或经循环浆池送入槽孔循环使用。通过这一循环，钻机完成钻

进及排渣作业，直至造孔完毕[3]，如图 2.2 所示。

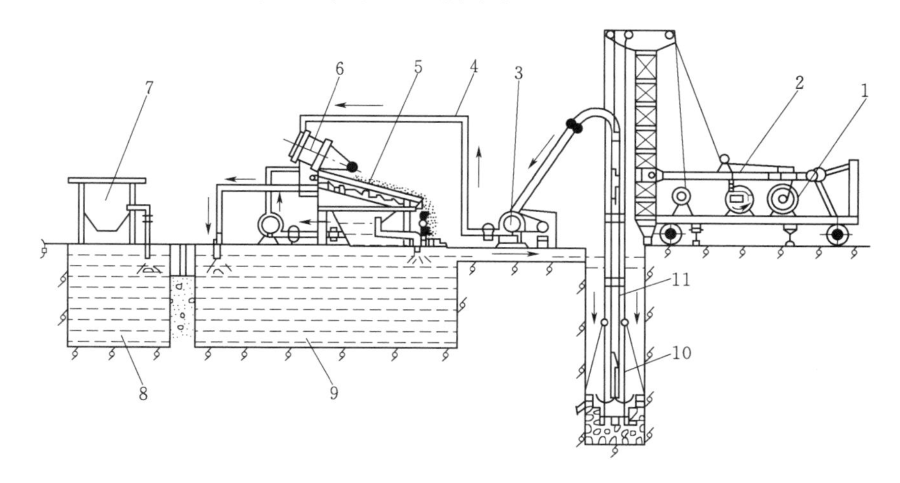

图 2.2　CZF 系列冲击反循环钻机工作原理示意图

1—同步双筒卷扬；2—曲柄连杆冲击机构；3—砂石泵组（或空气压缩机）；4—循环管路；5—振动筛；6—旋流器；7—制浆站；8—储浆池；9—循环浆池；10—钻头；11—排渣管

2.2.2.3　钻机性能

重型 CZF 系列冲击反循环钻机性能见表 2.1。

表 2.1　　重型 CZF 系列冲击反循环钻机性能

项目 \ 机型	CZF-1500	CZF-2000
一、基本性能		
最大造孔直径/mm	1500	2000
最大造孔深度/m	100	100
最大冲击行程/mm	1000	1000
冲击频数/(次/min)	40	36～38
主电动机功率/kW	45	55～75
钻机质量/t	12.5	14.5
外形尺寸（长×宽×高）/(m×m×m)	6.6×2.84×10（工作时）	
	10×2.84×3.6（运输时）	
二、同步平衡双筒卷扬		
提升能力/kN	30	60
提升速度/(m/s)	1.6	1.6
钢丝绳直径/mm	24.0	26.0
三、副卷扬		
提升能力/kN	40	40

续表

项目 \ 机型		CZF－1500	CZF－2000
提升速度/(m/s)		0.61	0.61
钢丝绳直径/mm		17.0	17.0
四、辅助卷扬			
提升能力/kN		30	30
提升速度/(m/s)		0.95	0.95
钢丝绳直径/mm		15.5	15.5
五、排渣系统			
6PS－210型砂石泵组	流量/(m^3/h)	210	210
	扬程/m	16	16
	吸程/m	8	8
	砂石泵电机功率/kW	30	30
	3PNL泵流量/(m^3/h)	108	108
	配用电机功率/kW	22	22
	质量/kg	1600	1600
	外形尺寸（长×宽×高）/(mm×mm×mm)	1750×1400×1010	1750×1400×1010
	配用钻杆内径/mm	150	150
六、泥浆净化机		JHB－200	JHB－200
上层筛网除泥砂能力/(t/h)		1.8～2.2（200目）	1.8～2.2（200目）
下层筛网处理泥浆能力/(m^3/h)		150～220（74μm）	150～220（74μm）
总功率/kW		17.2	17.2
质量/kg		2450	2450
外形尺寸（长×宽×高）/(mm×mm×mm)		3187×1753×3200	3187×1753×3200
七、钻头形式		中空套筒阶梯式、双层式等	中空套筒阶梯式、双层式等
直径/mm		600～1500	600～2000
质量/t		1.2～3.0	3.0～5.0

2.2.2.4 钻机的特点

（1）钻机的双绳同步卷扬机构工作原理科学，在动、静态工况下，均能保持悬吊钻头的双钢丝绳平衡。该机构运转可靠，耐疲劳性能良好。

（2）双绳平衡问题的解决，使冲击反循环工法得以实现，钻进效率大大提高。其工效为CZ型冲击钻机的2～3倍，也减少了钻具、配件及钢丝绳的磨损和消耗，降低了钻孔成本，缩短了施工工期。

（3）钻机改进了连杆冲击机构，冲击功大。配置不同的钻具，钻机可以适应各种地层钻进，不但能钻进桩孔，也能进行槽孔施工。利用同步双筒卷扬机，配上特制的双反弧钻头可进行防渗墙双反弧接头槽孔施工，实现了用先进的双反弧接头法替代传统的套打接头法。

（4）钻孔质量高，钻孔的孔斜率可满足规范要求。

（5）整机结构简单，操作方便，易于维修。

经过不断试验与改进，CZF系列钻机已批量生产并应用于工程施工中。

2.2.3 CZF－1500、CZF－2000型冲击反循环钻机[4]

2.2.3.1 研制关键技术点与改进措施

（1）研制大吨位同步双卷扬系统（图2.3），提升主卷扬能力，提高冲击功钻具质量，加大钻孔破岩能力。

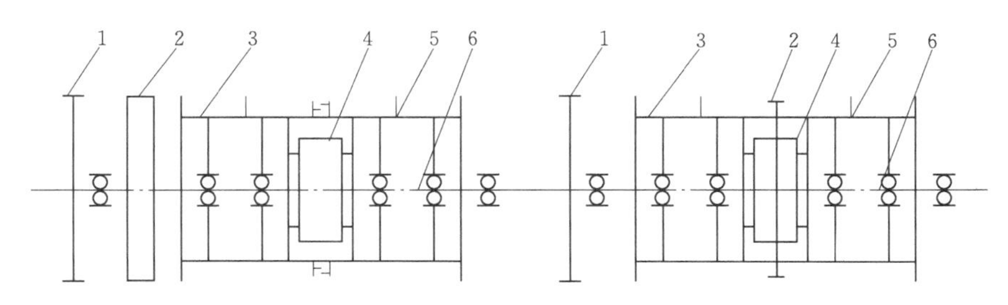

(a) 单边制动型同步主卷扬　　(b) 中间制动型同步主卷扬

图2.3　同步双卷扬

1—传动链轮；2—制动轮；3、5—双卷筒；4—同步机械；6—传动轴

（2）主卷扬设计成中间制动型（图2.4），避免单边制动冲击梁受力不均易于扭偏，卷筒结构、传动轴内受力不均及因工作负荷较大制动力矩不足等缺陷。

（3）采用三列弹簧、减震式三臂冲击梁结构设计，适应提升重型钻具能力的要求。

图2.4　中间制动同步双卷扬

采用增强型中间制动同步双筒卷扬设计，能有效地平衡冲击负载，改善机构受力，明显降低因受力不均而产生的机械故障率。双卷筒均用隔板分成工作段和储绳段，工作段只缠绕一层钢丝绳。差速装置可保证两个卷筒的转矩以及两根钢丝绳的拉力在理论上完全相等。由于差速装置及卷筒内部存在摩擦阻力和损耗，两根钢丝绳的拉力实际上存在差异，将两根钢丝绳拉力差ΔF控制在允许的范围内，即可满足使用要求。

设计调整的轮径和带宽有效提高了制动力，结构简单实用。同时设计考虑了双通止锁功能，以解决单绳提钻问题。

通过设计优化，适当加大主传动链轮结构尺寸，调整主传动机构传动比，在动力配备不变的情况下，使主卷扬提升力提高了20%。

在曲柄摇杆冲击机构中，当钻具质量一定时，通过四杆机构的“急回”作用和适当加大冲击机构的“上升角”设计，可有效实现“慢提快放”的效果，以钻机最大冲程达到单次冲击功最大化，使冲程与冲击频率协调，充分利用钻头的自由落体碎岩。优化设计同时降低了电机功率。对于冲击机构“上升角”的增大导致曲柄、连杆和冲击梁内力的增加，设计中对各杆件的强度进行了加强。

2.2.3.2 施工性试验

改进型CZF－1500、CZF－2000型冲击反循环钻机完成设计、加工制作成品后，在黄壁庄水库除险加固工程防渗墙工程中进行了试验和施工[5]。

试验与施工表明，研制的改进型CZF－1500、CZF－2000型冲击反循环钻机（图2.5）钻具质量为3～5t，保持了钻具冲击破岩效率高、地层适应性强的特点，成孔直径在2m以上，可满足100～150m深度防渗墙施工。

图2.5　CZF－2000型冲击反循环钻机

2.2.4 重型冲击反循环钻机配套机具

重型CZF系列钻机配套机具主要包括钻头、反循环砂石泵组、泥浆净化机和排渣管。

（1）钻头。为实现冲击反循环钻进，重型CZF－1500、CZF－2000型冲击反循环钻机配套了中空式钻头、6英寸多齿键卡式密封接头排渣管路及泥浆净化机等。

中空式钻头设计：针对岩石坚硬，块石、块球体含量高和体积大的地层特点，对原有冲击反循环钻头根据使用情况进行了更新设计，配套钻头如图2.6所示。钻头为空心十字阶梯式钻头，有2～3个台阶，外圈有6个刃角，内圈有4个刃角（起超前破碎作用），台阶高度为20～30cm，钻头长度为2～2.3m，由于增加了刃角，提高了钻头的空心度，增强了钻头对地层的切削、破碎能力，不仅提高了施工工效，而且保证了钻孔的垂直度。新型钻头进一步降低了重心位置，并采用整体铸造成型，以提高结构强度和增强冲击稳定性。在钻头前部设置了一定长度的“超前头”，以利于提高成孔精度，冲击刃仍采用可焊接更换的抗冲耐磨合金头，提高了钻进效率。

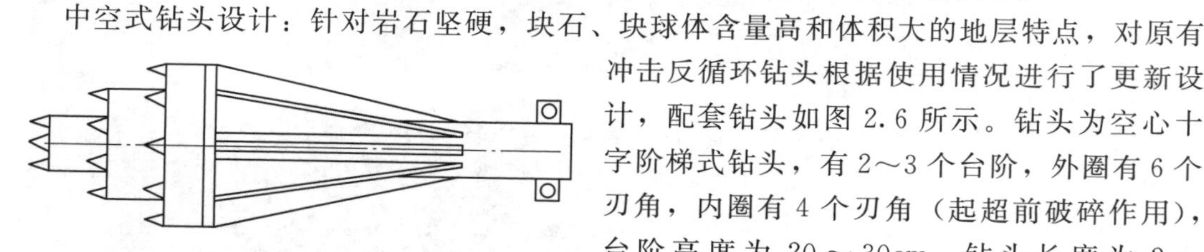

图2.6　重型冲击反循环钻头示意图

（2）反循环砂石泵组。反循环砂石泵组的优劣不仅影响施工工效，也决定了深厚覆盖层泵吸反循环作业能否实施。经过数个工程试用，6SB－220型自动转换真空启动砂石泵组完成了定型设计。该泵排量为220m³/h，实际最大反循环深度达150m（孔径为1000mm时）。其自动转换启动装置已获得国家专利。

(3) 泥浆净化机。JHB-200型泥浆净化机(图2.7)为CZF-1500、CZF-2000型冲击反循环钻机配套的泥浆净化回收装置,净化机由振动筛、旋流器、泥浆泵、泥浆罐和管路系统等组合而成。振动筛选用单轴惯性筛,为双层筛网。旋流器两个一组并联在振动筛上部。泥浆处理能力为200m^3/h。

图2.7 JHB-200型泥浆净化机

(4) 排渣管。对于冲击反循环钻机成槽施工,排渣管是重要的配套钻具之一。排渣管的结构形式、快速装拆的可行性、施钻过程中的可靠性、排渣时的密封性等,将直接影响钻机的施工效率。排渣管的接头形式有3种,即多齿键卡式密封接头、插装式螺纹连接接头和插装式软轴连接接头。研究采用多齿键卡式密封接头,经现场试验与施工的应用,能够满足施工现场工况使用要求。

2.2.5 CZF-1500、CZF-2000型冲击反循环钻机工程应用

2.2.5.1 润扬大桥北锚碇地下连续墙工程[6]

北锚碇基础平面尺寸为长69m、宽50m,坑周采用平面为矩形的地下连续墙结构进行挡土支护和防渗,设计承受水平荷载为68000tf。采用"逆作法"施工,基坑最大开挖深度约50m,设计墙宽1.2m,成槽施工最大深度为56.54m,平均深度为53.44m,地下连续墙平均入岩深度为4.5m。工程配置了CZF-1500、CZF-2000两种型号的冲击反循环钻机共16台(套),主要用于硬岩钻凿和导孔钻进。CZF系列冲击反循环钻机施工现场如图2.8所示。

冲击反循环钻机在该工程嵌岩钻进中开挖的岩石量达866.65m^3,占岩石总量的67.7%,有效提高了成槽工效,加快了项目施工进度。

2.2.5.2 冶勒水电站防渗墙工程[7-8]

冶勒水电站位于四川省西部南桠河(大渡河中游右岸的一级支流)上游,为南桠河流域梯级规划"一库六级"的第六级龙头水库电站。该水电站采用高坝、中长引水隧洞、地下厂房的混合式开发。

图2.8 CZF系列冲击反循环钻机施工现场

工程先期进行了100m深度防渗墙施工试验,采用CZF系列冲击反循环钻机施工,最大钻孔深度为101m。

大施工期间,CZF-1500、CZF-2000型冲击反循环钻机主要承担大坝右岸岸坡、河床及右岸台地防渗墙施工,高峰期施工时达24台,施工最大深度达到84m。限于洞内施工场地狭小,通过在6BS型砂石泵加装一个双向三通闸阀的优化布置,改一机一筛为二

机一筛的设备组合，减少了一套泥浆净化设备，两台 CZF－1500 型冲击反循环钻机共用一台 JHB－200 型净化器，提高了洞内施工空间利用率，有效降低了施工成本。

依据地层不同，冲击反循环钻机平均钻进工效为 4～20.7m/(台・d)，配套的 JHB－200 型泥浆净化机每小时处理泥浆能力达 $220m^3$，有效地循环使用了钻孔泥浆，降低了施工成本。

2.2.5.3 狮子坪水电站防渗墙工程[9]

狮子坪水电站位于四川省阿坝藏族羌族自治州理县境内岷江右岸一级支流杂谷脑河上，工程枢纽由拦河坝、泄洪洞、导流（放空）洞、引水隧洞、调压井、压力管道和地下厂房等建筑物组成。防渗墙施工轴线与大坝轴线重合，墙体厚度为 1.2m，防渗墙底部嵌入岩石至少 1m，基岩面陡坡倾角超过 80°，最大造孔深度为 101.8m。工程采用改进型 CZF－1500、CZF－2000 型冲击反循环钻机进行防渗墙造孔施工，应用效果良好。

2.2.5.4 下坂地水利枢纽工程[10]

下坂地水利枢纽工程为Ⅱ等大（2）型工程，是塔里木河流域近期综合治理中的唯一重点山区水库工程，是以生态补水和春旱供水为主、发电为辅的综合性水利枢纽工程。主要建筑物由拦河坝、导流泄洪洞、引水发电洞和电站厂房 4 个部分组成，坝型为沥青混凝土心墙砂砾石坝，坝顶高程为 2966.00m，最大坝高为 78m。坝基防渗墙墙体厚 1m，最大墙深 85m。

工程先期进行了 100m 深度防渗墙施工试验，采用 CZF 系列冲击反循环钻机施工，最大钻孔深度为 102m。

大施工期间，防渗墙成槽主要使用 ZZ－5、ZZ－6 型冲击钻机和 CZF－1500、CZF－2000 型冲击反循环钻机施工，最大钻孔深度为 85m。

2.3 重型冲击钻机

2.3.1 概述

冲击钻机自 20 世纪 50 年代引进以来，到 20 世纪末，以仿苏式 CZ22、CZ30 型钢丝绳冲击钻机为主的各种钻机，一直是水利水电工程防渗墙最基本的主力施工设备。这种钻机结构简单、易于维修、对地层的适应范围广，市场保有量巨大，但钻进深度有限、工效低，对于超百米深度防渗墙槽孔施工，其性能、能力和钻头质量不能满足施工要求，基本无法施工，必须提高钻机的能力与性能。

鉴于冲击钻机对地层的良好适应性和市场认可度，针对西南地区复杂地质条件下建造 100m 以上超深防渗墙的需求，我国对传统钻机进行改造升级，生产了系列重型冲击钻机，最大钻头质量可达 8t，在旁多水电站防渗墙工程中，最大成墙钻孔深度为 158.47m，试验段槽孔最大深度为 201m[11]；目前正在施工的大河沿水库防渗墙工程，已完成 4 个 160m 以上深度槽孔造孔与浇筑，最大深度为 186.15m。改进升级的重型冲击钻机实现了大跨度飞跃，满足了 100m 以上、200m 级超深与复杂地质条件防渗墙工程施工的需要。

2.3.2 重型冲击钻机技术要点

针对施工要求，在传统 CZ 型冲击钻机的基础上进行优化设计，改进内容包括：为提高钻进效率，钻具质量需要加大；随着成槽深度的增加，钢丝绳自身的弹性变形增大，钻机必须具备足够的冲击行程；钻机卷扬需满足重型钻头的提升能力要求，且具有超大容绳量；增加离合器摩擦片数量和制动轮毂直径以满足传动力需求；在重负荷恶劣环境工作状态下，机架及关键零部件需具备更高的强度和刚度及自身的稳定性，刹车与离合系统应更可靠。重型冲击钻机主要参数见表 2.2[12]。

表 2.2 重型冲击钻机主要参数

钻机型号	钻孔直径 /mm	钻孔深度 /m	主轴直径 /mm	钻具质量 /kg	主卷额定提升力/kN	冲击次数 /(次/min)	杆高度 /m	匹配动力 /kW
CZ-6D	600～1200	60～120	110	5500	68	36～42	8～12	55、75
CZ-9	800～2500	60～300	120	7000	130	32～34	8～12	75
TA	800～3000	60～300	130	8500	280	32～34	8	75、90

（1）设计改进的重型钻机具备以下特点：

1）设计大容绳量卷筒，配置螺纹绳槽，提高容绳量，降低摩擦损失；设计增加主卷扬传动链中间增力节，使提升操作更轻松省力。

2）主轴加工选用加强型合金钢材，提升结构强度；采用分体式主轴提高传动能力，简化加工制作、方便维护，如图 2.9 所示。

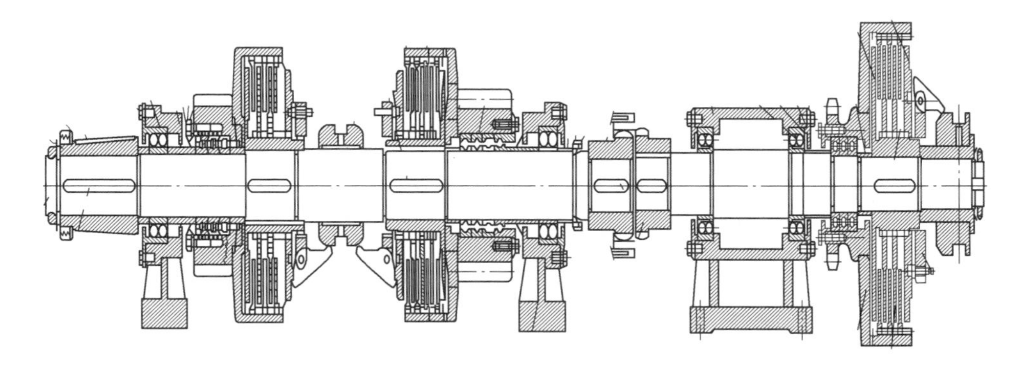

图 2.9 分体式主传动轴

3）主轴离合器采用 ϕ350mm 型摩擦片，离合能力加大，在提升 8t 钻头时，主卷扬离合器闭合力仅为 20kgf，并且中间片加厚至 8mm，表面磨削使之接合轻松，解决了中间动力片因打滑发热而变形黏合的难题。

4）加大三角带轮尺寸、增大三角带包角以减少打滑从而保证动力输出；曲柄的连接变更为矩形直孔键，连接可靠、使用简便。

5）主机架采用 Q235/30C 型重型工字钢加工成型，保证安全可靠。

通过合作厂家的深化完善及加工工艺调整，钻机已满足设计要求，并已批量生产，大量应用于 100m 以上深度防渗墙工程施工中，取得了良好效果。

（2）配套重型钻具设计。

1）主孔施工钻具。冲击钻进基岩难度最大，一般采用十字形齿牙式钻头，钻头周围的受力点主要在齿牙部位，针对钻进坚硬岩石施工中容易磨损掉齿，钻刃磨损后容易发生卡钻和偏孔的问题，对钻头进行了改进，如图 2.10 所示。

图 2.10　十字平底冲击钻具

a. 增加钻头周围弧形底刃的长度和外围硬质合金齿的数量，从而加强圆孔形成能力和钻进过程的稳定性。

b. 增加钻头底刃硬质合金齿的强度和尺寸，并使之能同时接触孔底，以加大钻头的破岩能力，减少钻齿的破损。

c. 调整各钻角摩擦面的角度，以减小钻头与孔壁的摩擦，提高钻进工效。

2）副孔钻具。在采用先钻主孔、再抓劈副孔的施工中，副孔钻进完成后要进行主、副孔间小墙钻修处理。为此，配备设计了专用的方锤、扁锤、十字导向钻头等钻具，如图 2.11～图 2.13 所示。

图 2.11　副孔钻进用方锤

图 2.12　副孔钻进用扁锤

2.3.3 重型冲击钻机的应用

2.3.3.1 西藏旁多水利枢纽大坝基础防渗墙工程[13]

旁多水利枢纽位于西藏林周县拉萨河干流，工程任务以灌溉、发电为主，兼顾防洪和供水。水库总库容为12.3亿m^3，电站装机容量为160MW。工程枢纽主要由碾压式沥青混凝土心墙砂砾石坝、泄洪洞及泄洪兼导流洞、发电引水系统、发电厂房和灌溉输水洞等组成，最大坝高为72.30m。坝基防渗采用混凝土防渗墙，最大深度为158m，墙厚1.0m，防渗墙轴线长1073m，成墙面积为12.5万m^2，是目前世界上已建最深的防渗墙。工程配置了70余台改进后的重型冲击钻机（图2.14）、2台重型钢丝绳抓斗和4台SG40改进型液压抓斗，钻头最大质量可达8t，最大冲程可达1.0m，采用“两钻一抓法”“上抓下钻法”等工法施工，试验槽孔最大深度达到201m。

图2.13 十字导向钻头

图2.14 重型冲击钻机施工现场

2.3.3.2 黄金坪水电站坝基防渗墙工程[14]

黄金坪水电站位于大渡河上游河段，坝基覆盖层采用全封闭防渗墙防渗形式，轴线长度为407m，防渗墙厚度为1.2m，最大深度为129m，成墙面积为2.3万m^2。施工配置了53台改进后的重型冲击钻机、1台重型钢丝绳抓斗，钻头最大质量可达到5t，最大冲程可达1.0m，采用“改进钻劈法”工法施工，造孔工效达到3.5m^2/(台·d)。

2.4 重型钢丝绳抓斗及配套机具

2.4.1 概述

随着我国西南地区水利水电工程的开发，防渗墙的施工深度越来越深，钢丝绳抓斗作为防渗墙施工的主力设备，20世纪末，经过研发与改进，我国使用的钢丝绳抓斗施工最大深度达到了80m，但远远满足不了100m以上超深与复杂地质条件防渗墙的施工要求。国内重型钢丝绳抓斗专业制造厂家极少，品种规格可选择性较低，技术质量都满足不了主机大型化后对所附工作装置的性能要求。所以，开发研制适合我国水利水电行业特点并与主机匹配的重型钢丝绳抓斗成为当务之急。

为了提升钢丝绳抓斗在孤、漂（块）石地层的挖槽能力，提高其在复杂地层中的造孔工效，与之配套的重凿等机具也需要配套研究。为此，以提升钢丝绳抓斗施工深度与能力为目的，进行了重型钢丝绳抓斗和配套机具的研发工作。通过研究，全面提升了设备能力和性能，在旁多水电站防渗墙工程中，最大成墙挖槽深度近158m，试验段槽孔最大挖槽深度为201m；目前正在施工的大河沿水库防渗墙工程，已完成4个160m以上深度槽孔造孔与浇筑，最大深度为186.15m，应用效果显著，具备了200m深度防渗墙槽孔施工的能力，重型钢丝绳抓斗性能主要参数见表2.3。

表2.3　重型钢丝绳抓斗性能主要参数

型号	斗重/kg	斗宽/mm	开斗跨度/mm	开斗长/mm	闭斗长/mm	斗间长/mm
DH46	11500	1000	2800	6400	7250	2600
KL100	9000	1000	2710	6670	6230	2400

2.4.2　重型钢丝绳抓斗[15]

2.4.2.1　现有钢丝绳抓斗存在的问题

大型绳索抓斗主机（HS875HD型）已在大深度防渗墙工程中应用，它的性能好坏直接影响到深厚覆盖层地基中防渗墙造孔施工的效率。从所配斗体的使用情况分析，存在的主要问题包括以下几个方面[16]：

（1）与HS875HD型大型主机配套的绳索抓斗应是20t级，但是现有斗体的质量为15t，与主机能力不相匹配；对于具有20t连续吊重能力的主机来说，意味着部分功率为空耗，每天多消耗燃油664L以上。

（2）现有斗体主体框架结构使用Q235低碳槽钢焊接而成，所用钢板厚度在20mm以下，材质强度过低，结构单薄，焊缝开裂现象经常发生。

（3）地层对斗体的冲击反力作用于斗蚌边缘的斗齿上，经蚌壳、销轴、连杆最终传递到主体框架结构上，冲击反力在传递过程中经过了许多较薄弱的环节，容易造成这部分零件损坏和失效。

（4）过于强调增大斗体容量而牺牲了一些最需要保护和加强的元素。当斗体容量做到最大时，最关键的结构尺寸就不得不缩小，因而减小了受力最大部位的断面尺寸，承受冲击时容易产生裂纹。

（5）滑轮的布置方式为斜置式，占用空间较大。同时斗体的厚度无法满足薄型防渗墙的施工要求。滑轮直径过小，轮径和绳径不匹配，安全系数过低，因而加剧了钢丝绳的弯曲疲劳破坏，更换频繁，容易发生严重的事故。

（6）滑轮的密封形式为浮动密封，该密封所用的密封环为钢制经镜面研磨而成；这种密封环不适合在含有砂粒的泥浆中使用，且承受外界泥浆压力的能力严重不足，密封性能达不到100m深度造孔施工的要求。同时，滑轮轴承的承载能力过小，额定载荷未达到绳索的最大拉力。

2.4.2.2　ZD－20型重型钢丝绳抓斗斗体的设计要点

钢丝绳重型抓斗与主机的匹配程度决定了二者是否能同时发挥最大的效能，如果匹配不好就意味着二者之一肯定出现功率上或时间上的浪费。要在提高挖掘效率的同时降低不必要的能耗，就要在大型主机、重型斗体、墙体厚度之间找到一种合理的配置关系。根据主机的能力配装合适质量的斗体能起到减少功率损失、提高挖掘效率的作用。

（1）斗体质量与抓取效率成正比，在主机额定能力范围内应尽量加大斗体质量，使斗体的质量与主机的连续起吊能力相匹配。该斗体设计质量为 20t。

（2）根据绳索抓斗施工环境特点，优化设计斗体的结构形状，提高主体结构钢材的强度和板材的厚度，适当减少斗体容量，增加斗体薄弱部位的尺寸，降低易损部位的应力。优化斗体冲击反力的传递途径，简化冲击力的传递环节；冲击齿的安装位置与跨度要符合孔位布置规律。

（3）在保持滑轮组 6 倍率的同时保证斗蚌有足够的闭斗力，闭斗绳牵出长度能适合主机的桅杆高度。滑轮是重型抓斗的关键部件，故障率和维修成本较高，是影响施工效率的重要因素。设计新的密封形式，要满足深孔造孔时的密封要求，轴向尺寸要小，要满足承载力要求，提高可靠性。

（4）兼顾通用性需求。水利水电工程防渗墙厚度多在 0.4～1.5m，采用创新的滑轮布置方式，使重型斗体在该范围内通用。斗体重型化后墙体依然可以做得很薄（到 30cm），使重型钢丝绳抓斗能覆盖全系列厚墙尺寸，便于施工。

2.4.2.3 ZD-20 型重型钢丝绳抓斗斗体设计[15]

（1）为提高挖掘效率，斗体质量按照主机连续运行时的最大允许重力 200kN 设计，斗体质量增加 25%，与主机设计最大工作质量接近。ZD-20 型重型斗体设计如图 2.15 所示。

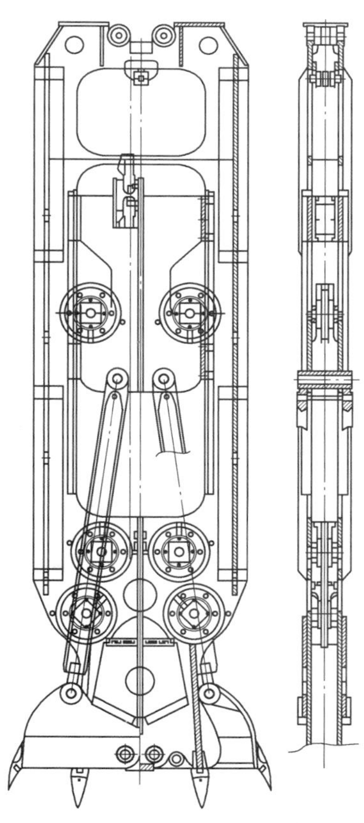
图 2.15 ZD-20 型重型斗体设计

（2）斗体的主体框架结构采用 40mm 厚钢板整体切割成型，弯角处用大半径圆角过渡，减少焊接缝数量，增加焊接缝高度。主结构横断面呈工字形，以增加斗体抗折抗弯性能，最大限度地减少冲击应力产生的裂纹。钢板材质为 Q345B，可满足在恶劣工况下对斗体的强度要求。

（3）为减少滑轮占用的空间，滑轮布置方式改传统的斜置式布置方式为平面布置方式，这种布置形式可减少斗体厚度 50%以上。在保证滑轮倍率不变的前提下对绳索的走向及滑轮的位置进行了精确设计，为后续设计薄型绳索抓斗提供了可行的方案。斗体滑轮布置如图 2.16 所示。

（4）对滑轮进行了专门设计（图 2.17），采用钢板压制组合型滑轮结构，轮绳直径比由原来的 13 调整为 18，安全系数由原来的 3 倍提高到 4.5 倍。在空间允许的情况下将直径由 480mm 增加到 650mm，承载力按照主机卷扬的最大连续输出能力 300kN 设计，单件滑轮额

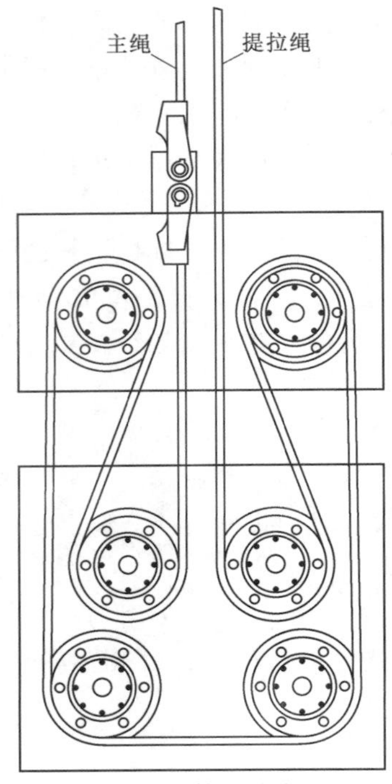

图 2.16　斗体滑轮布置图

定承载力达到 590kN。轴承类型为双列满装圆柱滚子重载轴承，承载力加强后与主机卷扬的输出能力相匹配。

（5）针对超深防渗墙施工特点和滑轮工况，对滑轮的密封结构进行了特殊设计。集机械密封和浮动密封二者的优点，采用了机械密封的硬质合金密封环与浮动密封的橡胶圈相结合的形式。密封面材料由钢制圈改为碳化钨硬质合金，如图 2.18 所示，结合面经高精度研磨而成，平整度、光洁度、硬度和耐磨性能都优于原来的密封。由于材质和加工精度的提高，该密封组合更符合于在泥浆压力变化环境下造孔的要求，使用寿命大大提高。

（6）为提高斗体抗冲击能力，改斗蚌壳承受冲击力为主体框架结构直接承受冲击力，避免附属结构承受冲击力。在主体框架结构承受冲击的部位镶有冲击齿，用来破碎地层和承受冲击力，如图 2.19 所示。由于绳索斗体的主要质量集中在主体框架上，完善的斗体设计减少了冲击力的传递环节，也就减少了传递链上各零部件损坏的可能性。

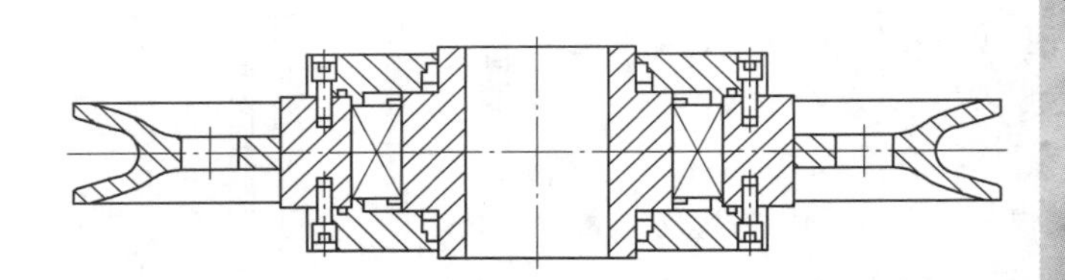

图 2.17　抓斗滑轮

图 2.18　机械密封

图 2.19　斗体主机架镶有冲击齿

(7) 兼顾斗体容量与最大应力断面尺寸二者的合理需求，将斗体容量从原来的 1.1m^3 调整为 0.54m^3（约减少 50%），适当增加了最关键部位的结构尺寸。由于绳索斗体多用于复杂地层的施工，相比斗体容量而言增强关键部位的结构尺寸更为重要。

提高绳索抓斗造孔工效的关键在于增加斗体的质量和减少斗体的故障，20t 级 ZD－20 重型钢丝绳抓斗的研制有效解决了斗体结构强度、滑轮直径与布置、轴承承载力、轴承密封等方面均不能满足复杂地层下防渗墙施工要求的主要问题，保证了斗体在各种条件下的工作可靠性，充分发挥了大型主机的作用以提高工效。

2.4.3　重型抓斗配套机具

2.4.3.1　破力器的设计与应用[17]

(1) 常规破力器的功用及存在的问题。钢丝绳抓斗是防渗墙施工的常用造孔设备，抓斗主机与斗体钢丝绳的自然扭力会带动斗体旋转，影响成槽质量，因此需在二者之间加装破力器，既能传递钢丝绳的拉力，又能破除钢丝绳的扭力，从而避免对造孔质量的不利影响。

破力器所承受的最大拉力取决于主机卷扬的最大单绳拉力，由于它的工作环境是处在不同深度的泥浆中，泥浆的浆柱压力对破力器的密封性能提出了很高的要求。以前的同类产品由于密封过于简单，在 100 余米的浆柱压力下容易损坏，很快失效；内部轴承的承载力不够也是影响破力器使用寿命的因素之一。施工中常用的破力器额定载荷一般都在 10tf 以内，发生早期损坏的主要原因有以下几个方面：

1) 轴承的承载力过小。

2) 密封形式过于简单，耐压能力不足。

3) 整体结构设计不尽合理。

针对 100m 以上超深防渗墙造孔的要求，造孔施工使用重型钢丝绳抓斗由 100t 级履带吊车配以质量 20t 的斗体，最大挖掘深度为 100～200m，破力器潜入孔内的深度在 200m 处，此处的浆柱压力可达到 2.0MPa。在这种压力下，一般的密封形式是达不到阻止泥浆进入的要求，施工荷载和潜入泥浆的深度均超越已有破力器的使用范围。为了保证破力器可靠工作，需要对其整体结构重新设计，研制新型大吨位破力器，使重型抓斗各部件之间的匹配达到最佳状态。

(2) 35t 重载破力器设计构思。破力器的受力状态比较简单，主要为来自设备卷扬的钢丝绳变载荷轴向拉力，还有来自钢丝绳受拉后产生的扭转力，另有少量的径向力产生。极限拉力即为主机卷扬的最大单绳拉力。造孔设备的实际最大输出拉力为 300kN，在选择破力器中的主要承载元件轴承的时候，额定动载荷不能小于此数值；同时破力器的外形尺寸须限制在一定范围内，其结构要简单，受力要合理。

(3) 研制成果。研制完成的重型破力器，外壳选用中碳合金钢 40Cr 制造，外部壳体的最小强度满足最大拉力 300kN 的要求，具有 5 倍的安全系数。配套钢丝绳直径为 36mm。外观设计上破力器两端设计成半球形，有利于减少破力器高速旋转时与周围物体的碰撞。新型 35t 重载破力器如图 2.20 所示。

主承载轴承：破力器内部共设有 2 套轴承，上部轴承采用了 6310E 型深沟球轴承用于心轴的径向支撑，只承受径向力；29414E 型调心滚子轴承作为破力器承载外部载荷的

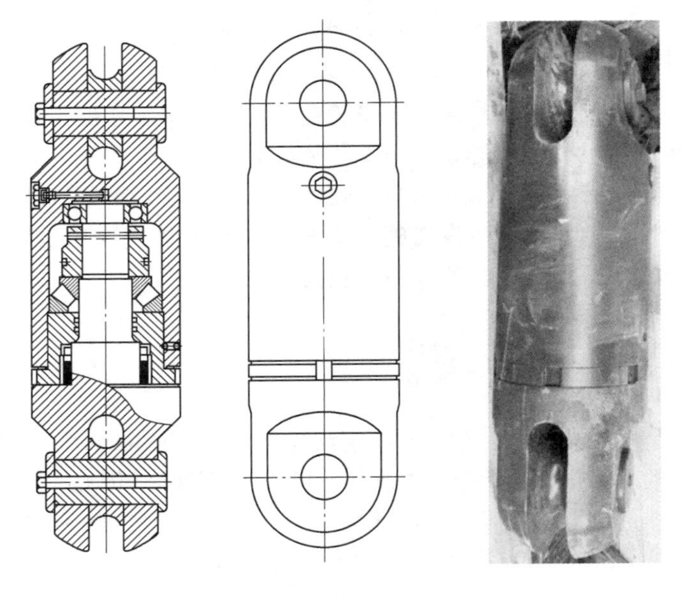

图 2.20　新型 35t 重载破力器

主要元件，能承受 300kN 以上的额定动载荷，技术参数见表 2.4。设计采用调心轴承和定心轴承相结合的方式，使两套不同形式的轴承在性能上互补。上部的球轴承在上下部件做相对旋转时起径向定位作用。调心滚子轴承的作用是承载轴向拉力，并且自身可承载少许径向力，与上部的球轴承组成两点支撑，以保证破力器在高速旋转过程中的定心效果，使机械密封件有一个良好的运行条件，减少了轴向和径向的窜动量，从而保证了密封效果。将原来的球轴承改为滚子轴承，额定承载力由原来的 100kN 提高到了 350kN。

表 2.4　29414E 型轴承参数表

基本尺寸/mm			额定负荷/kN		最小负荷常数	极限转速/(r/min)		质量/kg	轴承型号	
内径 d	外径 D	厚度 T	C_a	C_{oa}	A	脂	油	W	新	旧
70	150	48	390	615	0.155	1400	2000	3.71	29414E	9039414E

中心轴：具有足够的直径尺寸和强度，变截面处均采用了大圆角过渡，可减少因应力集中造成突然断裂的可能性。弹性圆柱销孔的位置靠上，避开了受力最大的心轴截面位置，避免了产生应力集中和因销孔而削弱截面的现象。

密封结构及特点：破力器工作于含有大量泥砂的槽孔泥浆中，入孔越深承压越大。综合考虑破力器结构特点和尺寸限制，设计采用天津联强 L2100 型机械密封替代了双唇钢圈橡胶骨架密封，由于密封环使用了超硬度合金材料和精加工工艺，使密封性能得到大幅提高，耐压能力达到了 2MPa，能够在 200m 深度泥浆中正常工作。

摩擦副材料：选用极高硬度碳化钨材料制作的动、静环，辅以超高的加工精度，使其具备极高的水密性和耐久性。该密封件结合面的预压力是由一根直径 6mm 的弹簧产生的，可实现动、静环在相对旋转过程中有足够而持续的结合力和磨损补偿。

安装方式：破力器安装于主机两个卷扬的钢丝绳输出端，再通过钢丝绳连接斗体。为

确保密封性能，安装时要注意破力器上下端方向，不可颠倒。

(4) 应用效果。新型 35t 重载破力器的研制成功地解决了原有破力器承载力不足、结构不合理和密封性能不好的问题，使得重型钢丝绳抓斗的挖掘成槽施工更加可靠，其成功应用于西藏旁多 158m 深度防渗墙和 201m 深度试验槽孔的施工[18]，为这项具有世界级难度的防渗墙工程圆满完成提供了保证。

2.4.3.2　冲击重锤[19]

钢丝绳抓斗与液压抓斗的区别在于它可以拎重锤冲击地层，而且重锤质量远大于冲击钻机的钻头质量，冲程可达 10～20m，对于孤、漂（块）石地层和硬岩（小墙）地层冲砸破碎具有良好的效果，是重型钢丝绳抓斗重要的配套机具。

(1) 冲击重锤设计制造。重锤类似钻机钻头，钻头在泥浆液下冲击地层时，必须具有一定的质量和冲击高度，才能产生足够的冲击力有效地破碎岩石，现已为重型钢丝绳配套研制了质量达 16t 的重锤。冲击重锤的形状以及齿形对破岩效率影响极大，重锤的结构设计成锥台型，上部直径较小，锥状结构重心低，且具有自动纠斜导正作用，在钻凿时不易产生较大的孔斜；锤体沿冲击方向开有纵向水槽，断面孔隙比最大，以降低钻头下落时泥浆抵抗阻力，钻头刃的形状应使其压入岩石时的阻力最小，有利于传递冲击能量，提高碎岩效率。针对不同部位和地层，有米字形（图 2.21）、十字形（图 2.22）、一字形和方形重锤，方形重锤主要用于修整孔形。

图 2.21　DZ 型米字形 16t 冲击重锤

图 2.22　DZ 型十字形 10t 冲击重锤

(2) 副孔重锤的研制。当防渗墙的深度超过 100m 时，用普通冲击钻头造孔工效很低，特别是在主、副孔之间形成小墙（图 2.23）时，劈打副孔十分困难。由于孔深过大，尤其是深度超 80m 以后，副孔的实际位置发生了较大的变化，造孔施工中圆形冲击钻头很难找准副孔中心，容易滑向两边的主孔，劈打副孔难以取得有效进尺，极大地影响了施工进度。为此，专门研制了一种用

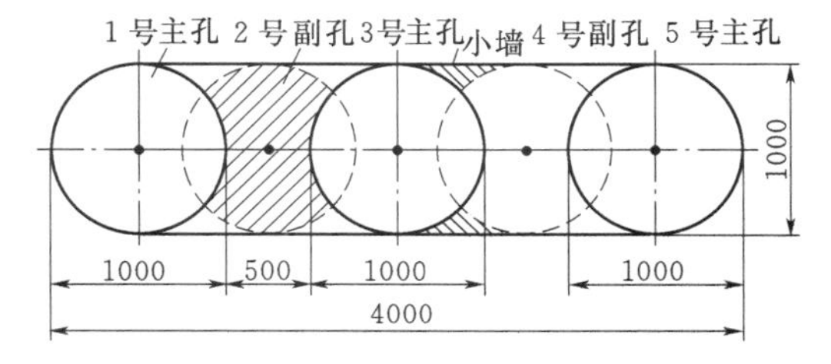

图 2.23　一期槽孔中主、副孔布置图（单位：mm）

于钻进副孔的重锤。

1）副孔重锤主要设计因素。

a. 重锤应具有较好的导向性能，不论相邻主孔是否偏斜均能将重锤引向副孔，而不会进入主孔，也不能有过大的旋转。为此重锤下部在防渗墙轴线方向须有足够的长度，两端须有一定的宽度。

b. 考虑到圆形钻头劈打副孔一般在有孤石处受阻，故重锤应有足够的质量，且底刃坚固耐磨，能击破较大的孤石。

c. 重锤的外形应既能集中冲击力破岩，又能使副孔达到一定的宽度。

d. 重锤的顶部应便于用抓斗主机单绳起吊，提梁结构必须牢固，且便于安装保护绳。

2）副孔重锤设计要点。

a. 考虑到破碎孤石的需要和起重设备的能力，重锤的质量定为12t左右，高度为4075mm，下部沿防渗墙轴线方向的长度为2000mm。

b. 为缩短制造周期，重锤采用厚钢板焊制，主板厚度为180mm，其他部件全部焊接在主板上，主板的高度和长度与重锤的高度和长度相同。

c. 为保证重锤的击中率和副孔宽度，采用上下两级倒V形冲击底刃，其顶角均为53°，底刃焊接高硬度耐磨材料。

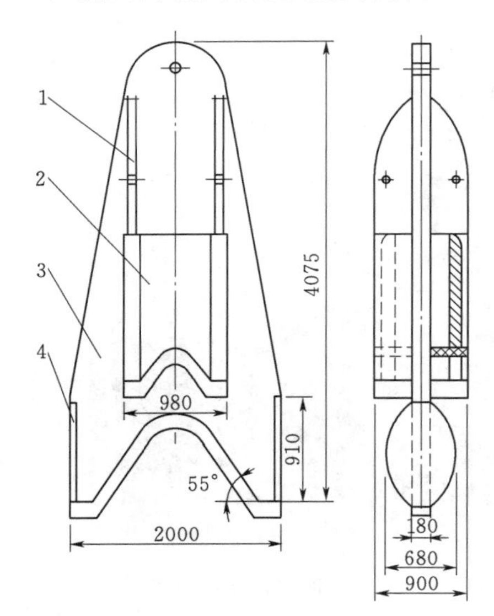

图 2.24 副孔重锤设计结构（单位：mm）
1—翼板；2—二阶冲击器；
3—主板；4—导向板

d. 为增加重锤的导向性能，并防止水平转动角度过大，在主板下部两端各焊接一块横向椭圆形导向板，导向板最大宽度为680mm，厚度为30mm。在主板和翼板的上部分别钻孔，用于穿挂起吊绳和保护绳。副孔重锤设计结构如图2.24所示。

3）副孔重锤的特点。当孔深较大时，由于主孔或多或少存在偏斜和钢丝绳的导向性能较差，圆钻头很难找准副孔的实际位置，难以有效地劈打副孔。在现有施工条件下，解决此问题的唯一方法是利用已有的相邻主孔对冲击钻具进行导向。要在保证安全的前提下，既能取得较高的工效，又便于操作。通过对圆形及方形底面结构钻头应用情况的分析比选，设计采用二阶倒V形底刃结构，具有如下特点：

a. 两相邻主孔孔壁之间的最大距离为2.5m，重锤底部的最大宽度为2.0m，且两端加装了宽度为0.68m的导向板，基本上具备了自导向功能；重锤既能顺利下放到位，又不会打空；同时也不会有过大的旋转。

b. 重锤工作部位采用倒V形底刃能起到二次导向的作用，利用底刃斜面与副孔接触时所产生的横向推力可将重锤的重心引向副孔顶部，有效地保证了重锤的击中率；同时也避免了因重锤过度偏心受力所引发的各种故障。

c. 重锤工作部位采用二阶底刃设计，下阶底刃的厚度较小，单位面积上的冲击力较大，能起到率先破岩开槽的作用；上阶底刃在下阶底刃开槽的基础上扩孔至设计要求的槽

孔宽度。对于含有漂石和孤石的坚硬地层，掏槽扩孔工艺能大幅提高钻进工效。

d. 二阶冲击器设计成上部带有圆滑过渡的长方形有两个目的：一是利用槽孔中的泥浆阻力减少重锤上部的横向倾斜，保证重锤沿着与其中心线平行的方向运动；二是在重锤上部发生前后倾斜时防止吊具撞击孔壁。

e. 在定向问题解决之后，破除孤石就是副孔钻进的主要障碍，常规冲击钻机和钻具难以胜任。该重锤的质量有12t，利用抓斗主机提升作业，提升高度可以增加至最大冲程，其冲击力远大于常规冲击钻头，足以有效击破槽内孤石。

2.5 液压抓斗[20]

2.5.1 概述

液压抓斗是一种快速挖掘地层的机具，具有施工速度快、结构简单、易于操作维修、运转费用较低的特点，与钢丝绳抓斗一样，是防渗墙施工的重要设备。长期以来，液压抓斗被广泛应用于城市建筑地下基础覆盖层和浅基础挖掘施工，一般挖掘深度在30～60m，当地层的标准贯入度 N 值大于20时，挖掘效率降低，特别是对于含有大块漂卵石的地层和基岩地层，基本不能施工。对于100m以上超深与复杂地质条件防渗墙工程而言，液压抓斗的施工能力显然受到了局限，鉴于液压抓斗大量的市场拥有量，为在超深防渗墙施工中更好地发挥其作用，在旁多水利枢纽防渗墙工程中，率先开展了SG40A液压抓斗的改造研究，改进后的挖掘深度由原来的60m扩展为100m以上，大幅提升了其施工范围和能力。

2.5.2 液压抓斗能力提升研究改造

液压抓斗的能力拓展，具体需解决的问题包括液压油管卷盘容管量增大引出的卷盘结构改进，油管卷盘的动力匹配，钢丝绳卷扬的动力性能以及管路加长引起的管内压力降低对挖掘力的影响等问题。

（1）液压油管卷盘容管量增大引出的卷盘结构改进。对于液压抓斗，增加挖掘深度就要增加油管的长度，也就是要增加油管卷盘的容管量，即增加卷盘的结构直径。经过实物勘验，卷盘直径的扩展空间受到大臂油缸位置的限制，挖掘深度被限制为110m。这样就确定在原卷盘半径基础上增加240mm，辐条（88根）结构件在原来基础上径向外延伸出来，管材采用与原来同种规格尺寸的Q235A材质方形管，经过THJ422焊条焊接打磨而成。焊接后外圆的不同心度控制在4mm范围内，卷管的通道间距误差控制在2mm范围内，并确定无凸点、无毛刺。同时，加强了卷盘的抗侧向变形能力。SG40A液压抓斗油管卷盘后期的产品皆为加强型，结构强度很高，足以满足直径扩展后的强度需要。加工完成后的形状如图2.25所示。

（2）油管卷盘的动力性匹配。液压油管通过辅助液压系统提供的动力，经过液压马达和两级齿轮传动带动卷盘转动，从而提升油管。油管加长后提升阻力增大，液压泵要提供更大的功率给传动系统，液压泵的输出压力有所增加。通过验证计算，泵的输出压力为

(a) 改进前

(b) 改进后

图 2.25　油管卷盘改进前和改进后对比

13.8MPa，小于泵额定压力，在安全范围内，验算结果如下。

液压泵输出功率为

$$P=pQ$$

式中：p 为液压泵的输出压力，MPa；Q 为液压泵的输出流量，L/min。

提升油管所消耗的功率为

$$P_{阻力}=Fv$$

式中：F 为油管有效总重力，kgf；v 为油管最大提升速度。

根据能量守恒定律 $P=P_{阻力}/\eta$，即 $pQ=Fv/\eta$（η 为机械传动总效率），可得

$$p=Fv/Q\eta$$

油管有效总重力 F=[油管出卷盘总长－卷盘中心至天轮中心距离×(1+0.7)]×油管单重×油管数量－油管浮力

其中，油管出卷盘总长为 130m，卷盘中心至天轮中心距离为 10m，油管单重为 5.5kgf/m。

油管浮力=浆液比重×侵入浆内油管的体积×油管的数量=453kgf。

由此，油管有效总重力 F=790kgf。

v 为油管最大提升速度（即卷扬最大提升速度），v=40m/min=0.67m/s。

油泵型号为意大利 MARZOCCHI GHPP3－S－30－D，Q=30mL/r，额定压力 $p_{额定}$=30MPa，输入转速 n=1400r/min，亦即 Q=42L/min。

η_1 为卷盘系统的机械效率，二级直齿轮传动效率=0.98×0.98=0.96。

η_2 为液压马达机械效率，η_2=0.95。

所以为驱动卷盘负荷液压泵应提供压力 $p=Fv/Q\eta_1\eta_2$=13.8MPa。

说明卷管系统最大负荷时系统的压力为 13.8MPa，远小于液压泵的额定压力 30MPa，只是在改进前卷管系统压力 11MPa 的基础上增加 2.8MPa。

(3) 钢丝绳卷扬的动力性能。增加挖掘深度势必增加钢丝绳的长度，使钢丝绳在卷扬上的缠绕圈数增加，甚至缠绕层数增加。经测算，挖掘 110m 深度时，钢丝绳在卷扬上的

缠绕层数为3层，在卷扬输出扭矩恒定的情况下，第3层钢丝绳的拉力可达15tf，双卷扬同步提升可输出拉力30tf，而斗体实际质量为13t，仍有2.3倍的安全余量，所以卷扬提升力及容绳量不存在影响施工的问题。

（4）管路加长引起的管内压力降对挖掘力的影响。随着管路加长一定有压力损失，要看它的大小是否会影响到工作效率。根据公式 $\Delta p=0.000698USLQ/d^4$ 可计算出油管内总的压力降。其中，U 为液压油的黏度（cst），Mobil DTE25 黏度为44.2；S 为液压油的比重，Mobil DTE25 比重为0.876；L 为油管的总长（m），$L=135$m；Q 为油管内流量（L/min），$Q=42$L/min；d 为油管的内径（cm），$d=3.18$cm。

由此得 $\Delta p=0.15$MPa。

计算结果说明，油管内总的压力降仅为0.15MPa，不足以影响到工作效率。

经过上述验算，可以得出在SG40A液压抓斗上扩展它的挖掘深度所需要改动的几个部分没有影响到主机的基本性能，改动后的各项参数都在允许的范围之内，不会影响到主机的正常作业。

2.5.3 生产应用

改进后的SG40A液压抓斗，挖掘深度得到提升，极大地拓展了液压抓斗的施工能力，已成功应用于旁多水利枢纽防渗墙工程。第一台SG40A液压抓斗改进后的挖掘深度由原来的60m扩展为110m，第二台SG40A液压抓斗改进后的挖掘深度由原来的60m扩展为100m，其所能施工的工程量由原计划的40%增加到73%，提高了设备的整体利用率，从而大大提高了施工进度，创造了良好的经济效益、社会效益。

2.6 液压铣槽机

2.6.1 概述

液压铣槽机是世界上最先进的防渗墙槽孔掘进设备，1973年由法国索列丹斯公司首先研制成功，现今德国、意大利和日本等国都有生产。液压铣槽机的型号规格较多，可挖掘槽孔的宽度（墙厚）为0.4～3.2m，一次挖槽长度为2.2～3.2m，挖槽深度最大已达到150m[21]。

近20年来，国外水利水电防渗墙工程较少，但有大量的城市地下连续墙工程，这些工程基本不用嵌岩，地层中孤、漂（块）石比例不大，特别适合于液压铣槽机施工。

20世纪末，基础局在国内防渗墙施工中研究应用BC30型液压铣槽机，防渗墙最大深度为73.5m。对于100m以上超深与复杂地质条件防渗墙施工，2003年基础局引进了低净空MBC30型液压铣槽机，用于冶勒水电站在洞内（高6m）建造防渗墙施工，最大施工深度为84m[22]。

应用研究表明，液压铣槽机作为先进的防渗墙施工设备，用于100m以上超深与复杂地质条件防渗墙施工是适合的，但对于大比例孤、漂（块）石地层与硬岩地层，要和钢丝绳抓斗、冲击钻机配合施工，否则工效极低。由于液压铣槽机设备昂贵，市场数量少，在超深防渗墙施工应用中受到了限制。

2.6.2 BC30型液压铣槽机[23]

（1）BC30型液压铣槽机特性。BC30型液压铣槽机由履带主机、铣削掘进头（图2.26）组成，配备泥浆净化系统完成成槽作业。泥浆净化系统包括制浆站、储浆池和筛分除砂设备。

图2.26　BC30型液压铣槽机成套设备

1—起重机；2—铣削掘进头；3—制浆机；4—泥浆净化系统；5—槽孔

BC30型液压铣槽机是利用铣轮旋转连续切削和松动土壤、靠泵举反循环排渣来实现地层掘进的，铣削掘进头由铣轮和导架组成，导架上装有铣轮、泥浆泵、液压马达传动系统以及电子测斜纠偏控制系统等，它能提供足够的铣削压力，同时具有良好的导向作用，可保证成槽精度，液压铣槽机造孔施工工艺流程如图2.27所示。

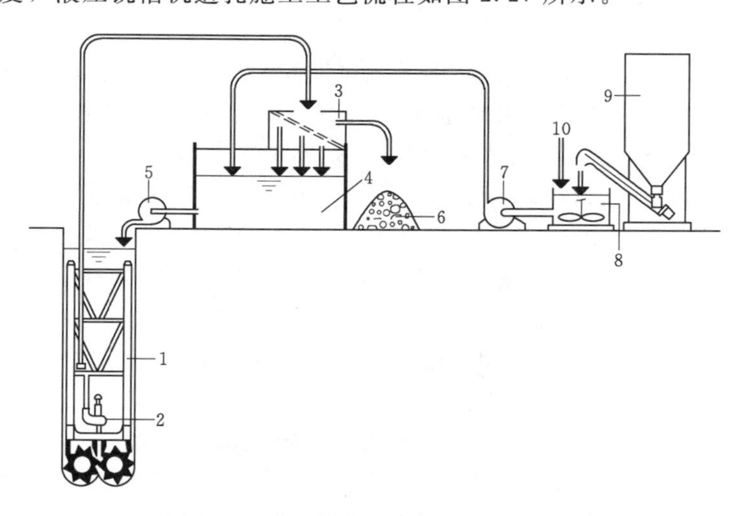

图2.27　液压铣槽机造孔施工工艺流程

1—槽孔掘进机；2—泥浆泵；3—除砂装置；4—泥浆罐；5—供浆泵；6—筛除的钻渣；7—补浆泵；8—泥浆搅拌机；9—膨润土储料桶；10—水源

铣削掘进头由主卷扬钢丝绳悬吊，可依据地层情况对钻压进行自动控制，大功率液压马达系统驱动的铣轮提供的扭矩达81kN·m。该设备配置有两种规格的铣轮及侧板，可用于0.8m和1.0m厚度防渗墙的施工；导架采用叠加式结构，可按槽宽要求拼装侧板。单刀铣削宽度为2.8m，最大铣削深度达80m。

（2）BC30型液压铣槽机主要技术性能。BC30型液压铣槽机及其配套的泥浆净化系统的规格和技术性能见表2.5和表2.6。

表2.5　BC30型液压铣槽机的主要技术性能

项　目	指标	项　目	指标	项　目	指标
起重机		掘进头		液压站	
起重机型号	BS110	钻铣深度/m	80	液压站型号	H7475
发动机型号（水冷型卡特彼勒）	3176B	铣槽长度/mm	2790	主液压泵流量/(L/min)	2×170，1×143
		铣槽宽度/mm	640～2200		
功率/kW	297	掘进头高度/m	15.4	最大工作压力/MPa	30
主卷扬/kN	160	最大扭矩/(kN·m)	2×81	功率/kW	235
提升速度（单绳）/(m/min)	0～60	铣轮转速/(r/min)	0～25	液压站质量/t	8.9
		导向装置	有		
钢丝绳直径/mm	26	砂石泵口径/mm	152.4		
掘进机总高度/m	24	砂石泵流量/(m^3/h)	450		
起重机质量/t	100	掘进头质量/t	35		

表2.6　BC30型液压铣槽机泥浆净化系统的规格和技术性能

项　目	指标	项　目	指标	项　目	指标
型号	BE500	泥浆含砂率/%	<18	筛网规格/(mm×mm)	5×5，0.4×25
泥浆处理能力/(m^3/h)	500	泥浆泵/台	2		
泥浆密度/(t/m^3)	≤1.80	振动电机/台	6	质量/t	14.5
泥浆黏度（马氏）/s	<40	装备功率/kW	94		

（3）BC30型液压铣槽机应用。润扬大桥北锚碇地下连续墙工程：北锚碇基坑周采用钢筋混凝土地下连续墙挡土支护和防渗，墙厚1.2m，使用BC30型液压铣槽机和抓斗、钻机等设备施工，成槽施工最大深度为58m，平均嵌岩深度为4.1m，挖掘总方量为1.5万m^3。用时160d实现69m×50m基坑封闭，较计划工期提前3d完工，为基坑提前开挖、确保整体工期创造了条件。

图2.28　配套研制的1.2m厚度铣轮

按照墙厚1.2m设计要求，基础局为BC30型液压双轮铣进行了1.2m厚度铣轮的配套研制（图2.28），自行设计了部分机件，完成了铣削1.2m厚度槽孔的机具制造及附属泥浆净化系统配制工作。

为满足紧迫的工期和高标准的质量要求，该工程投入 1 台 BC30 型液压铣槽机、2 台 HS843HD 型钢丝绳抓斗、1 台 BH12 型液压抓斗和 16 台（套）CZF 系列冲击反循环钻机，液压铣槽机施工采用“铣抓钻法”“铣削法”。总计完成成槽工程量 18125.76m^3（含接头孔回填砂料及绕流混凝土等）。由于施工方案合理，保证了该工程高质量按期完工。

BC30 型液压铣槽机施工工效见表 2.7。

表 2.7　BC30 型液压铣槽机施工工效　单位：m^3/(台·d)

时段	设备类型	亚黏土	砂层	强风化	弱风化	微风化	接头	混凝土
9 月	液压铣槽机	116.69	133.22	14.27	8.65		75.16	
	钢丝绳抓斗	80.06	67.76	6.30	4.63	2.69	123.8	123.10
	液压抓斗						118.44	
	反循环钻机	8.11	1.59	3.90	1.82	1.18	4.68	3.43

2.6.3　MBC30 型卧式廊道内液压铣槽机[24]

(1) 冶勒水电站洞内防渗墙工程应用。冶勒水电站右岸基础处理项目 YL/C Ⅰ标段工程，需要在 6.0m×6.5m 的廊道内施工 84m 深的防渗墙，防渗墙开挖量约 19317m^3，工期紧迫，且需在透水及非常紧密的卵砾石层中构筑（图 2.29）。该项目经比选研究，引进了德国宝峨公司低净空 CBC25/MBC30 型双轮铣槽机设备，与冲击反循环钻机配合，采用“钻铣法”和“铣削法”施工，取得了良好的效果。

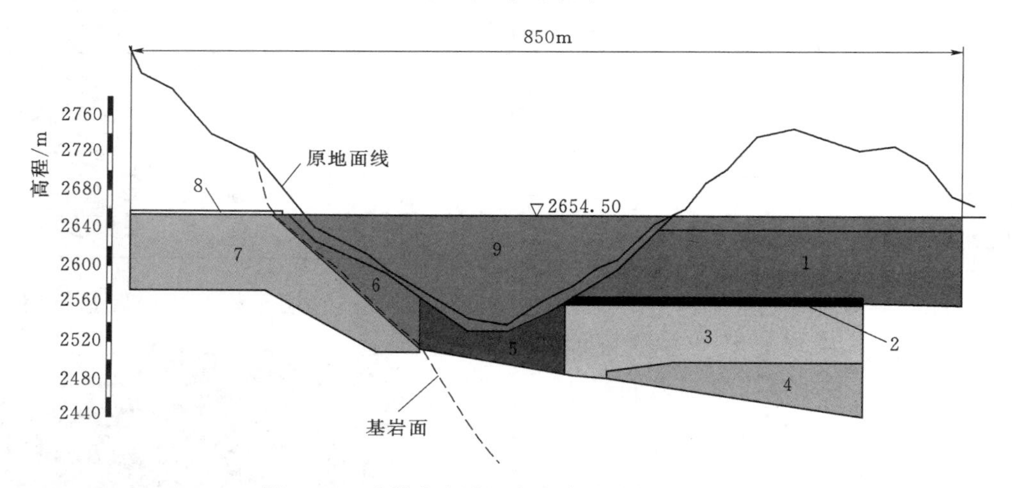

图 2.29　冶勒水电站洞内防渗墙轴剖面示意图

1—右岸上部防渗墙；2—右岸下部防渗墙施工廊道；3—右岸下部防渗墙；4—右岸帷幕灌浆；5—河床底防渗墙；6—左岸防渗墙；7—左岸帷幕灌浆；8—左岸帷幕灌浆施工廊道；9—碾压沥青混凝土

(2) 液压铣槽机主要性能。宝峨公司特殊制造的低净空双轮铣槽机质量约 25t，工作高度为 5.3m，安装在一部特殊设计的液压式履带吊车 BS100B 上，它的直接动力来自装在吊车上一个 420kW 的发动机。选择该低净空成槽设备的重要原因是：75m 深的防渗墙需在6.0m×6.5m的廊道内施工，紧密的卵砾石地层，铣槽机工作时几乎无振动，工程质量的高要求，以及严格的垂直度要求与水密性接头，如图2.30所示。

图2.30　宝峨公司低净空双轮铣槽机

(3) 施工难点。由于廊道内空间仅6.0m×6.5m且防渗墙位置接近单侧（图2.31和图2.32)，造成铣槽机移动及工作时均有单侧履带半悬空的情况出现（图2.33)。施工平台、导墙及廊道浇筑成一整体性的钢筋混凝土结构，以提供双轮铣槽机及其他相关设备工作时足够的承载力与稳定性。

另外，因净宽仅5.5m（图2.34)，双轮铣槽机必须以平行主机上部结构的方式定位，

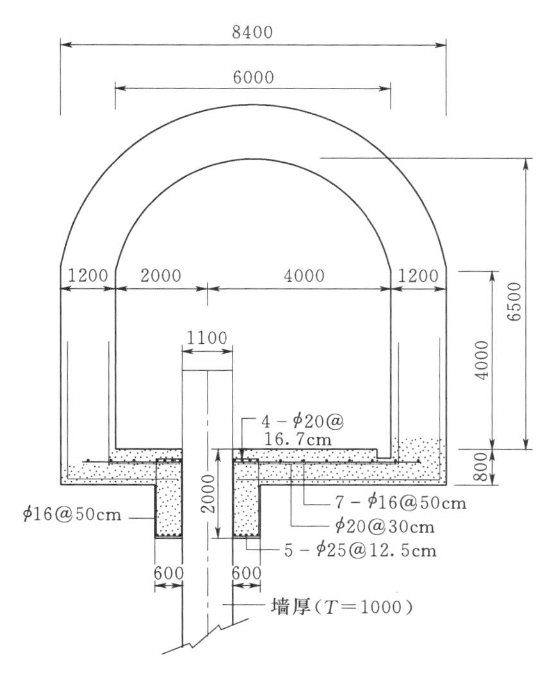

图2.31　施工平台细部图示（单位：mm)

图2.32　双轮铣在廊道内工作

图 2.33 半悬空的履带

图 2.34 两侧非常有限的作业空间

进行每一槽段的挖掘工作。而其他防渗墙的相关工作如设备维修、钢筋笼的运输与置放、混凝土浇筑、新鲜的空气循环及槽沟的预挖等，均更为困难与缓慢。

（4）实施效果。MBC30 型液压铣槽机外形尺寸为 16m×3.7m×5.2m，总质量为 120t，采用沿洞内轴线骑槽孔方式布置，两条履带分别在上下游两侧导墙上行走，泥浆净化系统由于受洞内场地的限制，布置在 1 号洞口外，进出 2 条泥浆管路均布置在防渗墙上游侧廊道壁上，管路长度达 500m；6 英寸泥浆管路采用快速接头，降低拆装辅助时间，有效减少了对其他施工设备的干扰。

MBC30 型液压铣槽机于 2003 年 9 月 2 日开始洞内铣槽施工，最大铣削深度为 84m，成墙厚度为 1m，单刀铣削长度为 2.8m，施工历时 7 个月，累计完成钻孔进尺 12501m^2，平均工效达到 67.55m^2/(台·d)。

2.7 JHB－200 型泥浆净化机及其使用说明[25]

2.7.1 概述

在冲击反循环钻机的钻进施工中，护壁泥浆的固相含有两种成分：一种是制造护壁泥浆的必要材料，如膨润土等；另一种是有害固相，它是在钻进过程中，由钻屑（岩粉）或地层中的黏土、砂、风化物及砂卵石等侵入泥浆中产生的。有害固相含量的增加对钻进效率、设备和机械的磨损、泥浆护壁性能都有很坏的作用，同时还增加功率损耗、增大泥浆成本和增加清除有害固相的工作。

据美国一些公司统计，有害固相含量降低 1%，机械钻速可提高 10%～29%。据国内石油钻井的钻探实测统计，有害固相含量降低 1%，机械钻速可提高 10%～26%。煤田勘探钻孔试验表明，使用旋流器除砂时泥浆比重由 1.15 降低为 1.08，钻进效率提

高 24.3%。

由于有害固相的存在，使泥浆护壁性能降低，因此钻孔事故增多。据煤田勘探钻孔统计，使用泥浆净化设备后，孔内事故率从 10.3%降低为 0.72%。

又据煤田勘探钻孔统计，使用泥浆净化设备减少了弃浆次数，使每米进尺泥浆成本由 2.22 元/m 降低到 0.23 元/m。

因此，在防渗墙槽孔施工中，利用专用设备对槽内泥浆进行净化和循环利用是十分必要的。为与 CZF 系列冲击反循环钻机配套，国内相关单位研制了 JHB－200 型泥浆净化机（图 2.35），该设备也可以单独与其他泥浆回收系统结合应用。该设备的研发实现了相应设备的国产化，在保证设备性能的基础上，大幅降低了生产成本，大量应用于工程建设，经济效益、社会效益显著。

图 2.35　JHB－200 型泥浆净化机

2.7.2　JHB－200 型泥浆净化机

（1）国内外发展概况。泥浆净化机又称为泥浆振动旋流再生机，它是防渗墙施工中配合循环钻机净化泥浆的设备。

在国外，尤其在发达国家，由于广泛采用高效率的循环钻进工艺，并且采用膨润土泥浆护壁，对泥浆质量有高标准的要求，所以对泥浆净化设备的研制与应用极为重视，并且有较长的发展历史。许多发达国家都有专门的机构研制泥浆净化设备。如苏联的全苏石油机器制造科学研究设计院、美国的 Milchem 公司、日本的利根公司，还有德国的宝峨公司等都重点研究和生产了成套的系列化泥浆净化设备，供世界各地选用。例如，宝峨公司生产了 BE－100、BE－150、BE－250、BE－300 及 BE－500 系列除砂机。其处理能力从 $100m^3/h$ 到 $500m^3/h$。这些泥浆净化机均采用双振动电机合成直线振动；金属和橡胶组成的复合弹簧以及抗振耐磨的聚氨酯橡胶筛网等先进技术，使净化机性能优异、除渣效果良好，但价格昂贵。

在国内，石油钻井工程对泥浆净化设备的研制与生产应用时间较长，建筑业随生产的需要也普遍使用了泥浆净化设备。在水利水电系统，因长期采用非循环钻进工艺，用黏土造浆护壁，所以对泥浆净化回收的研究相对落后，随着高效新型冲击反循环钻机的研制以及液压抓斗、液压双轮铣等先进施工机械的引进，推动了泥浆净化设备的研制及应用。

（2）泥浆净化机的构造。JHB－200 型泥浆净化机是由振动筛、旋流器、管路系统、泥浆泵及泥浆罐等组合而成的综合泥浆处理设备。它集筛分、离心分离和沉淀等多种性能为一体，是高性能的泥浆净化装置，如图 2.36 所示。

（3）泥浆净化机工作原理。两台振动电机同步运转，使振动筛产生直线振动。由钻机反循环砂石泵抽出的含渣泥浆首先被送入振动筛粗筛网，筛除粒径大于 5mm 的粗颗粒，而后被送入细筛，通过细筛后落入泥浆罐。泥浆罐中的泥浆由泥浆泵抽送到旋流器的射流口，射入旋流器内，在旋流器内形成高速旋转的泥浆流。旋转产生强大的离心力使比重大

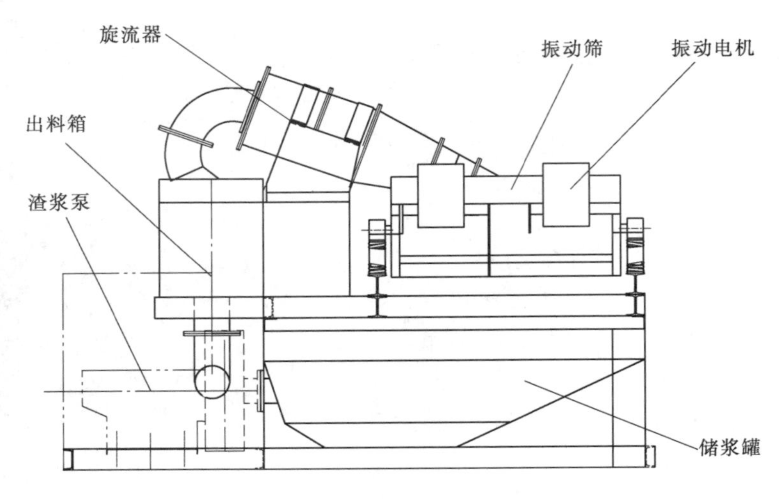

图 2.36　JHB－200 型泥浆净化机构造图

的泥砂从泥浆中分离出来。净化的泥浆由旋流器的溢流口流出回到槽孔。细泥砂由排渣口排出。由于旋流器排出的泥砂含有较多泥浆，所以在排渣口下设置细振动筛网，以便进一步回收泥浆，压缩泥砂中的水分。

（4）单轴振动筛的工作原理及设计选择。单轴振动筛的振动全靠一根回转轴，所以和其他筛分机比较，其结构简单、造价低、耗电量低、维修工作量少。

1）单轴振动筛的工作原理。单轴振动筛的筛箱是做圆形（或近似于圆形）运动的，筛面要有较大的倾角，一般采用 15°～20°。

设计的单轴振动筛是自定中心式单轴振动筛，如图 2.37 所示。

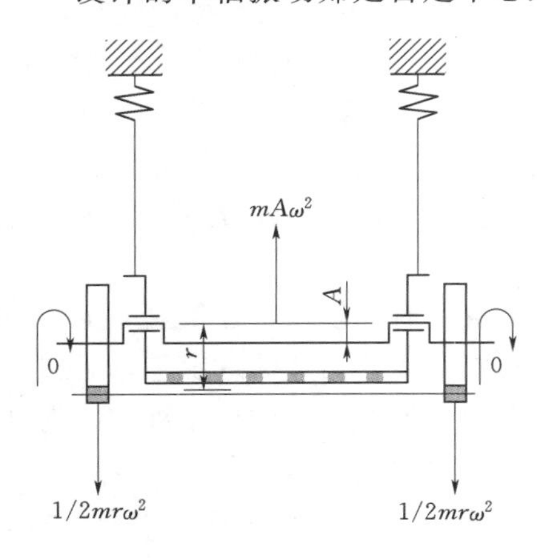

图 2.37　自定中心式单轴振动筛工作原理

在这种筛子中，主轴是一根偏心轴，其偏心部分通过轴承与筛箱连接。轴上装有一对偏心轮。当筛子工作时，主轴绕 0－0 轴线转动，筛箱和偏心轮各自产生离心力，这两个离心力的方向相反。如果根据筛箱的质量适当地确定激振器的偏心质量，使两个离心力得到平衡，就能使筛子工作时激振器的回转轴线固定不动，使筛箱在垂直平面上做圆形运动。这种工作方式称为自定中心。

2）物料在单轴振动筛面上的运动分析。单轴振动筛的筛面做圆形（或接近圆形）运动，所以物料在筛面上的受力情况与直线振动筛不同。这种筛子的筛面以较高的角速度运动，物料运输的轨迹是抛物线，不过物料的抛射角不是自由选定的，而是取决于筛面运动的角速度。图 2.38 是筛面做圆形运动时筛面上一个颗粒的受力情况。

设筛面 EE' 做半径（振幅）为 A、角速度为 ω 的圆形运动。当颗粒做抛射运动时，它在筛面上受两种作用力：颗粒本身的重力 G；颗粒随筛面做圆形运动所产生的离心力 P，

P 的方向随筛面回转的相位角而变化，$P=GA\omega^2/g$。

颗粒脱离筛面产生抛射运动的极限条件是 $P\sin\varphi=G\cos\alpha$。将 P 和 $\omega=2\pi n/60$ 代入整理后，可求得颗粒产生抛射运动时要求筛面达到的转数为

$$n_{\min}=30\sqrt{\frac{g\cos\alpha}{\pi^2 A\sin\varphi}}$$

$$n=30\sqrt{\frac{g\cos\alpha}{\pi^2 A\sin\varphi}}$$

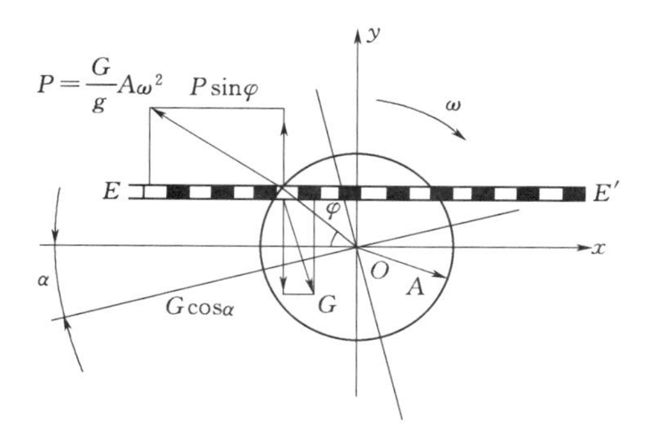

图 2.38　颗粒在筛面上运动的受力分析

式中 φ 是筛面运动的相位角，由于颗粒在这点上脱离筛面，所以这个角度又称为脱离角。颗粒的抛射角 $\beta=90°-\varphi$。当其他条件一定时，φ 的大小随筛面运动的转数 n 而变，换句话说，抛射角 β 取决于筛面转数。

当 $\sin\varphi=1$，即 $\varphi=90°$时，颗粒产生抛射运动所要求的转数最低，这个转数是：当 $\alpha=20°$时，$n_{\min}=529\text{r/min}$。

显然，筛子在这个转数下工作，并不是最有利的工作条件。因为当脱离角为 90°时，颗粒的抛射角为 0°，颗粒离开筛面以后，是以近似为 ωA 的切线速度向前移动，由于抛射角很小，抛得并不高的物料不易松散，落下的速度也不大，不利于物料的透筛。

为了使颗粒抛得较高，脱离角 φ 应当在小于 90°的范围内。当然，脱离角 φ 越小，抛射角 β 越大，使颗粒抛起来所需要的转数也越高。为了提高筛子的效率，颗粒跳动一次的时间不应超过筛面振动一次的时间，所以应当有一个脱离角，颗粒在这个脱离角抛射时，跳动一次的时间恰恰是筛面振动一次的时间，这个脱离角就是最有利的脱离角，如图 2.39 所示。最有利的脱离角计算过程如下。

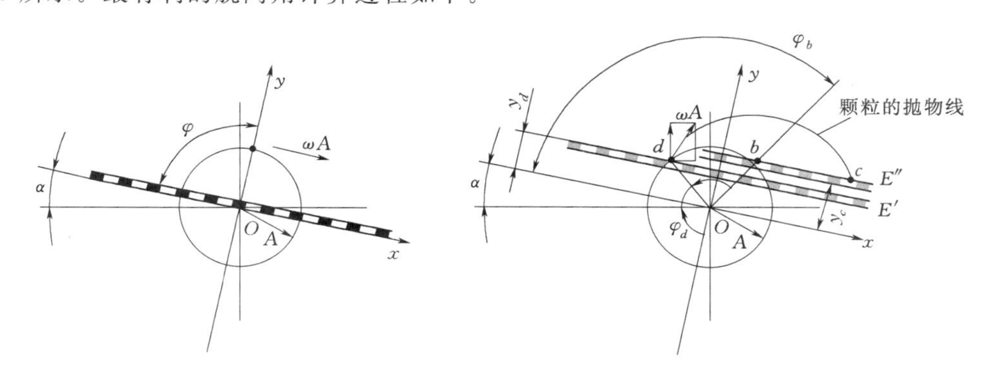

图 2.39　颗粒的抛射运动

设颗粒脱离筛面作抛射时正处于 d 点，此时脱离角为 φ_d，而筛面处在 dE'位置。颗粒在 d 点具有切线速度 ωA，它在 y 向的分速度 $v_y=\omega A\cos\varphi_d$。

颗粒在 d 点脱离筛面时，满足 $P\sin\varphi_d=G\cos\alpha$ 或 $\alpha^2 A\sin\varphi_d=g\cos\alpha$。

颗粒离开 d 点以后，沿抛物线 dc 运动，并与筛面相遇于 c 点，当颗粒与筛面相遇时，筛面的位置已由 dE'转移到 bE'，筛面上的 d 点已转移到 b 点，筛面回转到 b 点的相位角

为 φ_b。筛面从 d 点转到 b 点时，相位角改变 $\varphi_b-\varphi_d$，这个角称为跳跃角 δ，即 $\delta=\varphi_b-\varphi_d$。

设颗粒从 d 点到 c 点的抛射时间以 t 表示，则 $t=(\varphi_b-\varphi_d)/\omega=\delta/\omega$

以 x、y 为坐标轴，则 c 点坐标为

$$y_c=y_d+\omega A\cos\varphi_d t-g\cos\alpha t^2/2$$

从图 2.39 可见，$y_d=A\sin\varphi_d$，而将 $g\cos\alpha=\omega^2 A\sin\varphi_d$，$t=\delta/\omega$ 代入上式，整理后得

$$y_c=A\sin\varphi_d+A\delta\cos\varphi_d-A\delta^2\sin\varphi_d/2$$

当颗粒重新落到筛面上时，筛面 d 点也已移到 b 点的位置，它的纵坐标为

$$y_b=A\sin\varphi_b=A\sin(\varphi_d+\delta)$$

因为 $y_b=y_c$，所以

$$A\sin(\varphi_d+\delta)=A\sin\varphi_d+A\delta\cos\varphi d-A\sin\varphi_d/2$$

化简后得

$$\tan\varphi_d=(\delta-\sin\delta)/[\delta^2/2-(1-\cos\delta)]$$

当颗粒抛射时间恰等于筛面回转一周的时间时，跳跃角 δ 应为 360°，将这个数值代入上式得

$$\tan\varphi_d=(2\pi-\sin360°)/[4\pi^2/2-(1-\cos360°)]=1/\pi=0.318$$

$$\varphi_d=17°40'$$

根据上述原理，$\varphi_d=17°40'$是最有利的脱离角，如果将这个数值代入公式：

$$n=30\sqrt{\frac{g\cos\alpha}{\pi^2 A\sin\varphi}}$$

则可以求出这个时候筛子的转数应为

$$n_{\max}=54\sqrt{\frac{g\cos\alpha}{\pi^2 A}}$$

这是圆形运动振动筛转数的一个上限，有时称为第一临界转数。在这个转数下，颗粒的抛射高度较大，物料层易于松散，有利于提高筛分效果。但筛子一般不宜超过这个转数，否则当颗粒抛射时间大于筛面振动一次的时间时，振动就会出现无效功，从而降低筛子的效率。另外，物料与筛面相遇的速度实际上是两者运动的相对速度，相对速度越大，则透筛效果会越好。从相对速度来看，最好是当筛面往上升时，物料下落与筛面相遇，这时候相对速度最大。所以筛子的实际工作转数应在第一临界转数以内。根据经验，工作转数可取

$$40\sqrt{\frac{g\cos\alpha}{\pi^2 A}}<n<54\sqrt{\frac{g\cos\alpha}{\pi^2 A}}$$

当 $\alpha=20°$时，705r/min$<n<$952r/min。

圆形运动振动筛激振器的转动方向对筛子工作有一定影响，当筛子顺向回转时，抛射角向前，物料向前斜向抛射，移动速度大，生产率高。当逆向回转时抛射角向后，物料向后斜向抛射，移动速度慢，生产率低但筛分效率可能有所提高。圆形运动的单轴筛一般采用顺向回转，很少采用逆向回转。

振动筛整体为框架式焊接结构，为单层筛网，左右分别为粗细筛网，粗筛网眼规格为 5mm，细筛网眼规格为 0.25mm，采用聚氨酯材料制作，经久耐用；选定的单轴振动筛工

作转速为 960r/min，为双层筛网。筛网尺寸为 1800mm×900mm（长×宽）。上层筛网使用冲孔筛板，孔宽 0.8～1.5mm。下层筛网使用条缝焊接筛板，条缝宽 5mm。

（5）旋流器的工作原理及选用。如图 2.40 所示，旋流器主要工作原理是将泥浆用砂泵或泥浆泵冲入旋流器内。从切线方向布置的矩形进浆口射入旋流室，形成强大的旋流回转运动而产生离心力，使泥浆中粗粒和重的固体粒子在离心力的作用下向筒壁分离。这些贴在筒壁上的粗粒及固体粒子在重力作用下向锥体底部下移，同时由于锥体直径的缩小，随着沉渣的下沉，在筒体中部，分离了粗粒及固体粒子比重小的泥浆被向上推移，通过溢流管从溢流室的出口排出旋流器外，从而实现了浆渣分离。

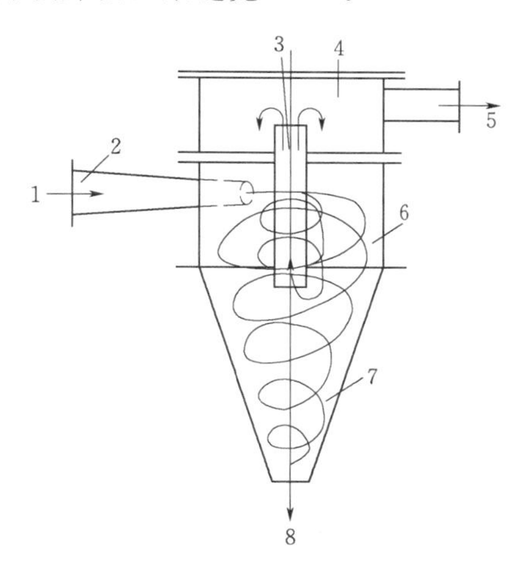

图 2.40　旋流器工作原理

1—泥浆；2—进浆口；3—溢流管；4—溢流室；5—溢流；6—旋流室；7—锥体；8—沉渣

旋流器从结构上可分为整体式和嵌套式旋流器。整体式旋流器一般用铸铁建造，价格较低，但寿命较短而且为一次性产品。嵌套式旋流器内镶嵌有橡胶、陶瓷或聚氨酯等内套，使用寿命长而且可更换内套，但价格昂贵。整体式旋流器也有用聚氨酯橡胶制造的，聚氨酯橡胶材料十分耐磨，但价格昂贵。本着性价比高的原则，选用了铸铁式旋流器，旋流器直径为 350mm，两个为一组并联在振动筛上。旋流器的处理能力为 $90m^3/h \times 2 = 180m^3/h$，溢流粒度为 25～250$\mu$m，工作压力为 0.05～0.3MPa，工作寿命为 3 个月（按一天三班 24h 工作制）。

（6）JHB-200 型泥浆净化机的设计特点和技术参数。发达国家因财力雄厚，不惜投入重金，使用各种新技术以及质量优良的泥浆净化设备组成泥浆净化回收系统，他们在泥浆净化设备上投入的资金有时甚至超过了在主机上投入的资金，从而获得优良的净化回收性能。我国的国情是底子薄，没有雄厚的资金购买或添置全部的先进设备。因此，设计的主导思想是：净化机要性能良好，造价低廉，适合我国国情。

经过多次试验、多次修改设计，JHB-200 型泥浆净化机已逐渐完善和走向成熟。该机型有以下特点：

1）工作原理及工艺流程是国际通用和先进的，其结构布局也是合理的。国内外泥浆净化装置的工作原理大致相同，即筛分、离心分离和沉淀，并且多将这 3 种净化原理集中应用在泥浆净化机上，使之成为高性能、高效率的除砂设备。该机也是如此。

2）净化性能良好，处理能力大。处理泥浆能力达 $200m^3/h$，处理固体能力达 20t/h 以上。除渣率为 60%～90%（根据不同的地层而不同）；渣料含水率小于 30%；振动筛的激振力可以调节，以适应不同的地层要求。

3）造价低廉。该机使用单轴振动筛，其激振器只有一组，比直线振动筛少一组，大大降低了成本，且构造简单，便于维修。

该机选用铸铁旋流器和农用砂石泵也使产品成本降低。

该机在设计上使钻机反循环砂石泵的流量略大于旋流器砂石泵的流量，并使用溢流管自动调节泥浆罐内液面高度，省去了复杂的液位自动平衡装置，进一步降低了整机造价。

该机整机价格较低，是我国中型泥浆净化装置中造价最低的，与德国宝峨公司的BE－250型除砂机相比，造价仅是它的1/32～1/23；与国内某工程局仿宝峨公司产品制造的泥浆净化装置相比，造价也仅是它的1/3～1/2。该机适合在水利水电工程中应用。

2.7.3 JHB－200型泥浆净化机使用说明

（1）主要技术指标。JHB－200型泥浆净化机的主要技术指标如下：

最大泥浆处理量：220m^3/h。

总功率：48kW。

整机质量：3800kg。

外形尺寸（长×宽×高）：2.25m×3.8m×2.5m。

除砂效率：92%。

处理泥浆最大比重：1.2。

含砂量：小于20%。

（2）主要组成部分。

1）振动筛。振动筛整体为框架式焊接结构，为单层筛网，左右分别为粗细筛网，粗筛网眼规格为5mm，细筛网眼规格为0.25mm，采用聚氨酯材料制作，经久耐用；两台振动电机同步运转，使振动筛产生直线振动。

2）泥浆动力系统。主要由泵及管路系统组成。

（3）操作程序。

1）启动。

a. 接通渣浆泵的密封水路，一般用普通自来水即可，合上开关，接通主电源（在首次使用时，一定要先卸下渣浆泵电机与泵体的连接皮带，待确定电机为正转时，方可上紧皮带，方法是调整电机下部的定位螺丝）。

b. 按“振动”按钮，启动振动电机。

c. 待储浆槽浆面高度超过泵顶部后，按“泵启动”按钮，启动渣浆泵；逐渐打开泵出口阀门，同时观察压力表是否上升至规定值2.0～2.5kgf/cm^2。如果压力值显示低，则应停机检查。

d. 在钻进覆盖层或储浆槽有淤积时，应经常启动振动电机。

2）停止。

a. 停止反循环砂石泵。

b. 待渣浆泵运转1～2min后，停止。

c. 停止振动筛的运转。

d. 长时间停机前，必须注入清水运转10min，并清理筛网。

3）维护及保养。

a. 班维护及保养。振动筛在初转100h内要检查振动电机地脚螺栓紧固程度，检查筛网的固定状态，检查弹簧；渣浆泵要检查密封部位和电机及轴承温度；检查储浆槽的淤积状态，看有无超径石（粒径大于5mm）存在，检查浮标液位情况。

b. 周维护及保养。检查粗筛受损情况，检查渣浆泵的三角皮带松紧情况，检查各种管路及阀门。

c. 月维护及保养。补充或更换润滑油，检查泵叶轮与前护板的间隙，将其控制在0.5～1mm。

4）可能发生的故障及解决方法见表2.8。

表2.8　　可能发生的故障及解决方法

故　障	发 生 原 因	解 决 方 法
泵不吸水	吸入管道或填料处漏气	堵塞漏气部分
	转向不对或叶轮损坏	检查转向，更换叶轮
	吸入管堵塞	排除堵塞
轴功率过大	填料压盖太紧，填料发热	松填料压盖螺栓
	泵内产生摩擦	消除摩擦
	轴承损坏	更换轴承
	驱动装置皮带过紧	调整皮带
	泵流量偏大	调节泵的运行工况
	转速偏高，比重大	调节转速
	电机轴与泵轴不对中或不平衡	调整电机轴和泵轴
轴承过热	轴承润滑脂过多或过少	加润滑脂要适当
	润滑脂中有杂物	更换润滑脂
	轴承损坏	更换轴承
填料处泄漏严重	填料磨损严重	更换填料
	轴套磨损严重	更换轴套
	密封水不清洁	更换清洁密封水
泵震动、噪声大	轴承损坏	更换轴承
	叶轮不平衡	更换叶轮
	吸入管进气，堵塞	消除进气，清理堵塞处
	流量不均匀，泵抽空	改善泵进料情况
振动筛噪声大	振动电机固定螺栓松动	紧固螺栓
	筛体螺栓松动	紧固螺栓

参 考 文 献

[1] 陈赓仪. 我国水工混凝土防渗墙技术的应用和发展［C］//中国水利学会地基与基础工程专业委员会. 2002年水利水电地基与基础工程学术会议论文集，2002.

[2] 张杭生，张志良. CZF系列冲击反循环钻机的研制与应用［J］. 水利水电技术，1996（1）：14-18.

[3] 蒋振中，高钟璞，张良秀. 混凝土防渗墙施工及检测技术研究［J］. 水力发电，1998（3）：32-35.

[4] 胡定成．CFZ－1500型冲击反循环钻机［J］．地质与勘察，1995，31（2）：63－65．
[5] 关志诚．黄壁庄水库除险加固工程塌坝处理与实施效果评价［J］．中国水利，2009（8）：35－37．
[6] 蒋振中．润扬长江公路大桥南汊悬索桥北锚碇地下连续墙工程［C］//中国水利学会地基与基础工程专业委员会．2002年水利水电地基与基础工程学术会议论文集，2002．
[7] 向永忠，曾玲珑，李守建．冶勒水电站大坝基础防渗墙施工设备与工效分析［J］．四川水力发电，2003，22（4）：6－8，33．
[8] 陈建春．冶勒水电站大坝基础防渗系统设计和施工技术［C］//水利水电地基与基础工程技术论文集，2004．
[9] 杨伟．狮子坪水电站坝基防渗墙试验施工［C］//中国水利学会地基与基础工程专业委员会．第八次水利水电地基与基础工程学术会议论文集，2006．
[10] 龚栓，刘建发．新疆下坂地水库坝基防渗墙试验研究工程［Z］．中国水力发电年鉴，2003．
[11] 孔祥生，黄扬一．西藏旁多水利枢纽坝基超深防渗墙施工技术［J］．人民长江，2012，43（11）：34－39．
[12] 魏良．超深防渗墙成槽机具钻进能力及适应性研究［J］．水利水电施工，2013（4）：146－150，145，151－152．
[13] 张俊涛．西藏旁多水利枢纽工程世界最深防渗墙关键施工技术和工艺探讨［C］//中国大坝协会，中国水力发电工程学会．水电2013大会——中国大坝协会2013学术年会暨第三届堆石坝国际研讨会论文集，2013．
[14] 罗庆松，宋卫民，赵先锋．黄金坪水电站大厚度超百米深防渗墙施工技术［J］．水力发电，2016，42（3）：47－50．
[15] 韩伟，魏良．20吨级重型绳索抓斗斗体设计要点［C］//中国水利学会地基与基础工程专业委员会．中国水利学会地基与基础工程专业委员会第十二次全国学术会议论文集，2013．
[16] 中国水电基础局有限公司．HS875HD操作手册［Z］．内部刊物，2010．
[17] 魏良．防渗墙深槽重载抓斗钢丝绳破力器的研制［J］．基础工程技术，2012（1）．
[18] 涂江华．西藏旁多水利枢纽大坝超深防渗墙施工技术［C］//中国水利学会地基与基础工程专业委员会．中国水利学会地基与基础工程专业委员会第十二次全国学术会议论文集，2013．
[19] 潘三行，姚朝铭．特种重锤在超深防渗墙施工中的应用［C］//水利水电地基与基础工程技术论文集，2009．
[20] 魏良．液压抓斗挖掘深度拓展至110m的研究与应用［C］//中国水利学会地基与基础工程专业委员会．中国水利学会地基与基础工程专业委员会第十一次全国学术技术研讨会论文集，2011．
[21] 雷开运，李斌，王美利．现代防渗墙施工机械BC30液压铣槽机［J］．水利电力施工机械，1998，20（2）：36－39．
[22] 石峰．冶勒水电站廊道内84m深防渗墙施工技术［C］//水利水电地基与基础工程技术论文集，2004．
[23] 高钟璞，等．大坝基础防渗墙［M］．北京：中国电力出版社，2000．
[24] 毕元顺，张怀仁，宗郭峰．中国首次使用低净空双轮铣槽机CBC25/MBC30在6.0m×6.5m的廊道内进行75m深的防渗墙施工［EB/OL］．［2006－05－12］．http：//www.bauerchina.net/images/Yeleh%20TunnelCutter－chineseR.pdf．
[25] 高永康．JBH－200泥浆净化机［J］．基础处理技术，1999（1）．

第3章 防渗墙成套造孔挖槽工法技术体系

3.1 概述

针对100m以上超深与复杂地质条件防渗墙槽孔施工的需求，兼顾病险库除险加固防渗墙和大型围堰防渗墙工程的技术难点，形成与200m级超深防渗墙成套成槽设备就显得尤为重要。第2章介绍的冲击钻机、冲击反循环钻机、液压抓斗、钢丝绳抓斗和液压铣槽机等钻孔成槽设备，各有优势和其适应性，工程中可单独采用一种设备施工，多数采用多种设备组合的施工方案，旨在发挥不同设备的优势，实现最佳的施工效果。

与上述目的相对应的首先是在何种条件下采用何种设备方案，如何选择综合目标最优的方案，本书在总结海量工程施工数据的基础上，首次提出了施工方案优化组合综合比选方法，为工程中防渗墙成槽施工方案的确定提供了依据。

另一个技术问题是，传统冲击钻机、抓斗和液压铣槽机单一设备施工时，已形成了相应的工法，但这些工法需要在100m以上超深与复杂地质条件防渗墙工程中进行适应性研究，并加以优化和改进；而对于多种设备组合的施工方案，需要通过工程试验，研究形成配套的工法技术。为此，本章依托冶勒水电站[1-2]、狮子坪水电站[3-4]、下坂地水利枢纽[5]、泸定水电站[6-7]、旁多水利枢纽[8-10]、黄金坪水电站[11-12]、新疆小石门水库[13]等超深防渗墙工程，黄壁庄水库[14]、窄口水库[15]除险加固防渗墙工程，以及向家坝水电站[16-17]、溪洛渡水电站[18-19]围堰防渗墙工程，系统介绍了与超深防渗墙施工相关的成套造孔挖槽工法技术体系。

3.2 成槽施工方案优化组合综合比选方法

3.2.1 概述

防渗墙成槽施工方案确定是防渗墙施工组织的核心工作，主要包括设备选型、成槽工法选择、设备配置等，主要有地质、地形、地下水渗流、气象、工期、成本以及社会环境等影响因素。成槽施工方案优化组合综合比选方法是在总结大量防渗墙施工成果的基础上，以工程与施工安全、防渗墙质量和环境保护为前提，以工期为控制因素，以综合成本最优，综合考虑其他相关因素而提出来的，以期最大限度发挥设备工效，适应地质条件。

3.2.2 主要施工设备地层适应性与施工工效

基于我国建设市场的基础和条件，防渗墙工程主要采用的造孔挖槽设备有冲击钻机、冲击反循环钻机、回转钻机、液压抓斗、钢丝绳抓斗、液压铣槽机等。通过大量的工程实践研究，上述设备的地层适应性和技术特点见表3.1和表3.2。

表3.1　各种造孔挖槽设备地层适应性一览表

地　层	冲击钻机	冲击反循环钻机	回转钻机	液压抓斗	钢丝绳抓斗	液压铣槽机
黏土	○	○	○	○	○	△
砂壤土	○	○	○	○	○	○
松散砂	○	○	○	○	○	○
中等密实砂	○	○	○	○	○	○
致密砂	○	○	○	△	○	○
砂卵砾石	○	○	△	△	○	○
孤、漂石地层	○	○	△	×	○	×
软岩	○	○	△	×	△	○
中硬岩	○	○	×	×	△	△
硬岩	○	○	×	×	△	×

注　○表示适应，△表示不太适应，×表示不适应。

表3.2　主要防渗墙造孔挖槽设备技术特性表

机械名称	成槽原理	适用地层	主要优缺点
冲击钻机	冲击破碎地层，抽筒间断出渣，先钻进成单孔，然后单孔连续成槽	各类复杂地层	适用地层范围广，操作简单，维修方便，市场拥有量大，设备价格低廉，但工效低、噪声大、振动大
冲击反循环钻机	冲击破碎地层，砂石泵反循环连续排渣，先钻进成单孔，然后单孔连续成槽	各类复杂地层	与冲击钻机类似，但设备价格与工效较冲击钻机有所提高，自身可以处理泥浆并进行清孔换浆
回转钻机	钻头旋转切削、破碎地层，正循环或反循环排渣	覆盖层地层	操作简单，设备价格低廉，但地层适用能力受到限制，自身只能施工桩柱型防渗墙，不能劈副孔成槽
液压抓斗	依靠斗体自重和液压系统施加的压力，通过斗齿、斗刃切削地层，碎渣由斗体提升出槽孔	松软、中等密实、较均匀的细颗粒地层	主机行走方便、自动化程度高，在适用地层中，造孔精度和效率都很高，但设备价格高、不适用坚硬地层
钢丝绳抓斗	依靠斗体自重，通过斗齿、斗刃冲击切削地层，碎渣由斗体提升出槽孔	各类地层，硬岩地层适用性低	类似于液压抓斗，但可以提重凿施工块石，理论上在坚硬基岩中也可以施工
液压铣槽机	通过相向转动的铣轮切削地层，潜水砂石泵反循环连续将碎渣排出槽孔	最大直径小于20cm的均匀细颗粒覆盖层与软岩、中等强度岩石	造孔精度高，工效最高，不适用于孤、漂（块）石地层和坚硬岩石地层，设备价格昂贵

各种设备不同地层的平均工效见表3.3。

表 3.3　　各种设备不同地层平均工效表　　单位：m^2/d

地层 \ 设备	冲击钻机	冲击反循环钻机	液压抓斗	钢丝绳抓斗	液压铣槽机
黏土	3～5	4.5～7.5	40～50	40～50	40～60
砂壤土、松散砂	3～4.5	5～6	40～50	40～50	90～120
中等密实砂	2 ～3.5	3～5	25～30	25～40	65～85
致密砂	2～3	3～5	5～10	10～20	60～73
砂卵砾石	2～3	3～5	5～10	10～20	50～60
孤、漂石地层	0.5～1	0.5～1		1～2	
软岩	1～2	1～3			25～40
中硬岩	0.3～0.6	0.3～0.6			
硬岩	0.1～0.5	0.1～0.5			

对于 100m 以上超深槽孔，由于必须采用重型设备施工，槽孔深度在 150m 以下时，在方案选择阶段仍可采用上述工效；槽孔深度在 150m 以上时，应考虑 0.7～0.9 的折减系数。在施工中，对于孤、漂石地层和硬岩地层，常常辅以槽孔爆破辅助成槽工法技术施工，现场试验与施工表明，采用钻孔预爆技术时，可提高工效 2～3 倍。

3.2.3　不同设备组合技术特性

本书针对不同的防渗墙施工设备的基本施工工法进行了研究改进，研发了不同设备组合的配套施工工法技术，适用于不同地层。不同设备组合配套工法技术特点见表 3.4。

3.2.4　防渗墙成槽方案优化组合综合比选方法

对于具体的防渗墙工程，优化组合综合比选成槽方案方法的要点有以下几个方面：

（1）以设备地层适用性初选方案。认真收集并研究地质资料，深入分析防渗墙地层的分层分布结构、土体组成、物理力学指标、渗透参数，结合设计要求，初选可选用的设备或设备组合。对于超深与复杂地质条件防渗墙工程，应注意以下原则：

1）应首选钻机与钢丝绳抓斗配合、适当配备液压抓斗，并采用“钻抓法”工法的施工方案。当因现场布置限制、设备运输不便、工程量小、抓斗资源匮乏等无法采用抓斗时，可首选冲击钻机或冲击反循环钻机，采用“改进钻劈法”施工。回转钻机由于只能施工主孔，可作为冲击钻机的补充。

2）鉴于液压铣槽机设备昂贵，市场数量少的特点，对于重要、地质条件适宜、工期紧、地形交通条件允许的工程，可以采用液压铣槽机施工，但应与钻机、钢丝绳抓斗配合使用，对于含有一定比例的孤、漂（块）石地层和硬岩地层，应采用钻机施工。采用液压铣槽机施工的工程，其规模一般要在 5 万 m^2 以上。

3）采用钻机、抓斗与液压铣槽机配合施工的工程，要发挥不同设备的特点。在施工适宜的地层，首先充分发挥液压铣槽机的作用，其次是抓斗，力求效率的最大化。

通过地层适用性选择，可初拟 2～3 个施工方案。

表 3.4　　不同设备组合配套工法技术特点表

设备组合 \ 工法与特性	配套工法	适用地层	优缺点
单一冲击钻机	钻劈法、改进钻劈法	各类复杂地层	设备简单、价格低廉，适用于各类复杂地层，工效低
单一冲击反循环钻机	钻劈法、改进钻劈法	各类复杂地层	设备简单、价格低廉，适用于各类复杂地层，工效高于冲击钻机
单一液压抓斗	抓取法	中等密实以下均匀的细颗粒地层	在适用地层中，造孔精度和效率都很高，但设备价格高、不适用于坚硬地层
单一钢丝绳抓斗	抓取法、改进抓取法	各类复杂地层	类似于液压抓斗，但可以拎重凿施工块石，理论上在坚硬基岩中也可以施工
单一液压铣槽机	铣削法	最大直径小于 20cm 的细颗粒地层，中等以下强度岩石地层	造孔精度高，工效最高，不适用于孤、漂（块）石地层和坚硬岩石地层，设备价格昂贵，市场数量少
钻机与液压抓斗配合	钻抓法（两钻一抓法、两钻三抓法、上抓下钻法、回填抓取法、加打主孔法）	各类复杂地层	适用于各类复杂地层，通过钻机与抓斗的有效配合，可大幅提高工效，但设备价格高
钻机与钢丝绳抓斗配合	钻抓法（两钻一抓法、两钻三抓法、上抓下钻法、回填抓取法、加打主孔法）	各类复杂地层	类似于液压抓斗，工效更高
钻机与液压铣槽机配合	钻铣法（两钻一铣法、上抓下铣法）	各类复杂地层	适用于各类复杂地层，通过钻机与液压铣槽机的有效配合，工效很高，但设备价格昂贵
钢丝绳抓斗与液压铣槽机配合	铣砸爆法	各类复杂地层	适用于各类复杂地层，通过抓斗与液压铣槽机的有效配合，工效很高，但设备价格昂贵
钻机、钢丝绳抓斗与液压铣槽机配合	铣抓钻法	各类复杂地层	适用于各类复杂地层，通过钻机、抓斗与液压铣槽机的有效配合，工效最高，但设备价格昂贵

（2）以工期要求筛选方案。在初拟成槽施工方案的基础上，根据设计图纸计算不同设备的工作量，按照不同设备的工效计算设备数量，核定施工工期，应按照均衡生产的原则确定设备数量。对于满足不了工期的方案，予以放弃。

对于复杂恶劣地质条件防渗墙工程，应同时考虑预灌浓浆与槽内灌浆处理技术、槽孔爆破辅助成槽工法技术的运用，考虑其对工效的提高。

（3）以相关条件与要求排除方案。对于筛选后的方案，要考虑相关因素进行进一步选择，主要原则有以下几个方面：

1）应满足工程安全和施工安全的要求，满足墙体质量的要求。

2）应满足环境保护相关要求，如河流与水库水体水质、噪声、振动标准等。

3）应考虑设备形体和运行对施工场地的要求。

4）应考虑边远地区交通条件和气候条件的限制。

5）应考虑辅助施工方案的制约，如膨润土供应、火工材料供应、爆破条件等。

（4）以经济比较确定方案。针对比选方案，进行经济比较，最终确定防渗墙槽孔施工方案与设备资源，成本对比应采用全口径计算综合成本，不应单一计算造孔费用。典型工程成槽施工方案见表3.5。

表3.5　典型工程成槽施工方案

项目名称	防渗墙最大深度/m	成墙面积/m^2	主要设备	施工工法	备注
冶勒水电站	试验槽孔深度为101m、施工期单层最大深度为84m、最大成墙深度为140m	55100	重型冲击反循环钻机、液压铣槽机	改进钻劈法、铣削法、钻铣法	
狮子坪水电站	101.8	5242	重型冲击反循环钻机	改进钻劈法	
泸定水电站	125	29241	重型冲击钻机、重型冲击反循环钻机	改进钻劈法	
下坂地水利枢纽	试验段槽孔深度为102m、施工期最大深度为85m	20100	重型冲击钻机、重型冲击反循环钻机	改进钻劈法	
旁多水利枢纽	试验段槽孔最大深度为201m、施工期最大深度为158m	125000	重型冲击钻机、重型钢丝绳抓斗、液压抓斗	钻抓法	
黄金坪水电站	129	23000	重型冲击反循环钻机	改进钻劈法	
新疆小石门水库	116.2	7934	重型冲击钻机、重型钢丝绳抓斗	钻抓法	
西藏雅砻水库	124.05	19195	重型冲击钻机、重型钢丝绳抓斗	钻抓法	
新疆大河沿水库	186.85		重型冲击钻机、重型钢丝绳抓斗	钻抓法	在建
红石岩水电站	131.52		重型冲击钻机、重型钢丝绳抓斗	改进钻劈法	在建

3.3　防渗墙成套造孔挖槽工法技术体系

3.3.1　“改进钻劈法”工法技术

3.3.1.1　概述

我国引进防渗墙施工技术后，开始采用单孔连锁桩成墙。1959年，在密云水库防渗处理施工中，基础局创造了“钻劈法”防渗墙施工工法，成为沿用至今的造孔成槽方法。本书依托冶勒水电站[1-2]、狮子坪水电站[3-4]、下坂地水利枢纽[5]、泸定水电站[6-7]、黄金坪水电站[11-12]等防渗墙工程，开展了100m以上深度防渗墙“钻劈法”适用性研究和改进研究[20-22]。

通过 CZ－2000 系列冲击重型反循钻机的研发与应用和重型冲击钻机的改进，验证了该工法仍然可以应用于超深与复杂地层防渗墙工程。

针对 100m 以上深度防渗墙槽孔稳定性差，特别是漏浆塌孔风险高的情况和孤、漂（块）石地层钻机施工难度大的难题，针对严重架空、渗透性强的地层，为防止严重漏浆塌孔，研究应用了“平打法”和“分段钻劈法”，充分挤密地层，减少漏浆塌孔。

针对超深防渗墙底部小墙钻头难以定位、施工效率低，孤、漂（块）石地层钻机施工效率低的难题，本书依托旁多水利枢纽、黄金坪水电站研发了“钻砸抓法”，用抓斗配合钻机施工，大幅提高了造孔效率。

“平打法”“分段钻劈法”和“钻砸抓法”等作为“钻劈法”的辅助施工工法，共同构成了“改进钻劈法”施工工法技术。

3.3.1.2　工艺原理

该工法的基础是“钻劈法”，冲击钻机施工防渗墙槽孔主孔时，采用钻头连续冲击破碎地层，抽筒或砂石泵抽取泥浆中的钻渣形成进尺。副孔施工时，采用钻头连续或间断冲击主孔之间的副孔地层，冲击后钻渣落入主孔由抽筒抽取，或直接用接渣斗接出孔外。副孔施工完成后，由于钻头是圆形的，其间会留下一些残余部分小墙，需要钻机逐一打净。

“平打法”是在遇到较大比例严重漏浆塌孔地层时，在漏浆塌孔地层上部采用“钻劈法”成槽，在严重漏浆塌孔地层槽孔内，采用主、副孔逐一平打的方式，边回填堵漏材料，边挤密地层，每一循环进尺不大于 1.5m。穿过漏浆塌孔地层后，再采用“钻劈法”施工下部槽孔。

“分段钻劈法”是在遇到较大比例严重漏浆塌孔地层时的另一种施工方法，在漏浆塌孔地层上部采用“钻劈法”成槽，然后将槽孔分段，每 5～10m 为一段，按“钻劈法”施工成槽，穿过漏浆塌孔地层后，再采用“钻劈法”施工下部槽孔，直至施工到孔底。

“钻砸抓法”作为辅助工法，主要是在超深防渗墙施工岩石小墙时和大直径孤、漂（块）石地层中应用。一种情况是钻机施工槽孔副孔完成后，采用钢丝绳抓斗吊特制重凿冲砸小墙，由于重凿底面积与质量大，冲击力强，便于寻找小墙位置，冲砸效果好。抓斗冲砸小墙的破碎石渣，由抓斗抓取，剩余极小工程量的小墙和石渣由钻机清理完成。另一种情况是在大直径孤、漂（块）石地层中，停止钻机施工，由钢丝绳抓斗吊特制重凿冲砸破碎孤、漂（块）石，然后再由钻机施工。

3.3.1.3　工法特点

“钻劈法”是我国最为传统的防渗墙施工工法，应用范围广，适应能力强，研究“改进钻劈法”可有效解决严重漏浆塌孔问题，提高深槽孔岩石小墙和大直径孤、漂（块）石地层施工效率，特别是采用改进重型冲击钻机后，该工法仍广泛应用于 100m 以上超深与复杂地质条件防渗墙施工。该工法特点具体体现在以下几个方面：

（1）设备价格低，市场保有量巨大，操作简单易学，具有广泛的市场基础。

（2）地层适应能力强，除噪声要求严格的城市工程外，几乎可以应用于所有地层工程的施工。

（3）修孔能力强，特别是对于不均匀地层和探头石、陡坡岩石地层，易于保证造孔精度。

3.3.1.4 适用范围

该工法地层适应能力强，除噪声要求严格的城市工程外，几乎可以应用于所有地层的工程施工。目前，该工法仍是我国水利水电工程应用最广泛的工法技术之一，大量应用于国内水库大坝、围堰工程和病险水库防渗处理工程中。

3.3.1.5 工艺流程

防渗墙是在已建好的施工平台基础上建造，并预先按照防渗墙的宽度做好导墙。“钻劈法”施工先施工主孔，再劈打副孔，主、副孔相连形成一个槽孔。主孔是一个独立的钻孔，钻头直径等于墙厚，副孔在两个主孔之间，长度大于主孔。“钻劈法”施工的副孔在防渗墙轴线方向上的长度，黏性土地层为1.0～1.25倍的主孔直径，砂壤土和砂卵石地层为1.2～1.5倍的主孔直径。

由于钻头是圆形的，主、副孔劈打完成后，其间会留下一些残余部分小墙，将钻机调整至小墙位置，从上到下至设计孔深（打小墙）。至此形成一个完整的、连续的、等厚度的槽孔。

劈打副孔时一般在相邻的两个主孔中放置接砂斗接出大部分劈落的钻渣。由于在劈打副孔时仍有部分（或全部）钻渣落入主孔内，因此需要重复钻凿主孔，此作业称作“打回填”。当采用常规冲击钻机造孔时，钻凿主孔和打回填都是用抽砂筒出渣的，当采用冲击反循环钻机造孔时，主要用砂石泵抽吸出渣，有时也要用抽砂筒出渣（如开孔时）。“钻劈法”工艺流程如图3.1所示。

施工准备→安装钻机→对准孔位→主孔钻进→劈打副孔

→清扫小墙→清孔换浆→浇筑混凝土成墙

图3.1 “钻劈法”工艺流程图

“钻劈法”施工工序如图3.2所示。

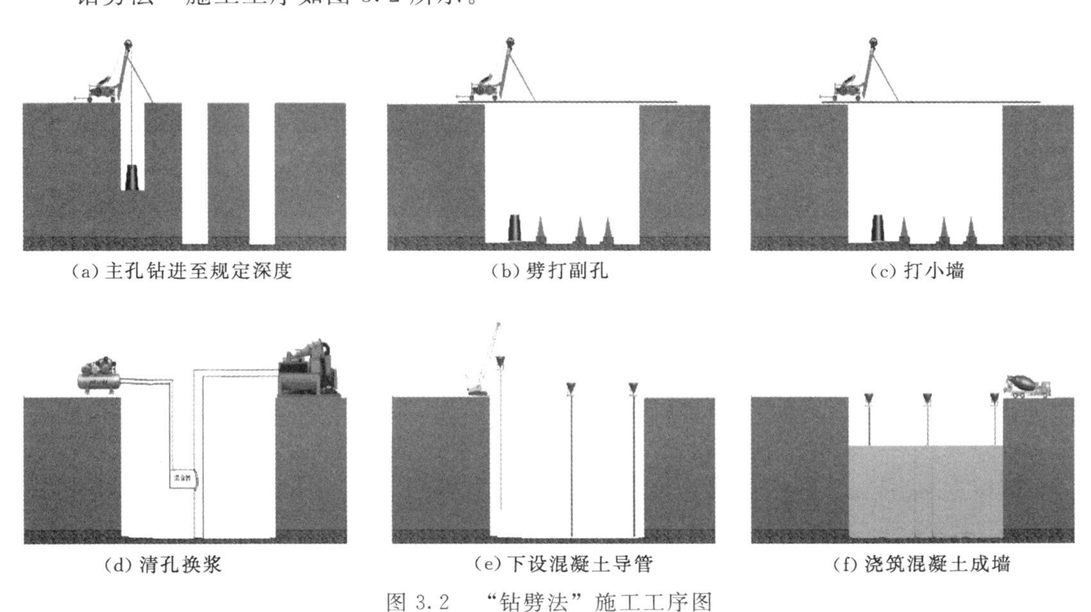
(a) 主孔钻进至规定深度　(b) 劈打副孔　(c) 打小墙

(d) 清孔换浆　(e) 下设混凝土导管　(f) 浇筑混凝土成墙

图3.2 “钻劈法”施工工序图

“平打法”施工工序如图 3.3 所示。

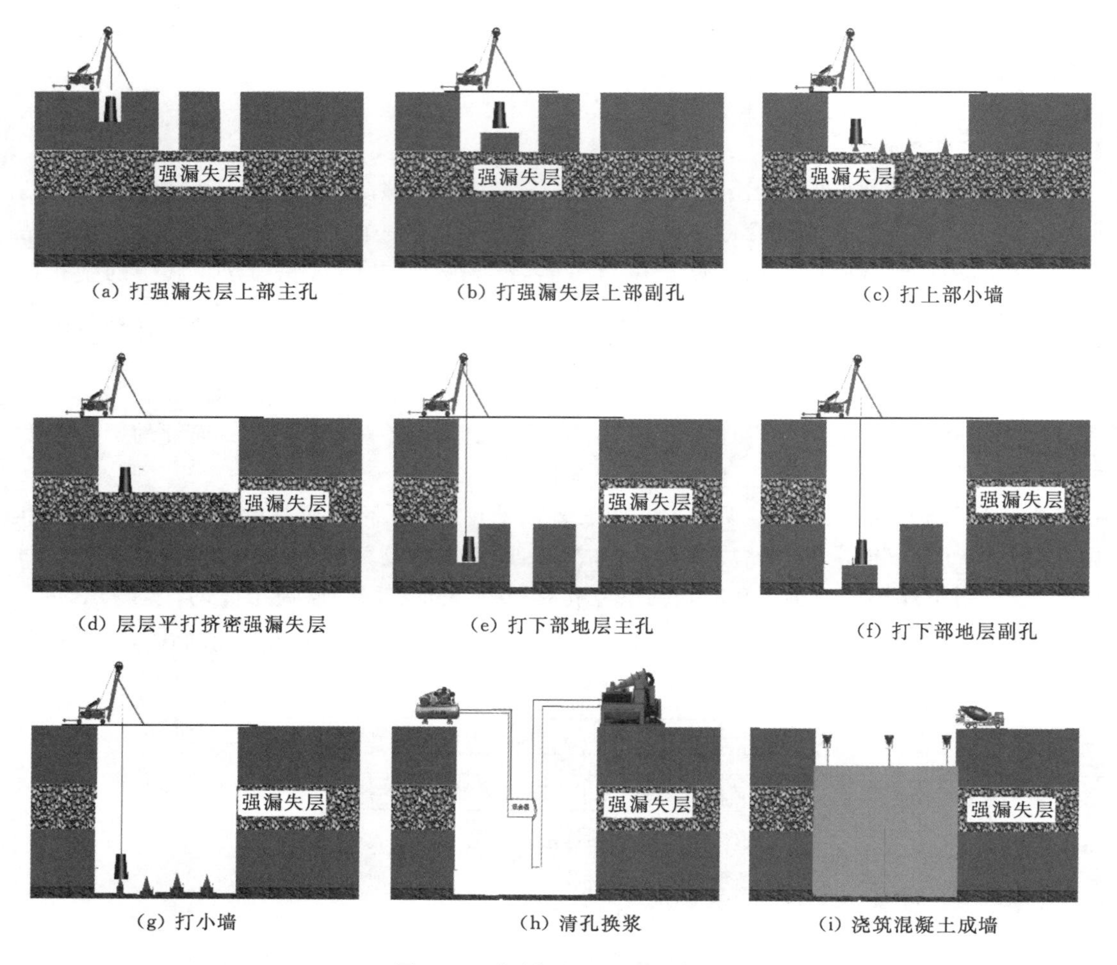

(a) 打强漏失层上部主孔　(b) 打强漏失层上部副孔　(c) 打上部小墙

(d) 层层平打挤密强漏失层　(e) 打下部地层主孔　(f) 打下部地层副孔

(g) 打小墙　(h) 清孔换浆　(i) 浇筑混凝土成墙

图 3.3　“平打法”施工工序图

“分段钻劈法”施工工序如图 3.4 所示。

“钻砸抓法”施工工序如图 3.5 所示。

3.3.1.6　操作要点

(1) 施工平台建造。在钻机平台上铺设枕木及导轨，其宽度满足钻机施工和移动要求。出渣平台的宽度根据钻具的长度而定，宜采用混凝土或浆砌石。导向槽的内宽略大于防渗墙的设计宽度，其材料深防渗墙一般采用钢筋混凝土。

(2) 钻机安放要平稳、牢固，连接好钻具。对准孔位，做好开钻准备。

(3) 先施工主孔，开孔时宜间断冲击，直至钻头全部进入孔内，冲击平稳后方可连续冲击。

(4) 劈打副孔要对准孔位，间断冲击劈打，严禁打空钻。对于砂卵石地层，可用接砂斗接出大部分劈落的钻渣。

(5) 对劈打副孔掉入主孔的钻渣，需要重复钻凿主孔，此作业称作“打回填”。

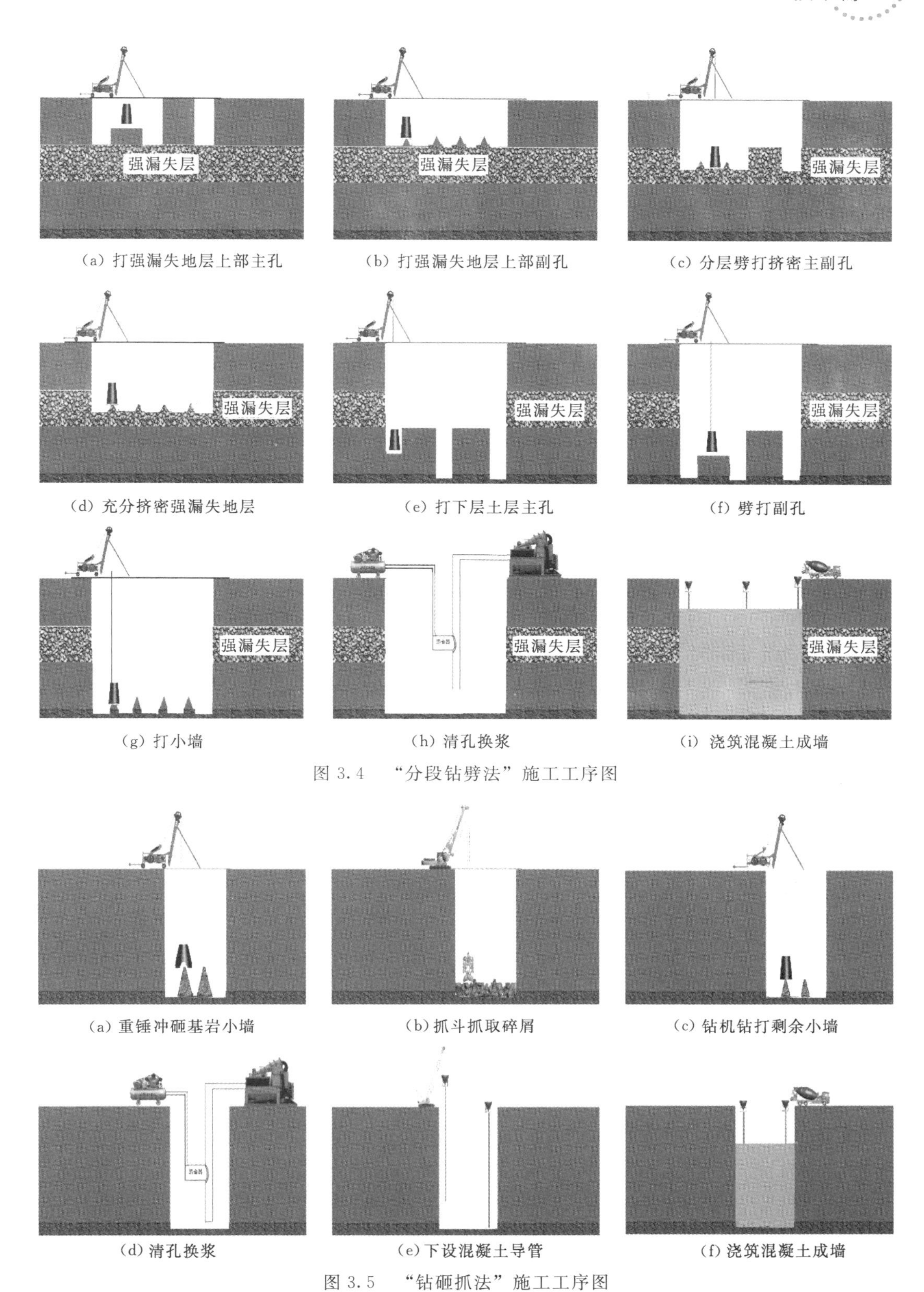

(a) 打强漏失地层上部主孔　(b) 打强漏失地层上部副孔　(c) 分层劈打挤密主副孔

(d) 充分挤密强漏失地层　(e) 打下层土层主孔　(f) 劈打副孔

(g) 打小墙　(h) 清孔换浆　(i) 浇筑混凝土成墙

图 3.4　“分段钻劈法”施工工序图

(a) 重锤冲砸基岩小墙　(b) 抓斗抓取碎屑　(c) 钻机钻打剩余小墙

(d) 清孔换浆　(e) 下设混凝土导管　(f) 浇筑混凝土成墙

图 3.5　“钻砸抓法”施工工序图

(6) 在主、副孔钻完之后，其间会留下一些残余部分，称作“小墙”。这需要找准位置，从上至下把它们清除干净（俗称“打小墙”），形成一个连续完整和宽度及深度满足要求的槽孔。

(7) 钻机中要及时测孔，发生偏斜时，及时修孔纠偏，保证成槽深度、宽度及孔斜满足设计要求。

3.3.1.7 主要设备

主要采用冲击钻机或冲击反循环钻机，超深防渗墙需采用改进型重型冲击钻机（图3.6）和重型冲击反循环钻机（图3.7），采用“钻砸抓法”时配备少量钢丝绳抓斗。钻具有十字钻头、空心钻头、阶梯钻头等。抽砂采用抽筒、接砂斗等。若采用反循环钻机应配备砂石泵和泥浆净化机等。

图 3.6 重型冲击钻机

图 3.7 重型冲击反循环钻机

3.3.2 “抓取法”工法技术

3.3.2.1 概述

我国以往防渗墙槽孔的施工主要采用“钻劈法”，这种施工工法因出渣方式的原因，存在重复破碎问题，所以成槽工效低；而用圆钻头造孔，打小墙可控性差，致使孔斜保证率低、孔形的质量差。因此，提高防渗墙施工工效和质量一直是大家追求的目标。

20世纪末期，国内引进了液压与钢丝绳抓斗，在水利水电工程中率先采用“抓取法”大规模施工防渗墙，本书针对超深与复杂地质条件防渗墙特点，重点介绍了“抓取法”的适用性[23-25]。该工法已成功应用于超深防渗墙工程覆盖层施工中。

3.3.2.2 工艺原理

“抓取法”成槽的工作原理是：利用液压（钢丝绳）抓斗本身的质量对地层产生的压力和油缸或钢丝绳倍轮机构产生的合斗力形成的合力对地层进行切割抓取，并同时将渣土直接抓出孔外，完成槽孔的挖槽；抓斗质量的大小十分关键，质量小重力就小，平衡下掘力就小。遇到比较硬的地层，抓斗（液压式、钢丝绳悬挂式）就会上抬，从而使掘进效率下降；另外，液压抓斗一般具有纠偏机构，但在作业过程中可以随时发现孔斜情况，并给予纠正；钢丝绳抓斗虽然没有纠偏装置，但在作业过程中可以通过观察悬吊抓斗钢丝绳位置的变化，随时判断孔斜的产生，并采取措施排除；当槽孔内地层较硬或遇到大直径孤、漂（块）石和基岩时，可利用重凿进行预破碎后再进行挖掘。抓斗工艺原理如图 3.8 所示。

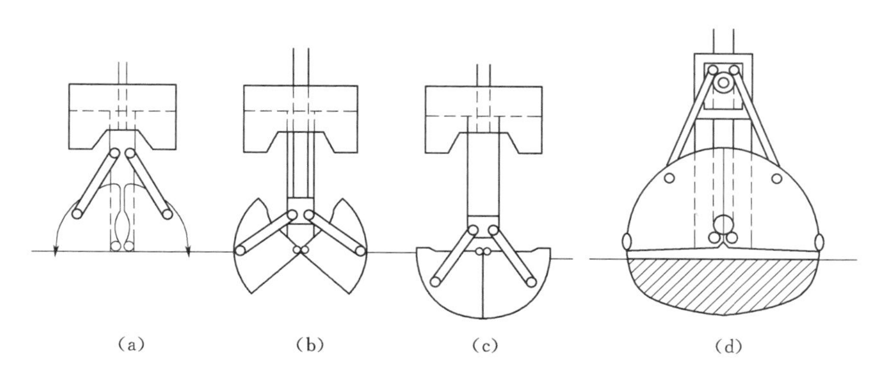

图 3.8 抓斗工艺原理图

3.3.2.3 工法特点

该工法采用抓斗施工，由于抓斗是通过切割抓取地层的，不需要像钻机那样充分破碎地层，而且设备功率大，在适宜施工的地层，施工工效远高于采用冲击钻机“钻劈法”施工。抓斗设备布置简洁、移动灵活、操作方便、噪声低，有利于文明施工和环境保护。该工法与“钻劈法”相比，可提高工效 6～10 倍。

3.3.2.4 适用范围

液压抓斗采取该工法适合在较松散、中等密实以下的细颗粒地层中施工，一般标贯击数不大于 22，否则施工工效将显著下降，不适于在基岩中施工；但钢丝绳抓斗通过重凿的辅助施工，也可以在坚硬地层或基岩中成槽。

3.3.2.5 工艺流程

该工法的主要工艺流程是：根据设计图纸确定防渗墙轴线和标高→按施工组织设计要求构筑防渗墙导墙和施工平台→在导墙上标注一、二期槽段位置→在一期槽灌注泥浆并做好开始施工的准备→按三抓完成一个槽段施工（一般槽段长 6.8m，三抓分别是 2.8m、1.2m、2.8m）→清孔→验槽→下设接头管和孔内预埋件及浇筑导管→浇筑混凝土→起拔接头管和导管→判断混凝土上升面位置→结束混凝土浇筑→完成相邻另一个一期槽段施工→完成第一个二期槽段施工→直至完成防渗墙所有槽段的施工。“抓取法”工艺流程如图 3.9 所示，施工工序如图 3.10 所示。

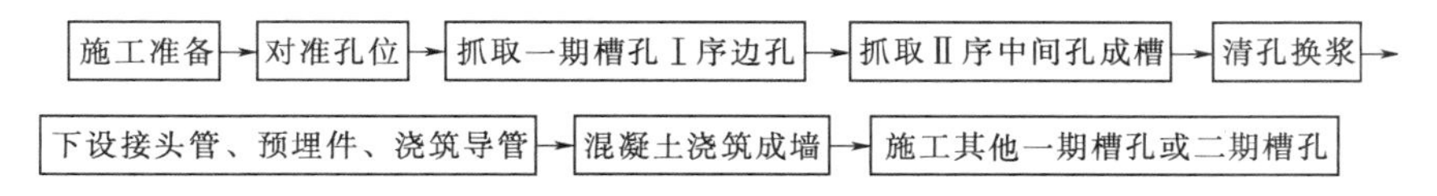

图 3.9 “抓取法”工艺流程图

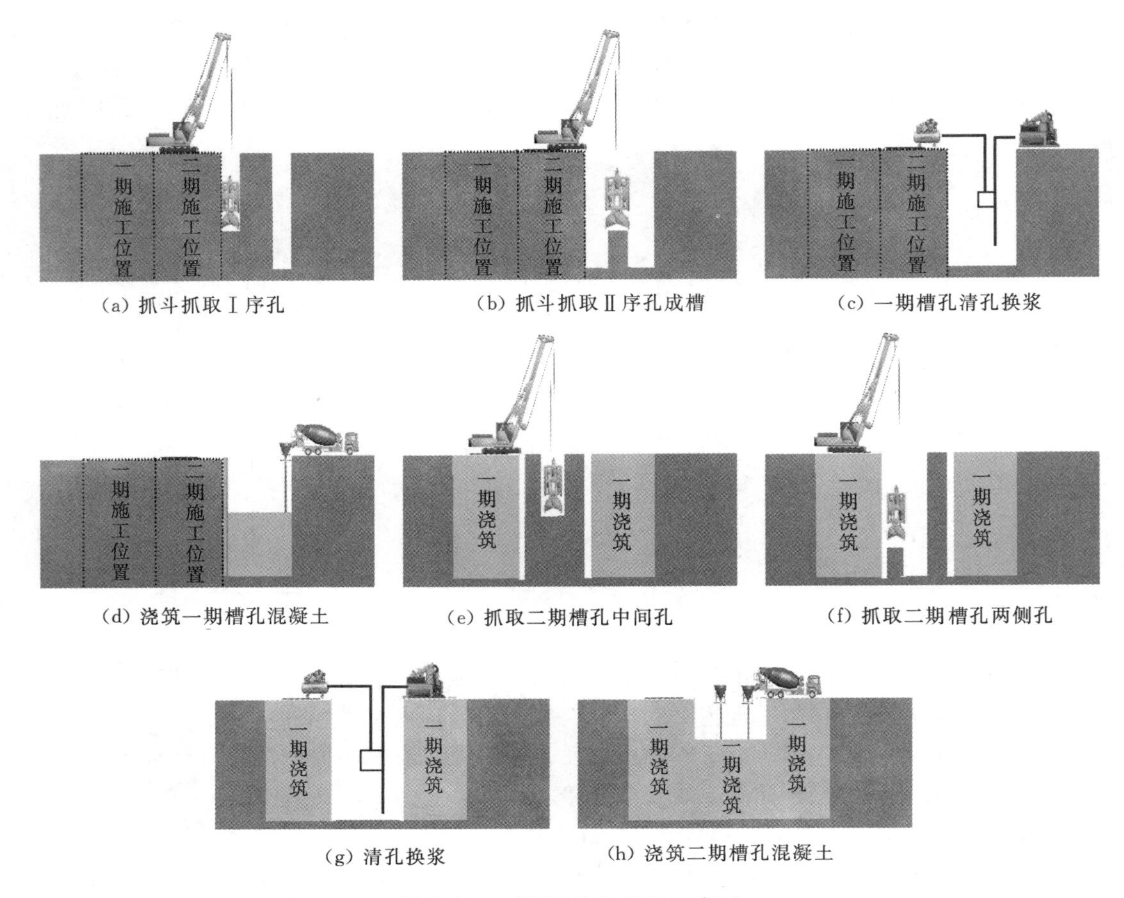

(a) 抓斗抓取Ⅰ序孔　(b) 抓斗抓取Ⅱ序孔成槽　(c) 一期槽孔清孔换浆

(d) 浇筑一期槽孔混凝土　(e) 抓取二期槽孔中间孔　(f) 抓取二期槽孔两侧孔

(g) 清孔换浆　(h) 浇筑二期槽孔混凝土

图 3.10　“抓取法”施工工序图

3.3.2.6　操作要点

(1) 施工平台。施工平台应坚固、平整，适合于抓斗机械行走，宽度满足施工需要，高程需综合考虑以下条件：

1) 应高出地下水水位 1.5m 以上。

2) 施工期水位应保证施工平台安全。

3) 废渣、废水的排放应通畅，满足文明施工要求。

4) 考虑经济效益的影响，施工平台的建造应尽量减少平台的挖填方量。

(2) 防渗墙导墙。抓斗机械是重型设备，因此要充分考虑施工荷载的影响。

1) 导墙应建造在坚实的地基上，当地基土较松软时，修筑导墙前必须采取加固措施，如高喷桩、振冲桩支护等，以使其有足够的承载力，避免导墙断裂、孔口坍塌。

2) 导墙宜采用现浇钢筋混凝土构筑。

3) 导墙高度应为 1.5～2m。

4) 导墙两侧回填土必须夯实，夯实回填土的时候应采取措施防止导墙倾覆或发生位移。

5) 在施工时，应随时对导墙的沉降、位移进行观测，保证安全。

(3) 固壁泥浆。由于该工法是使用抓斗对地层直接进行抓取，施工速度快，因此要求泥浆要有良好的物理性能、流变性能和稳定性。

1）拌制泥浆的土料宜选用膨润土材料，应考虑对泥浆添加合适的钠离子添加剂（如氢氧化钠、碳酸钠等）、CMC增黏剂等，以使泥浆有良好的稳定性及抗地层渗漏性能，添加种类及比例应采取现场试验的方式确定。

2）应严格按照规定的配合比配制泥浆，各种成分的添加量误差不得大于5%。储浆池内的泥浆应经常搅动，保持泥浆性能指标的均一性。

3）应考虑施工区域采用地下水或海水拌制泥浆对泥浆性能的影响，应对水质进行化验分析，采取有效保证泥浆质量的措施。

（4）抓取施工。

1）根据地层情况划分抓取Ⅱ序副孔大小。地层较密实、透水性较低时可将副孔长度定为2.2～2.6m，地层渗透性强或孤、漂（块）石较多时，副孔长度应在1.2～2.2m，这样更利于发挥抓斗作用，提高工效。

2）机械抓斗与液压抓斗性能有别，实际操作中应根据地层情况适当选择。地层情况较好，槽孔深度小于60m时可选用液压抓斗（采用本书改进后的抓斗可放宽到110m）；地层情况复杂，孤、漂（块）石较多，槽孔深度大于60m时宜采用机械抓斗，以用其重锤破碎直径大于80cm的孤石。

3）成槽施工中，液压抓斗掘进时不能冲击，以防把油管拉断；钢丝绳抓斗掘进时可以冲击，但也只能做1m以下短冲程冲击，否则会损坏抓斗构件。

4）成槽施工中，液压抓斗掘进时可以随时发现孔斜并及时通过调斜油缸纠偏；钢丝绳抓斗掘进时可通过观察悬吊抓斗钢丝绳位置的变化，随时判断孔斜的产生，并采取回填后重新挖掘的办法纠正。

3.3.2.7 主要设备

导板式液压抓斗：型号为KH－180，由日本真莎株式会社生产。主要技术参数：抓斗质量为20t，斗宽为600～1400mm，开斗长2200mm，闭斗长1800mm，抓斗高7500mm，履带吊车起重能力为500kN，动力为220马力，系统压力为35MPa，单绳拉力为60kN，接地压力为0.056MPa，如图3.11所示。

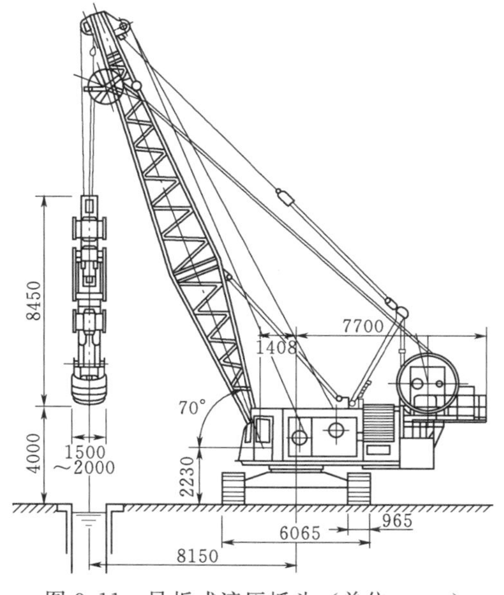

图3.11 导板式液压抓斗（单位：mm）

导杆式液压抓斗：型号为QUY50，产地为中国抚顺。主要技术参数：抓斗质量为18t，斗宽600～1400mm，开斗长2200mm，闭斗长1800mm，抓斗高7500mm，履带吊车起重能力为500kN，动力为220马力，系统压力为35MPa，单绳拉力为60kN，接地压力为0.056MPa，如图3.12所示。

钢丝绳抓斗：型号为HS843HD，由德国宝峨公司生产。主要技术参数：抓斗质量为

13t，斗宽 600～1400mm，开斗长 2800mm，闭斗长 2400mm，抓斗高 7500mm，履带吊车起重能力为 500kN，动力为 300 马力，系统压力为 35MPa，单绳拉力为 200kN，接地压力为 0.056MPa，如图 3.13 所示。

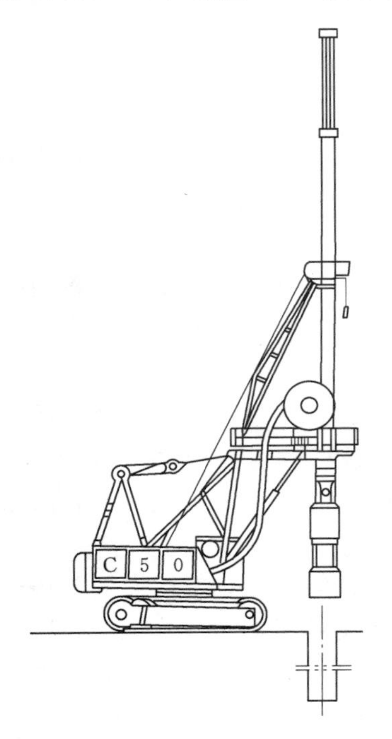

图 3.12　导杆式液压抓斗

图 3.13　钢丝绳抓斗

3.3.3　“铣削法”工法技术

3.3.3.1　概述

20 世纪末期，基础局引进了世界上最先进的液压铣槽机设备，在水利水电工程中率先采用“铣削法”施工防渗墙，本书针对超深与复杂地质条件防渗墙特点，重点介绍了“铣削法”的适用性[26-28]，该工法已成功应用于超深防渗墙、围堰防渗和病险库防渗处理工程的覆盖层施工中，先后在润扬大桥北锚碇地下连续墙[29]、冶勒水电站防渗墙[1-2]、武汉阳逻长江大桥南锚碇地下连续墙[30]、长江向家坝水电站一期围堰防渗墙[16-17]、南水北调穿黄一期工程地下连续墙[31]等工程中应用。

此外，结合冶勒水电站右岸防渗墙工程，引进了廊道内 CBC25 专用卧式液压铣槽机，最大挖槽深度为 84m。

3.3.3.2　工艺原理

该工法是采用液压铣槽机铣轮旋转切削地层，并连续反循环排渣的槽孔建造工法。

液压铣槽机主要由主机和铣削头两大部分组成，主机为履带起重机，铣削头机体为一个钢制重型机架，它的功能除了固定各工作部件外，还可以为铣削提供一定的给进力，并起导向作用。机体下端有两个铣轮，铣轮上安有铣齿（牙）或滚刀，它分别由

两个潜水液压马达驱动并绕水平轴相对转动。在转动中铣齿不断铣削地层，并使铣削的碎块与膨润土泥浆混合。安装在铣轮上方的液压泥浆泵抽吸泥浆并携带地层颗粒通过排渣管排出地面送至除砂系统，泥浆经除渣净化后又被送回槽孔循环使用。"铣削法"原理示意图如图 3.14 所示。

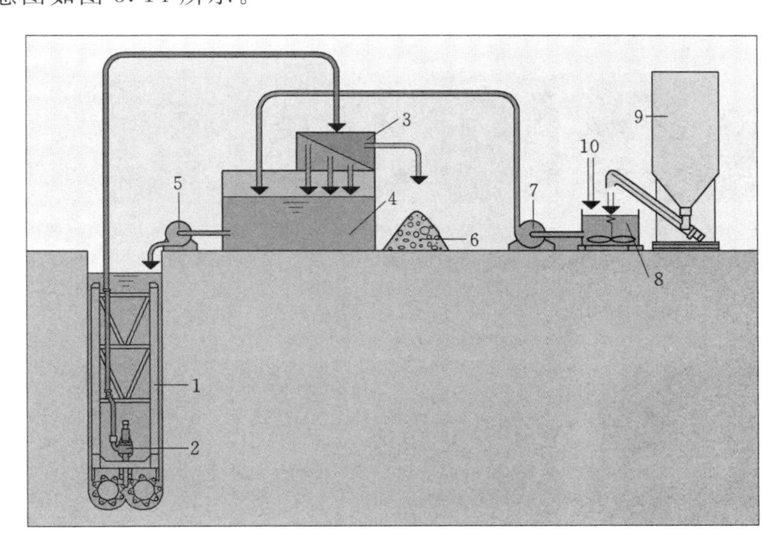

图 3.14 "铣削法"原理示意图

1—槽孔铣削掘进头；2—泥浆泵；3—除砂器；4—泥浆箱；5—离心供浆泵；6—钻渣；7—补浆泵；8—膨润土泥浆搅拌机；9—膨润土料仓；10—清水

3.3.3.3 工法特点

液压铣槽机是最先进的造孔挖槽设备，设备动力强、自动化程度高、移动方便、布置简洁。施工中，液压铣槽机通过铣轮铣削地层，砂石泵直接将破碎土体抽出，泥浆经净化机处理后返回槽孔循环利用，具有工效快、精度高、操作方便、不污染环境等显著特点，在适宜地层中施工，工效可达 1000～3000m^3/月，是采用国内常用的冲击钻机及"钻劈法"工效的 10～20 倍，是采用抓斗设备及相应工法工效的 2～4 倍。

液压铣槽机配有高效的砂石泵和泥浆净化机，可高效循环利用固壁泥浆。利用液压铣槽机清孔换浆，清孔效果好，十分有利于防渗墙墙体浇筑质量。此外，铣削法可以在二期槽孔施工时，通过与一期槽孔搭接铣削的方式，同时形成接头，不用专门施工接头。

3.3.3.4 适用范围

该工法具有工效快、成槽精度高、噪声小、环保施工的优点，成槽质量也易于保证，特别适用于在均匀的覆盖层和中低强度基岩中施工；如覆盖层中含有较大直径的漂（卵）石或岩石坚硬，虽采用该工法仍可施工，但工效低、设备磨损大、施工成本高，宜辅以其他槽孔建造工法和手段配合。

由于该工法采用的液压铣槽机设备昂贵、国内市场数量十分有限，故适用于规模大、工期紧张、精度要求高、环保要求高的工程，包括场地狭窄和噪声要求严格的防渗墙（城市地下连续墙）工程。

3.3.3.5 工艺流程

该工法施工工序如图 3.15 所示，主要工艺流程如下：

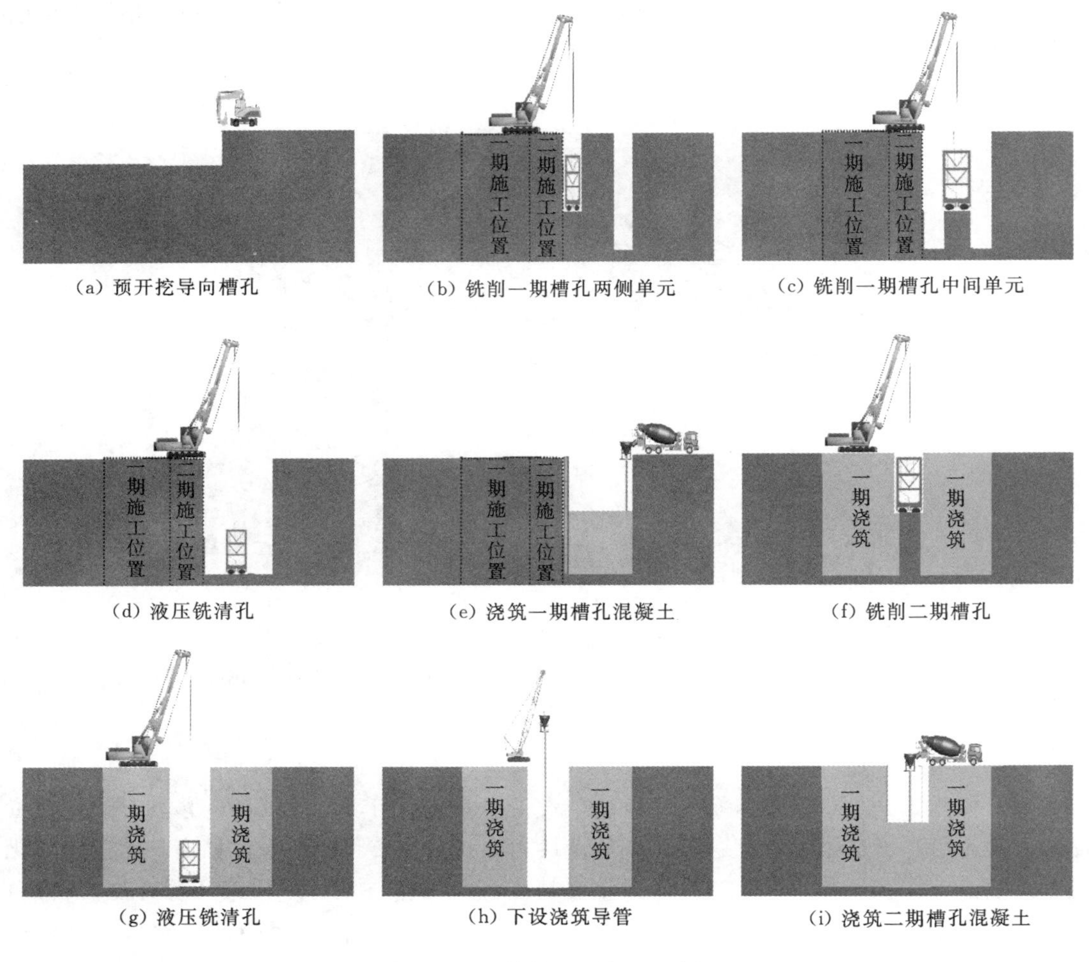

图 3.15 “铣削法”施工工序图

工艺流程 1：为使液压铣槽机开孔时铣头下卧到槽孔泥浆内并保证开孔精度，先采用反铲或抓斗预开挖槽孔深度不小于 2.5m，然后开孔铣削。

工艺流程 2：铣削一期槽孔两侧单元。

工艺流程 3：铣削一期槽孔中间单元。

工艺流程 4：清孔换浆后浇筑一期槽孔。

工艺流程 5：相邻一期槽孔浇筑后，择时铣削二期槽孔；采用“铣削法”成槽工法施工防渗墙（地下连续墙），一、二期槽孔一般采用铣削接头，二期槽孔一般采用一铣成槽。

工艺流程 6：清孔换浆后浇筑二期槽孔。

3.3.3.6 操作要点

（1）施工导墙、平台与槽孔预开挖。施工导墙宜为钢筋混凝土结构，其规格应根据设

计的墙体深度、预计的成槽周期、地基密实程度确定，以保证施工期间槽口的稳定和施工设备与人员的安全。

施工平台宜为钢筋混凝土结构，配筋情况根据施工设计确定，以保证安全兼顾经济为总体原则。施工平台中间某部位或远离防渗墙轴线的一侧应布置排水沟，以便于施工废水排出，保证现场文明施工。

在液压铣槽机正式施工前，应将槽孔进行预开挖，以保证液压铣槽机开孔稳定和预注泥浆用，深度不小于2.5m。

（2）一期槽孔长度。一期槽孔长度的确定，除了考虑施工周期、槽壁稳定、混凝土浇筑上升速度等因素之外，还应该考虑与成槽工法直接相关的因素：两边Ⅰ序槽孔长度由设备铣削宽度确定，一般为2.8m；两侧临空铣削的中间Ⅱ序单元长度，不宜超过铣削架总体开度的1/2～2/3，特别是对于相对坚硬的地层，如此考虑的出发点是，中间单元铣削时，便于铣削架的稳定和成槽质量。一般情况下，一期槽孔采用三铣成槽，长度为7～7.5m。

（3）二期槽孔长度。二期槽孔一般为一铣成槽，长度为液压铣槽机施工宽度，一般为2.8m。

（4）固壁泥浆。由于该工法使用液压铣槽机施工，反循环出渣快，铣削速度高，因此要求固壁泥浆要有良好的物理性能、流变性能和稳定性，一般采用优质膨润土泥浆。特别是对于采用铣削法接头时，更应该考虑泥浆被墙体混凝土材料污染的问题。一般的做法是，在漏失地层中，一期槽孔需关注泥浆漏失问题，适用黏度指数（黏度、动切力）相对高一些的泥浆；二期槽孔因泥浆易被墙体材料污染，易使用黏度指数相对低一些的泥浆，成槽结束后，再根据泥浆检测情况，换一些性能更合适清孔和墙体材料浇筑的新鲜泥浆。不同阶段泥浆性能指标可参考相关规范。

（5）二期槽孔开始铣削时间。二期槽孔开始铣削时间不宜过早，龄期太短的一期槽孔墙体材料对泥浆具有更明显的污染；一般须待两侧一期墙体材料达到70%设计强度（7d龄期）后进行，一期墙体材料达到上述强度后宜尽早安排施工二期槽孔，以免随着强度的增加，增加二期槽孔成槽的难度。

（6）成槽施工特点。

1）结构均匀的覆盖层，该工法可以充分发挥它的铣削优势，工效高，槽形好，非常适用。

2）该工法对坚硬孤、漂（块）石与硬岩地层适应性较差，铣齿易于磨损崩裂，成槽工效明显降低，设备易损坏，槽形亦受影响，铣槽机作业受到局限，发挥不出先进设备的作用。

3）对于石渣体、碎块石、砂卵砾石等疏松结构地层，当槽内泥浆迅速沿疏松大孔隙急剧漏失，浆面下降，威胁槽孔安全时，应及时停止钻进，解决地层泥浆漏失问题后，再行施工，避免将铣头埋住。

4）对于中等硬度的基岩，一般情况下铣削成槽工法可以直接应用，效率高于其他成槽设备，机械损耗小，槽形好；但遇有基岩风化程度不均一，内含有未风化硬核、硬块岩性时，铣削成槽工法就显得困难，进度缓慢，一般需借助槽内爆破解决。

3.3.3.7 主要设备

该工法的主要设备包括液压铣槽机及与之配套的泥浆净化装置。国内目前主要的液压铣槽机型包括德国宝峨公司生产的 BC30、BC40 及 CBC25 型铣槽机，如图 3.16 所示，各自性能参数见表 3.6 和表 3.7。

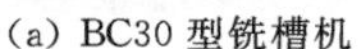

(a) BC30 型铣槽机

(b) BC40 型铣槽机

(c) CBC25 型铣槽机

图 3.16　BC30、BC40 及 CBC25 型铣槽机

表 3.6　BC30、BC40 型铣槽机相关性能参数

项　目	BC30	BC40	项　目	BC30	BC40
主机型号	Bauer BS110	Liebherr 883HD	宽度/mm	640～2400	800～2100
主机起重量/t	60	120	长度/mm	2800	2800
发动机功率/kW	297	605	高度/m	15.40	11.50
主机单绳拉力/kN	160	300	泥浆泵规格/英寸	6	6
铣轮扭矩/(kN·m)	2×81	2×100	质量/t	25～35	30～45

表 3.7　CBC25 型铣槽机相关性能参数

BS 120 主机		成槽宽度/mm	640～1500
CAT 3408 DTA 发动机功率/kW	365	成槽深度/m	60
挤压卷扬		扭矩（每个齿轮箱）/(kN·m)	81
拉力/kN	110	铣槽轮转速/(r/min)	0～25
最大拉力（4 道动滑轮）/kN	440	泥浆泵	
MBC 25 铣槽机		处理能力（最大）/(m/h)	250
成槽长度/mm	2.790		

国内项目亦使用过法国地基公司生产的 HF12000 型铣槽机，其性能特点见表 3.8。

常用的泥浆净化装置有德国宝峨公司生产的 BE500 型泥浆净化装置及国内的类似产品，以 BE500 型泥浆净化装置为例，其性能参数见表 3.9。

表 3.8　　HF12000 型铣槽机性能参数

最大处理泥浆能力/(m^3/h)	500	泥浆泵排量/(m^3/h)	2×250
泥浆最大密度/(t/m^3)	1.8	振动电机功率/kW	6×2
泥浆马氏黏度/s	<40	粗筛网眼规格/(mm×mm)	5×5
泥浆含砂率/%	<18	细筛网眼规格/(mm×mm)	0.4×25
泥浆泵功率/kW	2×45		

表 3.9　　BE500 型泥浆净化装置性能参数

最大处理泥浆能力/(m^3/h)	500	泥浆泵排量/(m^3/h)	2×250
泥浆最大密度/(t/m^3)	1.8	振动电机功率/kW	6×2
泥浆马氏黏度/s	<40	粗筛网眼规格/(mm×mm)	5×5
泥浆含砂率/%	<18	细筛网眼规格/(mm×mm)	0.4×25
泥浆泵功率/kW	2×45		

3.3.4　“钻抓法”工法技术

3.3.4.1　概述

“钻抓法”是基于我国防渗墙工程施工引进抓斗设备后，针对冲击（反循环）钻机和抓斗的不同特点，通过两种设备的密切配合，为充分发挥其不同的优势而研发的系列工法，包括“两钻一抓法”“两钻三抓法”“上抓下钻法”等[32-34]。

该工法最初在福建水口水电站、葛洲坝水电站进行过试验，但因抓斗设备性能较差等原因，没有形成成熟的技术和规模应用。20 世纪末开始，特别是 21 世纪后，该工法技术日趋完善，得以大规模应用。

针对超深与复杂地质条件防渗墙工程的特点，依托旁多水利枢纽[8-10]、新疆小石门水库等工程[13]，基础局又研发了“回填抓取法”“加打主孔法”等配套施工工法，大幅提高了“钻抓法”100m 以上超深防渗墙的适应性，有效提高了造孔挖槽工效，是超深与复杂地质条件防渗墙工程施工最重要的工法技术。

3.3.4.2　工艺原理

(1)“两钻一抓法”。由冲击（反循环）钻机钻取槽孔主孔，除完成一部分工作量外，首先切割了地层，为抓斗施工提供临空面，并起到导向作用；主孔完成后，由液压（钢丝绳）抓斗抓取副孔覆盖层至基岩表面，再由钻机施工副孔基岩部分。当抓斗抓取副孔覆盖层遇孤、漂（块）石地层或局部致密地层施工困难时，可采用钢丝绳抓斗吊取重锤或用钻机冲砸破碎，然后继续抓取。

(2)“两钻三抓法”。工艺原理类似于“两钻一抓法”，防渗墙一、二期槽孔的槽段划分与主、副孔分序一般设置 3 个以上的主孔，当地层均匀、松散，十分有利于抓斗施工时，仅使用钻机钻取槽孔端部主孔，由液压（钢丝绳）抓斗抓取副孔覆盖层至基岩表面，再由钻机施工副孔基岩部分。此工法在“两钻一抓法”基础上，可进一步减少钻机的工作量，更大限度地发挥了抓斗的作用。

（3）“上抓下钻法”。首先由抓斗采用“抓取法”施工防渗墙覆盖层部分至基岩表面，再由钻机采用“钻劈法”施工基岩部分成槽，工效最快，但在不均匀地层，不易保证挖槽精度。

（4）“回填抓取法”。该工法作为“两钻一抓法”的辅助工法，对于含孤、漂（块）石地层较多的防渗墙工程，在抓斗抓取副孔过程中，副孔中的孤石碎块、漂（块）石和卵（碎）石会掉入已造好的主孔中，当掉入主孔中的漂卵石高度与副孔高度相同时，抓取难度极大，往往是再由冲击钻机打回填，达到一定深度后，再由抓斗施工；如此反复，抓斗工效极低，甚至无法继续施工。该工法是将已造好的主孔回填壤土或钻屑，使主孔中不存在抓斗难以抓取的漂卵石。这样，通过改变主孔中地层的颗粒组成和地层性状，大大提高了抓斗抓取土体能力，使抓斗工效显著提高，特别适用于超深防渗墙施工。

（5）“加打主孔法”。该工法作为“两钻一抓法”的辅助工法，在含孤、漂（块）石地层较多的防渗墙工程中，抓斗抓取副孔工效较低，采用钻机在副孔中部加打一主孔，穿过含孤、漂（块）石地层，进行地层预破碎后，然后再由液压（钢丝绳）抓斗抓取副孔覆盖层至基岩表面，最后由钻机施工副孔基岩部分，此工法对于大比例孤、漂（块）石地层深防渗墙施工十分适用。

3.3.4.3　工法特点

该工法总的特点是针对地层特性，充分发挥钻机地层适应能力强和抓斗工效高的各自优势，弥补对方的弱点，形成综合优势。

（1）“两钻一抓法”。

1）采用钻机施工主孔，完成了一部分工作量，发挥了钻机预先破碎孤、漂（块）石地层的能力，同时利用钻机修孔能力强的特点，可保证防渗墙一、二期槽孔和Ⅰ、Ⅱ序副孔的有效连接，并为接头施工创造条件。

2）采用抓斗抓取副孔，有效发挥了其工效高的优势，大幅提升了造孔挖槽的综合工效。

3）与传统“钻劈法”相比，可提高工效3～5倍；与“纯抓法”相比，提高了抓斗施工的适应性，特别是对于超深与复杂地质条件防渗墙工程，适用性更强。

4）当采用冲击反循环钻机时，可利用钻机泥浆循环设备实施泥浆循环和清孔换浆，与单一采用抓斗施工相比，不用单独配置清孔设备。

（2）“两钻三抓法”。该工法是“两钻一抓法”的派生，基本特点与之相同。与“两钻一抓法”相区别的是不用钻机打槽段中间孔，更减少了钻机施工的比例，以进一步提高工效。缺点是中间没有导向槽，槽孔易产生偏斜，由于减少了中间孔对地层的切割，当土层中含有致密坚硬层或较多孤、漂（块）石时，用抓斗抓取中间部分会困难，不宜采用。

（3）“上抓下钻法”。该工法是在防渗墙槽孔上部覆盖层非常适用抓斗抓取时，全部采用抓斗施工，将剩余的基岩部分由钻机施工，在抓斗与钻机配合的施工中，最大发挥了抓斗作用，工效会最高，但同样存在和“抓取法”一样的地层要求。

（4）“回填抓取法”。该工法是“两钻一抓法”的辅助工法，避免了在抓斗抓取副孔过程中，副孔的孤、漂（块）石和卵（碎）石渣掉入已造好的主孔中，增加抓斗抓取难度的问题。实践表明，其原理虽然简单，但提高工效十分明显。

(5)“加打主孔法”。该工法也是“两钻一抓法”的辅助工法，在含孤、漂（块）石地层较多的防渗墙工程中，在副孔中加打一钻后，破碎了孤、漂（块）石，再次分割了地层，可大幅提高抓斗的工效和施工精度。

3.3.4.4 适用范围

从工程实践来看，“两钻一抓法”可应用于几乎所有地层，目前已施工了200m左右深度的槽孔；当覆盖层地层中致密坚硬地层或孤、漂（块）石地层占比大于50%时，不应采用。“上抓下钻法”与“两钻三抓法”则对地层要求更高一些，作为与“两钻一抓法”原理类似的工法，可在适用“两钻一抓法”地层中经现场试验决定是否采用。

3.3.4.5 工艺流程

(1)“两钻一抓法”。“两钻一抓法”是由抓斗与冲击钻机或冲击反循环钻机配合施工，发挥抓斗在均匀松散地层工效快、移动方便与钻机适应地层能力强的各自优势，由钻机钻取主孔导向槽，抓斗抓取副孔，最后由钻机钻凿基岩。“两钻一抓法”工艺流程如图3.17所示，施工工序如图3.18所示。

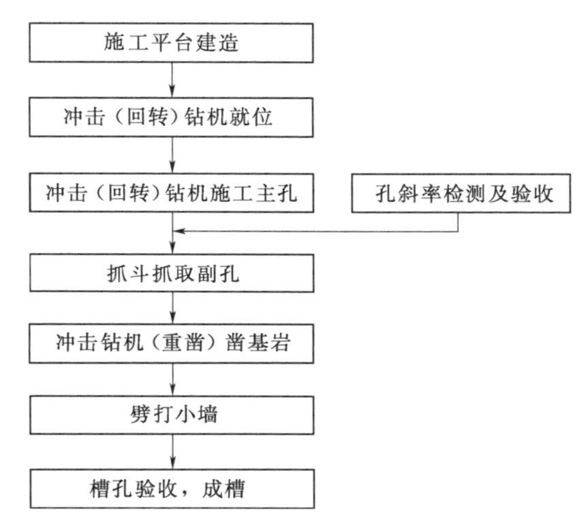

图3.17 “两钻一抓法”工艺流程图

工艺流程1：钻机钻取主孔，直至终孔。

工艺流程2：抓斗抓取槽孔副孔上部覆盖层地层，上部如为夹漂（卵）石或坚硬的覆盖层地层，则只能使用钢丝绳抓斗，

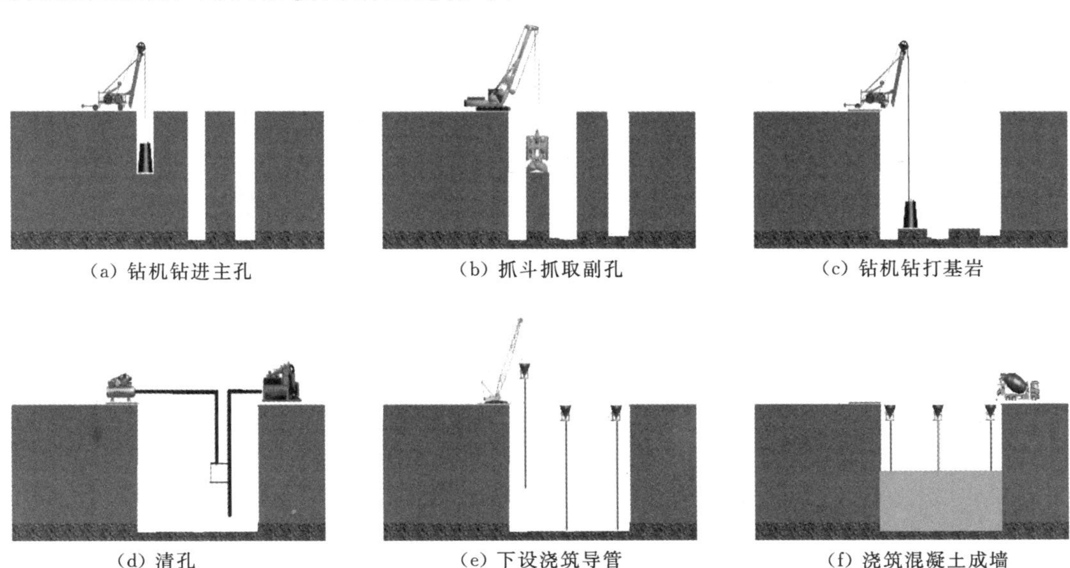
(a) 钻机钻进主孔　(b) 抓斗抓取副孔　(c) 钻机钻打基岩

(d) 清孔　(e) 下设浇筑导管　(f) 浇筑混凝土成墙

图3.18 “两钻一抓法”施工工序图

钢丝绳抓斗遇到夹漂（卵）石或坚硬的覆盖层地层时，可换取重凿砸碎地层后，再行抓取。

工艺流程 3：钻机钻取基岩，打小墙。

工艺流程 4：清孔换浆后浇筑墙体混凝土。

（2）“两钻三抓法”。“两钻三抓法”工艺流程类似于“两钻一抓法”，施工工序如图 3.19 所示，主要工艺流程如下：

工艺流程 1：钻机钻取槽孔两侧主孔，直至终孔。

工艺流程 2：抓斗抓取槽孔副孔上部覆盖层地层，上部如为夹漂（卵）石或坚硬的覆盖层地层，则只能使用钢丝绳抓斗，钢丝绳抓斗遇到夹漂（卵）石或坚硬的覆盖层地层时，可换取重凿砸碎地层后，再行抓取。

工艺流程 3：钻机钻取基岩，打小墙。

工艺流程 4：清孔换浆后浇筑墙体混凝土。

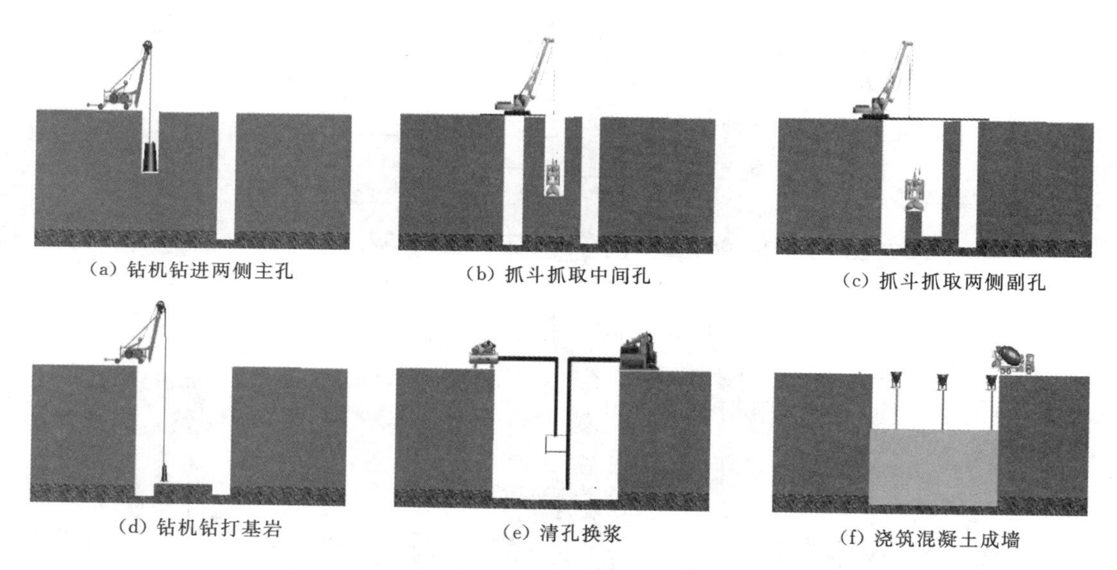
(a) 钻机钻进两侧主孔　(b) 抓斗抓取中间孔　(c) 抓斗抓取两侧副孔
(d) 钻机钻打基岩　(e) 清孔换浆　(f) 浇筑混凝土成墙

图 3.19 “两钻三抓法”施工工序图

（3）“上抓下钻法”。“上抓下钻法”工艺流程类似于“两钻一抓法”，施工工序如图 3.20 所示，主要工艺流程如下：

工艺流程 1：抓斗抓取槽孔上部覆盖层地层，上部如为夹漂（卵）石或坚硬的覆盖层地层，则只能使用钢丝绳抓斗，钢丝绳抓斗遇到夹漂（卵）石或坚硬的覆盖层地层时，可换取重凿砸碎地层后，再行抓取。

工艺流程 2：冲击（反循环）钻机分主、副孔钻取基岩地层。

工艺流程 3：冲击（反循环）钻机清孔换浆。

工艺流程 4：浇筑墙体混凝土。

（4）“回填抓取法”。“回填抓取法”施工工序如图 3.21 所示。

（5）“加打主孔法”。“加打主孔法”施工工序如图 3.22 所示。

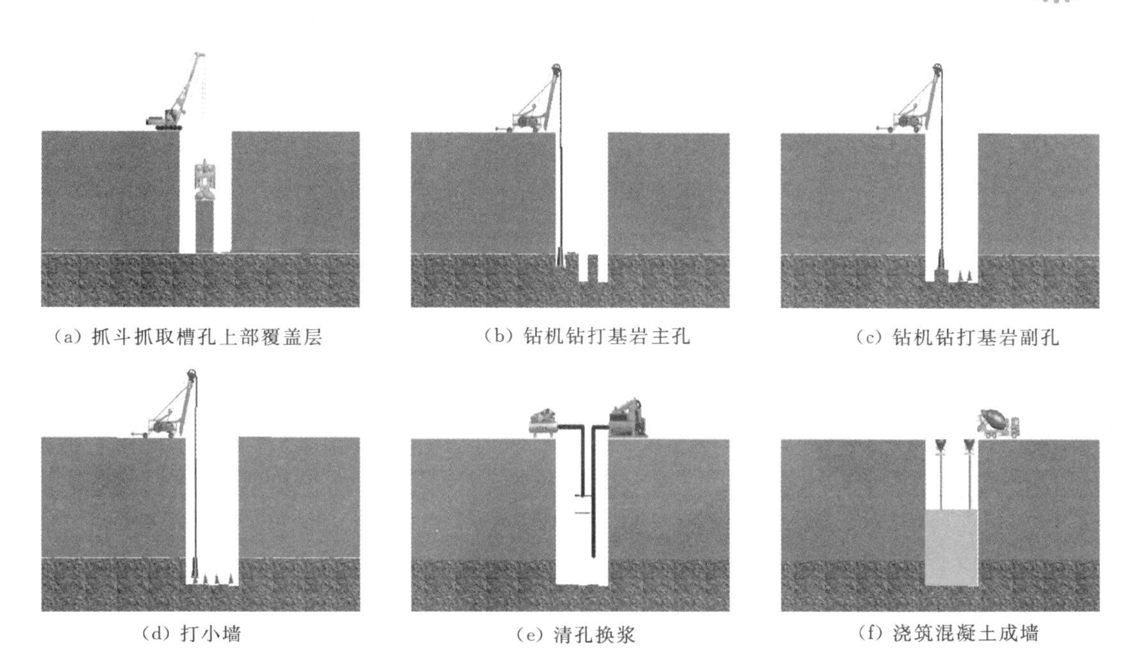

(a) 抓斗抓取槽孔上部覆盖层　(b) 钻机钻打基岩主孔　(c) 钻机钻打基岩副孔

(d) 打小墙　(e) 清孔换浆　(f) 浇筑混凝土成墙

图 3.20　“上抓下钻法”施工工序图

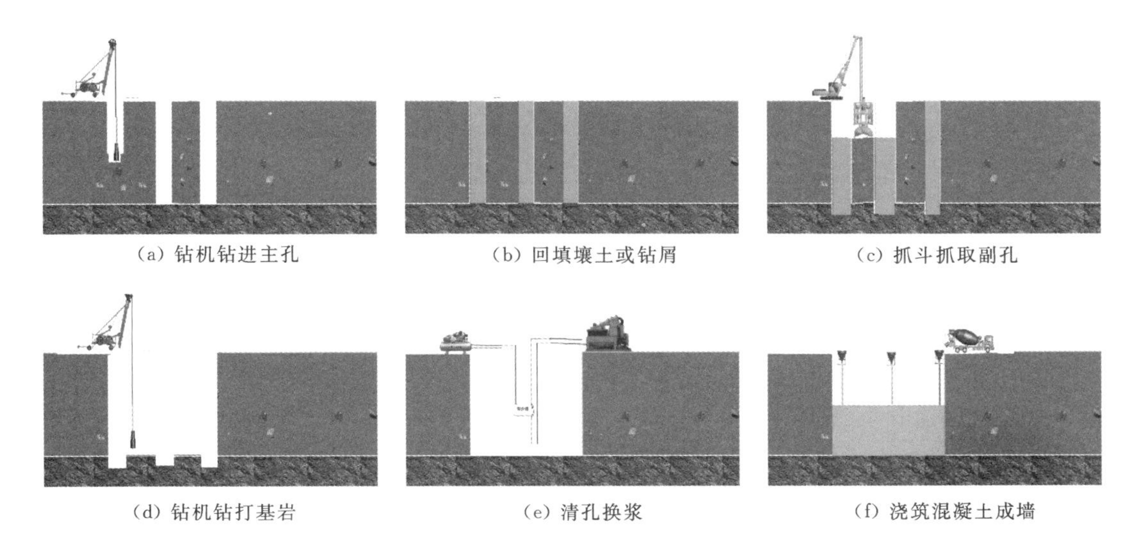

(a) 钻机钻进主孔　(b) 回填壤土或钻屑　(c) 抓斗抓取副孔

(d) 钻机钻打基岩　(e) 清孔换浆　(f) 浇筑混凝土成墙

图 3.21　“回填抓取法”施工工序图

3.3.4.6　操作要点

(1) 导向槽与施工平台。

1) 导向槽与施工平台应高出地下水水位 1.5m 以上。

2) 钻机与抓斗施工平台宜在墙体轴线两侧分别建造，便于设备灵活移动。

3) 导向槽应修建在坚实的地基上，当地基土较松软时，修筑导墙必须采取加固措施，如夯实、高喷桩、振冲桩支护等，以使其有足够的承载力，避免导墙断裂、孔口坍塌。

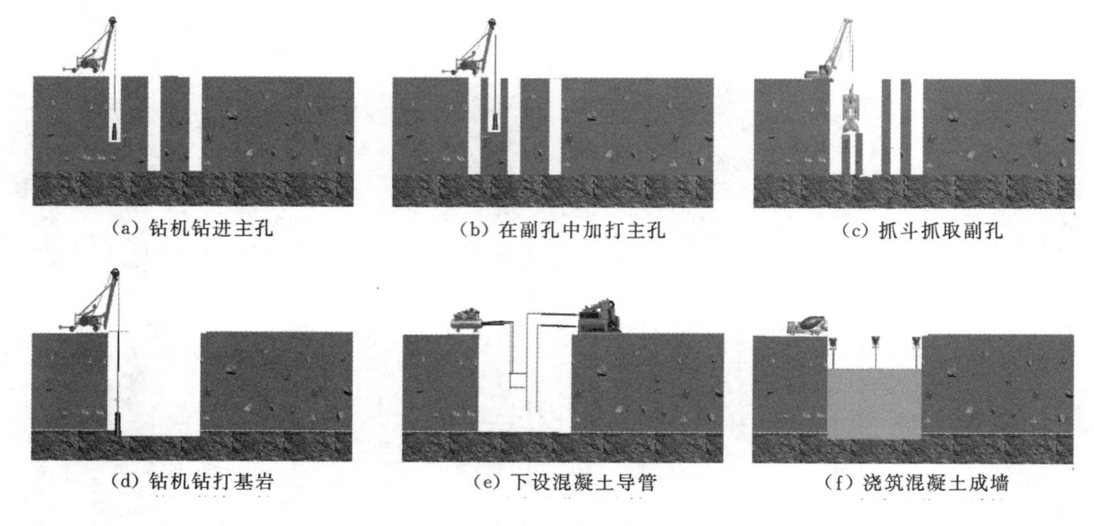

图 3.22 “加打主孔法”施工工序图

4）导向槽应为钢筋混凝土结构，钢筋配置应根据设计的墙体深度、预计的成槽周期、地基密实程度确定，以保证施工期间槽口的稳定、施工设备和人员的安全。

5）钻机平台一般采用枕木及轨道机构。

6）抓斗施工平台整体或部分应为混凝土结构，其配筋情况根据具体情况确定，应坚固、平整，宜适于抓斗机械行走，宽度满足施工需要。

7）施工过程中，应对导向槽和施工平台的沉降、位移进行必要的观察和观测。

8）废渣、废水的排放应当通畅，满足文明施工要求。

(2）槽孔划分。因为需要抓斗和钻机配合施工，槽孔长度应结合两种设备的特点，并结合地层条件确定，一般为 7.0m 左右。

(3）钻机主孔或基岩施工。

1）钻机施工前要安放平稳、牢固，连接好钻具，对准孔位，做好开钻准备。

2）主孔开孔时宜间断冲击，直至钻头全部进入孔内，冲击平稳后方可连续冲击。

3）钻孔过程中，应及时测孔、修孔，始终保证槽孔的孔斜率控制在要求的范围内。

4）基岩地层施工时，要及时取岩样进行鉴定或依靠地质资料进行钻进，确保墙体的入岩深度。

5）劈打小墙时要对准孔位，间断冲击劈打，严禁打空钻。小墙要彻底清理干净，以保证槽孔的有效宽度。

(4）抓斗覆盖层施工。

1）抓斗成槽施工中，液压抓斗挖槽时不宜冲击，因为冲击会把油管拉断。

2）成槽施工中，液压抓斗掘进时不能冲击，以防把油管拉断；钢丝绳抓斗掘进时可以冲击，但也只能做 1m 以下短冲程冲击，否则会损坏抓斗构件。

3）成槽施工中，液压抓斗掘进时可以随时发现孔斜并及时通过调斜油缸纠偏；钢丝绳抓斗掘进时可通过观察悬吊抓斗钢丝绳位置的变化，随时判断孔斜的产生，并采取回填

后重新挖掘的办法纠正。

3.3.4.7 主要设备

“钻抓法”成槽主要设备为冲击钻机、冲击反循环钻机、液压抓斗和钢丝绳抓斗。

3.3.5 “钻铣法”工法技术

3.3.5.1 概述

该工法类似于“钻抓法”，是由钻机和液压铣槽机配合施工，仅仅是抓斗换为液压铣槽机。由于液压铣槽机的先进性，施工工效更高。在润扬大桥北锚碇地下连续墙[29]、冶勒水电站防渗墙[1-2]、武汉阳逻长江大桥南锚碇地下连续墙[30]、长江向家坝水电站一期围堰防渗墙[30]、南水北调穿黄一期工程地下连续墙[31]等工程中，提出了“两钻一铣法”“两钻三铣法”和“上铣下钻法”等工法，提高了施工工效。

3.3.5.2 工艺原理

（1）“两钻一铣法”。由冲击（反循环）钻机钻取槽孔主孔，除完成一部分工作量外，首先切割了地层，为液压铣槽机施工提供临空面，并起到导向作用；主孔完成后，由液压铣槽机铣削副孔覆盖层至基岩表面，再由钻机施工副孔基岩部分。当液压铣槽机铣削副孔覆盖层遇孤、漂（块）石地层时，可用钻机冲砸破碎后，然后继续铣削。

（2）“两钻三铣法”。工艺原理类似于“两钻一铣法”，防渗墙一、二期槽孔的槽段划分与主、副孔分序一般设置3个以上的主孔，当地层均匀、松散，十分有利于液压铣槽机施工时，仅使用钻机钻取槽孔端部主孔，由液压铣槽机铣削副孔覆盖层至基岩表面，再由钻机施工副孔基岩部分。此工法在“两钻一铣法”基础上，可进一步减少钻机的工作量，更大限度地发挥了抓斗的作用。

（3）“上铣下钻法”。首先由液压铣槽机采用“铣削法”施工防渗墙覆盖层部分至基岩表面，再由钻机采用“钻劈法”施工基岩部分成槽。

3.3.5.3 工法特点

该工法总的特点是针对地层特性，充分发挥钻机地层适应能力强和液压铣槽机工效高的各自优势，弥补对方的弱点，形成综合优势。

（1）“两钻一铣法”。

1）采用钻机施工主孔，完成了一部分工作量，发挥了钻机预先破碎孤、漂（块）石地层的能力，同时利用钻机修孔能力强的特点，可保证防渗墙一、二期槽孔和Ⅰ、Ⅱ序副孔的有效连接，并为接头施工创造条件。

2）采用液压铣槽机铣削副孔，有效发挥了其工效高的优势，大幅提升了造孔挖槽的综合工效。

3）液压铣槽机配有高效的砂石泵和泥浆净化机，可高效循环利用固壁泥浆；利用液压铣槽机清孔换浆，清孔效果好，十分有利于保证防渗墙墙体浇筑质量。

4）与“纯铣法”相比，提高了液压铣槽机施工的适应性，特别是对于超深与复杂地质条件防渗墙工程，适用性更强。

（2）“两钻三铣法”。该工法是“两钻一铣法”的派生，基本特点与之相同。与“两钻一铣法”相区别的是不用钻机打槽段中间孔，更减少了钻机施工的比例，以进一步提高工效。缺点是中间没有导向槽，槽孔易产生偏斜，由于减少了中间孔对地层的切割，当土层中含有致密坚硬层或较多孤、漂（块）石时，用抓斗抓取中间部分会困难，不宜采用。

（3）“上铣下钻法”。该工法是在防渗墙槽孔上部覆盖层非常适用液压铣槽机铣削时，全部采用液压铣槽机施工，将剩余的基岩部分由钻机施工，在液压铣槽机与钻机配合的施工中，最大发挥了液压铣槽机作用，工效会最高，但同样存在和“铣削法”一样的地层要求。

3.3.5.4 适用范围

从工程实践来看，该工法可应用于各种地层，目前已施工了近100m左右深度的槽孔；当覆盖层致密坚硬或孤、漂（块）石地层占比大于50%时，不应采用。“上铣下钻法”与“两钻三铣法”则对地层要求更高一些，作为与“两钻一铣法”原理类似的工法，可在适合“两钻一铣法”地层中，经现场试验决定是否采用。

由于该工法采用的液压铣槽机设备昂贵、国内市场数量十分有限，适用于规模大、工期紧张、精度要求高、环保要求高的工程，包括场地狭窄和噪声要求严格的防渗墙（城市地下连续墙）工程。

3.3.5.5 工艺流程

（1）“两钻一铣法”。“两钻一铣法”施工工序如图3.23所示。

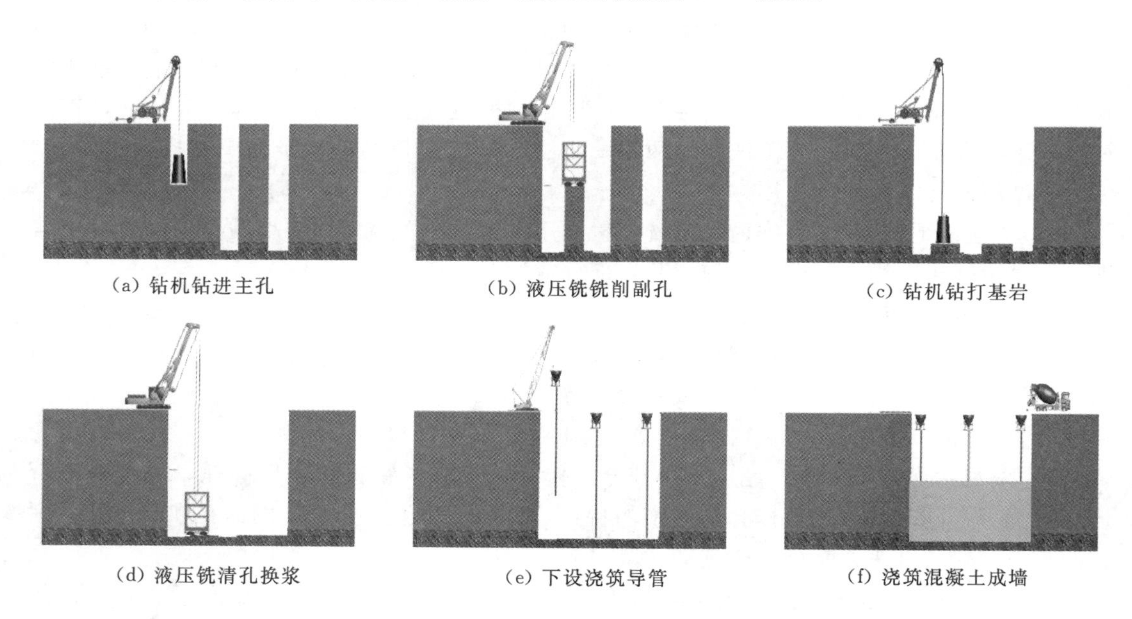
(a) 钻机钻进主孔　(b) 液压铣铣削副孔　(c) 钻机钻打基岩
(d) 液压铣清孔换浆　(e) 下设浇筑导管　(f) 浇筑混凝土成墙

图3.23　“两钻一铣法”施工工序图

（2）“两钻三铣法”。“两钻三铣法”施工工序如图3.24所示。

（3）“上铣下钻法”。“上铣下钻法”施工工序如图3.25所示。

3.3.5.6 操作要点

（1）导向槽与施工平台。

1）导向槽与施工平台应高出地下水水位1.5m以上。

2）钻机与液压铣槽机施工平台在墙体轴线两侧分别建造，便于设备灵活移动。

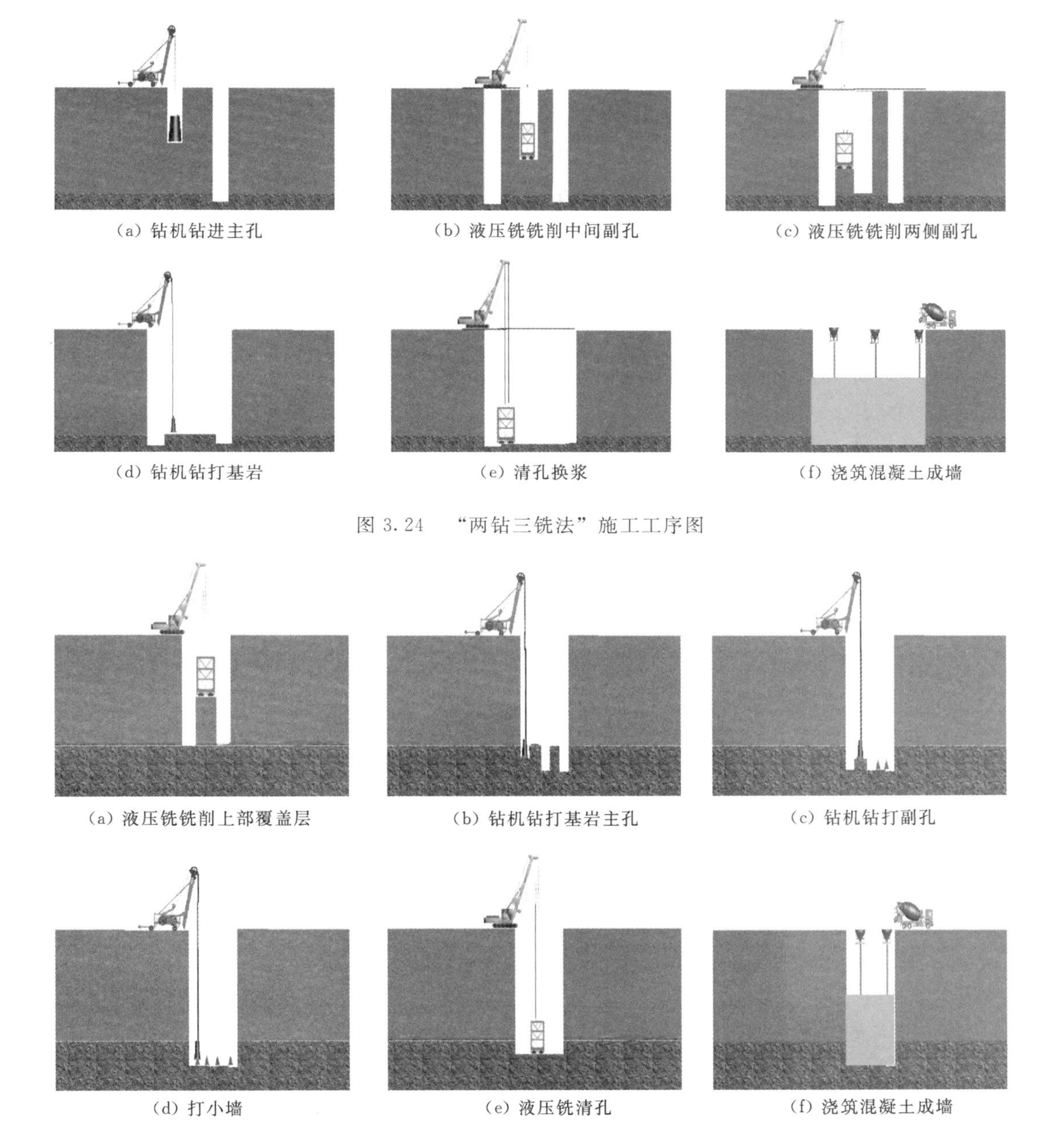

(a) 钻机钻进主孔　(b) 液压铣铣削中间副孔　(c) 液压铣铣削两侧副孔

(d) 钻机钻打基岩　(e) 清孔换浆　(f) 浇筑混凝土成墙

图 3.24　“两钻三铣法”施工工序图

(a) 液压铣铣削上部覆盖层　(b) 钻机钻打基岩主孔　(c) 钻机钻打副孔

(d) 打小墙　(e) 液压铣清孔　(f) 浇筑混凝土成墙

图 3.25　“上铣下钻法”施工工序图

3）导向槽应修建在坚实的地基上，当地基土较松软时，修筑导墙必须采取加固措施，如夯实、高喷桩、振冲桩支护等，以使其有足够的承载力，避免导墙断裂、孔口坍塌。

4）导向槽应为钢筋混凝土结构，钢筋配置应根据设计的墙体深度、预计的成槽周期、地基密实程度确定，以保证施工期间槽口的稳定、施工设备和人员的安全。

5）钻机平台一般为枕木及轨道机构。

6）液压铣槽机平台整体应为混凝土结构，其配筋情况根据具体情况确定，应坚固、平整，宜适于抓斗机械行走，宽度满足施工需要。

7）施工过程中，应对导向槽和施工平台的沉降、位移进行必要的观察和观测。

8）废渣、废水的排放应当通畅，满足文明施工要求。

（2）槽孔划分。因为需要液压铣槽机和钻机配合施工，槽孔长度应结合两种设备的特点，并结合地层条件确定，一般为7.0m左右。

（3）固壁泥浆及墙体材料。该工法采用液压铣槽机和钢丝绳抓斗施工，成槽速度很快，一般要求使用膨润土泥浆，一方面有利于固壁效果，另一方面有利于清孔换浆和保证墙体浇筑质量。泥浆的性能特点需要考虑多次循环利用，对于漏失地层，需考虑黏度指数（黏度、动切力）相对高一些的泥浆。

不同阶段泥浆性能指标可参考国家电力行业标准《水电水利工程混凝土防渗墙施工规范》（DL/T 5199—2004）的有关要求。

（4）钻机主孔或基岩施工。

1）钻机安放要平稳、牢固，连接好钻具，对准孔位，做好开钻准备。

2）主孔开孔时宜间断冲击，直至钻头全部进入孔内，冲击平稳后方可连续冲击。

3）钻孔过程中，应及时测孔、修孔，始终保证槽孔的孔斜率控制在要求的范围内。

4）基岩地层施工时，要及时取岩样进行鉴定或依靠地质资料进行钻进，确保墙体的入岩深度。

5）劈打小墙时要对准孔位，间断冲击劈打，严禁打空钻。小墙要彻底清理干净，以保证槽孔的有效宽度。

（5）液压铣槽机覆盖层施工。

1）液压铣槽机施工中，如遇孤、漂（块）石，应调用钻机冲砸破碎后，再由液压铣槽机施工。

2）液压铣槽机成槽施工中，可以随时发现孔斜，要及时修正。

3）对于石渣体、碎块石、砂卵砾石等疏松结构地层，当槽内泥浆迅速沿疏松大孔隙急剧漏失，浆面下降，威胁槽孔安全时，应及时停止钻进，解决地层泥浆漏失问题后，再行施工，避免将铣头埋住。

3.3.5.7 主要设备

该工法主要设备为冲击钻机、冲击反循环钻机和液压铣槽机。

3.3.6 “铣砸爆法”工法技术

3.3.6.1 概述

针对液压铣槽机、钢丝绳抓斗和冲击钻机联合施工的需要，本书提出了“铣砸爆法”工法技术，并成功应用于润扬大桥北锚碇地下连续墙[29]、武汉阳逻长江大桥南锚碇地下连续墙[30]、南水北调穿黄一期工程地下连续墙[31]等工程。

该工法是由钢丝绳抓斗与液压铣槽机配合施工，全液压钻机用于孤、漂（块）石地层和硬岩地层的钻孔爆破，3种先进设备组合，机械化、自动化程度高，工效快，在未来超深与复杂地质条件防渗墙应用中具有较好的前景。

3.3.6.2 工艺原理

"铣砸爆法"是由钢丝绳抓斗与液压铣槽机配合施工，在铣槽机铣削地层遇孤（块）石或硬岩后，先进行钻孔爆破，再用抓斗主机起吊重凿冲砸岩石，待岩石破碎后，再用铣槽机铣削。

3.3.6.3 工法特点

该工法采用了3种最先进的设备进行防渗墙施工，单机工效高，适应地层能力强，但设备昂贵，特别是液压铣槽机，市场数量不多，对于规模大、标准要求高的项目可以采用。此外，该工法设备操作能力要求高，对于不具备技术能力的队伍，在孤、漂（块）石地层与硬岩地层若操作不当，不仅工效上不去，还会造成设备损伤。

3.3.6.4 适用范围

理论上可以适合各种地层，最大施工深度可达150m以上，由于设备昂贵，适用于规模大、工期紧、标准要求高的大型工程项目。

3.3.6.5 工艺流程

"铣砸爆法"施工工序如图3.26所示。

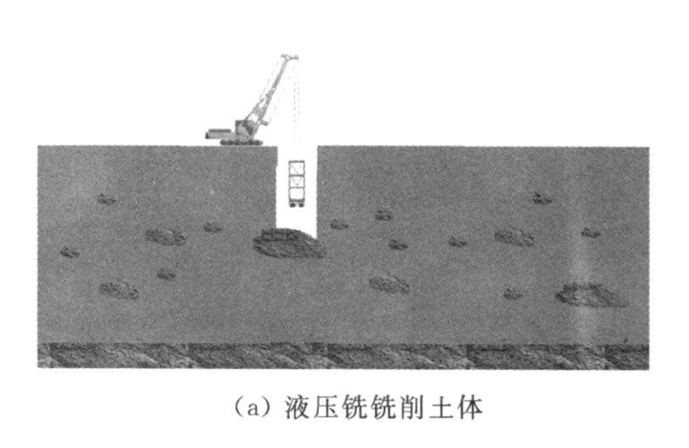

(a) 液压铣铣削土体

(b) 全液压工程钻机中孔钻孔爆破

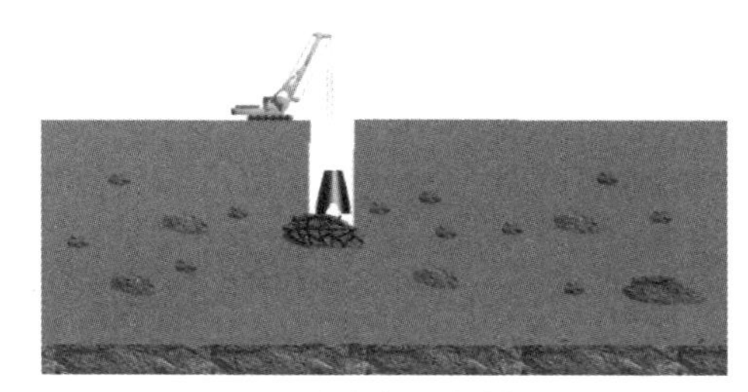

(c) 重锤冲砸孤、漂石

(d) 液压铣继续铣削

图3.26 "铣砸爆法"施工工序图

3.3.6.6 操作要点

(1) 导向槽与施工平台。

1) 导向槽与施工平台应高出地下水水位1.5m以上。

2) 钢丝绳抓斗与液压铣槽机施工平台可在墙体轴线一侧布置，也可两侧分别布置。

3) 导向槽应修建在坚实的地基上，当地基土较松软时，修筑导墙必须采取加固措施，如夯实、高喷桩、振冲桩支护等，以使其有足够的承载力，避免导墙断裂、孔口坍塌。

4) 导向槽应为钢筋混凝土结构，钢筋配置应根据设计的墙体深度、预计的成槽周期、地基密实程度确定，以保证施工期间槽口的稳定、施工设备和人员的安全。

5）钢丝绳抓斗和液压铣槽机施工平台整体应为混凝土结构，其配筋情况根据具体情况确定，应坚固、平整，宜适于抓斗机械行走，宽度满足施工需要。

6）施工过程中，应对导向槽和施工平台的沉降、位移进行必要的观察和观测。

7）废渣、废水的排放应当通畅，满足文明施工要求。

（2）槽孔划分。槽孔长度应根据液压铣槽机要求设置，一般为7.0m左右。

（3）固壁泥浆及墙体材料。该工法采用液压铣槽机和钢丝绳抓斗施工，成槽速度很快，一般要求使用优质膨润土泥浆，一方面有利于固壁效果，另一方面有利于清孔换浆和保证墙体浇筑质量。由于泥浆需要多次循环利用，对于漏失地层，需考虑黏度指数（黏度、动切力）相对高一些的泥浆。

（4）挖槽施工。

1）对于结构均匀的覆盖层，或者风化程度较高、中低硬度的基岩，可以充分发挥液压铣槽机成槽的优势，工效高，槽形好。

2）施工中遇孤、漂（块）石时，要及时停止液压铣槽机施工，先进行爆破施工，由钢丝绳抓斗充分破碎后，再由液压铣槽机施工。

3）坚硬基岩地层施工时，要合理设置槽内爆破、钢丝绳抓斗冲砸、液压铣槽机施工的工序，取得最优效率。

4）坚硬基岩地层钢丝绳抓斗冲砸完成后，应采用重凿进行必要的修孔，避免液压铣槽机卡头。

5）对于石渣体、碎块石、砂卵砾石等疏松结构地层，当槽内泥浆迅速沿疏松大孔隙急剧漏失，浆面下降，威胁槽孔安全时，应及时停止钻进，解决地层泥浆漏失问题后，再行施工，避免将铣头埋住。

3.3.6.7 主要设备

该工法主要设备为液压铣槽机、配备重凿的钢丝绳抓斗和全液压钻机。

3.3.7 “铣抓钻法”工法技术

3.3.7.1 概述

针对液压铣槽机、钢丝绳抓斗和冲击钻机联合施工的需要，本书提出了“铣抓钻法”工法技术。该工法是由钻机、钢丝绳抓斗与液压铣槽机配合施工，充分发挥了3种设备的优势，工效快、适应地层能力强，已成功应用于润扬大桥北锚碇地下连续墙[29]、武汉阳逻长江大桥南锚碇地下连续墙[30]、南水北调穿黄一期工程地下连续墙[31]等工程中。

3.3.7.2 工艺原理

“铣抓钻法”是由液压铣槽机、抓斗和钻机3种成槽设备组合应用的工法。在最大粒径小于20cm的覆盖层、中等坚硬程度以下岩石中，选择液压铣槽机施工；在最大粒径大于20cm、小于50cm的覆盖层由钢丝绳抓斗施工；坚硬基岩由钻机施工。在遇孤、漂（块）石或硬岩后，可用钢丝绳抓斗主机起吊重凿冲砸岩石，待岩石破碎后，再由钻机施工。

3.3.7.3 工法特点

“铣抓钻法”是将世界上最先进的液压铣槽机、钢丝绳抓斗和国内最先进、最常用的槽孔建造设备——冲击（反循环）钻机有机结合，在不同地层使用不同设备，发挥各自的优势特点，求得最佳效率和最低施工成本的综合性工法。和任何单一设备的成槽工法相比，在综合成槽工效、成槽质量、环保施工等方面，有着显著的优点，是墙深量大、地质条件复杂、高标准、高难度工程首选的工法之一。

3.3.7.4 适用范围

该工法可适合 200m 以下深度防渗墙工程和各种地层，但应用中亦需考虑它的必要性和条件，一是液压铣槽机、钢丝绳抓斗设备昂贵、国内数量有限；二是工程规模较小时其优越性不明显。因此，该工法一般用于适用于质量、工期要求相对较高，特别是地层复杂、墙深量大的大型防渗墙工程。

3.3.7.5 工艺流程

“铣抓钻法”施工工序如图 3.27 所示，主要工艺流程如下：

(a) 预开挖导向槽孔

(b) 液压铣铣削细颗粒覆盖层

(c) 钻斗抓取大颗粒覆盖层

(d) 钻机钻打基岩

(e) 液压铣清孔换浆

(f) 浇筑混凝土成墙

图 3.27 “铣抓钻法”施工工序图

工艺流程 1：为使液压铣槽机开孔时铣头下卧到槽孔内并保证开孔精度，先采用反铲或抓斗预开挖槽孔深度不小于 2.5m，然后开孔铣削。

工艺流程 2：液压铣槽机铣削上部均匀覆盖层，先铣一期槽孔两侧单元，再铣中间单元；二期槽孔则先铣中间单元，再铣两侧单元成槽。

工艺流程 3：采用钢丝绳抓斗抓取大颗粒覆盖层，如遇漂（块）石，可换重凿冲砸，必要时，辅以槽内钻孔爆破；与液压铣槽机类似，先抓取一期槽孔两侧单元，再抓取中间单元；二期槽孔则先抓取中间单元，再抓取两侧单元成槽。

工艺流程 4：由钻机钻取下部基岩及坚硬岩石。

工艺流程 5：液压铣槽机清孔换浆。

工艺流程6：浇筑混凝土。

3.3.7.6 操作要点

（1）施工导墙及平台。

1）施工导墙宜为钢筋混凝土结构，钢筋配置应根据设计的墙体深度、预计的成槽周期、地基密实程度确定，以保证施工期间槽口的稳定、施工设备和人员的安全。

2）施工平台需考虑不同设备的特点，宜在墙体轴线两侧分别建造，液压铣槽机和钢丝绳抓斗的移动相对灵活，一般应在轴线的同一侧建造整体钢筋混凝土结构的施工平台，其配筋情况根据具体情况确定，以保证安全兼顾经济为总体原则；钻机平台一般为枕木及轨道机构，布置在铣槽机和抓斗平台的对面。

3）液压铣槽机和钢丝绳抓斗平台中间某部位或远离防渗墙轴线的一侧应布置排水沟，以便于钻机施工废水排出，保证现场文明施工。

（2）单元槽长度的确定。因为需要不同的设备配合施工，因此单元槽长度的确定需结合地层实际并综合考虑不同设备的特点，一般为7.0m。

Ⅰ序铣削或抓取的单元由设备的结构确定，Ⅱ序铣削或抓取的单元因为两侧临空，需考虑成槽设备结构、施工周期、槽壁稳定、混凝土浇筑上升速度等因素；钻机施工的部分需考虑主、副孔数量及副孔长度，以利于小墙施工。

（3）固壁泥浆及墙体材料。该工法采用液压铣槽机和钢丝绳抓斗施工，成槽速度很快，一般要求使用膨润土泥浆，一方面有利于固壁效果，另一方面有利于清孔换浆和保证墙体浇筑质量。泥浆的性能特点需要考虑多次循环利用，对于漏失地层，需考虑黏度指数（黏度、动切力）相对高一些的泥浆。

（4）成槽施工。

1）对于结构均匀的覆盖层，或者风化程度较高、硬度较低的基岩，可以充分发挥液压铣槽机成槽的优势，工效高，槽形好，非常适用。

2）对于含有大颗粒或孤、漂（块）石的覆盖层，液压铣槽机成槽的优势受到限制，可以充分发挥钢丝绳抓斗的成槽优势。

3）对于块石密集、单个块石超过抓斗开度的地层，或者坚硬的基岩地层，液压铣槽机和钢丝绳抓斗直接成槽的工效都会明显降低，除了采用爆破、重凿辅助成槽方法之外，采用传统的冲击（反循环）钻机钻进可以充分发挥其优势。

3.3.7.7 主要设备

该工法的主要设备包括液压铣槽机以及与之配套的泥浆净化装置、钢丝绳抓斗和冲击（反循环）钻机。

参考文献

[1] 石峰．冶勒水电站廊道混凝土防渗墙施工技术［J］．水力发电，2004（11）：59-62.

[2] 向永忠，何开明，马家燕，等．冶勒水电站大坝深厚覆盖层防渗墙施工［J］．水力发电，2005（10）：42-44.

[3] 李凯庭，唐静．狮子坪水电站坝基防渗墙下帷幕灌浆施工技术［J］．黑龙江水利科技，2013（3）：

56－59.

[4] 杨伟. 狮子坪水电站坝基防渗墙试验施工［C］//中国水利学会地基与基础工程专业委员会. 第八次水利水电地基与基础工程学术会议论文集，2006.

[5] 哈斯也提·热合曼，库尔班·依明. 浅谈坝基深厚覆盖层防渗处理的工程措施［J］. 新疆水利，2004（3）：15－17.

[6] 张宏，孙建义，毛鸿飞，等. 泸定水电站大坝防渗墙原位试验［J］. 水利与建筑工程学报，2011（1）：117－120.

[7] 潘三行，何仁义，杨振中. 超深混凝土防渗墙接头孔拔管施工技术［J］. 水利水电施工，2008（3）：44－45，53.

[8] 孔祥生，黄扬一. 西藏旁多水利枢纽坝基超深防渗墙施工技术［J］. 人民长江，2012（11）：34－39.

[9] 魏良. 超深防渗墙成槽机具钻进能力及适应性研究［J］. 水利水电施工，2013（4）：146－150，145，151－152.

[10] 陈向阳，李凯，高亚辉. 混凝土防渗墙150m深墙造孔施工［J］. 水科学与工程技术，2012（1）：39－41.

[11] 罗庆松，宋卫民，赵先锋. 黄金坪水电站大厚度超百米深防渗墙施工技术［J］. 水力发电，2016（3）：47－50.

[12] 罗庆松. 黄金坪水电站大厚度超百米防渗墙特殊情况处理措施［J］. 工程与建设，2015（6）：858－860.

[13] 刘豫蜀，高治宇. 石门水库深厚覆盖层混凝土防渗墙试验段施工工艺［J］. 中国建筑防水，2014（10）：45－48，51.

[14] 张世荣. 黄壁庄水库副坝Ⅳ标塌坝段混凝土防渗墙施工［C］//中国水利学会地基与基础工程专业委员会. 水利水电地基与基础工程技术论文集，2004.

[15] 王银山，崔文光，房小波，等. 窄口水库刚性及塑性混凝土组合式防渗墙施工［J］. 人民黄河，2011（9）：114－116，119.

[16] 魏金海，王伟. 塑性混凝土防渗墙在向家坝水电站的应用［J］. 科技创新导报，2009（30）：50，72.

[17] 黄灿新. 向家坝纵向围堰混凝土防渗墙施工［C］//中国水利学会地基与基础工程专业委员会. 第八次水利水电地基与基础工程学术会议论文集，2006.

[18] 代福，华钢，孟凡华. 溪洛渡水电站下游围堰防渗墙预灌浓浆施工［J］. 云南水力发电，2011（5）：67－68，78.

[19] 魏丽琴，涂小飞. 溪洛渡水电站上游围堰设计与施工［J］. 水电站设计，2011（3）：36－40.

[20] 梅良敏，苟永平. 钻劈法施工在大岗山水电站围堰防渗墙工程中的应用［J］. 施工技术，2014（21）：24－26.

[21] 黄家权. 三峡二期围堰防渗工程主要施工技术［J］. 人民长江，1999，30（5）：1－3.

[22] 王虎. 砂卵石地基钻劈法混凝土防渗墙施工［J］. 科技信息，2011（27）：669－670.

[23] 宋传伟，赵小磊，刘伟. 浅谈砂卵石地基抓取法混凝土防渗墙施工［J］. 山东水利，2016（3）：22－23.

[24] 王晓鹏. 大渡河沙湾电站一期围堰混凝土防渗墙监理质量控制措施［J］. 四川水力发电，2008（1）：54－59，124.

[25] 蒋振中. 三峡工程二期围堰混凝土防渗墙的施工［J］. 水力发电，1999（11）：6－9，65.

[26] 蒋振中. 二期上游围堰防渗墙的施工技术［J］. 中国三峡设，1999（7）：20－23，45－46.

[27] 杨放伟. 双轮铣铣削搅拌水泥土止水防渗墙＋H型钢工艺在基坑支护中的运用［J］. 门窗，2014（3）：366，368.

[28] 蒋振中. 润扬长江公路大桥南汊悬索桥北锚碇地下连续墙工程［C］//中国建筑学会工程勘察分

会，中国土木学会土力学与岩土工程分会，中国地质学会工程地质分会，中国岩石力学与工程学会. 全国岩土与工程学术大会论文集（下册），2003.
[29] 徐国平，刘明虎，刘化图. 阳逻长江大桥南锚碇圆形地下连续墙设计 [J]. 公路，2004 (10)：11-14.
[30] 陈建军. 南水北调穿黄工程超深搅拌桩在盾构常压换刀中的应用 [C] //中国土木工程学会. 地下工程建设与环境和谐发展——第四届中国国际隧道工程研讨会文集，2009.
[31] 张国宇. 钻抓法成槽在防渗墙施工中的应用 [J]. 水利水电技术，2013 (11)：57-60.
[32] 李会勇. 大河水库混凝土防渗墙的施工 [C] //中国水利学会地基与基础工程专业委员会. 2002年水利水电地基与基础工程学术会议论文集，2002.
[33] 刘典忠. 大渡河安谷水电站左右岸副坝混凝土防渗墙施工 [C] //中国水利学会地基与基础工程专业委员会. 中国水利学会地基与基础工程专业委员会第十三次全国学术研讨会论文集，2015.
[34] 徐高有，彭灿华. “三钻二抓”造混凝土防渗墙技术在水库除险加固的应用 [J]. 中国高新技术企业，2010 (16)：171-173.

第4章 新型固壁泥浆研发与大体积泥浆自动搅拌系统

4.1 新型防渗墙正电胶固壁泥浆

4.1.1 概述

固壁泥浆技术是防渗墙施工中的重要组成部分。随着100m以上超深与复杂地质条件防渗墙地层的复杂性和施工难度的增大，固壁泥浆技术在稳定孔壁、防止坍塌，携带和悬浮钻屑，拓展液压铣槽机、抓斗、冲击反循环、气举反循环等优良设备的适用范围，提高工效等方面将起到越来越重要的作用。

长期以来，我国的水利水电行业防渗墙工程绝大多数采用黏土造浆固壁，有些工程为改善泥浆性能[1]，在黏土浆中掺加一部分膨润土。20世纪末，在三峡一期围堰防渗墙工程中，基础局通过室内和现场试验，认为膨润土泥浆固壁性能好、泥皮薄、清孔效果好，同时，由于其造浆率高，容易搅拌，综合成本并不高于黏土泥浆，经过技术经济比较，开始在工程中采用。长江三峡工程二期上游围堰防渗墙施工中[2]，基础局开展了包括膨润土性能、泥浆配比、泥浆试验方法和泥浆制备与净化等全面研究，系统论证了膨润土泥浆的优越性，膨润土泥浆开始在水利水电行业防渗墙工程中大规模广泛应用。

黏土泥浆与膨润土泥浆均属于分散型固壁泥浆，即由淡水、膨润土或黏土和起分散作用的处理剂组成。常用的处理剂主要是纯碱、烧碱及起降滤失作用的羧甲基纤维素（CMC）等。该类固壁液抑制性差，性能不稳定，抗污染能力差，浆液中加入大量烧碱、纯碱等，对自然环境带来不利影响，在100m以下深度防渗墙施工中具有较好的技术经济可行性，但对于100m以上超深与复杂地质条件防渗墙工程，实践表明，影响钻孔效率明显，漏浆塌孔现象随深度增大逐渐增多，孔壁不稳定问题日益严重，甚至影响到工程质量与安全[3-4]。

此前，基础局多次在防渗墙工程中试验性使用过聚丙烯酰胺为主剂的高分子聚合物材料，并取得一定成效，但由于其成本高，且受槽孔深度、施工设备制约，难以适应深厚复杂覆盖层的防渗墙施工。

目前，石油勘探钻井界已研制出数十种处理剂，用于千米级石油钻井液施工，效果良好，但石油钻井为圆形，自稳性能强，大多着眼于泥页岩、高盐钙地层等。超深与复杂地层防渗墙为槽孔形，地层中砂层、砂砾石层和孤、漂石地层等漏浆塌孔风险高，不能简单照搬石油行业的经验。

基于上述需求，借鉴石油行业的成果经验，基础局从田湾河仁宗海大坝防渗墙工程开始[5]，在旁多、泸定等工程施工中，提出了“外泥皮＋桥塞区＋浸染区”共同构成槽孔稳定体系的新概念，研发了新型防渗墙正电胶固壁泥浆，具有固壁效果好、防渗漏性能高、携带与悬浮能力强、环境综合成本低的优势，取得了突破性成果，在之后的100m以上深度防渗墙工程中广泛推广应用，如黄金坪水电站、新疆小石门水库、西藏雅砻水库、新疆大河沿水库、红石岩水电站等[6-7]，从而解决了制约我国100m以上超深与复杂地质条件防渗墙的重要技术难题，成为超深防渗墙固壁泥浆的首选材料。

4.1.2 防渗墙槽孔地层槽壁稳定机理

防渗墙槽壁稳定的实质是力学不稳定问题，当槽孔地层所受的应力超过其本身的强度则会发生槽壁不稳定。其原因十分复杂，就其主要原因可归纳为力学因素、物理化学因素、渗透性能和工程技术措施等方面，但最终均因影响槽壁应力分布和槽壁地层的力学性能而造成槽壁失稳[8-9]。

4.1.2.1 力学因素

(1) 原地应力状态。原地应力状态是指在发生工程扰动之前就已经存在于地层内部的应力状态，也简称为地应力。一般认为它的3个主应力分量是铅垂应力分量、最大水平主应力分量和最小水平主应力分量。

研究表明，水平地应力的大小受上覆地层压力、地层岩性、埋藏深度等诸多因素的影响。其中，上覆地层压力的泊松效应和构造应力是主要影响因素。

在地质时期，由于多次构造运动的结果，在地层内部形成了十分复杂的构造应力场。构造应力大多以水平方向为主，则总的水平主应力分量为上覆岩层压力泊松效应产生的压应力与构造应力之和。

(2) 应力状态的变化。槽孔地层被钻开之前，地层受到上覆压力、水平方向地应力和孔隙压力的作用，槽壁处的应力状态即为原地应力状态，且处于平衡状态。在正常沉积环境中，地层处于正常的压实状态，孔隙压力保持为静液柱压力，即为正常地层压力，压力系数为1.0。在异常的压实环境中，当孔隙压力大于正常地层压力时称为异常高压地层压力，压力系数大于1.0。当地层被钻开后，地应力被释放，引起孔壁周围应力的重新分布，并形成向槽孔内侧的槽壁侧土压力。如果槽壁土压力不能被有效抵抗，槽孔槽壁就会发生坍塌[10]。

4.1.2.2 槽孔地层物理力学性质因素

研究表明，不同槽孔地层土体的物理力学性质与槽孔槽壁稳定有着密切关系：黏性土地基中，土体内摩擦角低、土体抗剪强度随深度增加的速率慢，同时侧压力系数大、成孔后孔壁土体侧向卸荷量大、孔壁土体竖向应力与侧向应力差也大，因此黏性土地基中深层土体更容易产生较大的塑性区以及较大的变形；但受黏聚力的影响，孔壁土体虽然产生了较大的塑性区与变形，孔壁土体应力重分布后更容易达到新的平衡，因此孔壁土体稳定性安全系数较大。砂土与砂砾（卵石）石地基中，土体内摩擦角大、土体抗剪强度随深度增加的速率快，同时侧压力系数小、成孔后孔壁土体侧向卸荷量小、孔壁土体竖向应力与侧向应力差也小，因此砂土地基中土体塑性区以及变形小；但由于是无黏性土，孔壁土体产生一定的塑性区后，很容易发生破坏，同时这种破坏会向四周蔓延扩散，最终形成坍孔。

因此，超深防渗墙槽壁失稳多发生在砂层、砂砾石层和孤、漂石地层等。

4.1.2.3 槽孔地层渗透性因素

槽孔地层的渗透性与槽孔槽壁稳定有着密切关系。为维持槽孔地层的稳定性，在防渗墙造孔挖槽施工中，槽孔中会注入泥浆，当地层渗透性强时，通常会引起槽内泥浆漏失，导致槽内泥浆液面下降，如补充不及时，将减小泥浆对槽壁的支撑压力，增大槽壁失稳的概率，特别是当泥浆液面快速下降时，槽孔地层中的地下水会向槽内渗透，会破坏槽孔地层土体结构，带来动水压力；同时，泥浆的渗透也会破坏槽孔地层土体结构，减小土体抗剪强度。

因此，超深防渗墙槽壁失稳常常伴有严重漏浆，必须及时处理。

4.1.2.4 固壁泥浆作用下的槽孔地层槽壁稳定机理研究

作为维持防渗墙槽孔施工中的最重要工程措施，在防渗墙造孔挖槽施工中，槽孔中会注入泥浆，利用泥浆的浆柱压力抵抗槽孔地层中的槽壁土压力，改善槽孔地层性能，同时还有冷却钻具，携带、悬浮钻渣的作用。

（1）通过浆柱压力，支撑槽孔地层槽壁稳定。浆柱压力是由浆柱自身的重力所引起的压力，它的大小与浆液的密度、浆柱的垂直高度或深度有关，即

$$P_h=0.00981\rho h_1$$

式中：P_h 为浆柱静压力，MPa；ρ 为浆液的密度，g/cm^3；h_1 为浆柱的垂直高度，m。

为保证固壁泥浆的浆柱压力，需要保证泥浆的密度，要保证固壁泥浆的液面高度，发生漏浆时，要及时处理和补充浆液。当然，泥浆的密度过大也会带来诸多不良因素。

（2）通过物理化学作用，加强槽孔地层结构，减少渗透破坏。由于固壁泥浆的流变性，会形成泥皮贴附于槽壁上，既增强了槽孔地层结构，又堵塞了渗漏通道，如图 4.1 所示。但是，传统防渗墙固壁泥浆研究仅仅着眼于泥皮作用是不全面的，事实上，单纯外泥皮很难维护孔壁稳定，由于泥浆的浸染性，孔壁稳定体系是由“外泥皮＋桥塞区＋浸染区”共同构成的，如图 4.2 所示。外泥皮堵塞了槽壁的渗漏通道，增强了槽壁的抗剪切能力，是槽壁稳定的强有力保证；同时，由于泥浆的渗入，泥浆颗粒充填了槽壁孔隙，并起到胶凝作用，形成了桥塞区胶体，增强了地层结构；更深处的泥浆渗入，还形成了浸染区，也在一定程度上提高了槽壁土体的强度和抗渗性。

因此，固壁泥浆研究中，要综合考虑它的流变性和浸染性。

（3）通过抑制钻渣或孔壁土颗粒水化分散，携带钻渣，增强槽孔地层稳定。由于泥浆的抑制性，可以抑制钻渣或孔壁土颗粒水化分散，可以携带、悬浮钻渣，并提高槽孔地层的稳定性；同时固壁泥浆需要一定的稳定性，否则易于发生离析，抑制性能将大幅降低[11]。因此，固壁泥浆的抑制性和稳定性同样十分重要。

4.1.3 新型固壁泥浆研发

4.1.3.1 研究思路

基于防渗墙槽孔地层槽壁稳定机理研究，特别是固壁泥浆作用下的槽孔地层槽壁稳定

(a) (b) (c) (d)

图 4.1 泥浆形成的桥塞区现场照片

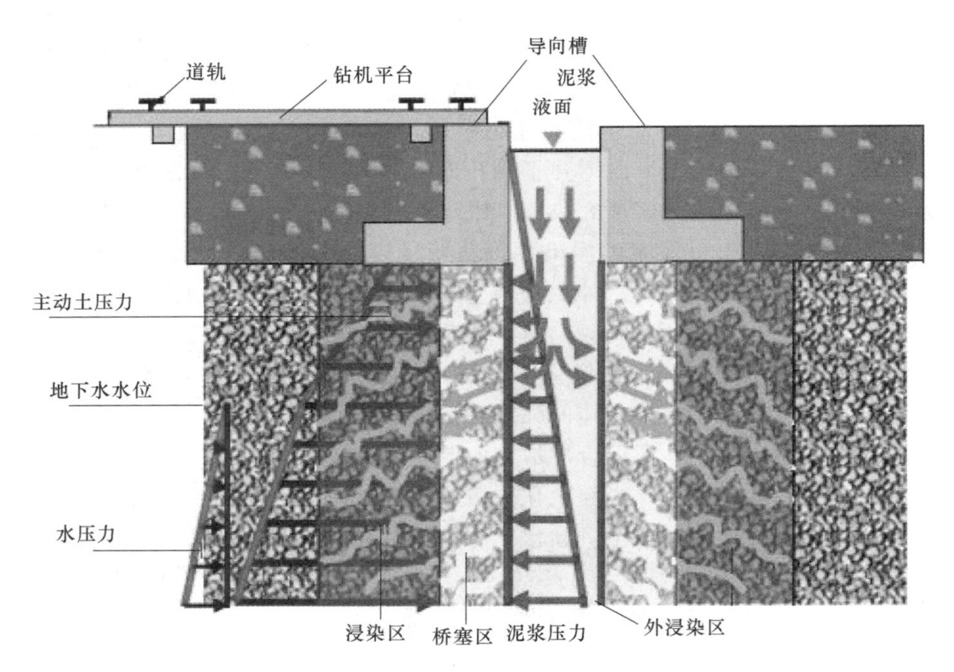

图 4.2 “外泥皮＋桥塞区＋浸染区”的形成及固壁机理

机理研究，针对传统固壁泥浆不能满足 100m 以上超深与复杂地质条件防渗墙槽孔施工的技术难题，借鉴石油钻井液的研究成果，水电施工企业从选择处理剂入手，着眼于通过提高固壁泥浆的稳定性、抑制性、流变性等，研发新型防渗墙固壁泥浆[12]。

4.1.3.2 单剂优选及评价

（1）单剂优选。石油钻井行业中，为了解决孔壁失稳问题开发了多种处理剂，包括大分子包被剂、小阳离子抑制剂、无机盐抑制剂、降失水剂、正电胶等。本书参照其思路，通过室内试验选择了8种包被抑制剂进行筛选，分别为KPAM（粉剂）、增黏抑制剂80A51-223（粉剂）、B-22（粉剂）、FA-367新样品（粉剂）、大分子乳液1、大分子乳液2、HP乳液、正电胶。

单剂选择首先进行处理剂流变性、滤失量测试，基浆为10%膨润土浆，搅拌1h，膨化24h之后进行试验，试验结果见表4.1。

表4.1 包被剂配方性能

处理剂名称	编号	配　方	流变性（转速）/(r/min)				滤失量/(mL/30min)
			θ_{600}	θ_{300}	θ_6	θ_3	
KPAM	1	400mL淡水+2g KPAM	12	8	2	1	
	2	1号+200mL基浆	27	18	6	5	9.0
80A51-223	3	400mL淡水+2g80A51-223	36	28	7	6	
	4	3号+基浆	75	63	22	19	7.8
FA-367	5	400mL淡水+2gFA-367	12	9	3	1	
	6	5号+200mL基浆	36	23	7	7	9.5
B-22	7	400mL淡水+2gB-22	6	6	2	1	
	8	7号+基浆	57	48	15	13	8.8
FA-367新样品	9	400mL淡水+2gFA-367新样品	20	14	2	2	
	10	9号+200mL基浆	33	32	3	3	9.5
大分子乳液1	11	400mL淡水+2mL大分子乳液	44	32	8	7	
	12	11号+200mL基浆	65	48	13	10	12.1
大分子乳液2	13	400mL淡水+2mL大分子乳液	6	3	1	1	
	14	13号+200mL基浆	41	28	5	5	7.5
HP乳液	15	400mL淡水+2mL乳化HP	36	20	3	2	
	16	15号+200mL基浆	75	64	19	16	9.6
正电胶	17	400mL淡水+2mL正电胶	37	20	3	2	
	18	17号+200mL基浆	79	67	22	20	9.8

在此基础上对抑制性进行评价。抑制性即抑制孔壁地层或钻屑水化分散和膨胀的能力，可通过测定浆液中的岩屑回收率评价。试验基浆由地表水和10%膨润土浆按2∶1比例配置，降滤失剂选用NH_4-HPAN。试验结果见表4.2。

从表4.2中可以看出，单独使用包被抑制剂的岩心回收率较低。结合前人的成果，选择小阳离子等抑制剂共同使用，再配以降滤失剂可以达到更好的抑制效果，降滤失剂分别选取CMC和PAC-LV，以进一步降低其滤失量，增加抑制性，见表4.3。基浆为：400mL水+200mL 10%膨润土浆+3g大钾+12g NH_4-HPAN。

表 4.2　　抑制性试验结果

编号	包被抑制剂	配　　方	岩屑回收率/%
1	80A51-223	390mL 基浆+1.95g80A51-223+11.7gNH_4-HPAN	24.00
2	KPAM	390mL 基浆+1.95gKPAM+11.7gNH_4-HPAN	26.93
3	FA-367 新样品	390mL 基浆+1.95g FA-367+11.7gNH_4-HPAN	18.40
4	大分子乳液 1	390mL 基浆+2mL 大分子乳液 1+11.7gNH_4-HPAN	20.07
5	HP 乳液	390mL 基浆+2mL HP 乳液+11.7gNH_4-HPAN	18.93
6	大分子乳液 2	390mL 基浆+2mL 大分子乳液 2+11.7gNH_4-HPAN	10.83
7	正电胶	390mL 基浆+2mL 正电胶+11.7gNH_4-HPAN	28.06

注　1. 所有配方均高速搅拌 20min 后测其性能。
2. 乳液处理剂有效固体含量按 40%计算。

表 4.3　　调整后的抑制性试验结果

编号	配　　方	砂样加量/g	回收量/g	岩屑回收率/%
1	基浆 390mL+1%小阳离子	30	8.73	29.1
2	基浆 390mL+1%正电胶	30	10.3	34.5
3	基浆 390mL+3%KCl	30	10.1	33.8
4	基浆 390mL+10%Na_2SiO_3	30	9.38	31.3
5	基浆 390mL+2%CMC	30	8.82	29.4
6	基浆 390mL+2%PAC	30	7.83	26.1
7	基浆 390mL+1%正电胶+2%CMC	30	16.56	55.2
8	基浆 390mL+3%KCl+2%CMC	30	15.45	51.5
9	基浆 390mL+2%正电胶+2%CMC+4%KCl	30	21	70

100m 以上超深与复杂地质条件防渗墙槽孔稳定风险大，如岩屑回收率达到 70%，则基本可以达到施工要求。以上试验研究表明，无论是其流变性还是其抑制性，加入正电胶的泥浆均优于 80A51-223、大分子乳液等其他处理剂，滤失量相当，可较好地解决深厚复杂覆盖层防渗墙施工过程中的孔壁稳定及携带、悬浮岩屑等问题。

（2）正电胶的基本性能。正电胶是混合金属层状氧化物的简称，由于其胶体颗粒带永久正电荷，所以统称为正电胶。以正电胶为主剂配制的浆液称为正电胶泥浆。

1）化学组成和晶体结构。正电胶主要是由二价金属离子和三价金属离分子组成的具有类水滑石层状结构的氢氧化物。现场应用的正电胶主要是铝镁氢氧化物正电胶（Al-MgMMH），也可称为氢氧化铝镁正电胶。主要成分是 Mg^{2+}、Al^{3+}、OH^- 和 Cl^-。基本构造单元是镁（氢）氧八面体，八面体中心是 Mg^{2+}，6 个顶角是 OH^-。相邻八面体间靠共用边相互连接形成二维延伸的镁（氢）氧八面体结构层，即单元晶层，称为水镁石片。OH^- 之间的全部八面体孔隙中，水镁石片堆叠形成晶体颗粒。水镁石的层状晶体结构决定了它多以片状形态存在。

水滑石的化学组成式为 $[Mg_6Al(OH)_{16}][CO_3^{2-}]\cdot 4H_2O$。它具有与水镁石一样的层状结构，水镁石片中的 Mg^{2+} 被 Al^{3+} 同晶置换后，晶体结构不变，形成镁铝氢氧化物八

面体结构层，称为类水镁石片，是水滑石的单元晶层。水滑石就是由这种类水镁石片重叠形成的。在类水镁石片中，由于高价的 Al^{3+} 取代了部分低价的 Mg^{2+}，使得正电荷过剩，所以类水镁石带正电荷。这种由晶体结构产生的电荷称为永久电荷。

2）正电胶的电荷来源。正电胶胶粒的电荷主要来自于同晶置换和离子吸附作用。当正电胶中的镁氧八面体中心的 Mg^{2+} 部分被 Al^{3+} 取代后，由于 Al^{3+} 所带的正电荷数比 Mg^{2+} 多，每取代一个 Mg^{2+} 就增加一个正电荷，所以类水镁石片有过剩的正电荷。正电胶中的同晶置换作用与黏土粒子是相同的，只是黏土粒子是低价阳离子（Mg^{2+} 或 Ca^{2+}）取代高价阳离子（Al^{3+} 或 Si^{4+}）而使层片带负电荷。

同晶置换所产生的电荷是由物质晶体结构本身决定的，与外界条件如 pH 值、电解质种类及浓度无关，因而称为永久电荷。正电胶胶粒表面电荷密度与离子吸附作用有关，如高 pH 值时吸附 OH^- 而带负电荷，低 pH 值时吸附 H^+ 而带正电荷，当吸附高价阴离子如 SO_4^{2-}、CO_3^{2-} 等时，表面负电荷增加，这种离子吸附作用产生的电荷与外界条件有关，称为可变电荷。胶粒的净电荷是永久电荷和可变电荷之和。

3）基本技术指标。目前，正电胶已形成系列化产品，包括溶胶、浓胶和胶粉 3 个剂型，统称为正电胶，可满足不同现场条件的生产需要。为了优选出最适合施工特点的泥浆配方，本书对 3 个剂型的产品都做了性能评价，表 4.4 是不同剂型的正电胶产品的主要技术指标。

表 4.4　正电胶产品主要技术指标

剂型	溶胶	浓胶	胶粉
外观	流体	糊状	粉末
固相含量/%	7～9	25～30	≥85
酸溶率/%	≥95	≥95	≥95
胶体率/%	≥95	≥95	≥95
ζ 电位/mV	≥35	≥35	≥35
YP 提高率/%	≥150	≥150	≥300
抑制黏土膨胀能力	1%溶胶优于或相当于 5% KCl 溶液		

（3）正电胶干粉与原胶选择。为全面了解干粉与原胶的理化性能，在室内对稀胶、浓胶、干粉 3 种产品进行了相关检测，从检测结果可以看出，干粉比原胶性能优越，干粉中喷雾干粉性能更为优越。相关试验如下：

1）干粉与原胶流变性评价。在含 4%钠土基浆中，分别用相同浓度、相同加量的干粉和原胶处理，结果说明，干粉更能体现正电胶的独特流变性，主要表现在前者塑性黏度小、水眼黏度低、剪切稀释指数高，试验数据见表 4.5。

盘式干粉与喷雾干粉对比：在相同的试验条件下，分别用盘式干粉和喷雾干粉处理泥浆，结果说明，在 105℃±3℃的温度下，采用盘式干燥的样品，其分散性差，胶体率低，处理泥浆后，其流变性变化不大，而采用先进的成粉技术和工艺生产的产品基本上保持了原胶的性能，试验数据见表 4.6。

表 4.5　　　　正电胶干粉与原胶的流变性对比

序号	试验内容	正电胶形态	AM	PV /(mPa·s)	YP/Pa	YP/PV	η_∞	τ_c	I_m
1	基浆（含4%钠土）		12	3	9	3	0.62	6.881	1132
2	基浆+0.5%正电胶	干粉	20	3	9	3	0.06	17.162	28710.4
		原胶	29.5	5.50	24	4.36	1.25	17.824	1449.9
3	基浆+1%正电胶	干粉	23.5	3	20.5	6.83	0.35	5.886	5012.7
		原胶	38	5	33	6.60	0.81	26.224	3049.1

注　钻井液 pH 值为 7。

表 4.6　　　　盘式干粉和喷雾干粉性能对比

序号	试验内容	P	FV/s	FL/mL	AV /(mPa·s)	PV /(mPa·s)	YP/Pa	10S	G/Pa	η_∞	τ_c	I_m
1	盘式干粉	1.02	22.5	22	10.5	6.0	4.5	7	13	3.58	17.44	532.3
2	喷雾干粉	1.02	26.5	30	20	1.5	18	16	12	0.06	17.16	28710

2）干粉与原胶抑制性评价。

a. 抑制膨胀性试验按 NP－01 页岩膨胀仪测试规则分别测定相同浓度（2%浓度）干粉和原胶随时间变化的膨胀率，结果如图 4.3 所示。由此可知干粉在 6h 前，膨胀率比原胶略差，但 6h 后抑制膨胀能力却比原胶好。

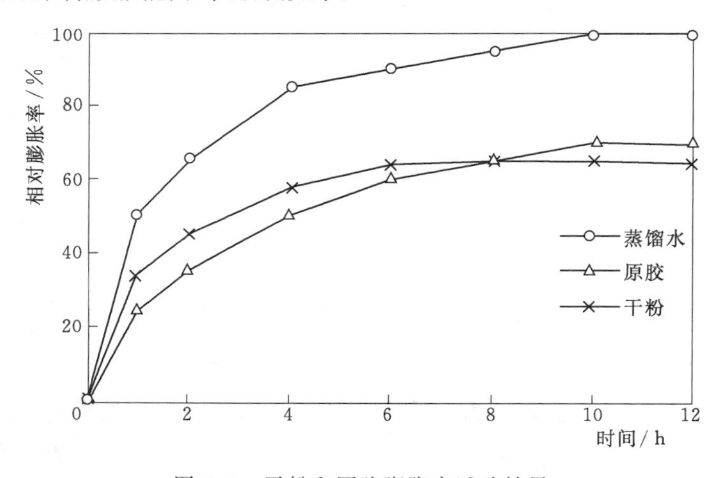

图 4.3　干粉和原胶膨胀率试验结果

b. 抑制分散试验将泥页岩分别放在干粉和原胶配成的溶液中做热滚回收对比试验，发现在同样加量下，两者的抑制效果基本相当，结果见表 4.7。

c. 抗钻屑污染试验将钻屑（蒙脱石含量为 68%）加入到含 2%正电胶干粉的泥浆中，其黏土容重可达 15%，结果见表 4.8。由表 4.8 可知，正电胶干粉也具有较强的抗钻屑污染能力（68%）。

（4）正电胶与其他处理剂配伍性。

1）与降黏剂配伍。在含 4%钠土和 0.5%正电胶基浆中，分别用 FCIS、SMC、SMK、

表 4.7　干粉和原胶抑制分散对比

条件	名称	加量/%	回收率（60 目筛）/%
120℃/16h	原胶	折干 0.5	43.5
	干粉	0.5	43.3
	清水	0	23.4

表 4.8　干粉抗钻屑污染性能

序号	钻屑加号/%	*FV*/s	*FL*/mL	*AV*/(mPa·s)	*PV*/(mPa·s)	*YP*/Pa	*YP*/*PV*
1	0	23	17	15	9	5.74	0.64
2	5	25	16	15	11	3.82	0.35
3	10	26	16	15.5	11	4.30	0.39
4	15	27	15	16	11	4.78	0.43
5	20	24	12	16	10	5.74	0.57

XY－27 NPAN 处理，试验结果说明，常用的降黏剂都不同程度地起到降黏切的作用，但对卡森流变性影响较大，试验数据见表 4.9。

表 4.9　正电胶干粉与降失水剂配伍性能

序号	稀释剂	*P*	*FV* /s	*FL* /mL	*AV* /(mPa·s)	*PV* /(mPa·s)	*YP* /Pa	*YP* /*PV*	*G* /Pa
1	0	1.03	21	30	10	5	5	1	6.5/7.5
2	0.5%LV－CMC	1.03	31	11	21.25	15	6.25	0.42	3.5/7
3	0.5%NPAN	1.03	17	18.4	4.75	4	0.75	0.19	0.5/0.5
4	0.5%JT888	1.03	50	12.8	32.5	20	12.5	0.63	6/10
5	1%SMP	1.03	21	16	12	10	2	0.2	3/8
6	0.5%HMP21	1.03	18	15	5.75	5.5	0.25	0.05	0.5/1
7	0.1%XC	1.03	22.5	10	13.5	6	7.5	1.25	6/7

2）与降失水剂配伍。在含 3%钠土和 0.5%正电胶干粉基浆中，分别用 LV－CMC、NPAN、JT888、HMP21、SMP 处理，试验结果说明，以上降失水剂都能不同程度地降低体系的滤失量，但都不同程度地会影响体系的流变性，试验数据见表 4.9。

（5）正电胶毒性试验。正电胶处理剂已作为定型产品在石油行业广泛使用，本书也委托国家环境分析中心对正电胶处理剂进行了毒性试验，检测结果表明该处理剂各项浸出值均低于《危险物鉴别标准　浸出毒性鉴别》（GB 5085.3—2007）的最低限，见表 4.10，即正电胶泥浆不会对施工区地表水和地下水造成污染。

4.1.3.3　新型防渗墙正电胶配合比研究

通过上面的对比试验和特性及其机理分析，在配方中使用正电胶干粉是合适的。不同配方的试验数据见表 4.11，其性能见表 4.12，推荐的泥浆配方见表 4.13。

表 4.10　　正电胶毒性检测报告

测试项目	正电胶	《危险物鉴别标准　浸出毒性鉴别》(GB 5085.3—2007）标准限值	备　注
汞/(mg/L)	N.D.	0.1	N.D.表示低于检出限
铅/(mg/L)	0.166	5	
镉/(mg/L)	N.D.	1	
铬/(mg/L)	0.022	15	
六价铬/(mg/L)	N.D.	5	
铜/(mg/L)	0.044	100	
锌/(mg/L)	N.D.	100	
铍/(mg/L)	N.D.	0.02	
钡/(mg/L)	3.60	100	
镍/(mg/L)	N.D.	5	
银/(mg/L)	N.D.	5	
砷/(mg/L)	N.D.	5	
硒/(mg/L)	N.D.	1	
氟化物/(mg/L)	0.132	100	
氰化物/(mg/L)	N.D.	5	

表 4.11　　正电胶泥浆配方与分散型泥浆配方对比

项　　目	水/kg	膨润土/kg	纯碱/kg	CMC/kg	正电胶/kg	助剂/kg
正电胶泥浆 KWXS-1	1000	56	2	0	0.1	1.0
正电胶泥浆 KWXS-2	1000	50～60	1.6～1.8	0	0.1～0.25	1.0
正电胶泥浆 KWXS-3	1000	50	2	0	0.05	1.0
分散型泥浆	1000	50	2	1	0	1.0
正电胶泥浆 KWXS-4	1000	50	2	1	0.1	1.0
正电胶泥浆（0.2%大钾）KWXS-5	1000	50	2	1	0.1	1.0

4.1.3.4　正电胶浆液的特性

（1）稳定性。正电胶胶粒带高密度的正电荷，对极性水分子产生极化作用，使其在胶粒周围形成一层稳定的水化膜，这个水化膜的外沿显正电性。而岩屑/黏土胶粒所带负电荷，也会对水分子产生类似作用，只是水化膜外沿显负电性。当两个带有强水化膜的粒子靠近时，首先接触的是水化膜外沿，由于电性相反而形成贯通的极化水链，使两个粒子保持一定的距离而不再靠近。这样，在整个空间就会形成由极化水链连接的网络结构，这种由正、负电荷的颗粒与极化水分子所形成的稳定体系称为“正电胶-水-黏土复合体”。正是这种特殊的结构，使正电胶泥浆具有特殊的流变性、稳定性，并具有极强的结构力，即体系携带与悬浮钻渣岩屑的能力，如图 4.4 和图 4.5 所示。

表 4.12　　正电胶泥浆性能

配方	密度/(g/cm³)	马氏漏斗黏度/s	表观黏度/(mPa·s)	塑性黏度/(mPa·s)	动切力/Pa	静切力/Pa	滤失量/(mL/30min)	pH值
正电胶泥浆 KWXS-1	1.04	45	18	8	10	9	19	9.5
正电胶泥浆 KWXS-2	1.04	43～51	16～29	8～13	10～16	8～11	11～19	9.5
正电胶泥浆 KWXS-3	1.04	40	16	8	8	8	20	9.5
分散型泥浆	1.04	36	9	5	4	5	15	9.5
正电胶泥浆 KWXS-4	1.04	48	21	8	12	10	14	9.5
正电胶泥浆（0.2%大钾）KWXS-5	1.04	56	29	13	16	11	11	9.5

表 4.13　　推荐正电胶浆液配方

项目	水/kg	膨润土/kg	纯碱/kg	CMC/kg	正电胶/kg	助剂/kg
正电胶泥浆 KWXS-2	1000	50～60	1.6～1.8	0	0.1～0.25	1
正电胶泥浆 KWXS-4	1000	50	2	1	0.1	1
正电胶泥浆（0.2%大钾）KWXS-5	1000	50	2	1	0.1	1

这种特殊的结构，抑制了岩屑的分散性，提高了泥浆的携带能力，可提高造孔挖槽效率，同时泥浆自身稳定性强，不易发生离析、沉淀，严重时丧失固壁能力。

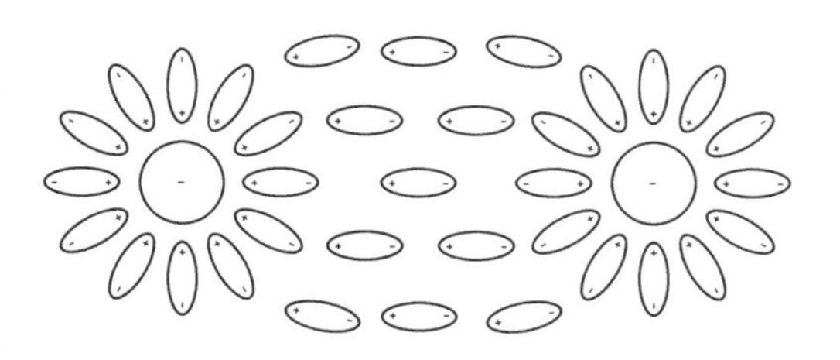
图 4.4　正电胶-水-黏土复合体示意图

（2）固-液相间的流变性。实践表明，正电胶浆液具有一种特殊的流变学现象，即静止时呈假固体状，具有一定的弹性；搅拌时迅速稀化，变为流动性很好的流体。这种现象称为“固-液双重性”，即为极强的剪切稀释性。其主要是由正电胶-水-黏土复合体结构引起的。静止时，体系的水全部被极化后可形成网状结构，因而结构强度大，表现为动切力较高，即体系悬浮钻屑能力较强。因为其复合体中所形成的空间网状结构主要是由极化水链连接的，极化水链结构的形成和破坏均十分迅速，因而从假固态向流体的转化或相反的转化都可以在很短的时间内完成。而结构的破坏仅限于受扰动很窄的区域，邻近未感受到应力作用的部分不受影响。

正电胶浆液因其有较强的动切力，增强了携带岩屑能力，有利于提高清孔工效及清孔

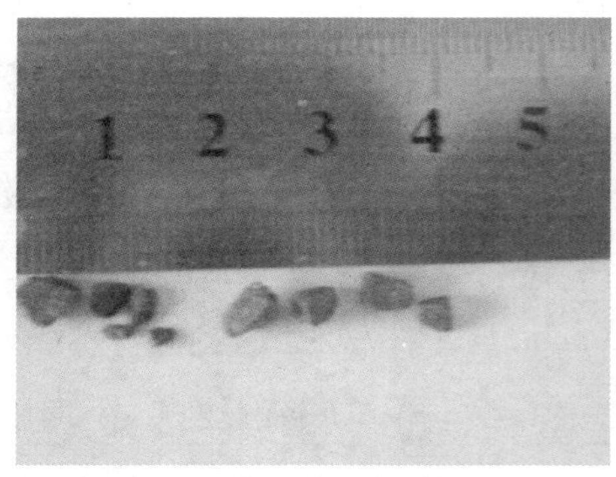

(a) 槽孔顶部悬浮的岩屑

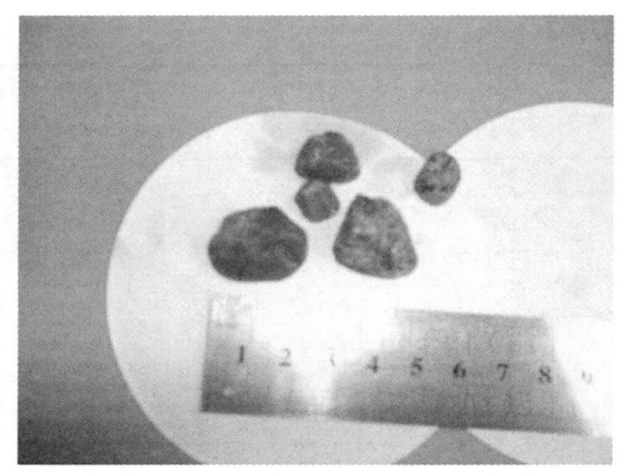

(b) 槽孔中部悬浮的岩屑

(c) 现场试验室悬浮的岩屑

图 4.5　泥浆悬浮钻渣岩屑图

效果；而其较高的静切力，使得悬浮岩屑能力增强，可以保证未被清除的岩屑在长时间混凝土浇筑过程中不下沉或极少下沉，有利于减少孔底淤积，提高混凝土墙体浇筑质量。同时，由于正电胶浆液静止时呈假固体状，在近孔壁处于假固相，即所谓的“滞流层”，它减轻了浆液对孔壁的冲蚀。通过现场试验发现，“滞流层”厚度约为 19mm。“滞流层”对解决砂层和松散的漂砾石层坍塌问题甚为重要，同时对易漏失地层具有较好的防漏堵漏效果。

(3) 抑制性。正电胶泥浆具有良好的抑制性。造浆性强的地层对正电胶泥浆的流变性能影响不大，同时还有极强的抗 Ca 污染的能力，Ca^{2+} 进入浆液还能改善浆液的流变性能。同时对滤失量影响不大。

孔壁失稳的原因之一是地层的水化问题。水化分表面水化和渗透水化两种。正电胶的强抑制性使地层中矿物或岩屑表面的离子活度降低，从而削弱了表面水化和渗透水化作用，因此，稳定了孔壁，防止了掉块、塌孔等孔内事故的发生，并大幅提高了成槽工效。

(4) 吸附性和浸染性。事实上，单纯外泥皮很难维护孔壁稳定，孔壁稳定体系是由“外泥皮＋桥塞区＋浸染区”共同构成的，如图 4.6 所示。外泥皮堵塞了槽壁的渗漏通道，增强了槽壁的抗剪切能力，是槽壁稳定的强有力保证；同时，由于泥浆的渗入，泥浆颗粒充填了槽壁孔隙，并起到胶凝作用，形成了桥塞区胶体，增强了地层结构；更深处的泥浆渗入，还形成了浸染区，也在一定程度上提高了槽壁土体的强度和抗渗性。

带正电荷的正电胶胶粒加入泥浆体系后，会降低体系的负电性，甚至会转化为正电性，更容易吸附在孔壁上，形成外泥皮，也更容易进入松散地层，强化桥塞区和浸染区。

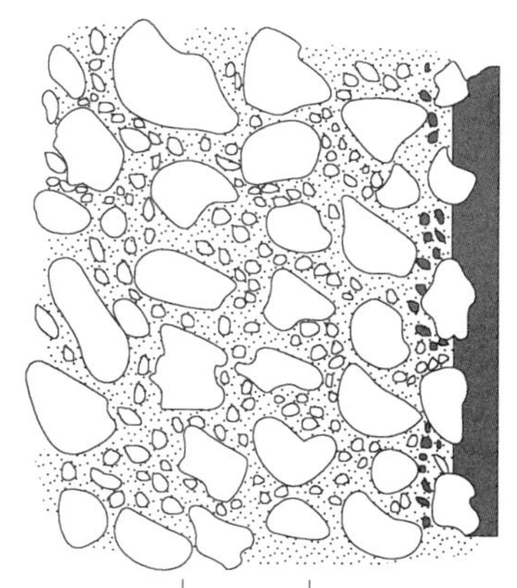

图 4.6 “外泥皮＋桥塞区＋浸染区”的形成及固壁机理

4.1.3.5 正电胶泥浆在旁多工程中的应用

在西藏旁多158m大坝防渗墙施工中，大规模使用了正电胶泥浆。该工程地层包括下部冰水沉积孤（漂）石层、砂砾石层；中上部河流相漂砾石层、砂层；左岸Ⅱ～Ⅲ级台地坡积块石堆积体。但总体以河流相沉积漂卵石层、砂层为主。造孔成槽深度一般为152～158m，试验段最大深度达201m[13]。

（1）现场应用配方。在大量试验的基础上确定了防渗墙施工泥浆实用配方，其配合比见表4.14，泥浆性能见表4.15。

表 4.14 正电胶泥浆配合比

成分	水/kg	膨润土/kg	纯碱/kg	CMC/kg	正电胶/kg	助剂/kg
正电胶泥浆	1000	50～60	1.6～2	≤1	0.25～0.28	适量

表 4.15 正电胶泥浆性能

配方	密度/(g/cm³)	马氏漏斗黏度/s	表观黏度/(mPa·s)	塑性黏度/(mPa·s)	动切力/Pa	静切力/Pa	滤失量/(mL/30min)	pH值
正电胶泥浆	1.04	45～51	16～29	8～13	10～16	8～11	11～19	9.5

（2）泥浆性能控制及使用。对新制及重复利用的泥浆性能经常检测予以控制其质量，是维护孔壁稳定、保证混凝土浇筑顺畅及墙体质量的关键。泥浆性能主要控制指标见表4.16，各项性能均高于国内规范要求和国际标准。

表 4.16 泥浆性能主要控制指标

泥浆类型	马氏漏斗黏度/s	表观黏度/(mPa·s)	塑性黏度/(mPa·s)	密度/(g/cm³)	动切力/Pa	静切力/Pa	动塑比	含砂量/%
新制泥浆	36～55	21～33	6～11	1.04～1.06	5.6～18.9	9.0～15.3	0.48～1.23	
重复利用泥浆	＞32～38	18～22	3～5.5	1.08～1.12	1.6～2.3	1.8～4.6	1.48～2.05	＜6
浇筑前泥浆	＞36～43	11.5～15	4～9	1.08～1.11	5.6～6.2	3.2～9.3	0.68～0.93	3.0～1.0

新制泥浆主要用于清孔及上部15～20m易坍塌地层，重复利用泥浆主要供中下部地层使用。特殊槽段新制泥浆用至40m左右，以确保孔壁稳定。此外，尤为重要的是混凝土浇筑前泥浆指标的控制，一是必须保证含砂量不大于3%，二是保证泥浆有足够的切力，防止混凝土浇筑过程中泥浆中未被清除的岩屑下沉，造成断墙、墙体夹砂，以及接头管拔脱等质量事故的发生。

（3）主要施工效果。正电胶泥浆在旁多工程中得到大规模应用，表现出优异的效果。

1）稳定孔壁。在轴线长达602m（PD－45～PD－162号槽段）的旁多水利枢纽深度大于100m的防渗墙槽孔施工中，除PD－67号槽孔因膨润土供应短缺造成孔壁掉块卡斗外，其余各槽段未出现因地层水化膨胀导致的孔内事故及槽孔坍塌现象，并由此大大降低了处理孔故及重复造孔时间，提高了施工工效。与国外类似地质条件相比，造孔成槽工效提高了近1倍。

2）有效封堵渗漏，减缓浆液对孔壁的冲蚀。旁多大坝防渗墙孔深60～80m为漂卵石和崩塌堆积块石体，间夹粉细砂等，属强漏失地层。如采用常规分散型泥浆，遇到该类地层时难以控制其漏浆及地层水化分散、膨胀，漏浆、塌孔难以控制。实践表明，正电胶泥浆有效封堵了地层孔隙，防止了孔内复杂情况的发生。即使个别槽孔出现严重漏浆，槽孔内浆面迅速下降，也因"外泥皮＋桥塞区＋浸染区"稳定体系的形成而保持了孔壁稳定。

3）提高浆液的携带与悬浮能力。通常情况，150m深槽孔常规分散型泥浆无法或极难清除槽孔内下部岩屑。正电胶的加入提高了其动切力，即携带岩屑的能力，因而加快了清孔工效，提高了清孔效果，使清孔指标可达到含砂量小于3%，通常在1.5%左右。静切力的提高，亦即泥浆悬浮岩屑能力的提高，保证了在混凝土浇筑过程中，未被清除的岩屑悬浮泥浆中而不下沉。这一点对墙体质量至关重要。

4.2 大体积泥浆自动搅拌系统

4.2.1 概述

大规模防渗墙工程施工，一般工期紧、钻机数量多、泥浆用量大，特别是超深防渗墙墙深量大，复杂地质地层常常伴有漏浆，清孔换浆标准高，置换新浆量大，其用浆量更是呈量级增长，传统泥浆集中制备系统凸显出许多不适应和不足，如搅拌机容量小、自动化程度低、完全依靠人工上料、配合比误差大、泥浆质量差、制浆速度慢、需要较多的人工和设备占地面积大等，很难适应大规模生产造孔泥浆的需要[14]。

为了适应大规模生产造孔泥浆的实际需要，在西藏旁多水利枢纽坝基防渗墙施工中[13]，本书研制了大体积泥浆自动搅拌系统，该系统主要由大体积储料罐和大容量高速泥浆搅拌机组成，配以先进的电子称量和自动控制装置，实现了上料、配料、称重、搅拌、放浆全过程的自动化，日生产能力达到840m^3，保证了旁多工程86台钻机和6台抓斗施工的需要，生产的正电胶泥浆性能满足工程要求，提高了装备化、集约化与自动化水平，泥浆自动搅拌系统总体布置如图4.7所示。

4.2.2 散装膨润土罐设计

罐体采用5mm普通钢板卷成直径3.3m的圆筒，经多段焊接使其连接成一个内部容积为125m^{3}的容器。大容量是其主要特点，外部尺寸几乎到了当地公路运输条件的极限值。根据膨润土的堆积密度计算总的承载质量在110t左右。采用低净空落地式安装方式，降低了重心高度。圆筒部分用型钢加固，以减少膨胀变形。根据最大重力载荷和风载荷的

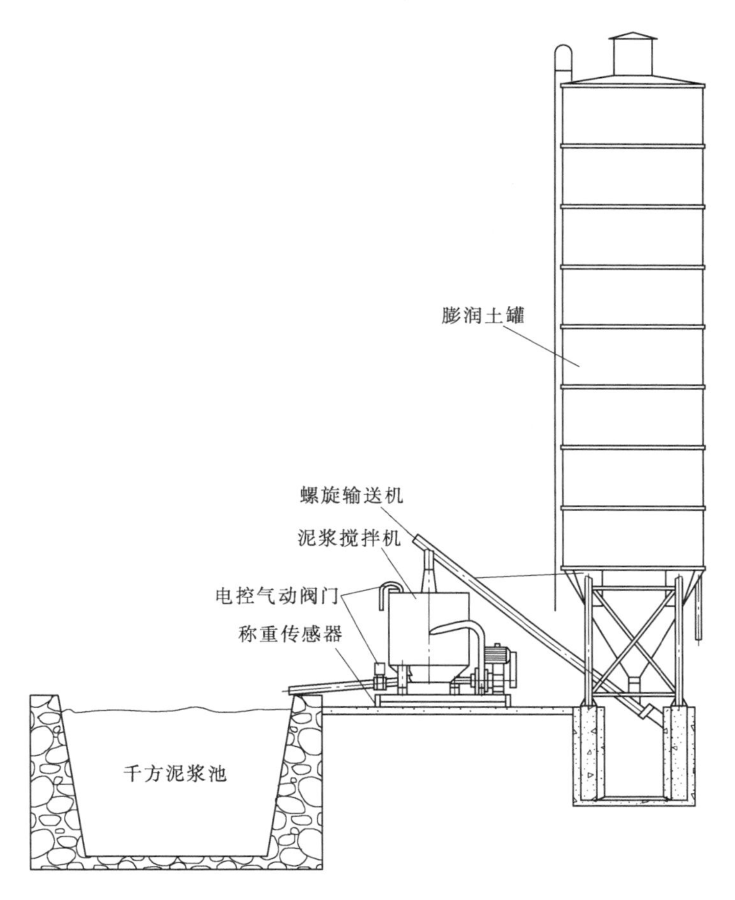

图 4.7　泥浆自动搅拌系统总体布置图

计算结果确定机座深度和结构，较深的基座采用了整体开挖、整体浇筑的施工方法，使 4 个承重桩柱连成一体，增强了抗变形能力。罐体需要数量可根据现场膨润土的日需要量、供应能力及运输条件来确定。

4.2.3　搅拌机设计

大体积高速搅拌机主要由带有称重传感器的称量底座、搅拌机桶体、渣浆泵及附属管路组成。因桶内无运动部件，相比传统叶片式泥浆搅拌机故障率低且易于维护保养。搅拌机机架通过 4 个角上的称重传感器安放在稳固的混凝土地面上，调整传感器的空载受力均匀度在其允许的范围内。搅拌机由桶体、动力部分和机座 3 个部分组成，如图 4.8 所示。

（1）桶体设计。桶体用薄钢板焊接而成，结构简单；最大容量达到了 6.26m^3，大约是以往使用的搅拌机容量的 4 倍以上，容积效率为 80%。由于在搅拌桶内壁上设置有水流平衡叶片，不至于使水流因离心作用甩出桶外，同时又增加了搅拌作用。桶内混合浆液经渣浆泵无数次吸排循环剪切，使膨润土得以充分溶解于水中。为增加有效容积，上口内缘焊有护圈，同时起到减少桶体变形的作用。口径 150mm 的射流管布置在直筒长度的中间位置，射入角为向下 15°，这样更有利于水流的剪切作用。吸浆管和排浆管位于桶体的

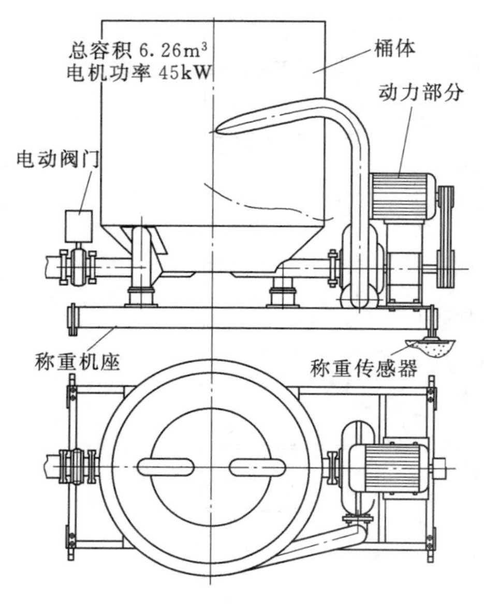

图 4.8 泥浆搅拌机结构图

最低位置，可使浆液吸入率和排出率最高，桶内无剩余膨润土残留物。

（2）动力设计。采用普通大排量高功率离心式渣浆泵作为动力源，利用流体力学的原理由桶体底部吸入清水和膨润土粉料混合物经泵壳内的叶轮旋转剪切后形成高速射流从搅拌机中上部以切线方向射向桶壁，在搅拌桶内形成高速旋转涡流产生内摩擦来分散土体，循环往复使土粉均匀地溶于水中从而达到搅拌的目的。电机通过支架安装于泵的上方，以减少占地面积，并且通过可调节螺母来调节皮带的松紧。动力部分与桶体之间采用了刚性连接，连接部分用橡胶垫密封。离心式渣浆泵主要技术参数：型号为 BZ100D－50，流量为 $220m^3/h$，扬程为 26m，转速为 850r/min，轴功率为 23.3kW，效率为 67%，配套功率为 45kW。

（3）称量机架设计。称量机架是一个刚性载体，它要承载满载的桶体、动力部分的重力和用于安装称重传感器，使其上部的载荷通过称量机架作用到 4 个角上的传感器上；它由 20 号普通槽钢按一定尺寸焊接而成，4 个角留有称重传感器的安装位置，整体结构要求平整、牢固、变形小、承载力足够。安装孔的尺寸及间距可按照供应商提供的泥浆搅拌机称量机架结构图加工，具体结构如图 4.9 所示。

（4）螺旋输送机设计。螺旋输送机是连接于膨润土罐体和搅拌机桶体之间的物料输送装置，它将散装罐放出的膨润土粉料投放到搅拌桶体内。这里采用了长城牌 LSY 系列直径 219mm 的输送机，输送能力为 5t/h，电机功率为 11kW，输送长度为 6m。上料螺旋机出口位于搅拌机正上方，使物料直接进入搅拌机，摒弃了传统计量装置所需的称量储料斗。

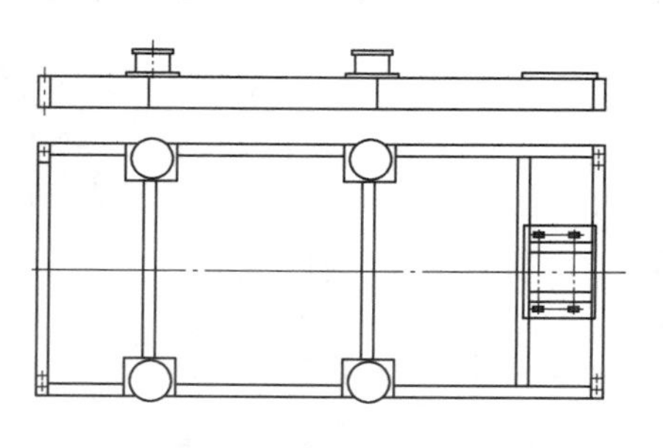

图 4.9 泥浆搅拌机称量机架结构图

（5）上水和放浆控制元件设计。上水和放浆控制元件被连接到管路上的适当位置。气缸通过气管和气泵连接。气缸的动作是通过接收来自控制器的电信号控制电动气阀的动作从而控制气缸动作；它的开关皆由气动阀门控制，动作可靠准确，具体结构如图 4.10 所示。上水管路口径及阀门的口径要匹配，阀门的口径与流量成正比，若要减少放水时间可将阀门口径设计大些。同样，放浆阀门也可大一些，以减少浆液流出时间。该系统用的是直径 250mm 的转叶式阀门。

（6）称量控制系统设计。称量控制系统由称重控制器、称重传感器组、控制执行机构等构成，选用重庆斌成 FS3198－C41－007 型称重配料控制器作为电气控制核心，它和搅拌机底座上装设的 SB 系列悬臂梁称重传感器一起构成电子称量系统，完成物料的称量、

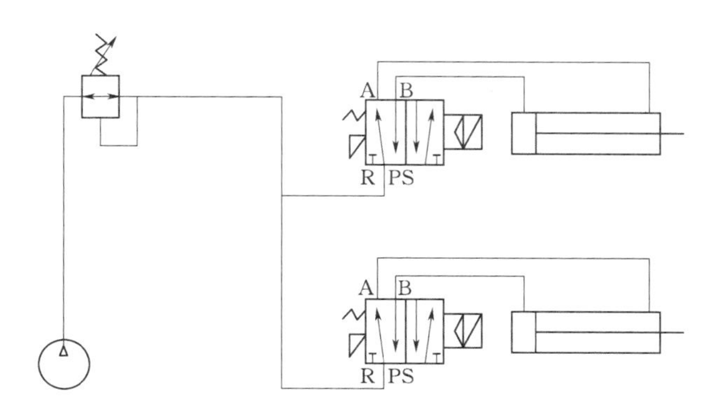

图 4.10　自动泥浆搅拌系统气路图

自动喂料、定时搅拌、自动卸料的过程控制。整个系统结构紧凑、控制精度高、性能稳定可靠、操作简便。具体结构如图 4.11 和图 4.12 所示。

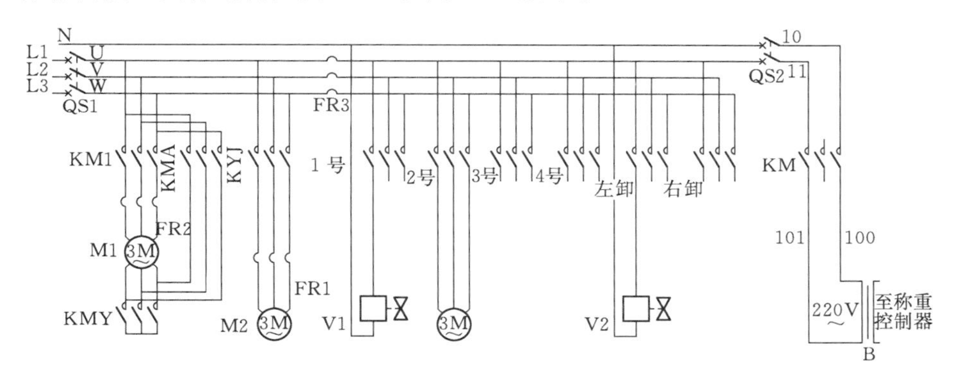

图 4.11　自动泥浆搅拌控制系统主回路图

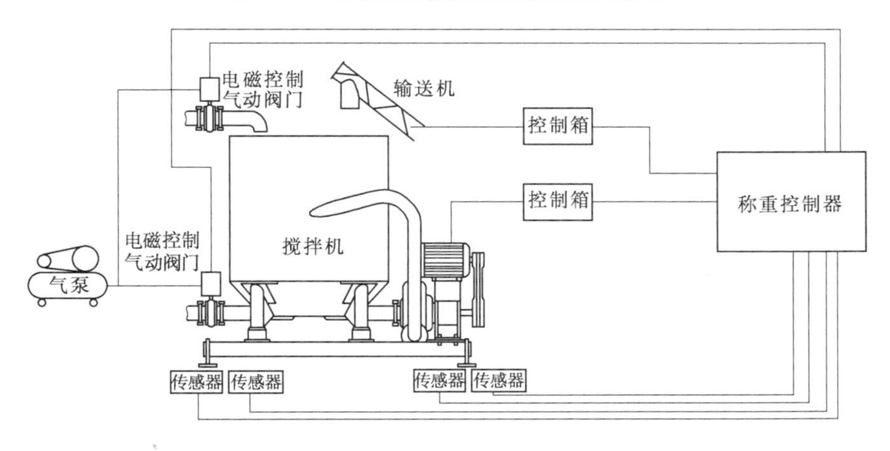

图 4.12　自动泥浆搅拌控制系统示意图

FS3198－C41－007 型称重配料控制器用于称重配料、多通道定量控制秤等系统的称重电脑控制，无需再使用可编程控制器（PLC）或工业计算机就可组成由简单到复杂的称重配料控制系统。通道进料口接称量控制系统；通道控制参数包含设定值（iC）、提前量

(id)、允许误差(iE)、修正与补料命令(ic)、欠重补料时间(it),$i=1\sim4$。

连接好传感器至称重控制器的信号电缆和系统所需的动力电源、气路、水路以后,接下来进入整机调试阶段,调试步骤如下:

1)合上总电源开关 QS1 和控制电源开关 QS2,按下控制电路启动按钮 SB2,系统控制电源上电,控制器进入自检状态。

2)按下空压机启动按钮 SB4,空压机开始运行,气源压力控制在 0.8MPa。

3)按下称重控制器面板上的"模式"键,使控制器由自动状态切换到手动状态并依次按下面板上的数字键"1~4"和"左卸"键,从仪表面板上的指示灯可看到各通道的输出情况以及各控制执行机构的动作是否流畅。

4)进入"仪表内部参数"菜单,将其设置为开机连续运行、配料搅拌后自动左卸料的控制方式。

5)在保证搅拌机桶内和称量机架没有任何杂物的前提下,做空称零点标定,之后再放上 4t 砝码做质量标定。

6)进入修改配方菜单,输入各通道的物料控制值。该系统水的控制值为 4950kg,膨润土的控制值为 375kg。

7)进入高级菜单,设置空称门限、余料卸料的质量门限、搅拌时间等参数和各通道物料的补料提前量等参数。该系统搅拌时间设置为 180s。

8)按下渣浆泵启动按钮 SB6,观察其旋转方向是否正确。

以上步骤完成后使用"模式"键使控制器切换到自动模式,按下控制器面板上的"启动"键,启动自动配料运行,仪表运行灯亮,依次执行去皮、1 号通道进料、2 号通道进料、4 号通道进料,配料完成后搅拌再延时 180s 自动启动左卸料,打开气动闸阀向浆池放浆,当达到"余料卸料的质量门限"延时的设定值后关闭气动阀门,下一过程重新开始。

4.2.4 工程应用

(1)经实际应用,该系统单机的日生产能力达到 840m^3。膨润土浆液密度为 1.06g/cm^3、1.07g/cm^3,马氏漏斗黏度为 44~48s,均能达到防渗墙施工用泥浆的性能指标,说明该泥浆自动搅拌系统的性能在数量和质量上完全满足大规模生产泥浆的要求。

(2)以往称量自动控制系统多用于混凝土拌和站,用于泥浆制备上却很少见。从使用效果看,只用 1~2 人现场值守即可完成不间断的制浆工作,制浆效率和制浆质量大幅提高,工人的劳动强度和环境污染也大大降低。

(3)西藏旁多水利枢纽坝基防渗墙工程规模大,施工强度高,在这种情况下首次设计、使用了大容量自动化泥浆搅拌系统。实践证明此系统的使用对于保证该防渗墙的施工质量和施工进度发挥了巨大的作用,产生了可观的经济效益,可在以后工程中规模推广应用[13]。

参 考 文 献

[1] 刘雷军,揭炳国.泥浆固壁在混凝土防渗墙施工中的控制及应用 [J].黑龙江水利科技,2008

(2)：103－104.

［2］ 高明巧. 防渗墙固壁泥浆性能试验及其应用［C］//水利水电地基与基础工程技术论文集，2004.

［3］ 欧阳幸. 病险水库混凝土防渗墙施工中槽孔坍塌和控制措施［C］//中国水利学会地基与基础工程专业委员会. 第八次水利水电地基与基础工程学术会议论文集，2006.

［4］ 尹红. 防渗墙固壁泥浆的制备与施工［J］. 湖南水利水电，2010（6）：22－23.

［5］ 王丽娟，孔祥生. 新型固壁泥浆——MMH正电胶的试验研究与在仁宗海大坝防渗墙施工中的应用［C］//水利水电地基与基础工程技术论文集，2007.

［6］ 孔祥生，黄扬一. 西藏旁多水利枢纽坝基超深防渗墙施工技术［J］. 人民长江，2012（11）：34－39.

［7］ 唐英俊. 大渡河黄金坪水电站围堰混凝土防渗墙施工［C］//水利水电地基与基础工程技术论文集，2013.

［8］ 季景山. 深厚覆盖层基础100m级混凝土防渗墙施工材料与工艺研究［D］. 长沙：中南大学，2012.

［9］ 毛鹤琴，李世蓉. 浅析泥浆固壁的效果［J］. 建筑机械化，1989（9）：6－9.

［10］ 冯平，曹学德. 泥浆固壁对土坝防渗墙应力变形的影响［J］. 武汉水利电力学院学报，1992（1）：78－85.

［11］ 张四平. 防渗墙施工中泥浆配合比的试验研究［J］. 山西水利科技，2007（2）：70－72.

［12］ 宗敦峰，刘建发，肖恩尚，等. 水工建筑物防渗墙技术60年Ⅰ：成墙技术和工艺［J］. 水利学报，2016（3）：455－462.

［13］ 韩伟伟. 基于渗滤效应的水泥浆液多孔介质注浆机理及其工程应用［D］. 济南：山东大学，2014.

第5章 超深防渗墙接头管接头技术与成墙技术

5.1 YBJ系列卡键直顶式大口径液压拔管机

5.1.1 概述

传统防渗墙采用“套打法”施工，即施工二期槽孔时，在一期槽孔端部重复套打防渗墙混凝土，形成二期混凝土端部主孔。二期槽孔浇筑后，与一期槽孔形成圆弧界面的套接，水利水电工程永久建筑物基础防渗处理多采用常态高强度混凝土，黄河小浪底主坝混凝土右岸防渗墙工程混凝土设计强度为35MPa，特别是深墙施工时，工效极低，加之孔斜、孔内事故影响，甚至导致施工无法进行。工程实践表明，100m以上深度防渗墙工程，采用“套打法”施工技术上是不可行的，其接头技术必须加以突破，否则，将有可能导致防渗墙防渗形式在超深覆盖层地基处理中被淘汰[1]。

20世纪末，结合冶勒水电站100m深墙现场试验和主体工程施工，对“双反弧接头法”进行了系统研究，结果表明，该种接头形式接头效果好，在100m左右深墙施工中具有一定的可行性，但由于该方法对一期槽孔边孔孔斜要求高，特别是二期双反弧槽孔遇孤、漂石时，施工十分困难，尚没有有效方法解决，局限性较大。

“接头管法”在葛洲坝工程做过试验，但由于设备机具限制，基本不成功。之后一段时期，也有过少数研究，但离工程要求相距甚远，甚至有被全盘否定的趋势。迫于超深与复杂地质条件防渗墙应用的需求，在充分调研和分析的基础上，从研发新型拔管机设备和拔管机理入手，全面进行接头管技术研究，以解决超深防渗墙技术的瓶颈[2]。

在充分总结先期研究的经验基础上，基础局进行了新型大口径液压拔管机设备设计和实施方案策划，在江苏润扬大桥北锚碇地下连续墙工程中进行了现场试验和工程应用，完成了第一代抱紧式大口径液压拔管机的研发工作，实现了50m左右深度防渗墙接头管技术的顺利实施，并形成了配套工艺。此后，在机理研究的基础上，研发了第二代YBJ系列卡键直顶式大口径液压拔管机（图5.1），依托尼尔基、黄壁庄等工程和冶勒、下坂地、狮子坪、泸定、旁多、黄金坪、新疆小石门水库等100m以上深度防渗墙工程开展应用研究，最终拔管机定型产品化，最大拔管直径可达2.0m，最大拔管深度可达200m，形成了系统的接头管接头技术，解决了超深防渗墙接头施工的技术瓶颈，创造了拔管158m的施工纪录。该卡键直顶式拔管技术特点如下[3-6]：

（1）采用卡键直接顶升管体方式，保证了拔管机卡键与接头管的牢固结合。

(2) 与套打接头法施工相比，接头管法墙体连接质量可靠，可节约墙体材料用量20%～30%，节约造孔工时20%～30%。

(3) 液压站的设计采用大、小两个双油泵系统，大油泵主要用于正常的起拔，小油泵用于拔管初期，可以连续地微动起拔，控制了混凝土与管壁黏结力的过度增长，解决了初拔时机难以准确测定的难题，避免了铸管现象的发生。在顶升过程中两个油泵还可以同时工作。

图5.1 卡键式拔管机主体

(4) 提出了“限压拔管法”施工方法，建立了液压拔管机的拔管力、混凝土的凝固情况和压力表压力的关系，将混凝土的凝固情况、液压拔管机的拔管力直接反映在液压系统的压力表上，并设置了拔管时各阶段压力安全上、下限值，在规定范围内拔管，解决了由于拔管时间误判，导致拔管失败的现象。实践证明了这一方法的正确性，“限压拔管法”已被广泛应用于防渗墙的拔管施工中。

(5) 接头管管体结构、底座结构、管体间连接方式等均为创新性设计，使用简捷且安全性能高。

5.1.2 国内外发展概况

防渗墙的施工工艺通常是分段成墙，然后逐段连接为整道防渗墙。因此，墙段之间的连接形式是防渗墙质量的关键，也是制约超深防渗墙施工技术发展的关键技术之一。接头孔工程量约占防渗墙造孔总工程量的20%。传统的防渗墙接头施工方法有以下几种[7]：

(1) 套打法。一期槽孔浇筑混凝土后，钻凿二期槽孔时将一期槽孔两端部分混凝土用圆形钻头打掉，构成二期槽孔端孔，同二期槽孔一起浇筑混凝土。此法广泛应用于防渗墙施工中。但存在重复钻进和浪费墙体材料等问题，当钻造混凝土接头时常常打偏，接缝处泥皮不易清净，墙体连接质量也不易保证，如图5.2所示。

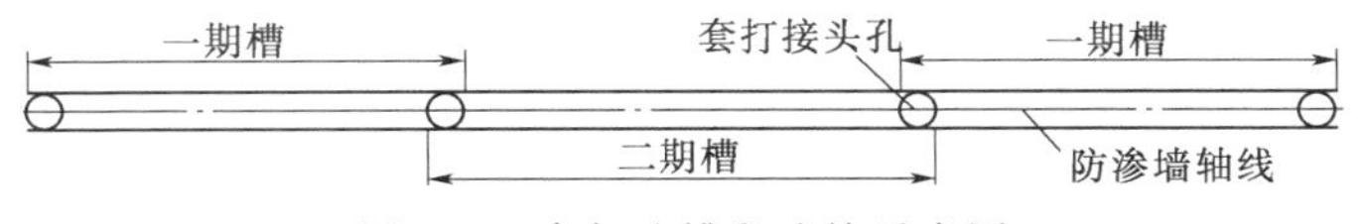

图5.2 套打法槽段连接示意图

(2) 双反弧法。在预留的接头部位先用圆钻头钻出导孔，然后用双反弧钻具扫小墙、修孔及清孔、浇筑混凝土。此法施工工艺较复杂，仅用于浅孔施工中，处于试验应用阶段，事故率较高，如图5.3所示。

(3) 接头管法。在一期槽孔完成后，在两端下设接头管，然后浇筑混凝土，待混凝土初凝后拔出接头管，形成具有一定形状的接头孔，与二期槽孔一起浇筑混凝土。此法具有工效高、成本低、接头质量可靠、综合效益好等特点。但存在铸管风险，施工技术不易掌握等问题。过去一般仅在墙深不超过30m、孔径0.8m以内的工程中试验应用，一直未大

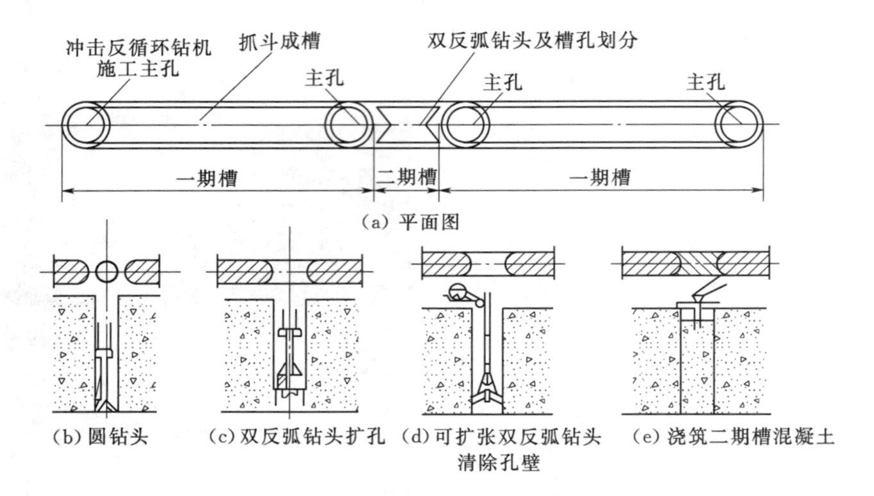

图 5.3　双反弧法槽段连接示意图

范围应用在防渗墙混凝土浇筑工程中，如图 5.4 所示。

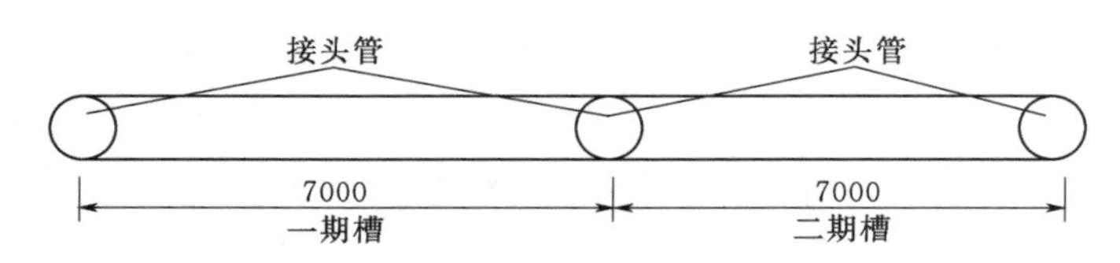

图 5.4　接头管法墙段连接示意图（单位：mm）

国内城建系统首先在地下连续墙引用拔接头管方法，但拔管深度（小于 30m）和直径（小于 60mm）都较小。水电施工单位曾在葛洲坝工程上游围堰防渗墙施工中首次试用 80cm 的大直径接头管，拔管最大深度为 26m，起拔设备采用 90～110t 特大型吊车，试验基本成功，但施工技术也很不成熟，以后也未能进行推广应用。20 世纪 80 年代中期，结合铜街子防渗墙工程，基础局研制了起拔力 2000kN、直径 0.9m 的防渗墙接头孔施工拔管专用设备，施工试验取得了成功，最大拔管的成孔深度为 31m，累计拔管长度为 163m。由于施工存在巨大风险，技术难度大，在以后的工程施工中均未应用此项技术。

21 世纪初，结合润扬大桥 1.2m 宽地下连续墙，研制了起拔力为 4000kN 的大型拔管专用设备，单孔试验下管深度达 50m。以上拔管设备的拔管原理均为抱紧式接头管起拔方法。这种抱紧式拔管机是将接头管紧紧抱住，利用摩擦力将接头管拔起。理论计算钢铁对钢铁的摩擦系数只有 0.1～0.15，几百吨的拔管力需要几千吨的抱紧力，而在几千吨的力下，接头管的结构需要做得很笨重，否则接头管就会被破坏。另外，传统的拔管理论要求接头管表面要做得十分光滑，以便减少拔管时接头管和混凝土之间的摩擦力，但是接头管表面越光滑，其与拔管机的摩擦力就越小，这是一对矛盾。因此，采用抱管顶升的工作方式进行拔管存在许多隐患。由于抱管顶升方式是靠抱紧圈在摩擦块与管壁之间施加摩擦力来达到提升的目的，起拔力受到多方面的限制。当拔管需要较大起拔力时，就需要很大的抱紧力以形成足够的摩擦力，管壁因受到过大的径向挤压而容易发生变形，或出现“打滑”现象。越是需要大起拔力的时候越容易发生“打滑”，

这对于拔管施工是最危险的。20多年对抱紧式大直径拔管机技术的研究，由于技术风险大，仍停留在试验阶段，甚至有的专家认为深度超过40m的防渗墙不能采用拔管法，40m是拔管技术的极限[8]。

在国外，当孔较浅（30m以内）时，多采用拔接头管法成槽，当管径较小（小于60cm）时，经常采用大吨位起重机直接起拔；当管径较大时，多用液压拔管机起拔。如意大利卡沙特兰地（Casagrande）研制的液压拔管机，拔管原理均为用抱紧圈夹紧接头管起拔，也不适用于大深度接头管的起拔。

5.1.3 YBJ系列卡键直顶式大口径液压拔管机设计

5.1.3.1 拔管机设计

通过对抱紧式大直径拔管机施工的实践和国内外防渗墙接头管技术的调研，发现这些拔管机的工作原理均是利用抱紧圈将接头管抱住，依靠抱紧圈与接头管之间的摩擦力进行拔管的（摩擦力等于抱紧圈施加于接头管的夹紧力乘以混凝土与接头管的摩擦系数），为了获得足够的起拔力，总是设法加大摩擦力；同时，为了减小拔管阻力（接头管与混凝土的摩擦力），又要尽量使接头管表面光滑。但管子表面越光滑，其与抱紧圈之间的摩擦力也就越小，这是一对矛盾。因此，在实际的设计过程中，为了合理解决这对矛盾，只能加大接头管的壁厚提高其承压能力，获得足够的提升力，从而造成设备制造成本的提高和安全风险的增大。

针对以上问题，经过多种方案比选研究，最终采用卡键直升式结构原理。卡键式拔管机的工作原理是在接头管上每隔一定的距离开一个键槽，将一根可转动的卡键插入孔中，由拔管机拔管架直接起升卡键将接头管起拔，油缸顶升力可全部作用在接头管上用于起拔。同时在油泵的工作方式、顶升卡块的卡入形式、接头管的连接形式等许多方面做了探索和实践。卡键式拔管机结构如图5.5所示，起拔接头管中拔管机管体结构如图5.6所示。

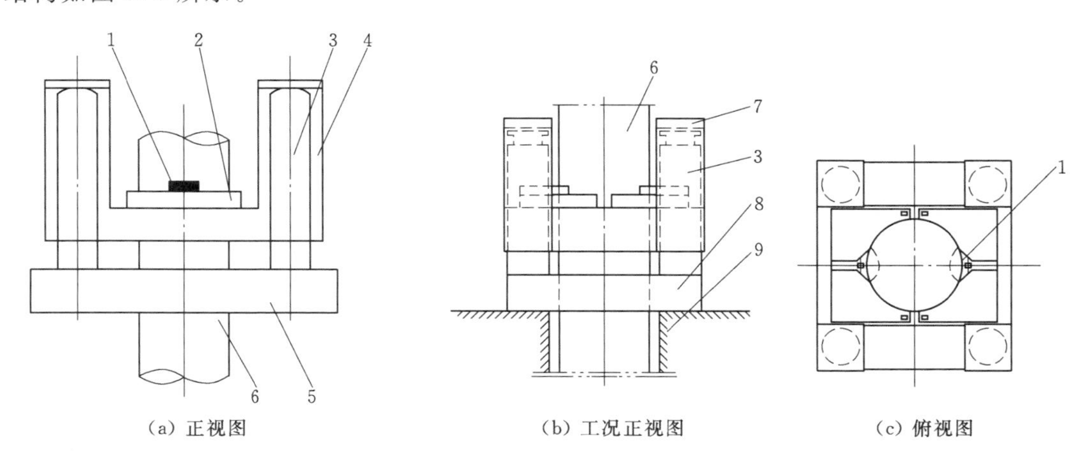

图5.5　卡键式拔管机结构图

1—卡键；2—抱紧圈；3—油缸；4—上拔管架；5—底架；6—接头管；7—拔管架；8—底座；9—防渗墙导向槽

图 5.6　起拔接头管中拔管机管体结构

拔管机按要求就位后，通过转动卡键卡入接头管的键槽内，液压系统驱动油缸顶升上拔管架将接头管起拔。由于卡键直接插入接头管的键槽内，所以在起拔过程中不会发生打滑现象，减少了铸管现象的发生。顶升动作采用4个油缸，拔管机组的巧妙设计很好地解决了油缸的同步问题。当接头管在孔内垂直度状态出现误差时，能有效地将其拔出，YBJ型卡键式拔管机技术参数见表5.1。

表 5.1　YBJ型卡键式拔管机技术参数

项目	内　容	YBJ800	YBJ1000	备　注
接头管	宽度/cm	80	100	
	接头连接形式	插销式	插销式	
	分段长度/m	4.0、6.0	4.0、6.0	
拔管架	最大起拔力/kN	3000	4000	行程800mm
	外形尺寸/(mm×mm×mm)	1800×1800×1350	2000×2000×1350	
	质量/t	5.60	6.00	
液压泵站	工作压力/MPa	20	28	
	系统流量/(L/min)	91	91	
	电机功率/kW	37	55	
	外形尺寸/(mm×mm×mm)	1300×1200×1350	1400×1300×1350	
	质量/t	1.4	1.6	

5.1.3.2　接头管设计

(1) 接头管管体设计。为与接头管拔管架卡键连接，接头管管身上均匀分布有月牙形槽孔，供起拔接头管使用。

为了加工制造运输的方便和施工的快捷，管体长度定为每节6m，两端设有公母插头，连接各段接头管时应用。由于在拔管过程中，接头管只承受纯拉力作用，不受拔管架的径向挤压，所以管壁做得很薄，管体用薄钢板卷制，内部合理地配置横向和纵向筋板，既不影响管子的外部使用性能，又可大大提高接头管的整体抗弯能力。

为减轻接头管整体下设质量，除底部两根管外，其余管内均设有浮箱，以增加泥浆对其的浮力。加设浮箱后，每根接头管浮箱的浮力等于管子自重，这样，接头管的整体下设质量始终控制在24t左右，极大地节约了施工成本。

起拔中的接头管管体结构如图5.7所示。

(2) 接头管管节连接形式设计。接头管每节之间的连接通常有中心受力和周边受力两种方式，中心受力连接方式具有受力状态好、剪应力小等特点，拔管时的安全性好，且操作方便。接头管管节间的连接有单销轴、多销轴及卡块等多种形式，但无论何种连接形式，都可归纳为接头管中心受力和周边受力两种方式。

多销轴连接是用3个（或更多）短销轴，沿着周向将上下接头管连接起来，它的优点是销轴的质量较轻，便于操作。但因销轴数量较多，可能受混凝土挤压或加工精度影响，销轴受力不均，接头管连接处沿长度方向发生弯曲（折线）变形，由于是多销轴连接，刚度太大，拔管时接头管不能被拉直，拔管力很可能集中在少数或一个销轴上，使该销轴及其连接部分超载受力发生断裂，其余销轴及其连接部件随之断裂。此现象的发生在拔管施工中并不罕见。因此，周边受力的接头形式应提高制造加工精度和加大设计安全系数。

图5.7　起拔中的接头管管体结构

对于单销轴连接，上下两组吊耳板靠近管轴线，并以轴线为对称，工作时接头管的受力中心点在其轴线上，属于中心受力的形式。当采用单销轴连接后，最大优点是能够自动调节接头管在混凝土中的工作状态，当接头管受混凝土的侧向压力时呈折线状态，起升接头管时被自动拉直，孔形误差对起拔接头管影响作用变小了，因此减小了拔管阻力；另一优点是接头设计计算简单，易于加工制造，连接安全可靠，操作方便快捷。

（3）自开启式底管活门结构。为防止混凝土浇筑时混凝土从接头管底管底部进入管内，在底管底部设计了自动开启封闭的钢板活门。下管时活门开启，减小下设接头管时泥浆对管子的浮力，下管结束后活门自动关闭；拔管时，为使接头管底部不产生负气压，底管底部活门自动开启减压。

为减小混凝土堵塞底管活门的可能性，有利于清除因操作不慎而进入管内的混凝土，底管活门设计成两个，并从管壁两侧向中间开启。采取这一设计方案，给施工带来极大的好处，活门所覆盖的接头管底部有较大的开孔面积，使管内的泥砂等物质很难在管内积存。活门由两侧开启，拔管结束后可以很方便地对管内进行清洗，使得施工速度得以加快，提高了施工效率。

接头管是焊接结构件，受其加工精度和混凝土初凝时间难以精确计算的影响，拔管时，其底管在通过上部已进入初凝状态的混凝土区域时，可能会发生“挤”不过去而加大拔管阻力的现象。为解决这一问题，接头管底管设计成带有0.2%的锥度，使这一问题得到了很好的解决，极大地减小了拔管的风险性。

（4）液压站液压系统设计。液压站的设计使用了大、小两个油泵，大油泵主要用于正常的起拔，小油泵用于拔管初期，在顶升过程中两个油泵还可以同时工作。在拔管初期使用小油泵工作，以15mm/min的速度微动。连续的微动起拔，控制了混凝土与管壁凝聚力的过度增长，解决了初拔时机难以准确测定的难题，避免了铸管现象的发生，并且在混凝土凝结过程中的微动提升会将管壁所受的摩阻力连续地反映到油压表上，如果发现起拔力偏大就表明必须用大油泵进行正常的快速起拔，等于在地下安了一双眼睛，使拔管工艺变得易于控制、安全可靠。

液压泵站是拔管机的动力系统，泵站输出的高压油经油管到顶升油缸。泵站主要由油缸、单项节流阀、换向阀、压力表、压力表开关、安全阀、单向阀、油泵、电机、滤油器、油箱以及油管组成。液压系统工作原理示意图如图 5.8 所示。

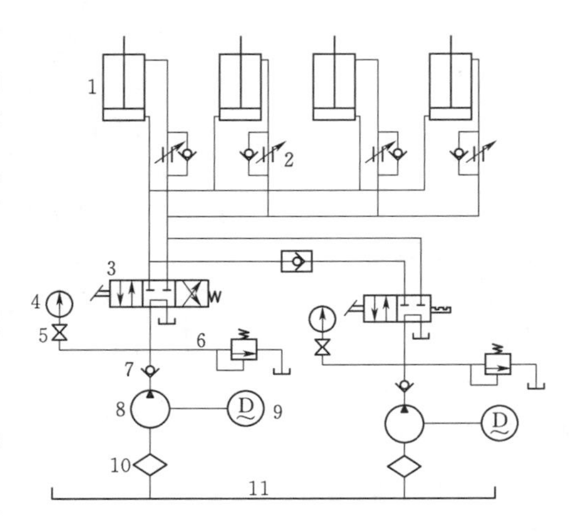

图 5.8 液压系统工作原理示意图

1—油缸；2—单项节流阀；3—换向阀；4—压力表；5—压力表开关；6—安全阀；7—单向阀；8—油泵；9—电机；10—滤油器；11—油箱

5.1.4 防渗墙拔管混凝土凝结机理室内试验

通过大量的室内试验（图 5.9）表明，混凝土的坍落度一般在搅拌后 4h 左右损失为零，6h 后的混凝土基本上是稳定的，但这个时间还不是初凝时间，当贯入阻力达 35kgf/cm^2 时所经历的时间即为初凝时间；而贯入阻力达 280kgf/cm^2 时经历的时间则为终凝时间，大体上相当于混凝土抗压强度为 0.7MPa 的时间。从室内试验和拔管工程的实践看，开始拔管的最佳时间是在槽内混凝土已经稳定之后、初凝之前，这时的混凝土不会发生溜槽、缩径等现象，而且与管壁的胶结力也较小，拔管施工是安全的。若在混凝土初凝之后开始起拔，混凝土与管壁的胶结力会增加很大，因此应尽量避免在初凝后起拔，那种认为起拔力越大、孔壁越稳定而过度延长初拔时间的做法是非常有害的。终凝之后再开始拔管的做法要绝对禁止。

图 5.9 接头管起拔力室内试验

接头管在槽孔内相当于模板。要使拆模后的混凝土能够自稳，混凝土必须达到相应的强度；要使混凝土与管壁的胶结力在起拔力的安全范围之内，又不能使混凝土强度太高。为了能方便地决定现场的拆模时间，人们提出了成熟度来预测混凝土的强度，其原理是水泥水化程度取决于养护温度和养护时间，从而决定了混凝土强度的发展。而成熟度是养护温度和养护时间的函数，表达式为

$$M(t) = \int_0^t (T - T_0)\mathrm{d}t$$

式中：M 为混凝土成熟度；T 为养护温度；T_0 为水泥水化停止、混凝土强度发展停止的温度（一般为－100℃）；t 为养护时间。

为了便于在实际生产中应用，在假定养护温度为恒温时，公式可简写为

$$M=(T+10)\Delta t$$

式中：Δt 为在温度 T 条件下养护的时间。

这个公式提供了一个经验，在混凝土配方确定之后，温度和时间是混凝土强度发展的最主要影响因素。

由试验资料分析：$T\Delta t=100$ 前后，压应变急剧下降，这个时间相当于混凝土的终凝时间；$T\Delta t=140\sim160$，相当于混凝土刚开始硬化；$T\Delta t=200\sim260$，对应于混凝土表现出脆性的时期。当早期混凝土的成熟度达到 100 时（在 240℃时早期混凝土的成熟度达到 100 需要 7～8h），混凝土与管壁的胶结力将是影响起拔力的重要因素。

混凝土强度发展越快，与管壁的凝结力增长越快，其起拔力增长也越快，主要影响因素是混凝土的环境温度、配合比、外加剂、人为配料误差等。研究早期混凝土的强度发展规律，对拔管工艺来讲是十分重要的。

混凝土的凝结与硬化是随水泥的水化作用而发展的。混凝土拌和后，随着时间的延续，逐渐丧失其流动性而过渡到固体，这个过程称为凝结，把凝结成固体以后的强度增长过程称为硬化。凝结和硬化的区别很不明显，并没有明确的物理变化或化学变化来区别它们。

混凝土进行拌和后，水泥立刻进行水化，未水化的水泥与水反应在某种限度内持续进行，这种水化过程极其复杂，但可以划分为以下 4 个阶段。

第一阶段是快速反应期，从加水混合开始，大约持续 5min。在这个时间内，水泥颗粒表面大部分被硫铝酸钙的凝胶状水化物所包裹，此后反应速度迅速地慢下来。

第二阶段是持续 30min 到 2h 的静止期。这个时间内薄膜的水化物增加，水泥浆渐渐失去其流动性。

第三阶段是在第二阶段增加了厚度的薄膜破坏后，再度加快水化速度，在水泥微粒之间形成了网络结构。初凝、终凝是在这个阶段发生的。

第四阶段是网络结构的间隙被水化物所填充，增大了强度。这个过程是水与未水化的水泥反应在某种限度内持续，但水化速度慢慢地减小。

很明显，拔管必须是在第三阶段中进行的。

正确地分析槽内接头管起拔阻力的组成，在施工中分别加以控制，是拔管施工的重点。接头管的起拔阻力主要由接头管自重、流态混凝土的侧向挤压摩阻力和静态混凝土的凝结阻力 3 个部分组成，如图 5.10 所示。槽孔深度越大，接头管自重越大，混凝土的侧向压力也越大，管壁与混凝土的接触

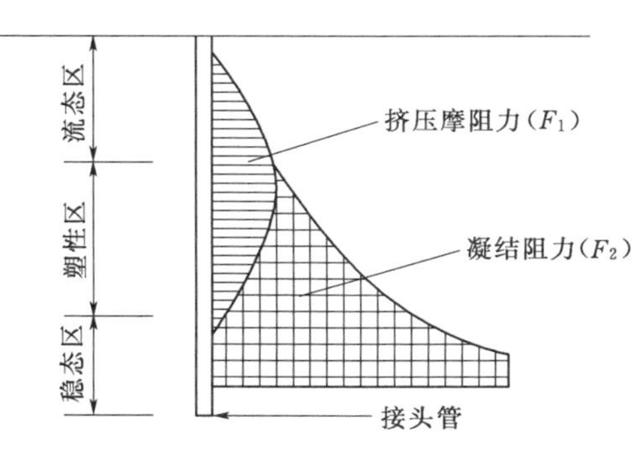

图 5.10　接头管壁阻力分布图

面积越大。侧向压力是指混凝土尚为流态时形成的压力。拔管初期因下部早浇混凝土已经没有流动性，因此侧向压力主要产生在上部后浇混凝土中。接头管自重和侧向挤压摩阻力是随槽孔深度而增加的，与深度呈线性关系，不是影响起拔力的最主要因素。

拔管初期槽孔内的混凝土基本上处于 3 种状态，上部为流态，中部为塑性状态，下部为稳定状态。这 3 种状态的混凝土都对起拔力造成不同程度的影响。

通过上面的分析可以看出，起拔阻力是由多种力组成的，其机理非常复杂，但可以用下面的公式简单地表示：

$$F=F_1+F_2+F_3+F_4$$

式中：F_1 为流态、塑态混凝土的挤压摩阻力；F_2 为塑态、静态混凝土的凝结阻力；F_3 为接头管自重；F_4 为接头管倾斜或发生弯曲变形时，为克服径向分力所需要的起拔力。

流态、塑态混凝土的挤压摩阻力 F_1 是流体侧向压力形成的摩阻力，与孔深和混凝土浇筑速度有关，它与开始起拔时间关系不大。接头管自重 F_3 是相对固定的，因此影响起拔力最主要的因素是混凝土与管壁的凝结力和接头管的垂直度。而这两个因素都与开始拔管的时间密切相关，所以控制好开始起拔的时间是拔管成败的关键。

图 5.11 为早期混凝土流态、塑态区黏结力随时间的变化曲线。

5.1.5 拔管力规律室外试验

拔管机研制之初，在进行了接头管室内试验研究之后，又进行了室外现场试验研究。

（1）现场试验条件。现场试验条件如下：

防渗墙厚度：30cm。

墙体深度：31～35m。

混凝土种类：塑性混凝土。

混凝土强度：$R_{28}=3\sim4$MPa。

混凝土初凝时间：15h。

月平均气温：15℃。

接头管直径：273mm、299mm。

拔管设备：1500kN 液压拔管机。

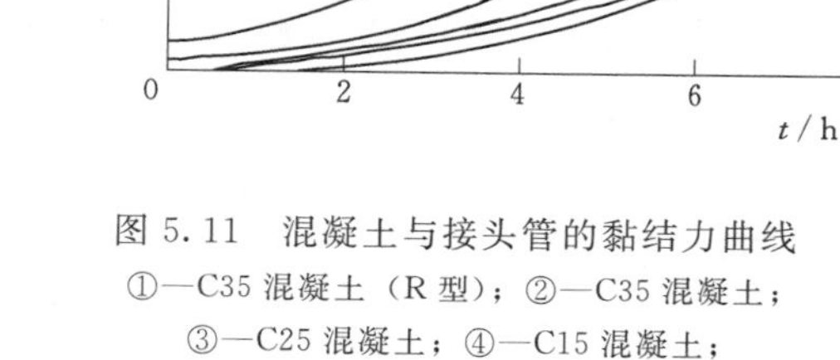

图 5.11 混凝土与接头管的黏结力曲线

①—C35 混凝土（R 型）；②—C35 混凝土；③—C25 混凝土；④—C15 混凝土；⑤—C10 混凝土

（2）拔管力与拔管时间。防渗墙单槽混凝土浇筑时间为 3.5～4h，拔管时间按如下控制：混凝土浇筑完 2h 后开始微动起拔，16h 内拔管长度控制在 2m 之内，16h 后快速连续起拔，直至接头管全部拔出。典型的拔管记录曲线如图 5.12 所示。

由图 5.12（a）可以看出，拔管是间歇进行的，在某一时刻开始拔管时，拔管力迅速增长，达到最大值后迅速下降到一个稳定值，这里称之为最大起拔力和稳定起拔力，两个力之间的差值可以认为是混凝土对接头管的黏结力，稳定起拔力可以认为是接头管与混凝土之间的摩擦力。图 5.12（b）为拔管时压力表的压力变化曲线，其横坐标为拔管时间，纵坐标为压力表读数。由图 5.12（b）可以看出，拔管力随着拔管时间的延长而增大，在

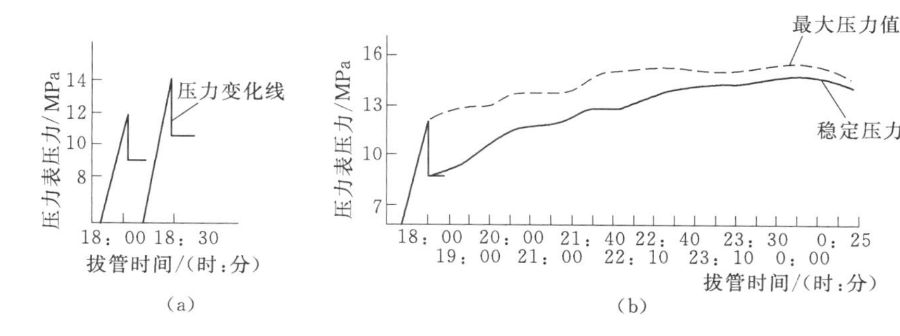

图 5.12　典型的拔管记录曲线

混凝土浇筑完 7h 后（这时槽孔内底部混凝土已浇筑完 10～11h），拔管力达到最大值，ϕ273mm 接头管最大起拔力为 1094kN，稳定起拔力为 1063kN，ϕ299mm 接头管最大起拔力为 1125kN，稳定起拔力为 1031kN，此后 90min 内拔管力一直稳定在这一数值。在顶部混凝土浇筑完 9h 后（此时底部混凝土已浇筑完 12～13h），拔管力开始迅速下降。

（3）拔管力与混凝土龄期。正确地分析槽孔内接头管的受力情况及准确计算拔管力的大小，是拔管能否成功的关键。参考水工大体积浇筑混凝土有关资料，拔管力主要由接头管自重、半流态和静态混凝土与接头管黏结力、流态混凝土与接头管摩阻力组成。

接头管起拔力计算公式为

$$T=(G+PAf+\tau A)\times n$$

式中：G 为接头管自重；P 为流态混凝土对接头管的侧压力，数值大小与孔深、浇筑速度、温度、混凝土特性等综合因素有关，一般取 5～30kN/m^2；f 为混凝土与接头管摩擦系数，一般取 0.4～0.5；τ 为半流态和静态混凝土与接头管黏结力，暂取 0.5kN/m^2；A 为混凝土与接头管接触面积；n 为安全系数，取 1.5～4。

水下混凝土浇筑是通过浇筑导管进行的，浇筑时混凝土处于不断流动状态，而混凝土的凝固条件是必须处于静止状态。浇筑时导管逐渐上升，一般认为，在导管底部 1m 以下的混凝土是静止的，具备凝固条件。混凝土龄期是以其开始处于静止状态为起始时间计算的，浇筑前可做混凝土初凝时间试验，以确定初凝时间。在接近初凝时间时的深度可作为初凝混凝土的深度。

通过试验，发现两组不同的接头管在起拔初始阶段出现了一种反常现象，即 ϕ273mm 接头管的起拔力反而大于 ϕ299mm 接头管，这是由于 ϕ273mm 接头管处的槽孔壁不直所引起的。随着拔管工作的进行，ϕ273mm 接头管的拔管阻力逐渐小于 ϕ299mm 接头管，说明 ϕ273mm 接头管已基本被拉直，所以槽孔壁的直与否对拔管阻力影响很大。防渗墙孔深均在 30m 以上，所以不可避免地出现孔斜问题。

通过试验得知，接头管在混凝土中的静止时间越长，混凝土与接头管之间的黏结力也就越大，要想使其之间不产生这个力，就必须使接头管在混凝土中始终处于运动状态，这是研究的一个重要方向。

5.1.6　现场生产性试验

在尼尔基水利枢纽主坝基础防渗墙工程施工时，对卡键直顶式大口径液压拔管机进行了现场生产性试验研究，接头管直径为800mm，分别对检验拔管机工作性能、验证拔管力计算公式、拔管工艺技术进行了专门研究。

5.1.6.1 拔管时间的确定

拔管在混凝土初凝前进行。为确定准确的拔管时间，施工人员对混凝土的凝固特性进行了测定，并据此初步决定从混凝土开始浇筑算起6h后开始微动慢速起拔。

第一次拔管试验在76号槽中进行，孔深35.2m，整槽混凝土4h浇完，初拔试验发现起拔力很小，只有350kN，接头管还能自动回落，因此决定延迟起拔时间，以后每隔30min微拔一次，均不见起拔力增加，接头管仍回落到原位，这种情况一直维持了12h，此时混凝土已超过初凝时间，经分析，这种较低的起拔力和接头管自动回落的现象，可能是因为接头管的频繁活动，造成局部范围内混凝土与管壁形成松动空隙的结果，这种情况很危险，必须立即起拔。接头管在拔出2m后，起拔力迅速增加到2400kN，拔出10m后，起拔力开始下降，18h后，接头管全部拔出。经测量，孔深35m，成孔良好。

上述试验说明混凝土浇筑6h后进行初拔时间过早，超过12h过晚。经过数次试验，确定初拔时间为混凝土浇筑后7.5h，7.5h后启动副泵，接头管以15mm/min速度上升（此时槽内中上部混凝土正在逐渐凝固之中），如接头管在上升过程中出现起拔力过大的现象，则立即启动主泵，使接头管快速上升，以降低起拔力（一般控制在1200kN以下），16h后全部拔出，以后拔管均按此规律进行，成孔良好。后来混凝土配比发生变化，混凝土初凝时间延长为14h，将初拔时间改为从混凝土浇筑开始算起9h后进行，18h后全部拔出。最后确定接头管全部拔出的时间应为：接头管全部拔出时间≥初拔时间＋混凝土浇筑所需时间。

启动副泵时，接头管上升速度很慢，拔出一定长度需要一定时间，这个时间远远大于该长度内混凝土继续凝固所需的时间，在这个时间内，该段混凝土已产生一定的强度或已进入初凝状态，所以在拔管过程中，上部混凝土不会塌落。

5.1.6.2 拔管力的研究

确定了拔管时间后，按上述方法拔管，其最大起拔力均控制在1500kN以下，绝大多数（95%以上）控制在1200kN以下。

经多次试验，最大拔管力均发生在从混凝土浇筑开始9～10h，超过10h后，拔管力迅速降低，说明接头孔已基本成形，混凝土对接头管的束缚作用已经减小，拔管施工进入安全阶段。

尼尔基工程现场试验拔管设计最大起拔力是按孔深40m计算的，该工程最大孔深39.4m，其最大拔管力不大于1500kN，验证了最大拔管力计算公式的适用性。

现场拔管施工时，个别槽孔曾出现过如下现象：同一槽内的两根接头管，在同一时间起拔，起拔力相差过大；个别孔塌孔现象严重。

如120号槽在混凝土浇完后，1号及7号孔的接头管上部均不同程度地向一期槽方向倾斜，1号孔接头管的倾斜度远远大于7号孔，因此造成了1号孔的拔管力远远大于7号孔，而孔底淤积物多于7号孔的现象。接头管越倾斜，拔管阻力越大，越容易发生塌孔现象。这一现象也曾在42号槽7号孔发生过。该孔在开始拔管时起拔力很大，施工人员将拔管机卸载，接头管发生了回落现象，回落后的接头管再次起拔时，起拔力大大降了下来

(不足400kN)，拔管只能暂停。经过18h后，起拔力还不见升高，此时混凝土已完全凝固(混凝土中插有的一根长1.5m，用于检查混凝土凝固情况的短钢筋已拔不出来)，再等待下去已毫无意义，决定将此管立即拔出。在拔管的同时，发现二期槽内的表面地层下降了0.8m左右。该孔深32.6m，拔完后测量孔深只有14m多，孔内有18m的淤积物，而不是混凝土。

由于造孔等诸多原因，一期槽成槽后，孔壁存在不直或倾斜的可能性，混凝土浇筑后，接头管底部在混凝土的强大压力下被挤到二期槽方向，因此造成了接头管上部向一期槽方向的倾斜。由于拔管力是垂直向上的，拔管时倾斜的接头管会使二期槽方向的泥土、砂石等物质产生挤压和抬动，拔管力也因此变大。接头管回落后，这部分泥土、砂石和附着在孔壁上的混凝土会塌落下来，接头管再次起拔时，塌落的部位已形成一定的空间，接头管会被拉直，因而拔管力迅速减小。

除上述情况外，个别槽孔也曾发生过拔管结束后测量孔深不足的情况，一期槽内的混凝土已经初凝，一般不会发生坍塌现象，经试验分析，孔内的物质来自以下几个方面：

(1) 孔内泥浆中的沉淀物。

(2) 二期槽方向附近的泥砂受到扰动后塌落。

(3) 附着在二期槽一侧孔壁上的混凝土因自身重力的原因塌落。

因此，为防止塌孔，应采取以下主要措施：

(1) 造孔要直，孔壁不应过度倾斜，应尽量减少孔壁有凸凹的现象，防止混凝土充填在这些凹凸部位。

(2) 拔管时要及时补浆。尼尔基工程拔管施工中，凡是及时补浆的孔，拔管结束后测量孔深都非常理想，尤其深度在30m左右的孔，测量结果都几乎与拔管前所测量的槽孔深度相等。根据尼尔基工程施工经验，应边拔管边补浆，否则拔完管再补浆为时已晚。

5.1.6.3　接头管垂直度对拔管的影响

当端孔孔壁在造孔过程中发生坍塌时，会使孔形不规则。由于混凝土浇筑时侧向压力的作用，容易造成接头管偏斜或挠度弯曲。随着时间的延长，混凝土强度逐渐提高，拔管时的起拔力必须足以破坏侧向混凝土或原始地层的结构，使接头管顺直才能拔出。这种起拔力对应于公式中的 F_4，它的大小与接头管的垂直度和起拔时间密切相关，控制不当，这个起拔力会发展得非常大，是拔管施工安全的最重要影响因素。

对接头管的偏斜应本着预防为先的原则，下管时就应采取纠偏措施。槽内混凝土开浇后发生接头管偏斜时的解决措施是提前微动起拔，在混凝土尚未完全凝结之前通过垂向的起拔力重塑孔形，使接头管尽可能地垂直或顺直。当然最好在加工接头管时增加接头管接头部位的加工精度，或加大单管的长度，从而提高接头管的抗弯刚度，这是拔管施工之前应该做的。

当发现接头管倾斜角度较大而无法纠正时，应调整拔管架的角度，使起拔力的方向平行于接头管的轴线。工况不同，接头管受力情况是完全不同的，应在施工中追求最佳工况。

5.1.6.4　慢速限压拔管法

拔管施工的时机与速度十分重要，拔早了塌孔、拔晚了铸管，拔慢了容易铸管、拔快了容易塌孔。基于上述相关机理研究和试验成果，本书提出了慢速限压拔管法施工方法，具体技术要点如下：

(1) 接头管起拔初始压力最小限值。如图5.13所示，拔管过程中，槽内混凝土自上而下可能处于流态、塑态和固态，流态混凝土不会凝固，固态混凝土已完成初凝，拔管希望接头管下部始终处于塑态混凝土之中，极限状态是塑态混凝土的下端，通过现场室内试验得出混凝土的初凝时间和拔管力增长曲线后，综合考虑浇筑上升速度可以基本确定塑态混凝土下端面混凝土的初凝时间和对应的拔管力、小泵的油压与压力表压力，将此压力确定为接头管起拔初始压力最小限值。这个限值的物理意义是，现场拔管施工中，小泵压力高于此值后，接头管底部混凝土已经开始进入初凝状态，可以开始拔管，而且不会塌孔。接头管起拔初始压力最小限值的物理意义还在于，接头管起拔过程中，由于混凝土浇筑速度的不均衡性，有可能出现压力回落到此值以下，说明拔管上升过快，必须停止起拔，否则会在接头管下部出现塌孔。

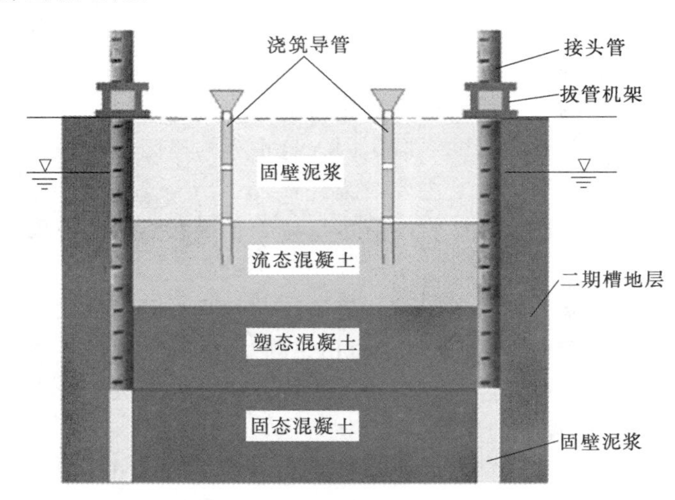

图5.13 接头管起拔混凝土状态图

(2) 小泵起拔的压力最大限值。小泵开始起拔后，由于混凝土浇筑速度的不均衡性，起拔压力会持续增长，甚至快速增长，通过现场经验积累，将大泵极限压力的50%作为小泵起拔的压力最大限值。小泵起拔的压力最大限值的物理意义在于，当小泵压力高于此值时，接头管上升速度过慢，在塑态混凝土区域相当部分实际接近固态状态，会有混凝土凝固的危险，同时小泵的能力已经不够，应立即启动大泵，进入快速起拔状态，待大泵压力下降到此值以下时，停止大泵工作，进入小泵起拔状态。

(3) 此方法的核心是尽可能在拔管过程中，接头管始终处于塑态混凝土之中，处于小泵连续慢速起拔状态，小泵的工作状态起拔压力始终处于上下限值之间，由于充分考虑了安全余度，拔管施工始终是安全的，不会出现塌孔和铸管事故，而且起拔力小，成孔良好，易于把握。

5.1.6.5 槽孔导墙承载力要求

混凝土导墙是拔管架的基础，对拔管工艺的成败起到重要的约束作用，无论拔管机的起拔能力有多大，最后都要施加到导墙上。因此，拔管法对导墙的承载力提出了严格要求。

导墙承载能力可以按条形基础梁计算。对于防渗墙导墙施工，应注意以下几点：

（1）导墙混凝土强度等级不宜小于C15，断面以梯形结构受力较好，顶部宽度不小于50cm，高度不小于1m。

（2）导墙顶面和底面的纵向受力钢筋，应有2～4根通长配筋，钢筋间距20～30cm，其总截面面积不宜小于23cm^2，且必须配箍筋，箍筋间距不宜大于50cm。

（3）当地基较松软时，导墙断面也可浇成L形，这样可增加拔管荷载与地基的接触面积，地基压强减小，基础的稳定性提高，最大承载力可提高5%～20%。

（4）在两导墙之间设置牢固支撑，防止导墙内倾，增加导墙抗滑能力，最大承载力可提高36%～40%。

（5）泥浆面高低对槽壁稳定有重要影响，应尽可能提高泥浆面。

（6）如果导墙承载力不能满足拔管需要，可以通过加大拔管机底座面积的办法来分散拔管荷载，但拔管架底座太大，移动时比较麻烦。

5.1.7 卡键直顶式拔管技术主要优势

（1）拔管采用卡键直接顶升方式。用卡块直接卡入卡窝，两侧卡块的作用类似一根铁销，像扁担一样直接承受来自拔管架的顶升力，但没有铁销那样笨重。卡块固定在起拔架上，操作方便。由于起拔力作用直接，避免了抱管提升方式对管体的径向挤压变形，使管体始终处于良好的受力状态，打滑、有力使不上等危险现象不会再有，4个油缸上升的力量可以实实在在地作用到管子上，工作时的实际提拔力不打折扣。同时由于直接顶升方式没有了径向挤压力，也就不需要厚壁管了，因而大大减轻了接头管自身的质量，也降低了设备的造价。

（2）双油泵作业。液压站的设计使用了大、小两个油泵，大油泵主要用于正常的起拔，小油泵用于拔管初期，在顶升过程中两个油泵还可以同时工作。在拔管初期使用小油泵工作，以15mm/min的速度微动。连续的微动起拔，控制了混凝土与管壁凝聚力的过度增长，解决了初拔时机难以准确测定的难题，避免了铸管现象的发生，并且在混凝土凝结过程中的微动提升会将管壁所受的摩阻力连续地反映到油压表上，如果发现起拔力偏大就表明必须用大油泵进行正常的快速起拔，等于在地下安了一双眼睛，使拔管工艺变得易于控制、安全可靠。

（3）接头管之间单销连接。接头管在槽内的垂直度不好时，多销连接会使起拔力过大地集中到一个销子上，容易形成应力集中致使铁销断裂而将接头管埋入槽内。管体接头采用单销连接方式，在起管过程中连接部位始终处于拉力状态，几乎不存在剪应力，销子在实际工作时所受的力不会超过设计所允许的力，增加了接头的安全性，同时单销比多销对位容易，便于拔管时的拆装作业。

卡键式拔管机所使用的接头管之间为单销轴连接。以往的接头管连接多采用多销轴连接，由于多销轴在工作时受力不均匀，易于应力集中而发生事故。单销轴连接解决了受力不均的问题，增加了工作时的可靠性，并且操作更便捷。

(4) 特殊的底管结构。接头管底管设计成带有0.2%的锥度，减少了底管卡管的风险；管底为自动开启的机构，当下管时，为减小泥浆对接头管的浮力，接头管底部活门开启；下管结束后活门自动关闭，以防止混凝土进入管内；拔管时，为使接头管底部不产生负压，底管活门自动开启。

(5)“限压拔管法”施工方法。液压拔管机的拔管力直接反映在液压系统的压力表上，而压力表压力的大小直接反映出混凝土的凝固情况，拔管时如果将压力表的数值始终控制在一定的范围内，那么拔管就会成功。实践证明了这一理论的正确性。“限压拔管法”施工理论现在广泛应用于防渗墙的拔管施工中。

5.2 超深防渗墙接头管施工工法技术

5.2.1 概述

传统防渗墙采用“套打法”施工，即施工二期槽孔时，在一期槽孔端部重复套打防渗墙混凝土，形成二期混凝土端部主孔，二期槽孔浇筑后，与一期槽孔形成圆弧界面的套接。水利水电工程永久建筑物基础防渗处理多采用常态高强度混凝土，如黄河小浪底主坝混凝土右岸防渗墙工程混凝土设计强度为35MPa，套打混凝土主孔，特别是深墙施工时，工效极低，加之孔斜、孔内事故影响，甚至导致施工无法进行。工程实践表明，100m以上深度防渗墙工程，采用“套打法”施工技术上是不可行的，其接头技术必须加以突破，否则，将有可能导致防渗墙防渗形式在超深覆盖层地基处理中被淘汰。

20世纪末，结合冶勒水电站100m深墙现场试验和主体工程施工，对“双反弧接头法”进行了系统研究，结果表明，该种接头形式接头效果好，在100m左右深墙施工中具有一定的可行性，但由于该方法对一期槽孔边孔孔斜要求高，特别是二期双反弧槽孔遇孤、漂石时，施工十分困难，尚没有有效方法解决，局限性较大[9-10]。

20世纪80年代，“接头管法”在葛洲坝工程做过试验，但由于设备机具限制，基本不成功。之后一段时期，也有过少数研究，但离工程要求相距甚远，甚至有被全盘否定的趋势。迫于超深与复杂地质条件防渗墙应用的需求，在充分调研和分析的基础上，从拔管机理研究入手，研发新型拔管机设备，系统开展接头管技术研究，以解决超深防渗墙接头技术的技术难题。

在充分总结先期研究的经验基础上，基础局进行了新型大口径液压拔管机设备设计和实施方案策划，在江苏润扬大桥北锚碇地下连续墙工程中进行了现场试验和工程应用，完成了第一代抱紧式大口径液压拔管机的研发工作，实现了50m左右深度防渗墙接头管的顺利实施，并形成了配套工艺。此后，在机理研究的基础上，研发了第二代YBJ系列卡键直顶式大口径液压拔管机[11]，依托尼尔基、黄壁庄等工程和冶勒[12]、下坂地、狮子坪、泸定、旁多、黄金坪、新疆小石门水库等100m以上深度防渗墙工程开展应用研究，最终拔管机定型产品化，最大拔管直径可达2.0m，最大拔管深度可达200m，并形成了系统的接头管接头工法技术，解决了超深防渗墙接头施工的技术瓶颈，创造了拔管158m的施工纪录[13-16]。

5.2.2 工艺原理

接头管法是在防渗墙一期槽成槽后，在与二期槽孔接头部位预先下设一根直径接近墙体厚度的钢管，待一期槽中的混凝土接近初凝状态时用拔管机将其拔出，形成一个深孔，然后进行二期槽开挖和混凝土浇筑，一期槽孔与二期槽孔形成了圆弧连接，接头紧密，起到了防渗效果[17]。

防渗墙接头采用接头管（板）工法具有施工速度高、节约材料和提高施工质量的优势，尤其在提高施工速度和保障施工质量方面，比用传统的施工方法具有明显的优势。一般情况下，与“套打法”相比，可节约至少25%的工期，节约1/6～1/4的混凝土材料用量。

5.2.2.1 工法特点

（1）与国内外同类产品比较，拔管机设计科学合理，结构新颖，研制成本降低30%～40%。

（2）与水利水电工程传统套打接头法施工相比，墙体连接质量可靠，可节约墙体材料用量20%～30%，节约造孔工时20%～30%。

（3）液压站的设计采用大、小两个双油泵系统，大油泵主要用于正常的起拔，小油泵用于拔管初期，可以连续地微动起拔，控制了混凝土与管壁凝聚力的过度增长，解决了初拔时机难以准确测定的难题，避免了铸管现象的发生。在顶升过程中两个油泵还可以同时工作。

（4）采用温度、压力补偿调速阀装置，使4个油缸始终处于同步工作状态，实现了拔管中的受力平衡，缸体不易受损。

（5）提出了“限压拔管法”施工理论，建立了液压拔管机的拔管力、混凝土的凝固情况和压力表压力的关系，将混凝土的凝固情况、液压拔管机的拔管力直接反映在液压系统的压力表上，并设置了拔管时各阶段压力上、下限值，在规定范围内拔管，解决了由于拔管时间误判，导致拔管失败的现象。实践证明了这一理论的正确性，“限压拔管法”已被广泛应用于防渗墙的拔管施工中。

（6）接头管管体结构、管体间连接方式等均为创新性设计，使用简捷且安全性能高。

5.2.2.2 适用范围

该工法适用于水电站大坝基础防渗墙和围堰防渗墙工程施工，以及江河湖海大堤防渗和城市高层建筑、地铁等地下连续墙工程施工，墙体深度为40～200m，厚度在2m以下。

5.2.2.3 工艺流程

接头管法施工工艺流程如图5.14所示。

5.2.2.4 操作要点

接头管法核心技术是准确掌握起拔时间。起拔时间过早，混凝土尚未达到一定的强度，就有可能出现接头孔缩孔或垮塌；起拔时间过晚，接头管表面与混凝土的黏结力和摩擦力增大，增加了起拔的难度，甚至被埋住。起拔力的大小与起拔时间，水泥的品种、标号，混凝土的配合比，初凝时间和浇筑速度等因素有关。

施工中要以实验室提供的混凝土初凝时间为基本依据，进行混凝土初凝现场模拟试验，准确测定混凝土初凝时间。在混凝土初凝前活动接头管，确定最大拔管力和最小拔管

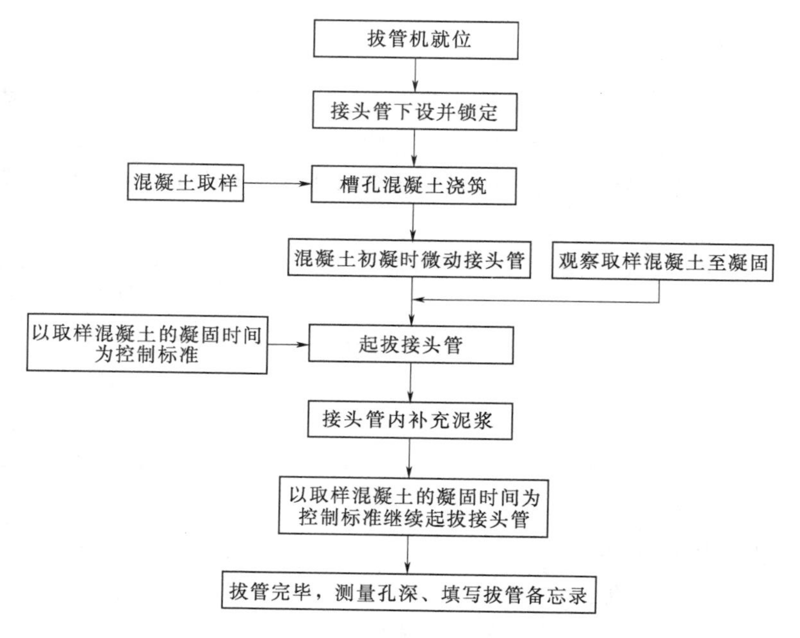

图 5.14　接头管法施工工艺流程图

力。启动微动系统，使接头管始终处于运动状态。在拔管施工的过程中向接头管内注入泥浆。施工要点如下：

（1）以实验室提供的混凝土初凝时间为基本依据，进行混凝土初凝现场模拟试验，准确测定混凝土初凝时间。

（2）当浇筑的混凝土接触到底管位置时进行取样（只进行一次即可）。混凝土装在容器中将其放在泥浆 10m 以下随时用于观察。根据实验室提供的混凝土初凝时间报告，提前 2h 查看容器中混凝土的凝固情况，当试验的混凝土呈现明显的固态状时（此时混凝土从容器中取出后应成一完整的形状）便可进行初拔。

（3）严格控制混凝土浇筑速度，常态混凝土（其初凝时间为 6～8h），浇筑时混凝土面上升速度不应大于 6m/h，正常拔管力控制在 900～1200kN。塑性混凝土（其初凝时间为 9～15h），浇筑时混凝土面上升速度不应大于 4.5m/h，正常拔管力控制在 900～1500kN。

（4）在混凝土浇筑 5h 后必须上下活动接头管。

（5）遵循限压拔管法理论，最大拔管力和最小拔管力必须始终控制在允许范围内。常态混凝土浇筑开始 6h 后，塑性混凝土浇筑开始 8h 后应启动副泵，使接头管处于慢速上升状态，一般情况下副泵不应停止运行。

（6）接头管每拔出 10～12m 后必须向接头管内注入泥浆。

（7）拔管不必待混凝土浇筑完后进行，可边浇筑边拔管。

（8）接头管下设时应尽量将管子下到底，但下管时如遇到障碍物应立即停止接头管的下设，并将管子提高 30cm 以上。混凝土的初凝时间应从混凝土接触接头管时算起。

（9）每次起拔时都必须锁紧抱紧圈。

（10）拔管的速度应小于混凝土面上升速度，原则上不应超过 4m/h。

（11）试验容器内的混凝土达到凝固时的拔管力应为最小拔管力，根据这个力限定一个最大拔管力，这个力不应超过最小拔管力的1.5倍（50m左右深的孔指导压力为6～9MPa）。

拔管机设有操作手柄2个，左侧大阀控制大泵，右侧小阀控制小泵。当拔管力小于最小拔管力时，应立即停止用大泵拔管，改用小泵起拔，并随时观察小泵的压力变化。

（12）补浆原则。最多拔出3根管后必须从接头管中补进泥浆，防止真空。

（13）导向槽中最上层的混凝土达到初凝状态时，才可将管子全部拔出。

5.2.2.5 主要设备

主要设备包括拔管机、接头管、起重吊车、运输汽车等。拔管机如图5.1所示，接头管拔管现场施工如图5.15所示。

图5.15 接头管拔管现场施工图

5.3 超深防渗墙槽孔清孔换浆技术

5.3.1 概述

清孔换浆技术在防渗墙施工中十分重要，关系到防渗墙墙体混凝土质量和防渗效果。槽孔施工完成后，仍有许多钻渣沉淀在槽底，泥浆中也悬浮着一些细渣，导致泥浆比重增加，必须通过清孔换浆，清除沉渣，降低泥浆密度、黏度、含砂量等指标，以满足规范规定。否则将有可能导致混凝土浇筑包裹泥砂、浇筑堵管等事故[18]。

目前，国内外采用的清孔换浆方法主要有抽桶法、泵吸法和气举反循环法[19]。防渗墙施工实践表明，100m以上超深防渗墙采用抽桶法施工效率会极低，很难满足质量要求，依托冶勒、狮子坪、下坂地、泸定、旁多、黄金坪等水利水电工程防渗墙工程，进行了超深防渗墙泵吸法和气举反循环法清孔换浆技术的适应性研究和创新研究。研究结果表明，当采用液压铣槽机和冲击反循环钻机施工时，可以利用液压铣槽机和冲击反循环钻机配套的泥浆净化系统，采用泵吸法进行100m以上深度防渗墙槽孔清孔换浆工作，国外类似工程也表明了这一点；采用冲击反循环钻机施工时，由于其配套的国产砂石泵的能力问题，适宜于120m以下深度的防渗墙工程。如冶勒水电站采用了液压铣槽机泵吸法清孔换浆，狮子坪、下坂地工程采用了冲击反循环钻机泵吸法清孔换浆，但国产砂石泵和泥浆循环系统在120m以上超深防渗墙槽孔施工中，在性能和操作上表现出了诸多不足。

研究结果表明，气举反循环法体现了较高的可行性和优越性，成功实施了旁多最深实验槽201m的清孔换浆施工，并形成了成套施工工艺，成为100m以上超深防渗墙清孔换浆的首选方法。为保障清孔换浆质量，研究提出了100m以上超深防渗墙含砂量宜不大于3%，孔底淤积厚度不大于50mm，槽孔内1/3～1/2的体积宜换为新浆。

5.3.2 气举反循环清孔换浆原理

气举反循环清孔是利用空压机的压缩空气，通过安装在导管内的风管送至混合器中，高压气与泥浆混合，在混合器和导管内形成一种密度小于泥浆的浆气混合物，浆气混合物因其比重小而上升，此时在导管内混合器底端形成负压，混合器中的泥浆被抽出，下面的泥浆在负压的作用下不断上升补浆，从而形成流动。因为导管的内断面面积远小于导管外壁与桩壁间的环状断面面积，便形成了流速和流量很大的反循环，泥浆携带沉渣从导管内返出，排出槽孔以外，实施清孔，同时在槽孔口补充新浆，保持槽孔中泥浆的浆面不变[20-21]。其排渣原理如图 5.16 所示。

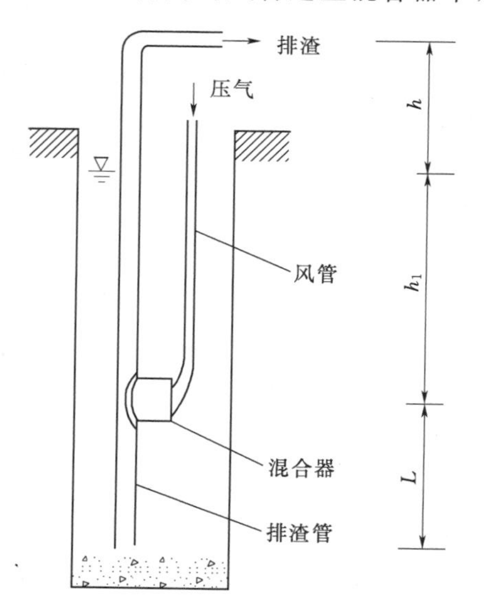

图 5.16 气举反循环法排渣示意图

5.3.3 气举反循环清孔换浆工艺技术要点

(1) 工艺流程。防渗墙造孔挖槽结束后，槽孔底部钻渣较厚，泥浆含砂率较高，为提高效率，可采用冲击钻机抽渣桶初步清孔，直到满足槽底泥浆含砂量不大于 10%，淤积厚度不大于 1m 时结束。

现场试验表明，100m 以上深度槽孔气举反循环清孔换浆应自上而下、分段实施，宜从槽孔深度 1/2 处开始逐段向下清孔，每 10m 为一段，达到清孔换浆标准后，开始下一段施工，直至槽底，完成整个槽孔的清孔换浆。

在槽孔中间段清孔时，每一段应从槽孔一端依次向另一端清孔；在槽孔底部清孔时，应从槽孔最深点开始，依次向高处清孔。

(2) 清孔参数与主要设备机具选择。气举反循环清孔效率与沉没比、设备机具能力有关，本书结合旁多等工程，开展了现场试验研究工作，总结了主要参数和设备机具确定的原则。

1) 沉没比与风管底距孔口距离。沉没比是指风管距槽孔底部的距离与槽孔深度之比，现场试验表明，防渗墙槽孔长度一般在 6.6～7.0m，对于 100～200m 防渗墙深度范围的超深槽孔，沉没比参数宜为 40%。以旁多工程为例，最大槽孔深度为 158m，起始清孔换浆时槽孔深度为 80m，此时风管底部距孔口深度可控制为 30m，随着清孔换浆孔深加大，不同深度风管底部距孔口深度见表 5.2。

表 5.2 风管与底管取值表

清孔孔深/m	风管底距孔口距离/m	风管以下排渣管深度/m
80	30	50
90	36	54
100	40	60

续表

清孔孔深/m	风管底距孔口距离/m	风管以下排渣管深度/m
110	44	66
120	48	72
130	52	78
140	56	84
158	62	90

2）清孔送风压力计算。清孔时所需风压 P 按下式计算：

$$P=\gamma_s h_0/1000+P$$

式中：γ_s 为泥浆比重，kg/m^3，一般取 1.2；h_0 为混合器沉没深度，m；P 为供气管道压力损失，MPa，一般取 0.05～0.1MPa。

空压机清孔风压根据清孔深度和混合器深度确定，由于泥浆比重接近 1.2kg/cm^3，按混合器深度换算为压力，增加 0.1～0.2MPa 的风压损失即可。如 100m 清孔深度时，按照 40%沉没比，混合器深度为 60m，则清孔压力为 0.7～0.8MPa，旁多工程最大槽孔深度为 158m，最大清孔压力为 1.0～1.2MPa，其不同段空压机清孔压力控制见表 5.3。

表 5.3　　空压机清孔压力控制表

清孔深度/m	清孔压力/MPa	清孔深度/m	清孔压力/MPa
20.0	0.40	90.0	0.40
30.0	0.51	100.0	0.51
40.0	0.62	110.0	0.62
50.0	0.72	120.0	0.72
60.0	0.83	130.0	0.83
70.0	0.91	140.0	0.91
80.0	1.0	150.0	1.2

按照上述清孔时所需的最大风压力来确定空压机额定压力，并以此选择设备。100m 以上深度槽孔需要的供风量较大，一般采用 20m^3/s 的供风量。

3）清孔时所需风量 Q 按下式计算：

$$Q=\beta d^2 V$$

式中：β 为经验系数，一般取 2～2.4；d 为导管内直径，m；V 为导管内混合浆液上返流速，m/min，一般取 1.5～2.0m/min。

导管内直径为 0.2m 时，清孔需要的风量大约为 0.2m^3/min。

4）排渣管直径。现场试验中，对于 ϕ165mm 型排渣管和 ϕ114mm 型排渣管进行了比较，结果表明，ϕ114mm 型排渣管出渣能力小，在向下清孔的过程中，由于其管径小，管内流速大，供风排渣时底管晃动严重，经常碰撞孔壁导致管路变形，影响清孔工作正常进行。ϕ165mm 型排渣管工作性态较好，适宜于 100～200m 深防渗墙槽孔使用。

(3) 技术要点。

1) 清孔换浆结束标准。清孔结束标准按照规范规定执行，清孔换浆结束1h后，槽孔内淤积厚度不大于10cm。使用膨润土时，孔内泥浆密度不大于$1.15g/cm^3$，泥浆黏度（马氏）不小于36s，含砂量不大于6%；但由于100m以上超深防渗墙浇筑准备时间长，一般大于4h，为减少二次清孔的难度，宜控制含砂量不大于3%，孔底淤积厚度不大于50mm。

2) 清孔换浆量。由于超深防渗墙槽孔深度大，浇筑时间长，清孔结束后，宜保证槽孔内1/3～1/2的体积换为新浆。

3) 槽孔的二次清孔。在一次清孔验收后，由于槽孔较深，下设浇筑导管、灌浆预埋管及一些检测预埋件占用了较长时间，超过了清孔验收后4h内开浇混凝土的规范要求，对于开浇前，泥浆3项指标值如不满足下述标准：黏度不小于36s，密度不大于$1.15g/cm^3$，含砂量不大于3.0，则需进行二次清孔。二次清孔采用气举法在导管中清孔。

4) 清孔中事故预防及处理。

a. 超深防渗墙清孔时使用的空压机额定风压较大，在送风前首先要调试空压机超过额定风压时是否能够自动卸载；其次要检查送风管路及出浆管路的畅通性，防止管路堵塞后引起风压迅速上升，导致发生管路破裂、脱落等事故。

b. 在清孔间歇时，要将排渣管提升5～6m，防止送风停止后浆液堵塞排渣管底部混合器，导致重新起管，延误正常清孔施工。

c. 排渣管在槽孔内各孔位间移动时，务必将上部排渣弯管拆掉，再向上提起排渣管7～8m后移动，防止因下部泥浆过稠排渣管底部没有移动，影响清孔效果。

d. 清孔时排渣管接近孔底时，要事先控制好排渣管的长度，避免排渣管触到孔底后发生弯曲，影响正常的清孔施工。

5.4 超深防渗墙泥浆下混凝土浇筑技术

5.4.1 概述

混凝土浇筑是防渗墙施工的关键工序，所占的施工时间不长，但对成墙质量至关重要，我国众多100m以上超深防渗墙工程的建造也标志着混凝土浇筑技术在防渗墙施工过程中取得突破性发展[22]。针对100m以上超深防渗墙泥浆下防渗墙混凝土浇筑的特点，在旁多、黄金坪、狮子坪、泸定等超深防渗墙工程施工中，通过室内与现场试验研究，从混凝土配比、浇筑工艺与质量控制方面进行了专题研究，形成了混凝土原材料、配合比的基本要求，制定了严格有效的工艺措施，提出了开浇阶段宜使用一级配混凝土、控制浇筑埋管深度为2～5m、浇筑上升速度不低于3m/h等严于现行规范的新标准，解决了超深防渗墙泥浆下混凝土浇筑施工的难题，有效保证了防渗墙混凝土浇筑质量，并形成了成熟的100m以上超深防渗墙泥浆下混凝土浇筑的成套工艺，顺利实现了158m深防渗墙和201m深试验槽孔的混凝土浇筑。

5.4.2 浇筑工艺

防渗墙混凝土采用泥浆下直升导管法浇筑，自下而上置换孔内泥浆，在浆柱压力的作用下自行密实，不用振捣。单个槽孔的浇筑必须连续进行，并在较短的时间内完成。由于浇筑过程不能直观了解，质量问题不易及时发现，所以必须加强管理，充分做好各项准备工作，严格按照工艺要求操作[23]。防渗墙混凝土浇筑示意图如图 5.17 所示。

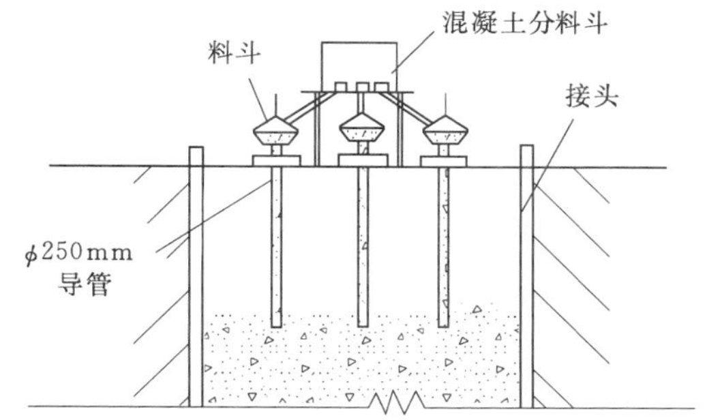

图 5.17 防渗墙混凝土浇筑示意图

5.4.3 混凝土工作性能与级配要求

混凝土工作性能直接影响防渗墙混凝土的浇筑和墙体质量，应按照规范和流态混凝土的要求，严格控制黏聚性、保水性和流动性以及混凝土的初凝时间、终凝时间，并确保混凝土的综合性能稳定，保证水下浇筑混凝土的顺利进行。主要要求如下：

（1）入槽坍落度为 18～22cm。

（2）扩散度为 34～40cm。

（3）坍落度保持 15cm 以上的时间应不小于 1h。

（4）初凝时间不小于 6h，终凝时间不大于 24h。

旁多工程现场试验表明，开浇期间，在防渗墙底部 10m 范围内，采用一级配混凝土的要求，对于防止开浇阶段混凝土离析、混浆等效果良好，可在 100m 以上超深混凝土防渗墙浇筑中应用。

5.4.4 浇筑前的准备工作

防渗墙混凝土浇筑前应周密组织、精心安排，做好以下准备工作：

（1）制订浇筑计划。其主要内容有：浇筑方法、计划浇筑方量、供应强度、浇筑高程、浇筑导管及钢筋笼等埋设件的布置、开浇顺序、混凝土配合比、原材料的品种及用量、应急措施等。

（2）进行混凝土配合比试验和现场试拌，确定施工配合比。

（3）绘制混凝土浇筑指示图。其主要内容有：槽孔纵剖面图、埋设件位置、导管布置、每根导管的分节长度及分节位置、计划浇筑方量、不同时间的混凝土面深度和实浇方量、时间-浇筑方量过程曲线等。在混凝土浇筑指示图中，各节导管的上下位置应倒过来画，以便在浇筑过程中直观了解管底已提升到了什么位置。

（4）备足水泥、砂、石等原材料和各种专用器具、零配件，并留有备用。

（5）对混凝土拌和设备、运输车辆以及各种浇筑机具进行仔细检查和保养。

（6）维修现场道路，清除障碍，保证全天候畅通。

（7）配管。根据孔深和导管布置编排各根导管的管节组合，并填写配管记录表。

（8）完成钢筋笼、灌浆管等预埋件的下设准备工作和接头管下设、起拔等准备工作。

（9）组织准备。召开槽孔浇筑准备会议，进行交底和分工，并明确各岗位任务和职责。与协作单位进行沟通，商定配合事宜。

5.4.5 混凝土的拌制和运输

（1）一般要求。保持一定的浇筑速度对于保证防渗墙的浇筑质量十分重要，为了避免各种故障对浇筑速度的不利影响，混凝土的拌和及运输能力应不小于最大计划浇筑强度的1.5倍。混凝土的拌和、运输应保证浇筑施工能连续进行。若因故中断，中断时间不得超过30min，否则将会给混凝土的浇筑造成很大困难，甚至发生浇筑无法继续进行的重大事故。

（2）混凝土的拌制。防渗墙混凝土的拌和可采用各种类型的混凝土搅拌机。有条件时应利用工地现有的大型自动化拌和系统和骨料生产系统，以提高拌和速度和拌和质量。施工单位自行拌制混凝土时，可使用小型自动化搅拌站或临时搭建的简易搅拌站，应尽量避免采用人工上料的拌和方法。

混凝土拌和配料，必须按照实验室发出的配比单准确计量，误差不得超过规定的标准。第一盘（车）混凝土应取样检测其坍落度和扩散度，不合规定要求时，应及时调整配合比；以后每隔3～4h检测一次。当采用非自动化搅拌机拌制混凝土时，每次的纯拌时间应不少于2min，以保证拌和均匀。塑性混凝土宜采用强制式搅拌机拌和，并适当延长搅拌时间。

（3）混凝土的运输。在选择混凝土的运输方式时，应保证运至孔口的混凝土具有良好的和易性。混凝土的运输包括水平运输和垂直提升，运至施工现场的混凝土需要先放进具有一定高度的分料斗中，而不能与单根导管对口浇筑。

水平运输一般应采用混凝土搅拌运输车，必要时可与混凝土泵相配合。用其他车辆运输混凝土会发生离析，容易引发浇筑事故，不能保证浇筑质量。人工运输难以满足浇筑强度的要求，现在很少采用。

5.4.6 混凝土浇筑过程的控制标准与要点

（1）开浇阶段的控制。采用“压球法”浇筑，在开始浇筑混凝土前，须在导管内放入一个直径比导管内径略小的、能被泥浆浮起的胶球作为导管塞，以便将最初进入导管的混凝土和管内的泥浆隔离开来。其他形式的导管塞容易造成开浇事故，不能保证开浇质量，不宜采用。为确保开浇后首批混凝土能将导管下口埋住一定深度（至少30cm），应计算和备足一次连续浇入的混凝土方量，其中包括导管内的混凝土量。为了润湿导管和防止混凝土中骨料卡球，浇筑混凝土前宜先向每根导管内注入少量的砂浆，砂浆的水灰比一般为0.6∶1。

当槽孔为平底时，各根导管应同时开浇；当槽孔底部有坡度或台阶时，开浇的顺序为先深后浅。开浇可采用满管法，也可采用直接跑球法。满管法是指管底至孔底的距离较小，塞球不能直接逸出管底，待混凝土满管后稍提导管才能逸出的开浇方法。直接跑球法是指管底至孔底的距离较大，塞球能直接逸出管底的开浇方法。采用满管法时，导管不能提起过高，管内混凝土面开始下降后立即将导管放回原位。

首批混凝土浇筑完毕后，要立即查看导管内的混凝土面位置，以判断开浇是否正常。

若混凝土面在导管中部，说明开浇正常；过高则可能管底被堵塞；过低则可能发生导管破裂或导管脱出混凝土面事故。开浇成功后应迅速加大导管的埋深，至埋深不小于2.0m时，及时拆卸顶部的短管，尽早使管底通畅。

(2) 中间阶段的控制。最上面的一节短管拆除后，混凝土浇筑进入中间阶段。此阶段的特点是导管内外的压力差较大，下料顺畅，混凝土面上升速度快。中间阶段主要有以下控制点：

1) 导管埋深。经研究发现，100m以上超深防渗墙混凝土下落能量大，导管埋深小容易混浆，也易误将导管提出混凝土面，过大容易造成铸管、堵管，应提高规范标准，导管埋入混凝土的深度不得小于2m，不宜大于5m。

控制导管埋深的主要方法如下：

a. 浇筑过程中经常测量混凝土面的深度并做记录，根据混凝土面深度、导管埋深要求和管节长度确定拆管长度和拆管时间。

b. 及时提升、拆卸导管并做记录，各根导管拆下的管节要分开堆放，以便与记录核对；每次拆管后均应核对所拆管节的长度和位置是否与配管记录一致。

c. 在浇筑指示图上标明不同时间的混凝土面位置和管底位置，直观了解导管埋深。

d. 及时记录实浇方量，并与同一混凝土面深度的计算方量相比较，分析判断浇筑是否正常。若按所测混凝土面计算出的方量大大超过实浇方量，则说明混凝土内混入了大量泥浆或没有测到真正的混凝土面，导管的实际埋深可能不够或已脱出混凝土面，必须查明原因，采取相应的补救措施。

e. 经常观察导管内混凝土面的位置是否正常，若管内混凝土面过低，则应查明原因，并加大导管埋深。

2) 混凝土面上升速度。规范规定的混凝土面上升速度应不小于2m/h，现场研究表明，100m以上超深防渗墙混凝土面上升速度应不小于3m/h。原则上，浇筑速度越快对浇筑质量越有利，浇筑速度过低有多种不利的影响，并可能引发重大质量事故。

保证浇筑速度的主要措施有以下几个方面：

a. 采用自动化和机械化程度较高的混凝土搅拌、运输方法。

b. 严格控制混凝土质量，防止发生浇筑事故。

c. 加强施工机械的维护保养，避免浇筑中断。

d. 尽量减少混凝土的中间倒运环节。

e. 轮流拆卸各根导管。

f. 加强各协作单位之间的联系和配合，始终保持步调一致。

3) 混凝土质量。防渗墙的浇筑事故往往是由于混凝土的质量问题引起的，所以在浇筑施工过程中必须严格控制混凝土的质量，层层把关，处处设防。由于原材料、骨料含水量、配料、搅拌、运输以及施工组织等方面的原因，混凝土的和易性难免出现波动。入孔混凝土的坍落度要控制在18～22cm的范围内，且不得存在严重离析现象；和易性不好的混凝土绝对不能使用。控制入孔混凝土的质量可采取以下措施：

a. 采用和易性较好、坍落度损失较小的配合比。

b. 采用自动化程度较高、生产能力较强的搅拌系统和搅拌运输车供应混凝土。

c. 及时对砂石骨料的含水量和超逊径进行检测，加强原材料的质量控制。

d. 加快浇筑速度，避免浇筑中断，新拌混凝土要在1h以内入孔。

e. 定时检查新拌混凝土的坍落度，开浇时一定要检查，不合格的混凝土不运往现场。

f. 设专人检查运至现场的混凝土的和易性，不合格的混凝土不要放进分料斗。

g. 槽孔口应设置盖板，放料不要过猛、过快，避免混凝土由管外撒落槽孔内。

4）混凝土面高差。槽孔浇筑过程中要注意保持混凝土面均匀上升，各处的高差应控制在0.5m以内。混凝土面高差过大会造成混凝土混浆、墙段接缝夹泥、导管偏斜等多种不利后果。防止混凝土面高差过大的主要措施有以下几个方面：

a. 尽量同时浇筑各根导管。

b. 注入各根导管的混凝土量要基本均匀。

c. 导管的平面布置应合理，要考虑槽孔两端孔壁的摩擦阻力。

d. 准确测量各点的混凝土面深度，根据混凝土面上升情况及时调整各导管的混凝土注入量。

e. 尽量缩短提升、拆卸导管的时间。

f. 各根导管的埋深应基本一致。

g. 避免发生堵管、铸管等浇筑事故。

（3）终浇阶段的控制。当混凝土面上升至距孔口只剩5m左右时，槽孔浇筑进入终浇阶段。此阶段的特点是槽孔内的泥浆越来越稠，导管内外的压力差越来越小，导管内的混凝土面越来越高，经常满管，下料不畅，需要不断地上下活动导管。此时用测锤已很难测准混凝土面位置。终浇阶段的主要施工要求是全面浇到预定高程，避免产生墙顶欠浇、高差过大、混凝土混浆过多、墙段接缝夹泥过厚等缺陷。由于泥浆下浇筑的混凝土表面混有较多的泥浆和沉渣，因此一般都要求混凝土终浇高程高出设计墙顶高程至少0.5m，以后再把这部分质量较差的混凝土凿除。终浇阶段的控制措施主要有以下几个方面：

1）适当加大混凝土的坍落度，避免坍落度小于20cm的混凝土进入导管。

2）及时拆卸导管，勤拆少拆，适当减少导管埋深。

3）经常上下活动导管。

4）增加测量混凝土面深度的频次，及时调整各根导管的混凝土注入量。

5）采用带有取样盒的硬杆探测混凝土面。

6）槽内插入软管，用清水和分散剂稀释孔内泥浆。

超深槽孔混凝土浇筑前就要精心组织，混凝土原材料选用、配合比设计、拌和系统、运输、浇筑器具、导管布置、清孔等都会影响混凝土浇筑能否顺利、满足质量要求。

超深防渗墙混凝土浇筑施工如图5.18所示。

图5.18 超深防渗墙混凝土浇筑施工

5.5 超深防渗墙墙内预埋墙下帷幕灌浆管工法技术

5.5.1 概述

防渗墙嵌入基岩一定深度后，其下部基岩常常仍然具有透水性，局部会有大的裂隙、断层等地质构造，透水率不满足防渗要求，需要处理；由于此时已经进入基岩，加大墙深的办法在技术经济上已不合理，一般采用墙下接帷幕灌浆的方法[24]。

对于超过一定深度的防渗墙，特别是100m以上超深防渗墙下接帷幕灌浆的方案，在墙体上下游覆盖层内钻孔灌浆，当墙体较深时，工效很低，难以满足工期要求，也不经济，经常在墙体内布置1～2排灌浆孔，减少或取代在覆盖层内钻孔灌浆。由于墙体较窄，防渗墙下帷幕灌浆的造孔如采用钻机在墙内直接造孔难度较大，常常钻出墙外，所以，在防渗墙体内埋设1～2排帷幕灌浆管，用作墙下帷幕灌浆孔，大幅度减小了帷幕灌浆钻孔的难度。20世纪末，在三峡工程中成功施工了73.5m防渗墙墙内预埋墙下帷幕灌浆管，但是，在100m以上超深防渗墙内埋管难度依然很大，是防渗墙施工的一大技术难点[25]。

为解决上述难题，基础局在旁多、黄金坪、冶勒、狮子坪、泸定、下坂地、新疆小石门等防渗墙工程施工中，通过设计研究和现场试验，提出并设计了防渗墙墙下预埋帷幕灌浆管管架结构体系，制定了配套工艺要求，形成了成熟的超深防渗墙墙下帷幕灌浆预埋灌浆管工法技术与工艺，创造了埋管158m的施工新纪录[26-27]。

5.5.2 工艺原理

在防渗墙浇筑墙体材料之前，在槽内根据墙下帷幕灌浆布孔要求下设灌浆管，在浇筑墙体材料过程中，将预埋的灌浆管镶铸在墙体内；当墙体材料达到一定强度后，钻机钻具通过灌浆管进行墙下基岩钻孔，然后进行帷幕灌浆；预埋灌浆管同时作为墙下帷幕灌浆钻孔的导向管、灌浆孔口管和灌浆时墙体保护管。

5.5.3 工法特点

该技术可避免防渗墙墙下帷幕灌浆在墙内钻机钻孔，因而避免了钻机钻孔出墙、钻孔破坏墙体的缺点；因为在墙体材料浇筑之前下设灌浆管，并采取了相应的槽内定位措施，浇筑墙体材料时如果能有效控制浇筑速度和均衡上升，预埋管的成活率能达到相当高的水平，相对于其他方式的钻孔灌浆形式，大幅提高了工效，降低了成本，保证了质量。

5.5.4 适用范围

该技术适用于防渗墙墙体达到一定深度、墙下需要基岩帷幕灌浆的工程，一般防渗墙达到50m深度后，综合成本会有明显降低，最大施工深度可达200m。对于墙体材料强度较低的工程，即使墙体深度不大，为使帷幕灌浆钻孔不破坏墙体，亦应采用此技术。

5.5.5 工艺流程

预埋灌浆管施工工艺流程如图5.19所示。

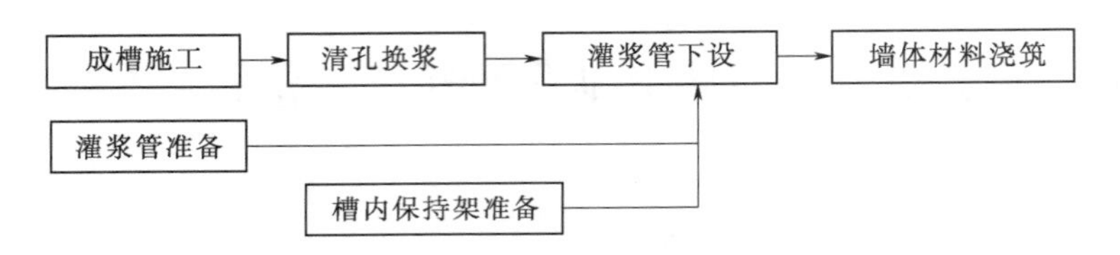

图 5.19 预埋灌浆管施工工艺流程图

5.5.6 操作要点

(1) 灌浆管架制作。灌浆管架由灌浆管和保持架组成。灌浆管间距应综合考虑灌浆设计，防渗墙一、二期槽孔长度和浇筑导管布置等因素，确保灌浆管间距误差不得大于灌浆孔设计间距的10%。典型布置如图5.20所示。

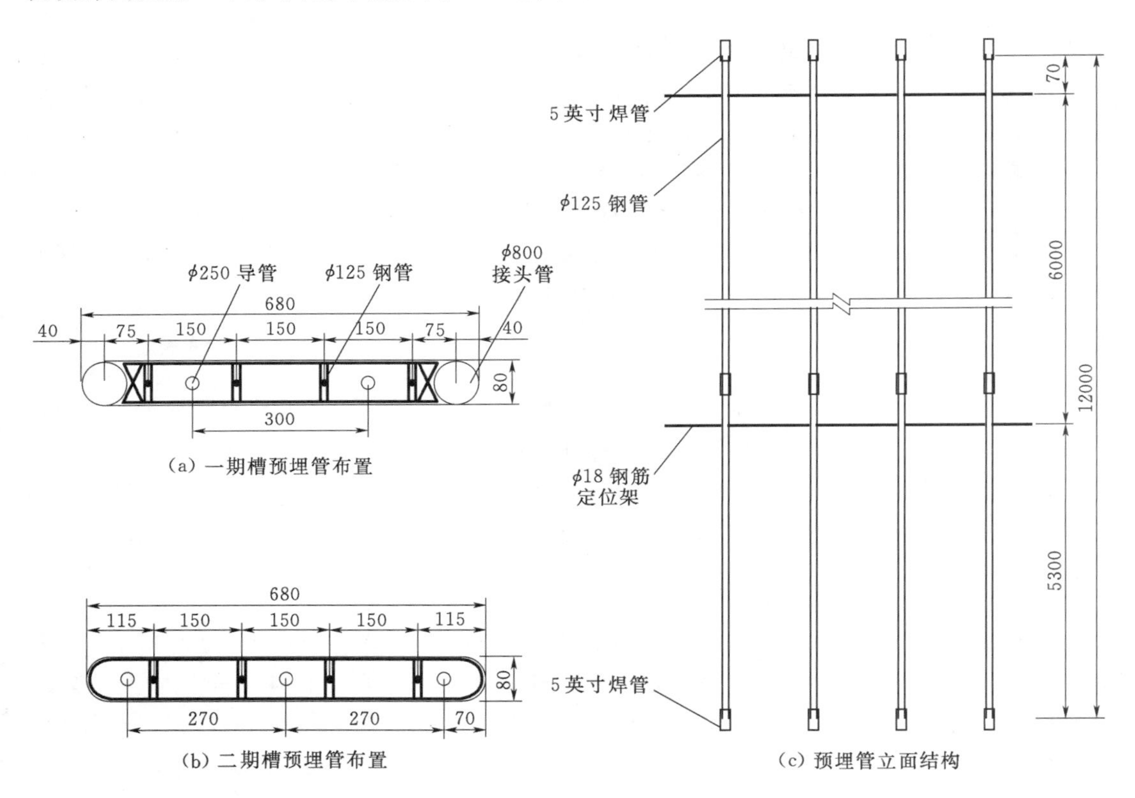

图 5.20 防渗墙工程预埋灌浆管架示意图（单位：mm）

灌浆管一般为焊接钢管，如果有特殊的要求，则需要考虑使用无缝钢管或其他管材。灌浆管在槽口下设之前需要做一定程度的预焊接，一般是加长单节长度，以节约槽口连接时间，灌浆管长度需根据现场吊运设备实际能力确定，最底部一节灌浆管需封堵，阻止墙体材料进入，但是允许泥浆进入。

保持架宜在下设之前制作，尺寸应适应槽形并与槽壁留有安全距离。保持架可在下设之前与灌浆管焊接固定，也可在槽口焊接固定。

（2）成槽施工。对于需要预埋灌浆管的防渗墙工程，成槽施工需要提高一定的孔形精度，以满足灌浆管的正常下设。探头石、小墙等影响灌浆管下设的情况应尽量处理，或者采取局部变更灌浆管结构等措施。

（3）清孔换浆。清孔换浆除了满足规范和设计的要求以外，应该考虑到灌浆管下设所需要的时间，因此需要提高清孔换浆的质量，保证开浇前槽底淤积厚度要求，以保证浇筑质量。

（4）灌浆管下设。应采取措施保证灌浆管在槽口对接的顺直。保持架的焊接应牢固，间距符合设计要求。焊接好的灌浆管需缓缓下设入槽，如遇阻碍，不得强行下设。

（5）墙体材料浇筑。墙体材料浇筑导管布置需避开灌浆管和保持架的位置。浇筑导管的布置应有利于槽内墙体材料均匀上升，避免灌浆管产生不均匀的侧向推力。浇筑时应及时拆卸浇筑导管，减少墙体材料上升段高度，降低灌浆管被抬升的概率。

5.5.7 主要材料与设备

需根据设计需要，选用不同规格的管材。一般灌浆管和保持架可采用普通焊条焊接。保持架钢筋规格需根据灌浆管下设深度、防渗墙厚度、单元槽长度等因素综合确定。灌浆管架加工应在专用的平台上进行，以保证对接的顺直。

用于槽口下设的起吊设备，一般采用吊车，其起吊能力应根据对接次数、一次下设深度、下设总深度、灌浆管总质量等因素综合确定。

参 考 文 献

[1] 奎中．YBG系列液压拔管机的研制［J］．探矿工程（岩土钻掘工程），2008（7）：64－67.

[2] 宗敦峰，刘建发，肖恩尚，等．水工建筑物防渗墙技术60年Ⅰ：成墙技术和工艺［J］．水利学报，2016（3）：455－462.

[3] 韩伟，孔祥生．154m深防渗墙施工试验研究初步总结［C］//水利水电地基与基础工程技术论文集，2009.

[4] 孔祥生，黄扬一．西藏旁多水利枢纽坝基超深防渗墙施工技术［J］．人民长江，2012（11）：34－39.

[5] 唐英俊．大渡河黄金坪水电站围堰混凝土防渗墙施工［C］//水利水电地基与基础工程技术论文集，2013.

[6] 张世荣．瀑布沟水电站防渗墙施工现场试验［C］//水利水电地基与基础工程技术论文集，2004.

[7] 刘铁军．我国冷拔管机技术的新发展［J］．安徽冶金，2001（2）：48－52.

[8] 姜伟．采用“接头管法”进行混凝土防渗墙工程施工的要点［J］．甘肃水利水电技术，2006（4）：450－451.

[9] 丛蔼森，李国芳，李文祥，等．地下防渗墙胶囊接头管的技术改造［C］//水利水电地基与基础工程技术论文集，1987：42－50.

[10] 潘三行，王廷勇，肖恩尚．BG350/80型拔管机的设计原理与工程实践［J］．水利水电地基与基础工程技术论文集，2004.

[11] 中国水利水电基础工程局冶勒项目部．笼式接头在冶勒混凝土防渗墙施工中的应用［C］//水利水电地基与基础工程技术论文集，2002：46－49.

[12] 刘忠．混凝土接头新工艺——预填软质材料成孔法［C］//水利水电地基与基础工程技术论文集，1996：29－37.

[13] 肖恩尚. 新型拔管机在尼尔基水利枢纽工程中成功应用 [J]. 水力发电，2002 (9)：18.
[14] 肖恩尚. 混凝土防渗墙接头拔管技术取得关键性突破 [C] //2002年水利水电地基与基础工程学术会议论文集，2002.
[15] 潘三行，何仁义，杨振中. 超深混凝土防渗墙接头孔拔管施工技术 [J]. 水利水电施工，2008 (3)：44-45，53.
[16] 吴广安. 接头管法在大厚度混凝土防渗墙工程中的应用 [C] //中国水利学会地基与基础工程专业委员会. 中国水利学会地基与基础工程专业委员会第十二次全国学术会议论文集，2013.
[17] 崔强. 刍议混凝土防渗墙施工工艺 [J]. 黑龙江水利科技，2013 (2)：120-123.
[18] 吴胜元，王金成，王生亮. 气举反循环成槽法用于建造薄型塑性混凝土防渗墙的工程实践 [J]. 勘察科学技术，2005 (4)：28-31，54.
[19] 赵毅. 钻孔灌注桩气举反循环法施工质量控制研究 [J]. 山西建筑，2017 (5)：84-85.
[20] 毛亮坤. 气举反循环法在百米超长钻孔桩施工中的应用 [J]. 铁道标准设计，2009 (S1)：89-91.
[21] 赵存厚. 超深防渗墙混凝土浇筑控制及滑管脱模关键技术研究 [D]. 天津：天津大学，2014.
[22] 王铁刚，王最恩，夏敏，等. 水库大坝混凝土防渗墙施工技术分析 [J]. 低碳世界，2016 (3)：56-57.
[23] 汪智. 混凝土防渗墙预埋管帷幕灌浆难点及对策 [J]. 安徽水利水电职业技术学院学报，2013 (1)：10-12.
[24] 黄家权. 二期下游围堰防渗墙墙下帷幕灌浆施工 [J]. 中国三峡建设，1999 (9)：25-27.
[25] 李凯庭，唐静. 狮子坪水电站坝基防渗墙下帷幕灌浆施工技术 [J]. 黑龙江水利科技，2013 (3)：56-59.
[26] 杨伟. 泸定水电站超百米混凝土防渗墙施工技术 [J]. 施工技术，2010 (5)：32-36.

第6章 复杂恶劣地质条件超深防渗墙槽孔施工技术

6.1 概述

我国的覆盖层地层地质条件十分复杂，特别是西部地区超深防渗墙工程，几乎都存在复杂恶劣地质条件地层，给施工带来巨大困难[1]，主要体现在以下几个方面：

（1）松散、大孔隙的砂层、砂卵（砾）石等地层，渗透性强，常常存在架空现象，漏浆塌孔是经常遇到的问题，对造孔工效、槽孔形状、混凝土浇筑质量都有严重影响，严重时甚至威胁施工安全与工程安全[2]。

（2）在孤、漂（块）石地层修建防渗墙，特别是孤石呈弱风化、微风化性状时，钻孔挖槽工效很低；一般工程防渗墙需要嵌基岩，有时需要穿过深厚全风化、强风化岩层，施工也将十分困难[3]。

（3）对于在一些特殊建筑物内修建防渗墙，如（面板）堆石坝除险加固、核电站防波堤等，在堰塞湖堆积体[4]、山体崩积体内修建防渗墙，防渗墙槽孔几乎是在块石堆内修建，漏浆塌孔严重，钻孔挖槽难度极大。

（4）在防渗墙基岩地层中，会遇到基岩面起伏落差大、坡度陡的情况，有的陡坡角度达70°以上（如狮子坪水电站基岩面陡坡倾角超过80°、泸定水电站基岩面陡坡倾角接近90°、窄口水库除险加固左岸防渗墙下基岩呈近70°左右的陡坡），高差几十米，岩石坚硬，且钻头打滑，防渗墙槽孔嵌岩异常困难。

上述恶劣地质条件，再叠加槽孔超深、高水头差、工期紧张等特殊条件，带来了非常大的难题。有些工程的覆盖层深厚，槽孔深度100m以上；一般病险库除险加固不容许放空，防渗墙槽孔需要在高水头差时施工；水利水电大型围堰工程常常要求在截流后一个枯水期完成或基本完成，工期异常紧张。如此特殊条件及特殊环境要求下，其叠加效应更为突出。因此，针对100m以上病险库除险加固防渗墙施工关键难题，专门研发了针对严重漏浆塌孔地层的预灌浓浆与槽内灌浆处理技术、槽孔施工堵漏技术，针对孤、漂（块）石地层和硬岩地层的防渗墙槽孔爆破辅助成槽工法技术，陡坡基岩地层防渗墙槽孔施工专项技术，以及密封耐压性柱状定向聚能弹技术和槽内钻孔爆破定位技术，实现了多种技术的重大突破，有效解决了工程技术难题。

上述技术都实际应用于冶勒水电站、狮子坪水电站、下坂地水利枢纽、泸定水电站、旁多水利枢纽、黄金坪水电站、新疆小石门水库等超深防渗墙工程，黄壁庄水库[5]和窄口水库除险加固防渗墙工程，向家坝水电站和溪洛渡水电站围堰防渗墙工程[6]；云南己衣水库定向爆破堆石坝防渗墙、云南黄龙水库沥青面板堆石坝防渗墙、阳江核电站与防城港核电厂堆石围堰和在建的红石岩堰塞湖整治工程枢纽堰塞体防渗墙工程[4]中，在堰塞湖堆石体内施工的防渗墙已浇筑 120m 以上防渗墙槽孔共 5 个，最大深度为 131.52m。

6.2 预灌浓浆与槽内灌浆处理技术

根据地质勘探资料和防渗墙先导孔资料，对于存在大范围强漏失地层，在防渗墙造孔挖槽施工之前，预先对地层进行预灌浆堵漏加固[7]。主要技术要点如下：

（1）灌浆范围：根据地质资料，平面上沿轴线覆盖强漏失地层，立面上，自强漏失地层顶面 1m 开始，穿过地层后深入相对不漏失地层 1～2m。

（2）灌浆孔布置：一般布设单排灌浆孔，灌浆孔孔距为 1～3m，根据地层灌浆效果，可采用逐渐加密方法分序灌浆，集中渗漏地段须重复灌浆，直至达到灌浆效果。

（3）灌浆孔施工宜采用跟管钻进工艺，一次成孔，利用套管保护，自下而上分段灌浆；也可采用地质钻机自上而下分段边钻边灌。

（4）灌浆段长：0.7～1.2m。

（5）灌浆压力：一般采用直流灌浆，为浆柱压力，压力值为 0.15～2MPa。

（6）浆液配方：根据地层渗透性情况，一般可采用黏土浆、膨润土浆、膨润土水泥浆、水泥膨润土掺水玻璃浆、膨润土掺膨胀粉浆、砂浆等，根据类似工程经验，可参考表 6.1。

表 6.1 灌注浆液配合比参考表

编号	类　别	水	水泥	膨润土	碱	水玻璃	砂
Ⅰ	膨润土浆	100	—	10	0.3	—	—
Ⅱ	水泥膨润土浆	100	150	15	0.4	—	—
Ⅲ	水泥膨润土浆	100	10	5	0.2	—	—
Ⅳ	水泥膨润土浆	100	5～10	10	0.3	—	—
Ⅴ	水泥膨润土掺水玻璃浆	100	10	10	0.3	0.1～0.3	—
Ⅵ	砂浆	采用水冲法、浆冲法（0.6：1）或气压法灌注风化砂					

（7）变浆：实际施工中，可根据灌浆情况进行变浆，浓度由稀变浓。在极严重漏失地带，由于存在较大的渗漏通道，为节约灌注材料，可在Ⅰ序孔中灌注砂浆，孔口设漏斗，用高压水或 0.6 级水泥浆将风化砂冲至漏失带的大孔隙中，以堵塞大的通道。冲砂时套管中易堵塞，可用高压风处理。

（8）灌浆结束标准：当灌浆吸浆率小于 5L/min 时，可结束本段灌浆，转至下段灌浆。

预灌浓浆工艺流程如图 6.1 所示。

预灌浓浆注意事项如下：

1）采用跟管钻机钻孔时，预灌浓浆前先要把套管内的清水换成浓浆，而后方可提升套管，以防止孔底坍塌堵管口。

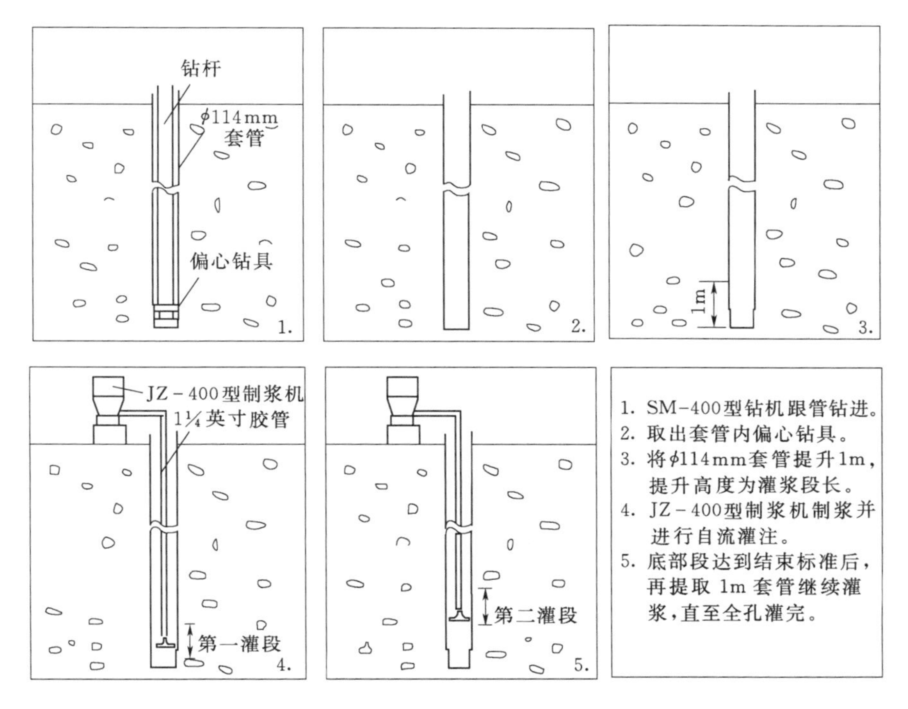

图 6.1　预灌浓浆工艺流程图

2）灌注浓浆时，要勤观察套管内的动静，防止管口浆液外泄，保持注浆口的清洁，以便于作业。发现孔内的注浆量过大时，可以直接采用跃级变浆方法，先堵后灌，防止材料的浪费。

3）搅拌水泥膨润土浆时，应先往桶内加水至规定数量，再开动搅拌机，待运转正常后，方可按规定配比加入膨润土，搅匀后，再放水泥等。

4）由于水泥与膨润土浆混合后产生絮凝现象，搅拌时一定要有专人负责，防止浆液过稠，流动性太差，使泵无法输送，甚至堵塞管路。若浆液太稀，则灌注效果差，会造成时间和材料的浪费。

5）避免在槽孔内漏失层直接钻孔预灌浓浆，因为在此地层中直接钻孔灌浆，在浆柱压力的作用下，浆液会通过空隙直接流到槽孔内，达不到预期的效果。

在防渗墙槽孔施工中，对于出现强漏失塌孔地层地段，可采用槽内灌浆处理技术，在防渗墙槽孔内进行灌浆处理，其灌浆技术要点与预灌浓浆相同。如黄壁庄水库除险加固防渗墙工程，在漏浆塌孔严重地段，停止防渗墙施工，采用意大利 SM－400 型全液压钻机、TUBEX 潜孔锤自动跟管钻进至集中漏浆部位，在套管内灌注豆石、砂浆、水泥、水玻璃等堵漏材料，取得了良好的效果。

预灌浓浆与槽内灌浆处理工艺效果好，综合成本低，但覆盖层深孔钻孔技术要求高，施工占直线工期长，我国很多工程不愿意采用，往往事倍功半，花费了更大代价。目前正在施工的鲁甸堰塞湖红石岩水电站，在堰塞湖堆石体内施工防渗墙，全面应用了该工法技术，目前施工进展顺利，已浇筑 5 个深度分别为 124.64m、126.02m、130.75m、

131.52m、129.91m 的槽孔，效果十分明显。

6.3 槽孔施工堵漏技术

在防渗墙槽孔施工中，因地制宜在不同地层中采用不同施工方法是避免漏浆塌孔的一种有效措施[8-9]。

“平打法”施工工法：在遇到较大比例严重漏浆塌孔地层时，在漏浆塌孔地层上部采用“钻劈法”成槽，然后采取槽孔内逐一平打的方式，边回填堵漏材料，边挤密地层，每一循环进尺不大于 1.5m。穿过漏浆塌孔地层后，再采用“钻劈法”施工下部槽孔。

“分段钻劈法”施工工法：遇到较大比例严重漏浆塌孔地层时，在漏浆塌孔地层上部采用“钻劈法”成槽，然后将槽孔分段，每 5～10m 为一段，按“钻劈法”施工成槽，钻进中，要回填黏土、砂石料等堵漏材料，挤密地层，穿过漏浆塌孔地层后，再采用“钻劈法”施工下部槽孔，一次施工到孔底。

“往复填鸭式”钻进法：在架空严重地层，主孔施工时，回填大块石、碎石、钻渣、黏土等材料冲砸地层，让块石挤进地层，然后充填碎石加黏土球冲砸，充填块石空隙，也可加入适量水泥和水玻璃，采用“往复式”重复加固法，逐步堵塞集中通道，减小地下水流速，加固加密松散架空地层，待充分充填挤密漏浆塌孔地层后，再施工下部地层。

6.4 孤、漂（块）石地层与硬岩地层槽孔爆破辅助成槽工法技术

6.4.1 概述

超深覆盖层通常含有大范围孤、漂（块）石地层和硬岩地层，虽然相关造孔挖槽设备都具有不同的处理能力，但普遍工效大幅下降，既影响工期，又明显增高成本，甚至会导致工程施工无法进行[10-11]。

通过研究与工程实践，总结形成了包括钻孔预爆、槽内聚能爆破和槽内钻孔爆破在内的一整套槽孔爆破辅助成槽工法，大大提高了防渗墙成槽的工效，降低了复杂地层防渗墙施工的综合成本，经济效益和社会效益显著。目前，正在施工的鲁甸堰塞湖红石岩水电站与新疆大河沿水库防渗墙工程，全面应用了该工法技术，目前施工进展顺利。云南红石岩水电站已浇筑 5 个深度分别为 124.64m、126.02m、130.75m、131.52m、129.91m，最深为 131.52m 的槽孔；新疆大河沿水库已浇筑 4 个深度分别为 160.50m、178.40m、186.15m、172.00m，最深为 186.15m 的槽孔。该工法被评为国家级工法。

6.4.2 工艺原理

槽孔爆破辅助成槽工法包括钻孔预爆、槽内钻孔爆破和槽内聚能爆破，钻孔预爆和槽内钻孔爆破的原理与常规岩石开挖钻孔爆破基本相同，槽内聚能爆破的原理则与裸露爆破大致相同[12-13]；该工法技术的关键是将上述技术应用到防渗墙地下工程中，较好地解决了复杂地层超深与复杂地质条件防渗墙的施工技术难点。

6.4.3 工法特点

槽孔爆破辅助成槽工法是防渗墙槽孔建造的辅助工法，是先进的深覆盖层造孔技术与爆破技术的集成，同时研究了专用的机具和施工工艺。

该工法与以往防渗墙施工中随意简单的槽内爆破相比，其技术含量和效果明显提高；与复杂地层防渗墙施工不采用任何爆破措施的工程案例相比，其工效大大提高，综合成本降低，且保证了工期；与其他专业的爆破相比，地下工程具有其专业性，技术要求较高，工艺控制较严。因此，该工法是在坚硬地层建造防渗墙行之有效的辅助成槽工法。

该工法的 3 种爆破工艺各有特点。钻孔预爆由于周围介质约束较强，爆破效果最好，但成本最高；槽内钻孔爆破的效果位于其次，成本也比其低；槽内聚能爆破成本最低，也最灵活、最容易掌握，但效果最差。

6.4.4 适用范围

槽孔爆破辅助成槽工法总体上适用于含有坚硬漂（块）石的不均匀覆盖层和需要嵌入坚硬基岩的防渗墙施工，但 3 种工艺应用对象不同。

钻孔预爆适用于已探明地层中含有漂（块）石的密集区，或应用于需要穿过较厚全风化、强风化岩层的工程，否则成本会大幅增加；钻孔预爆需要工程留有一定的时间，其施工常占用工程直线工期。

槽内钻孔爆破适用于槽孔建造过程中遇到大直径漂（块）石，或需要穿过较厚全风化、强风化岩层又没有钻孔预爆的情况。

槽内聚能爆破适用于槽内的探头石或较小直径的块石处理，在爆破孔钻机不方便的情况下，也常常采用该工艺。

对于不容许爆破的工程该工法不能应用，二期槽施工应慎用。

6.4.5 工艺流程

（1）钻孔预爆施工工艺流程。钻孔预爆施工工艺流程如图 6.2 所示。

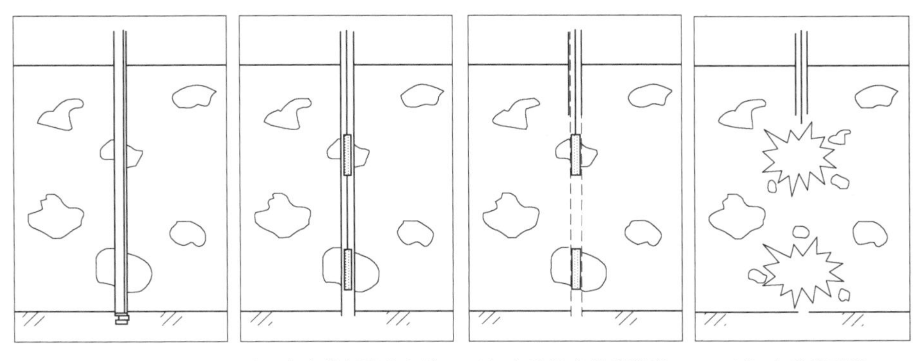

(a) 跟管钻进穿过块石区　(b) 取出钻杆及偏心扩孔钻头，在对应深度下设爆破筒　(c) 套管提离爆破深度　(d) 电雷管引爆

图 6.2　钻孔预爆施工工艺流程图

(2) 槽内聚能爆破施工工艺流程。槽内聚能爆破原理如图 6.3 所示。

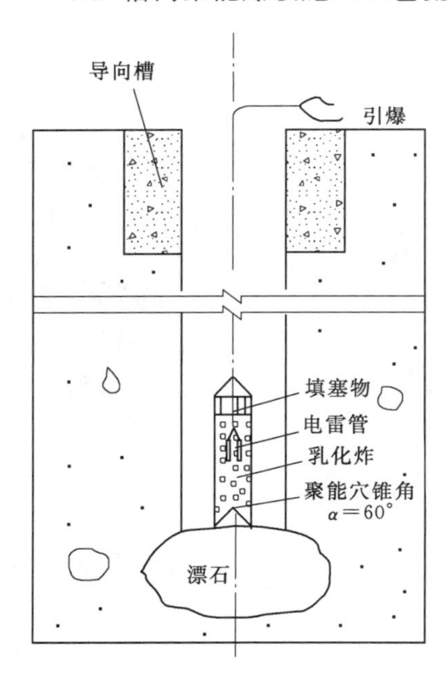

图 6.3 槽内聚能爆破原理图

槽内聚能爆破施工工艺流程如下：

1) 加工聚能爆破筒。

2) 装入炸药。

3) 停止造孔，将聚能爆破筒放入槽孔内定位。

4) 点火爆破。

(3) 槽内钻孔爆破施工工艺流程。槽内钻孔爆破施工工艺流程如图 6.4 所示。

6.4.6 操作要点

(1) 钻孔预爆工艺。

1) 钻孔。钻孔预爆工艺的关键是预爆孔施工，在覆盖层中造孔，尤其是深厚覆盖层和夹有集中、坚硬的漂（块）石地层，采用普通岩芯钻机工效极低，必须采用先进的全液压钻机和跟管钻进工艺。即使如此，亦必须确定合适的钻具和钻进工艺，否则夹管断管事故会经常发生，将降低工效、增大成本。

2) 漂（块）石位置记录。爆破孔钻进过程中，要准确记录漂（块）石大小及位置，为爆破提供依据。

3) 爆破筒制作。爆破筒可采用塑料空心管制作，按照记录的漂（块）石大小及位置配置相应的爆破筒，采用可靠的方法将爆破筒串联后下入孔中爆破。一般爆破筒每米炸药用量约 2kg。

(2) 槽内聚能爆破工艺。如前所述，槽内聚能爆破一般用于处理槽内探头石和基岩。聚能爆破筒可用铁皮制成，常用的聚能爆破筒锥顶角一般为 60°～90°，每个爆破筒装药量一般为 5～7kg；槽内聚能爆破的关键在于对准要处理的部位并贴近被爆破的对象，否则效果会很差，一般将聚能爆破筒用钢筋连接在冲击钻钻头上定位。

(3) 槽内钻孔爆破工艺。槽内遇大直径漂（块）石时，可采用槽内钻孔爆破，其关键是跟管钻进时套管的槽内定位，钻孔需要采用特殊的定位机具，保证爆破孔能在坚硬的漂（块）石开孔；在三峡工程中研究应用了专门的定位器，在确保安全的前提下，也可使用防渗墙成槽空心钻头、反循环排渣管等辅助定位。

6.4.7 主要设备

一般宜选用行走灵活，给进力、扭矩等参数适于穿过块石、钻进深部基岩的钻机。需选用跟管钻具，保证炸药筒的顺利下设。

可根据槽内爆破深度，设计和使用不同类型的槽内定位机具，包括快速连接头、定位架、定位器等。

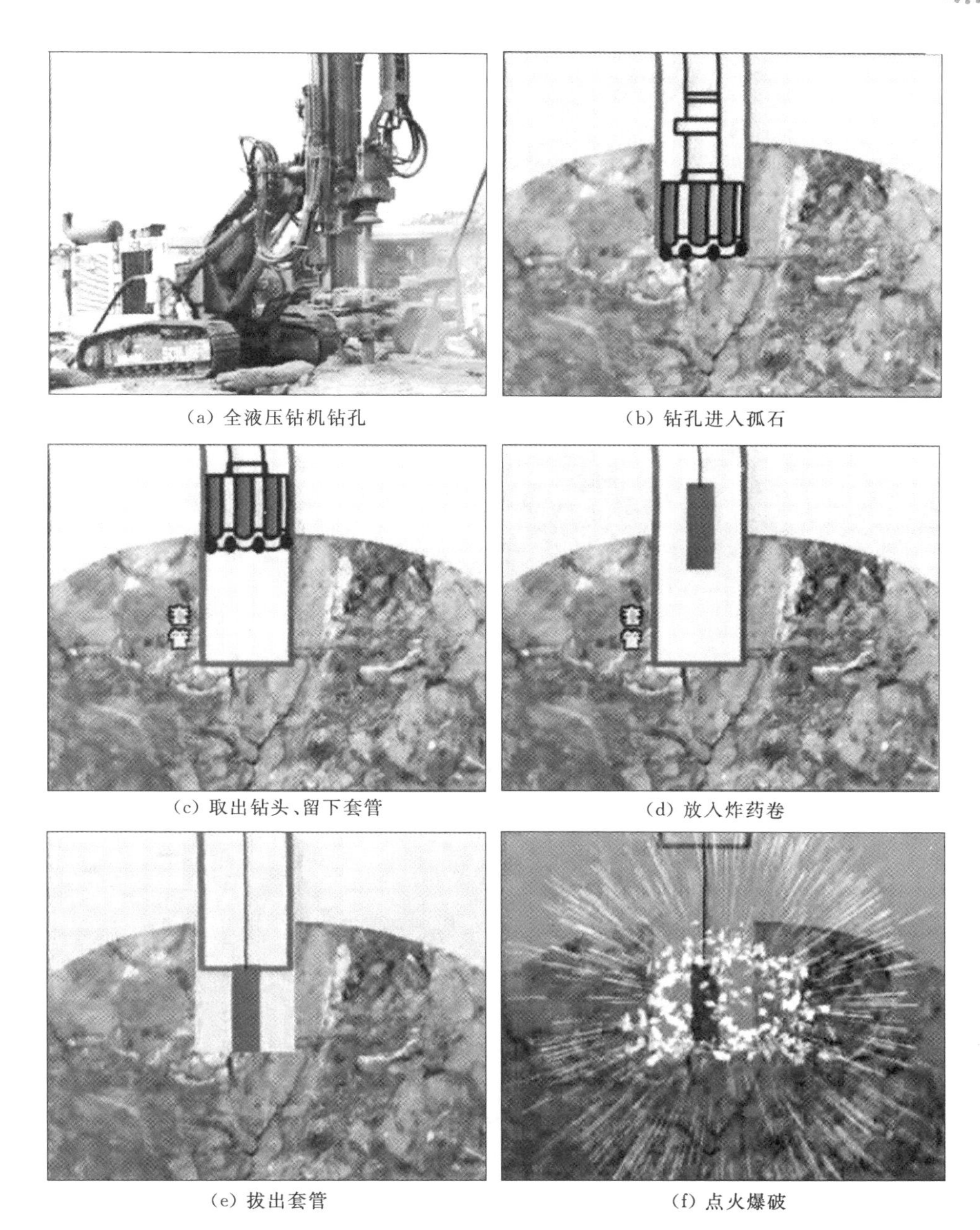

(a) 全液压钻机钻孔　(b) 钻孔进入孤石

(c) 取出钻头、留下套管　(d) 放入炸药卷

(e) 拔出套管　(f) 点火爆破

图 6.4　槽内钻孔爆破施工工艺流程图

6.5　陡坡基岩嵌岩技术

防渗墙遇陡坡硬岩地层时，当陡坡倾角大于 70°时，特别是超深防渗墙工程，墙体嵌岩施工十分困难。陡坡硬岩段槽孔施工往往是制约工期的关键，同时嵌岩深度不能保证，往往会严重影响工程质量[14]。针对这些问题，研发了陡坡基岩嵌岩技术，其施工技术要

点如下：

（1）沿防渗墙轴线，设置先导孔补充勘探，摸清岩石陡坡平面位置和坡面形状。

（2）先施工一期槽孔陡坡主孔。

1）采用冲击钻机钻进至基岩陡坡最高点时，采用十字钻头钻进，手动操作间断冲击，钻进过程中，加强检查，发现孔歪时，回填块石和碎石及时修正，使陡披斜面冲砸出台阶。

2）当采用钻机冲砸台阶困难时，可在孔内实施槽内聚能爆破，通过爆破使陡坡斜面产生台阶或凹坑。

3）在孔内台阶位置下置专有定位器或套筒钻头，采用全液压钻机或地质钻机跟管钻进爆破孔。

4）钻孔成功后，在定位管或定位器内下置爆破筒，提升定位器进行爆破。

5）爆破后用冲击钻头进行冲击破碎，直至终孔。

陡坡段钻爆施工工艺如图 6.5 所示。

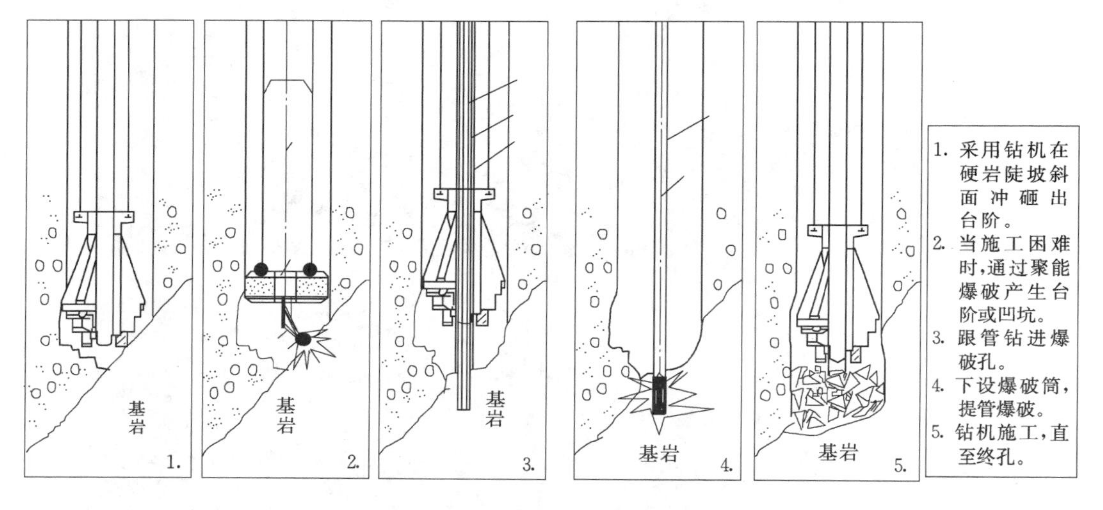

图 6.5　陡坡段钻爆施工工艺图

（3）一期槽孔主孔终孔后，施工相邻副孔，利用主孔形成的临空面，基岩自上而下，一钻压一钻向下施工，必要时辅以槽内聚能爆破，直至槽孔施工完成。

（4）由于陡坡段岩石坚硬，钻孔极易顺坡溜钻偏斜，除采用回填块石修孔外，可采用定向聚能爆破纠偏。

6.6　密封耐压性柱状定向聚能弹技术

在超深防渗墙槽孔实施槽内钻孔爆破、槽内聚能爆破时，由于最大槽孔深度达 200m 左右，100m 以上槽孔内泥浆压力很大，乳化炸药会出现拒爆现象，导致爆破作业无法实施，这也是深孔爆破的技术难题。其机理原因主要是在深水作业时，由于水压的作用，使乳化炸药中的微气泡压实，不能形成灼热核，因此所需的起爆能大大增加，雷管的起爆能

不足以引爆乳化炸药，引起乳化炸药的拒爆。

密封耐压性柱状定向聚能弹装置结构示意图如图6.6所示，其核心技术是保证定向弹的严格密封，使泥浆或水的压力不传递到定向弹内部，经旁多水利枢纽等工程应用，可以成功完成深200m级的深孔泥浆下的爆破，解决了超深防渗墙深孔爆破的技术难题。

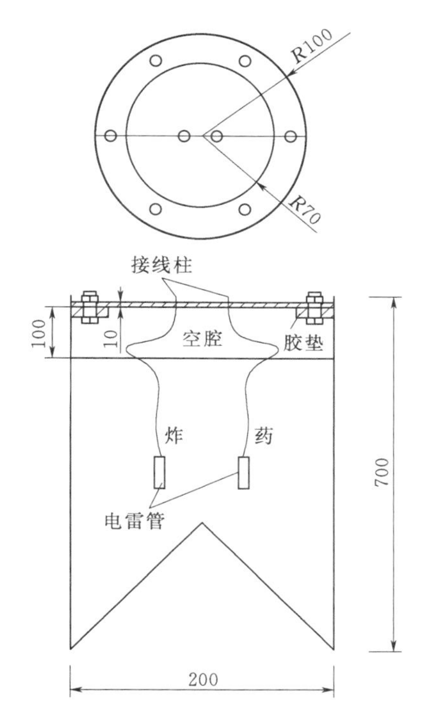

图6.6　密封耐压性柱状定向聚能弹装置结构示意图（单位：mm）

爆破筒筒壁采用钢管制作，钢管内径和长度根据需要的装药量确定，聚能爆破筒底部采用厚1mm的钢板制成锥形，锥顶角度控制在60°左右。

盖板采用厚10mm的钢板制作，周边根据支撑环上螺栓的位置和直径打孔，中间打两个直径6mm的接线柱孔，选取两根直径5mm、长度40～50mm的螺栓，在螺栓一端根据需要拧上两个螺母，在螺栓中段缠绕绝缘胶布数层，将缠有胶布的螺栓穿入盖板上的接线柱孔内，根据盖板厚度切掉接线柱露在外面的胶布，套上绝缘板后在两侧用螺母拧紧，外侧接起爆线，内侧接电雷管的电线。

当线路连接好后，可向爆破筒内装填炸药，安装雷管，炸药不要装得太满，确保盖板与炸药之间留有一定的空腔，预防下设到孔内后泥浆进入爆破筒后，很快导致内外压力一致影响爆炸。在支撑环与橡胶垫之间以及盖板与橡胶垫之间涂密封胶，然后用螺丝将盖板拧紧，确保密封良好。安装过程中一定要保证两个接线柱之间用导线可靠连接。导线连接需要注意，如果是在一个孔内一次性放入两个或以上的爆破筒，则还要在内侧另外连接两根导线到爆破筒底部接线柱上。

在爆破过程中，聚能爆破筒下设的深度、方向要十分准确。槽内聚能爆破时，下设时用钢筋制作定位架，将爆破筒与冲击钻钻头连接好，连接时要把爆破筒的角度控制好，且爆破筒距钻头底部的距离不小于4m，在钻头上焊制导向架，钻头顶部连接一个破力器，防止钻头在下放过程中转动。采用冲击钻机下放钻头至目的物深度，然后移动钻机，使爆破筒底部尽量靠近目的物，检查位置合适且能确保安全后起爆。

6.7　槽内钻孔爆破定位技术

在防渗墙槽孔内实施泥浆下钻孔爆破时，爆破孔钻孔定位难度很大，特别是对于槽内孤石、探头石和基岩陡坡爆破，钻孔精确位置难以掌握，钻头开孔位置易于打滑漂移[14-15]，为解决上述施工难题，研制了盘式钻孔稳定器，如图6.7所示。

钻孔定位器主要由上端与下端带锥度的圆柱形筒，圆柱形筒上部设置的吊耳、底部设

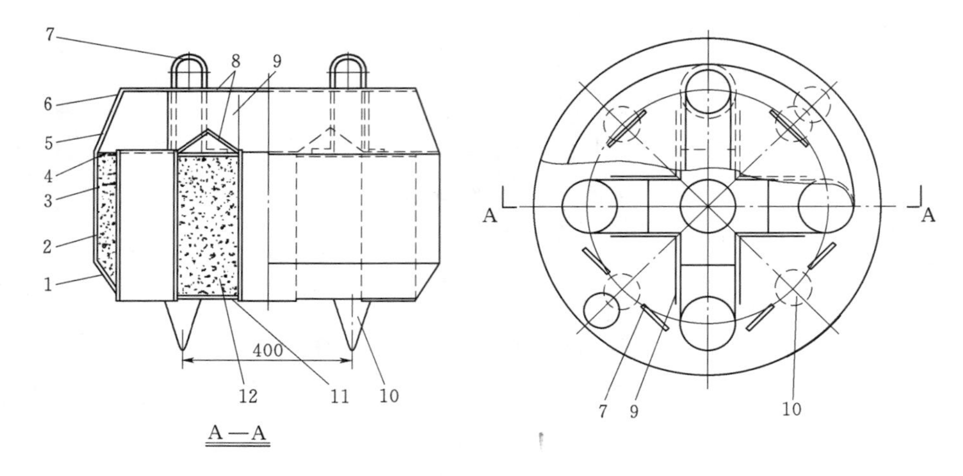

图 6.7 盘式钻孔稳定器（单位：mm）

1—下斜板；2—外环板；3—导向管；4—中间板；5—上斜板；6—限位板；
7—吊环；8—导向斜板；9—竖板；10—锥齿；11—底板；12—填料

置的锥齿和圆柱形筒内的导向管组成。施工中先将小口径回转钻机或冲击跟管钻机套管导入到导向管内，用钻机将钻头或套管下到槽孔底部，再用吊车将钻孔定位器下到槽孔底部定位，使用冲击跟管钻机在套管内钻孔至预定孔深，接着在套管内下设爆破筒并起出套管和钻孔定位器后实施爆破。

参 考 文 献

[1] 杨天俊. 深厚覆盖层岩组划分及主要工程地质问题 [J]. 水力发电，1998 (6)：19-21，69.

[2] 湛若云，万凯. 混凝土防渗墙墙体建造中漏浆塌孔的补救措施 [J]. 水电科技进展，2000 (2)：26-29.

[3] 刘志文. 狮子坪水电站深厚覆盖层隧洞施工技术 [J]. 人民长江，2008 (18)：59-62.

[4] 蒋忠银，肖瑞，李明宇. 红石岩堰塞湖左岸防渗墙预灌预爆施工技术 [J]. 云南水力发电，2016 (6)：164-165，169.

[5] 刘忠. 黄壁庄水库除险加固工程副坝混凝土防渗墙施工技术 [C] //中国水利学会地基与基础工程专业委员会，水利部水利建设与管理总站，长江水利委员会长江重要堤防隐蔽工程建设管理局. 堤防及病险水库垂直防渗技术论文集，2000.

[6] 张朝金. 向家坝水电站土石围堰防渗墙设计与施工 [C] //中国水力发电工程学会施工专业委员会，中国长江三峡集团公司向家坝工程建设部. 第二届水电工程施工系统与工程装备技术交流会论文集（下），2010.

[7] 王国民. 在渗漏严重地层的防渗墙施工 [J]. 水利水电施工，1995 (Z1)：42-44.

[8] 魏忠和. 四川冷竹关电站闸坝混凝土防渗墙施工 [J]. 水电站设计，2001 (2)：32-33.

[9] 王学彦. 在卵石架空及集中渗流通道的复杂地质条件下防渗墙施工的技术 [C] //水利水电地基与基础工程技术论文集，2002.

[10] 韩伟，张聚生，刘勇. 漂卵石地层中薄防渗墙快速施工技术 [J]. 水利水电施工，2008 (1)：78-79.

[11] 张益忠. 高原地区漂卵石地层防渗墙工艺分析 [C] //中国水利学会地基与基础工程专业委员会，水利部水利建设与管理总站，长江水利委员会长江重要堤防隐蔽工程建设管理局. 堤防及病险水

库垂直防渗技术论文集，2000.
[12] 吴立，张天锡．槽孔爆破及其应用前景［J］．西部探矿工程，1992（4）：47-51.
[13] 朱传统，李世洪．三峡二期土石围堰防渗墙槽孔硬岩爆破与水击波测试分析［J］．爆破，2000（S1）：233-238.
[14] 宗敦峰．三峡工程二期上游围堰防渗墙施工中的主要技术问题［J］．水力发电，1999（11）：9-12.
[15] 杨学祥，李焰．围堰防渗墙槽内水下爆破［J］．爆破，2004（1）：69-72.

第7章 复杂地质条件与环境病险水库防渗墙施工技术

7.1 概述

由于历史建设条件及管理水平原因，自20世纪50年代开始到70年代末，我国兴修了大量的水库大坝，运用过程中出现了各种病险隐患，不但影响到水库效益的发挥，而且还严重威胁下游人民生命财产及设施的安全，病险水库已日益成为水利防洪体系中最为薄弱的环节和最大的安全隐患，对全国范围的病险水库实施除险加固工作已显得十分必要和迫切[1-2]。

到20世纪末期，我国的病险水库数量多、情况复杂，相当数量的病险水库除险加固工程处在恶劣地质条件和特殊环境下施工。如黄壁庄水库除险加固防渗墙工程，最大墙深为66m，成墙面积为26.45万m^2，是当时世界上面积最大的防渗墙工程，防渗墙工程量浩大，地质条件恶劣，在水库不降水运行条件下进行防渗墙施工，坝体与水库安全要求严，水环境保护要求高，工程难度极大[3]；窄口水库除险加固防渗墙工程，最大墙深为82.3m，成墙面积为26.45万m^2，是病险库防渗墙最深的工程，地质条件恶劣，在水库不降水运行条件下进行防渗墙施工，坝体与水库安全要求严，水环境保护要求高，工程难度也很大[4]。比较典型的技术难点有以下几个方面：

（1）复杂恶劣地质条件给防渗墙施工带来较大难度。如黄壁庄水库地层中含严重胶结的中粗砂层，大大降低了施工工效；同时又存在有大范围松散架空砂层、卵石层，基岩裂隙、溶蚀发育的基岩，使得防渗墙槽孔施工大量漏浆塌孔，甚至威胁施工与大坝安全。窄口水库左岸防渗墙下基岩呈70°左右的陡坡，防渗墙嵌岩难度极大[5]。

（2）水库运行条件下施工使防渗墙施工面临新的挑战。采用防渗墙进行病险库防水处理的工程，或者大坝本身质量较差，或者大坝地基地质条件恶劣，一般水库采取不降水运行条件下施工，防渗墙上下游水头差大，地下水流动的渗流条件，加剧了防渗墙槽孔漏浆塌孔的风险，加上防渗墙槽孔施工时呈空腔状态，加大了坝体稳定的风险。如黄壁庄水库除险加固施工期间，在基础局施工之外的其他区域，由于地质条件恶劣，就发生了大范围坝体塌陷险情。

（3）水环境保护要求高对防渗墙施工提出了新的要求。病险水库常常担负着下游城镇工农业与居民供水的任务，水环境保护要求高。如黄壁庄水库是石家庄市城市供水的重要水源，水库水体与河流保护，不仅要求防渗墙施工的废水、废渣必须严格控制，对防渗墙槽孔施工中的漏浆也提出了严格要求。

(4) 病险水库"摘帽"任务工期紧加大了防渗墙施工压力。在上述防渗墙施工技术难点的基础上，病险水库"摘帽"任务具有政治意义，常常工期紧、强度大，更增加了病险水库除险加固防渗墙施工的难度。

病险水库除险加固防渗墙深度一般小于100m，但鉴于病险水库除险加固的重要性和特殊性，以100m以上超深与复杂地质条件防渗墙工程关键技术为基础，针对病险水库防渗墙的个性化技术难点，形成了专门成套技术[6-8]。

(1) CZF-1500、CZF-2000系列冲击反循环钻机的应用，改进了设备与钻具，通过工程应用，大幅提高了施工速度。

(2) 使用冲击反循环钻机或冲击钻机与抓斗，采用"钻抓法"施工。遇含有孤、漂(块)石地层和陡坡硬岩地层时，辅以"槽内钻孔爆破"和"聚能爆破"等槽孔爆破辅助成槽技术。

(3) 对于严重漏浆塌孔地层，使用优质膨润土泥浆固壁，采用槽内灌浆处理技术、"往复填鸭式"钻进工法槽孔施工堵漏技术，保证了槽孔顺利施工和大坝水库安全。

(4) YBJ系列卡键直顶式大口径液压拔管机和接头管施工工法在黄壁庄工程得到了大规模应用，创造了当时最深拔管70m的施工纪录，形成了70m级防渗墙接头拔管施工的成套施工工法，也大幅提高了工程施工的效率。

(5) 在实施严重漏浆塌孔地层堵漏技术的基础上，实施了工程泥浆生产、循环回收、废浆废渣处理系统，避免了地面与地下施工泥浆对水库水体的超标污染，有效保护了环境。

以上专门成套技术在黄壁庄水库和窄口水库两个病险水库除险加固防渗墙施工中得到全面应用，创造了当时防渗墙面积最大和病险水库防渗墙深度最大的世界新纪录，部分病险水库防渗墙工程见表7.1。

表7.1　部分病险水库防渗墙工程

工程名称	工程地点	开竣工日期	最大墙深/m	墙厚/m	截水面积/m²
黄壁庄水库副坝除险加固	河北石家庄市	1998年9月至2001年11月	66.5	0.8	5814
绿茵湖水库除险加固CⅢ标	贵州都匀市西北郊	2002年7月31日至2004年10月20日	33(平)	0.8	5609.27
勐邦水库除险加固主副坝防渗墙	云南西双版纳傣族自治州勐海县勐遮镇	2002年11月8日至2003年1月10日	15.9(平)	0.7	3081.07
街子河水库除险加固	云南元江县	2002年6月9日至12月5日	40(平)	0.8	7200
老营盘水库除险加固	江西泰和县	2003年9月18日至2004年12月2日	23.7(平)	0.8	3803.83
浮桥河水库除险加固	湖北麻城市	2003年	19.8(平)	0.6	8032.42

续表

工程名称	工程地点	开竣工日期	最大墙深/m	墙厚/m	截水面积/m^2
赛什塘病险水库加固	青海海南藏族自治州贵南县沙沟乡	2003年10月8日至2004年6月8日	18.38	0.6	2489.72
响水水库除险加固防渗墙	吉林舒兰市	2008年8月28日至10月30日	19.5	0.4	14017.27
西营水库除险加固Ⅱ标段	甘肃武威市	2003年4月1日至11月13日	18.5（平）	0.4	5750.8
兴西湖水库除险加固	贵州兴义市	2003年3月4日至2004年3月25日	30（平）	0.8	4279.87
明子山水库除险加固主坝混凝土防渗墙	云南保山市	2003年12月9日至2004年5月30日	46.9（最） 30.8（平）	0.6	6394.08
蒿枝坝水库除险加固	云南永善县	2003年10月至2004年9月28日	44（最）	0.8	4114.32
合群水库除险加固（Ⅰ标）	青海化隆县谢家滩乡	2004年8月22日至11月29日	26.45（平）	0.6	1730.7
官马水库除险加固	吉林磐石市	2004年4月9日至9月20日	18.8（平）	0.4	6775.04
柳杨水库除险加固防渗墙	吉林磐石市富太镇柳杨村西	2004年5月1日至8月16日	25（最）	0.52	12977.53
东林水库除险加固Ⅰ标段	吉林图们市	2004年5月28日至10月24日	41（平）	0.8	10759.39
滨田水库除险加固工程坝身混凝土防渗墙	江西鄱阳县	2004年5月20日至10月23日	27（最）	0.35	17522.31
前头沟水库除险加固	青海互助土族自治县	2004年8月9日至10月7日	23.25（平）	0.6	3498.36
乔及沟水库除险加固	青海互助土族县丹麻乡	2004年7月10日至8月30日	27.26（平）	0.6	4456.7
卢村水库除险加固（防渗墙）	安徽广德县	2005年10月18日至2006年4月13日	27（平）	0.6	26472.86
天堂水库除险加固工程2005年Ⅰ标段主、副坝防渗墙	湖北罗田县	2006年1月11日至2007年4月29日	60（最）	0.80.4	9467.53
二道水库除险加固混凝土防渗墙	吉林吉林市	2006年7月5日至9月30日	22.4（平）	0.4	10895.09

续表

工程名称	工程地点	开竣工日期	最大墙深/m	墙厚/m	截水面积/m²
大清沟水库除险加固坝体防渗墙	辽宁彰武县	2006年8月15日至11月8日	25（平）	0.3	9486
信房水库除险加固工程Ⅱ标段主副坝防渗墙	云南思茅区	2006年	21.88	0.6	4391.28
塘埂头水库除险加固工程一期施工Ⅰ标	安徽宣城市	2007年	23.07	0.6	4844
西泉眼水库应急维修加固工程坝体及坝基防渗	哈尔滨东南部尚志市、五常市、哈尔滨市阿城区交界处的平山镇	2008年	33.62	0.8	12732.63
窄口水库除险加固	黄河支流弘农涧河中游	2008年9月至2009年12月	82.3	0.8	11097
瓦白果水库除险加固工程拦河坝塑性混凝土防渗墙及帷幕灌浆	新平县城以西的红河水系	2008年	35	0.4	3564.9
八零八水库除险加固工程坝体混凝土防渗墙	云南保山市	2008年	43.8（最）	0.6	2959.2
北庙水库除险加固工程坝体及坝基防渗处理	云南保山市隆阳区	2012年	76.25（最）	0.8	11483.16

7.2 CZF-1500、CZF-2000系列冲击反循环钻机的应用

以CZ系列曲柄摇杆冲击钻机为基础的CZF-1200型冲击反循环钻机，相比旧型号，工效可提高2～3倍，体现了较高的设备性能，已在100m以下深度防渗墙施工中得以大规模应用。但为适应100m以上超深与复杂地质条件防渗墙施工需要，工效更高的CZF-1500、CZF-2000系列冲击反循环钻机的研制工作[10-11]已经完成，并应用于黄壁庄水库除险加固防渗墙工程中。黄壁庄水库除险加固防渗墙覆盖层地层砂层钙质胶结十分严重，冲击钻机和抓斗在该地层中施工工效很低。通过工程中的适应性研究和设备、钻具的改进，CZF-1500、CZF-2000系列冲击反循环钻机得到了成功应用，工效是同级别冲击钻机的2～3倍，实现了严重胶结钙质砂层的高效施工，且由于其自身配套了泥浆净化循环系统，对水环境保护起到了重要作用。同时CZF-1500、CZF-2000系列冲击反循环钻机也成为病险水库除险加固的重要设备。

7.3 特殊地质条件高效施工技术

7.3.1 严重胶结中粗砂层造孔挖槽施工技术

黄壁庄水库除险加固防渗墙覆盖层地层砂层钙质胶结十分严重，抓斗施工困难，冲击钻机效率也很低，采用CZF－1500、CZF－2000系列冲击反循环钻机后，工效大幅提高，为冲击钻机的1.5倍以上，采用了3种设备组合施工的“钻抓法”施工工艺。

（1）主要思路是采用“两钻一抓法”造孔挖槽施工，由钻机施工主孔，抓斗施工副孔。

（2）胶结密实中粗砂层的主孔和副孔主要采用冲击反循环钻机施工。

（3）均质粉质壤土坝体，坝基砂壤土、砂砾石、砂卵石和岩石地层的主孔由冲击钻机和冲击反循环钻机共同完成。

（4）副孔部分除胶结密实中粗砂层外，充分发挥抓斗工效高的优势。

通过设备的优化组合和对“钻抓法”的创新应用，大幅提升了施工效率，取得了良好效果。

7.3.2 陡坡基岩施工技术

窄口水库除险加固防渗墙工程墙深82.3m，是最深的病险水库防渗墙，地层中陡坡段基岩为安山玢岩，最大倾角近70°，岩性坚硬，防渗墙嵌岩十分困难，通过研究和现场试验，形成了专项技术[12]。具体方案如下：

（1）先施工一期槽孔主孔，用冲击钻机钻进，穿过坝体和覆盖层地基至陡坡段基岩面后停止钻进。

（2）在孔内下置定位器和爆破筒，实施槽内聚能爆破，通过爆破使陡坡斜面产生台阶或凹坑。

（3）在孔内台阶或凹坑上，下置定位管和定位器，用地质钻机钻爆破孔，下置爆破筒，提升定位管和定位器后进行爆破，爆破后用冲击钻头进行冲击破碎，直至终孔。

（4）副孔依托主孔形成的临空面，辅以槽内聚能爆破工艺进行施工。

7.4 恶劣地质条件强漏失塌孔地层施工技术

黄壁庄水库和窄口水库地层中都存在有大范围严重漏浆塌孔地层，特别是黄壁庄水库，砂卵石层局部架空严重，呈强透水性，基岩顶部与覆盖层接触带渗透性较强，基岩溶蚀发育，局部囊状风化带及溶洞或溶蚀裂隙发育带透水率大于50Lu。施工中，漏浆塌孔现象严重，一些槽孔槽口坍塌威胁了施工安全，还发生了局部和大范围塌坝现象，致使部分地段防渗墙施工一度停顿[13]。

经过现场研究试验，实施了以下综合治理措施：

（1）在槽口严重坍塌槽孔，采用塑性钢筋混凝土加固方案和在浆砌块石钢管桩柱上人工架立施工平台方案，保证了施工安全。塑性钢筋混凝土加固方案如下：

1）首先将坍塌坑内的松软土体、枕木、铁轨以及原先加固的大体积混凝土、钢筋、钢管、钢丝绳等清理干净。

2）挖出塌坑四周产生裂缝的松散土体。

3）在塌坑侧导向槽外墙面沿轴线向槽孔两侧方向扩挖长度为3m、宽度为0.5～2m、深度为 1.5m 的范围，使之与上游侧塌坑圆滑过渡并连成整体，同时与相邻防渗墙和导向槽固定连接。

4）在清理好的坑内架立钢筋龙骨，并在下游混凝土倒浆平台上打两排锚筋孔，排间距 1m、孔心距 1m，锚筋插入下游侧原始土中至少 4m。

5）在塌坑内浇筑高流态塑性混凝土加固。

当钻机平台出现严重坍塌时，由于设备荷载总量大，采用在浆砌块石钢管桩柱上人工架立施工平台方案加固，主要措施如下：

1）首先将坍塌坑内的松软土体和原先加固的大体积混凝土、钢筋、钢管、钢丝绳等清理干净，挖除塌坑四周产生裂缝的松散土体。

2）在导向槽外墙面 4.5m 处，垂直向下开挖 4 个浆砌石立柱基坑，深入未经扰动的原始坝体土 1.5m 以上，基坑地面尺寸为 2.10m×2.10m。每个浆砌石立柱的中心间距为 4.25m。

3）在每个浆砌石立柱基础中心位置，垂直向下打入 3 根钢管桩，桩底深入基坑地面 4m 以上，桩顶至 127m 地表高程。

4）基坑底部浇筑 50cm 厚的混凝土垫层，垫层平面尺寸为 1.50m×1.50m。

5）在混凝土垫层上砌筑断面顶部尺寸为 80cm×80cm 的浆砌块石立柱，然后在柱基坑内逐层回填土并夯实。

6）在每根浆砌石立柱上安装槽钢梁，在架好的槽钢梁上重新铺设枕木、导轨，形成钻机施工平台。

7）塌坑底面采用土工膜或挂网喷浆进行护坡保护。

（2）对于大范围集中漏失地层，采用 SM－400 全液压钻机在槽内跟管钻孔，钻进至深层集中漏浆部位后，在套管内灌注豆石、砂浆、水泥、水玻璃等材料进行堵漏，自下而上，边灌边起拔套管。

（3）研发了“往复填鸭式”施工工法，即槽孔钻进中，在大流速集中漏浆通道部位，充填 ϕ40～70cm 大石块、ϕ5～10cm 碎石加黏土球块、水泥、水玻璃等各种材料，通过钻机反复冲砸，进行挤密堵漏，逐步堵塞集中通道，减小地下水流速，加固加密松散架空地层。一段地层处理成功后，步步为营，再处理下一段[14]。

7.5 防渗墙接头管接头技术

黄壁庄水库除险加固防渗墙工程是 YBJ 系列卡键直顶式大口径液压拔管机和接头管施工工法前期研究的重要依托工程。在工程施工中，YBJ 系列卡键直顶式大口径液压拔管机得到了大规模应用，创造了当时最深拔管 70m 的施工纪录，形成了 70m 级防渗墙接头拔管施工的成套施工工法，也大幅提高了工程施工的效率[15]。

7.6 病险水库除险加固防渗墙环保施工技术

病险水库除险加固经常采用蓄水施工，水库水体水质保护要求高，环境保护要求严。

特别是黄壁庄水库承担着石家庄市的城市供水任务，水污染问题十分敏感，不容许向水库排放任何施工废浆、废渣；坝后减压井、排水沟是水库带病运行期的关键设施，不容许泥浆排放产生严重淤堵，危及施工期大坝的整体安全；坝后公路以外是大面积的耕地，不容许任何施工废浆、废渣污染；防渗墙槽孔施工中的严重漏浆要及时处理，尽可能减少对水库水和地下水的污染；防渗墙施工环境保护成为工程施工的一大难题。防渗墙专项环保施工技术主要有以下几个方面[8]：

（1）采用CZF－1500、CZF－2000系列冲击反循环钻机施工，利用其自身的砂石泵出渣系统和JHB泥浆净化机，形成钻孔施工的自循环，循环利用泥浆，大幅减少了废浆量。

（2）集中修大型废浆回收处理站，冲击钻自身不能处理的泥浆和工地收集的泥浆，在回收处理站通过JHB泥浆净化机处理后储存，加土、加碱处理后重复利用。处理后的废浆引入废浆池中，进行充分沉淀，上部清水用于生产，废渣集中运走。

（3）充分利用坝顶、坝下游坡修筑纵横向排浆沟渠，有效集中泥浆和生产用水循环利用，减少环境污染。

（4）采取有效的漏浆塌孔处理措施，最大限度地减少由于地下渗流产生地下水污染和下游安全监测设施的破坏。

（5）制定严格的环境保护与文明施工制度，采取有力措施保持现场整洁和交通道路畅通，实现环保施工的综合治理。

由于研究采取了科学严格的综合技术和措施，废浆回收利用率达到了80%，工程施工环境保护与文明施工取得了良好的佳绩，成为病险水库防渗墙环保施工的样板。

7.7 坝体塌陷区防渗墙施工抢险技术

黄壁庄水库副坝是该水库存在隐患最多、最危险的建筑物，从兴建时起，就一直存在坝体填筑质量极差、铺盖严重裂缝塌坑、坝顶开裂、坝后严重渗透破坏和沼泽化，减压井冒砂、塌陷，管涌、反滤破坏等问题。黄壁庄水库副坝Ⅳ标塌坝段防渗墙桩号为4＋036.3～4＋165.1，轴线长度为128.8m，此段曾先后发生塌陷、塌坑、塌坝达5次之多，给防渗墙施工造成了极大的困难。

2002年3月，副坝在除险加固防渗墙施工中，发生大范围坍塌，塌坑顺坝轴线方向长度为46.20m，垂直坝轴线方向宽度为53.50m，地表塌陷深度为12.10m，塌坑影响范围顺轴线方向长度为127m，垂直坝轴线方向宽度为79.50m，估计总塌陷方量约4000m^3。坝体塌陷威胁到水库安全，同时也关系到除险加固工程的成败，相关施工方案的实施，保障了工程顺利进行，为今后类似工程积累了经验。

塌坝段地下水类型为第四系孔隙潜水和基岩裂隙水，两者有良好的水力联系。地层含水层为砂层、卵石层和裂隙、溶蚀发育的基岩。砂层多具有中等透水性，平均渗透系数为1.16×10^{-2}cm/s，中粗砂层的渗透系数为3×10^{-2}cm/s，砾砂层的渗透系数为4.1×10^{-2}cm/s，卵石层具有中等至强透水性，渗透系数最大可达4.6×10^{-2}cm/s，局部卵石架空段透水性更大，大理岩与千枚岩互层具有微至极微透水性，透水率一般小于1Lu，但基岩顶部与覆盖层接触带渗透性较强，大理岩裂隙及溶蚀发育程度不同，透水性不均一，弱风化

层多具有微透水性，但局部囊状风化带及溶洞或溶蚀裂隙发育带透水率大于 50Lu，具有中等至强透水性。

针对坝体塌坝段塌陷区覆盖层地层为松散架空砂层、卵石层，基岩裂隙、溶蚀发育的基岩，并存在承压地下水的情况，提出了“充填灌浆桩＋预灌浆”加固坝体、坝基的方案（图 7.1），然后采用槽内灌浆、“往复填鸭式”施工工法等技术，实施防渗墙加固处理。

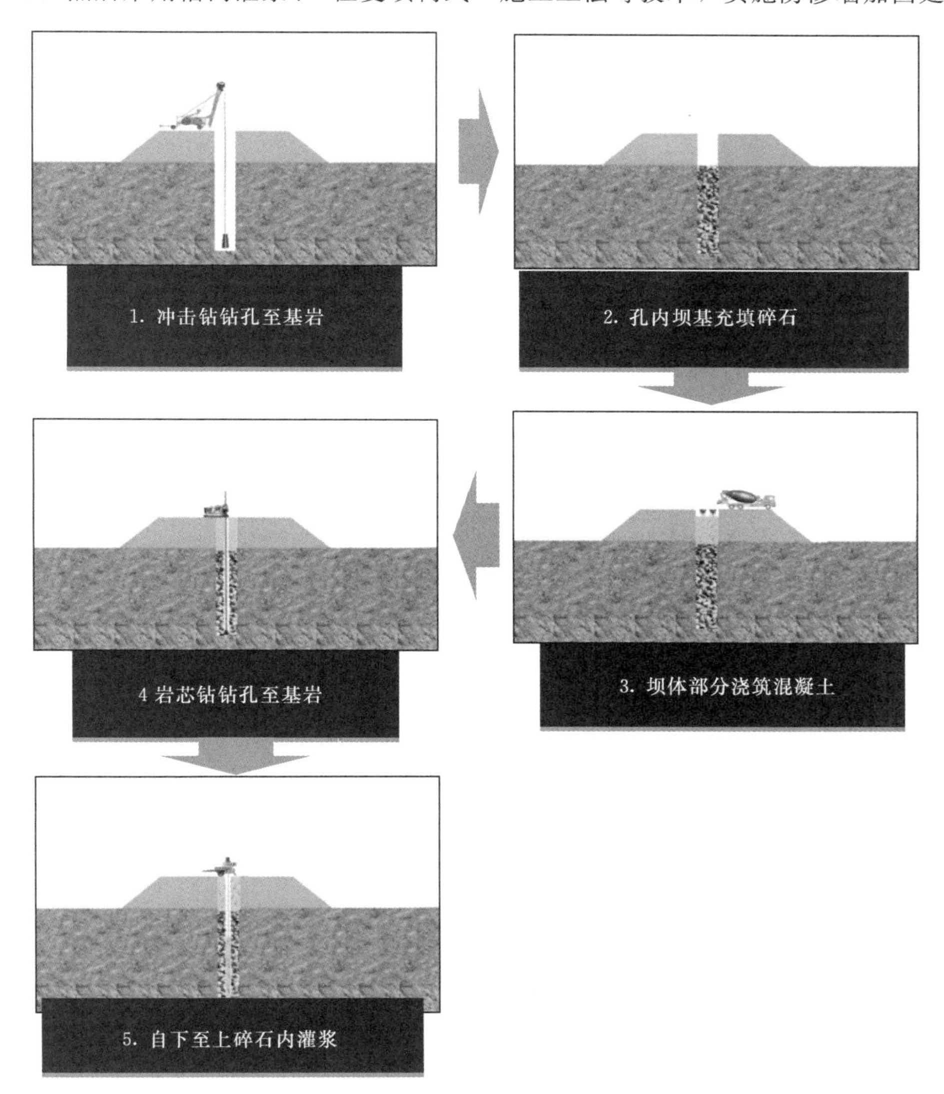

图 7.1　“充填灌浆桩＋预灌浆”加固工艺流程图

充填灌注桩沿坝体塌陷区坝轴线上下游呈梅花形布置，深入基岩 4.5m，采用冲击钻造孔至终孔后，回填级配料至高程 80.00m，高程 80.00m 以上浇筑塑性混凝土；桩本身的施工完成后，在桩中心钻灌浆孔（部分孔在回填桩浇筑时，在桩内预埋灌浆管），待桩体施工完成后，对高程 80.00m 以下的部位进行各种渗漏通道的灌浆，上游排灌浆孔深入基岩 20m，下游排灌浆孔深入基岩 5m。

预灌浆孔采用SM植物胶作为固壁材料进行钻孔。钻孔完毕后对上部土体用护壁套管进行隔离，对下部各地层进行灌浆。对于一些存在较大地下动水通道的部位，一般浆液无法达到灌注目的，采用灌注水泥-水玻璃双浆液和膏状浆液进行灌浆。

上述坝体与坝基加固工程完成后，坝体基本稳定，但在后续防渗墙施工中依然漏浆塌孔严重，特别是防渗墙合拢地段，施工十分困难。施工中，在大流速集中漏浆通道部位实施了特种堵漏成槽工艺，主要措施有：对于大范围漏浆地层采用槽内灌浆技术；在钻孔中利用ϕ40～70cm大石块、ϕ5～10cm碎石加黏土球块、水泥、水玻璃等各种材料，采用"往复式"重复加固法进行"填鸭式"反复充填挤密堵漏，逐步堵塞集中通道，减小地下水流速，加固加密松散架空地层，步步为营造孔钻进等造孔工艺，以维持槽孔的稳定，保证了槽孔的成功钻进和混凝土浇筑质量[9]。

上述技术措施的采用，取得了良好的效果，保障了坝体安全和抢险加固工作的顺利实施，为类似工程施工提供了有益的经验。

参考文献

[1] 孙继昌．中国的水库大坝安全管理［J］．中国水利，2008（20）：10-14.
[2] 严祖文，魏迎奇，张国栋．病险水库除险加固现状分析及对策［J］．水利水电技术，2010，10：76-79.
[3] 刘忠，王学彦．黄壁庄水库除险加固工程副坝混凝土防渗墙施工技术［C］//中国水利学会地基与基础工程专业委员会，水利部水利建设与管理总站，长江水利委员会长江重要堤防隐蔽工程建设管理局．堤防及病险水库垂直防渗技术论文集，2000.
[4] 王四巍，马英，高丹盈．窄口水库除险加固防渗墙设计优化研究［J］．人民黄河，2009（5）：110-111.
[5] 田福凯．黄壁庄水库除险加固工程副坝防渗墙施工工艺探讨［J］．河北水利水电技术，2001（2）：32-33.
[6] 郭永辰，单旭辉．黄壁庄水库除险加固工程副坝防渗墙混凝土质量控制［J］．河北水利科技，2000（S1）：62-66.
[7] 劳道邦，李彦海，李荣义，等．黄壁庄水库副坝的防渗与观测分析［J］．南水北调与水利科技，2005（5）：38-40.
[8] 孙继江，李继东．黄壁庄水库副坝垂直防渗工程施工［J］．水利水电技术，2005（4）：72-74.
[9] 齐建堂，齐扬，刘明杰．黄壁庄水库副坝防渗墙防渗效果分析［J］．大坝与安全，2013（5）：40-43，50.
[10] 胡定成．CFZ-1500型冲击反循环钻机的研制与应用［J］．铁道建筑技术，1999（5）：20-23.
[11] 蒋振中．冲击反循环钻机的研制及应用［J］．水力发电，1994（3）：57-59，63.
[12] 河南省水利勘测设计研究有限公司，中国水电基础局．高土石坝加固深控技术研究［R］．2012.
[13] 魏忠和．四川冷竹关电站闸坝混凝土防渗墙施工［C］//水利水电地基与基础工程技术论文集，2002.
[14] 王学彦．在卵石架空及集中渗流通道的复杂地质条件下防渗墙施工的技术［C］//水利水电地基与基础工程技术论文集，2002.
[15] 奎中．YBG系列液压拔管机的研制［J］．探矿工程（岩土钻掘工程），2008（7）：64-67.

第8章 复杂地质条件大型围堰防渗墙优质高效施工技术

8.1 概述

我国西部中上游大江、大河导截流围堰工程大多具有山谷狭峻、河道陡窄、水流湍急的地形特点，地处偏远地区，地质条件复杂，工期紧，强度大，安全风险高。具体体现在以下几个方面：

（1）工期紧、强度大。由于导截流工程的特殊性，围堰防渗墙的工期关系到围堰能否按时度汛抽水，防渗墙的安全关系到围堰是否安全，甚至关系到工程的成败，围堰防渗墙的施工工期一般都十分紧张。如溪洛渡围堰50多米深的防渗墙，要在135d内完成[1]；向家坝一期围堰防渗墙墙体最深为81.60m，平均深度为70.47m，总成墙面积为51849.96m^2，截流后第一个枯水期4.5个月内需完成防渗墙面积45700m^2，月最大成墙面积和月最大混凝土浇筑面积分别达1.56万m^{2}和2.38万m^2，其施工强度之高，是极其罕见的[2]。

（2）地质条件复杂。地层中，普遍存在有大范围大孔隙架空强漏失地层，大比例孤、漂（块）石地层，有的还有陡坡、硬岩地层，先进的抓斗、液压铣槽机设备难以发挥作用，槽孔漏失塌孔风险高、槽孔成槽十分困难。如向家坝围堰工程，崩块石层的平均层厚为9.45m，最大粒径为7.20m，最大崩块石层厚度为28.20m[1]。

（3）多数工程地形狭窄，大型设备不易开展施工；所处地区偏僻，物资供应困难；气候恶劣，影响施工效率。

一般来讲，围堰防渗墙深度一般小于100m，但鉴于大型水利水电工程大江、大河围堰防渗墙的重要性和特殊性，需要将复杂地质条件与环境病险水库防渗墙施工技术和超深与复杂地质条件大型围堰防渗墙优质高效施工技术结合起来，围绕复杂地层防渗墙优质、高效施工，通过优化组合抓斗与冲击（反循环）钻机设备，改进工法工艺，采用钻孔预爆、槽内钻孔预爆、槽内聚能爆破等爆破辅助成槽工法技术，预灌浓浆与槽内灌浆等严重漏浆塌孔地层处理技术和先进的接头管接头技术等解决围堰防渗墙的个性化技术难点问题，最终形成了西部大型水利水电工程围堰防渗墙工程安全、优质、高效的成套施工技术。

下面介绍的围堰防渗墙优质高效施工技术不仅成功应用于向家坝一期、二期围堰防渗墙工程和溪洛渡围堰防渗墙工程，而且在大量的病险库除险加固防渗墙工程中也被推广应用，具体围堰防渗墙工程见表8.1[3]。

表 8.1 本书依托和应用的围堰防渗墙工程

工 程 名 称	防渗墙施工年份	最大墙深/m	墙厚/m	截水面积/m^2
紫坪铺水利枢纽大坝上、下游围堰	2002	25	0.8	2723
黄河拉西瓦水电站上、下游围堰	2004	18（平）	0.8	1974.49
小湾水电站下游围堰	2004—2005	24.4（平） 40（最）	1.2	3674
小湾水电站围堰防渗墙	2004—2005	48.52	0.8	3855.44
向家坝一期围堰	2004—2006	81.8	0.8	51788
金安桥水电站上、下游围堰	2006	上游：27（最） 下游：15.2（最）	0.8	上游：2013.6 下游：1829.00
四川沙湾水电站一期围堰	2006	80.5（最） 61（平）	1.0	60000
乌金峡水电站二期下游围堰		51.24（最）	0.8	4508.82
金沙江溪洛渡水电站围堰	2007	上游：52 下游：52.2	1.0	上游：4296.12 下游：3356.75
四川雅砻江官地水电站上游围堰	2007	28.37	0.8	5009.39
糯扎渡水电站上、下游围堰	2007	上游：48 下游：43	0.8	上游：4100 下游：2800
溪洛渡水电站上游围堰	2008	55	1.0	4296.12
功果桥水电站围堰	2008	48.3（最）	0.8	9611
长河坝上游围堰	2011	83.28	1.0	6486.42
大岗山水电站围堰	2010	25.23（最）	0.8	2147.56
西藏尼洋河多布水电站围堰	2012	46.13（最）	0.6	39445.3
观音岩水电站二期围堰	2013	37	0.8	7321.4
大华桥水电站围堰	2014	42（最）	0.8	
深溪沟水电站围堰	2007—2008	66（最）	1.0	11400

8.2 大型围堰防渗墙造孔挖槽快速施工技术

（1）优化组合冲击（反循环）钻机和抓斗、液压铣槽机等防渗墙钻孔挖槽设备，采用本书介绍的“钻抓法”“钻铣法”中的“两钻一抓法”“两钻一铣法”“上抓下钻法”“上铣下钻法”施工工法技术[4]，并灵活应用。如向家坝一期围堰，由钻机施工主孔，副孔覆盖层施工尽可能发挥抓斗、液压铣槽机的作用，在含崩块石的砂卵砾石层副孔施工时，则由钻机施工，充分发挥了各种设备的各自优势，创造了当时围堰防渗墙深度81.3m、月造孔进尺15661.5m^2 与月浇筑最大强度23820.45m^2 等多项新纪录[3]。

（2）对于含大比例崩块石的砂卵砾石层，防渗墙施工前，研究采用了钻孔预爆，在造孔施工中，采用了“槽内钻孔爆破”和“槽内聚能爆破”等辅助造孔技术，效果十分明显[4]。主要技术要点有以下几个方面：

1）钻孔预爆。当先导孔中遇见崩块石和块石层时，详细记录块石或孤石的埋深位置和块径大小先导孔施工完成后，在孔内放置PVC塑料管爆破筒（根据孤石厚度确定装药量，并用黏土将上下口封好）对块石进行预爆破，之后再开始钻凿槽孔。

2）槽内水下钻孔爆破。造孔中遇崩块石和硬岩时，采用工程钻机跟管钻进，套管直径为114mm/140mm；下设导向管、地质钻机钻ϕ91mm孔，钻穿孤石后，提出钻具，在崩块石和硬岩部位下置PVC塑料管爆破筒，提起套管后引爆。爆破后漂（块）石和硬岩被破碎，继续防渗墙造孔。

3）槽内定向聚能爆破。在钻进主孔或副孔过程中遇到巨型块石或悬于孔壁的探头石时，使用一个、一串或一组特制爆破筒置于巨石表面、侧壁或两侧进行爆破。爆破筒聚能穴锥角为55°～60°，外壳用钢管或厚1mm的铁皮制作，外壳与炸药之间填满密实的黏土。装药量一般为1～6kg。实施爆破前，尽量将孔底的沉积物清理干净，加大泥浆密度。在二期槽孔内则采用减震爆破筒，即在爆破筒外面加设一个屏蔽筒，以减轻冲击波对已浇筑墙体的影响。

8.3 严重漏浆塌孔地层处理技术[5]

（1）对于大范围集中漏失地层，根据地质勘探资料和防渗墙先导孔资料，在防渗墙造孔挖槽施工之前，研究采用预灌浓浆技术，预先对地层进行预灌浆堵漏加固。

（2）槽孔施工中遇大范围集中漏失地层时，研究采用槽内灌浆技术，由钻机在槽内跟管钻孔，钻进至深层集中漏浆部位后，采用在套管内灌注豆石、砂浆、水泥、水玻璃等材料的堵漏工艺，自下而上，边灌边起拔套管。

（3）在冲击钻施工时，研究采用“平打法”施工工法，采取边钻进边投水泥、黏土、粉土、砂、砂砾石、锯屑和石灰黏土等材料对地层进行充填堵漏。

8.4 防渗墙接头管接头技术[6]

在防渗墙工程施工中，YBJ系列卡键直顶式大口径液压拔管机得到了大规模应用，创造了当时最深拔管大于70m的施工纪录，形成了80m级塑性防渗墙接头拔管施工的成套施工工法，大幅提高了工程施工的效率。

参 考 文 献

［1］ 张世荣，田学良. 溪洛渡水电站围堰防渗墙施工［C］//地基基础工程与锚固注浆技术：2009年地基基础工程与锚固注浆技术研讨会论文集，2009.

［2］ 张朝金，盛乐民，王福初. 向家坝水电站土石围堰防渗墙设计与施工［C］//第二届水电工程施工系统与工程装备技术交流会论文集（下），2010.

［3］ 宗敦峰，刘建发，肖恩尚，等. 水工建筑物防渗墙技术60年Ⅱ：创新技术和工程应用［J］. 水利学报，2016（4）：483-492.

［4］ 宗敦峰. 三峡工程二期上游围堰防渗墙施工中的主要技术问题［C］//中国水利学会. 中国水利

学会2001学术年会论文集，2001.
[5] 石峰，赵先锋，罗庆松. 长河坝水电站围堰防渗墙复杂地层快速施工技术[J]. 四川水利，2015(4)：3-7.
[6] 韩伟，孔祥生. 158m超深地下连续墙施工技术[M]. 北京：中国水利水电出版社，2014.

第9章 塑性混凝土防渗墙技术

9.1 概述

塑性混凝土防渗墙技术是针对刚性混凝土防渗墙（以下简称“刚性墙”）存在的主要问题发展起来的。在透水的覆盖层地基上修建大坝时，国内外经常采用的防渗措施之一是修建刚性墙，墙体材料为常规混凝土。20世纪50年代以来，刚性墙在许多工程中得到应用。但是，工程实践表明，这种防渗墙存在着下述一些问题，这些问题在一定程度上影响了它的推广应用和发展：①墙体弹性模量高，容许变形小，应力集中于墙体，墙体易破坏；②墙顶与周围土体的沉陷差很大，墙顶与坝体底部的连接相当困难；③水泥、钢筋用量大，造价高。

由上述可以看出，刚性墙存在的根本问题在于水泥用量多而弹性模量过大，也就是刚性过大。塑性混凝土防渗墙技术即是针对这种问题发展起来的。塑性墙墙体材料的变形模量比刚性墙的弹性模量小很多，与周围土体的变形模量相近，它不仅克服了刚性墙存在的上述问题，而且防渗性能也很好。

塑性混凝土是在普通混凝土中掺入了更多黏土或膨润土，水泥用量较少，因而弹性模量和强度更低，是一种柔性墙体材料。塑性混凝土的弹性模量与周围土体的变形模量相近，因而能很好地适应地基的变形，大大地减小了墙体内的应力，避免了开裂。塑性混凝土还能更多地节约水泥。塑性混凝土及塑性混凝土防渗墙的主要特点有以下几个方面[1]：

（1）塑性混凝土可以通过控制其配合比较大幅度地改变变形模量。国内外的试验研究和工程实践表明，通过改变配合比可以使塑性混凝土的变形模量变化范围达50～1000MPa。当确定了与防渗墙最优应力状态相应的变形模量之后，即可通过配合比试验找到与最佳变形模量塑性混凝土相应的配合比。对于绝大多数土体来说，都可以设计出与其变形模量相近的塑性混凝土防渗墙。

（2）塑性混凝土的极限应变值比刚性混凝土大得多，因而抗裂性能好。

（3）在三向受力条件下，塑性混凝土强度提高幅度很大。这将使塑性墙在实际工作状态下安全系数大大提高[2]。

（4）塑性混凝土水泥用量少，造价低。

（5）塑性墙的防渗性能良好，而且随着时间的推移，其防渗效果越来越好。

（6）塑性渗墙施工方法与刚性墙基本相同，但塑性混凝土的和易性更好。

（7）塑性墙抗震性能好于刚性墙。

（8）塑性墙与大坝防渗体连接较简单。

（9）塑性混凝土强度不高，用于临时工程（如围堰等）便于拆除。

国外塑性混凝土防渗墙始于20世纪60年代。20世纪70年代以来，国外对塑性混凝土进行了许多试验研究工作，并修建了一批塑性混凝土防渗墙（参见表9.1），主要用于坝基和土石围堰防渗以及病险坝防渗加固处理。20世纪80年代以来，国际大坝工程界对塑性混凝土防渗墙技术予以很大关注。

我国塑性混凝土防渗墙技术引进于20世纪80年代，最早应用于临时围堰的建造。1990年，基础局在十三陵抽水蓄能电站尾水进口围堰与福建水口水电站主围堰施工中应用了塑性混凝土，揭开了我国塑性混凝土防渗墙的建设序幕。塑性混凝土首次应用于永久性水利工程是在1990年的山西册田水库南副坝除险加固工程中。此后，塑性混凝土防渗墙的建设快速发展，1998年三峡水利枢纽工程二期围堰塑性混凝土防渗墙工程的建成，代表了当时我国塑性混凝土防渗墙技术的最高水平[3]。

进入21世纪，随着水利水电工程建设的持续开展，塑性混凝土防渗墙应用更加广泛，在防渗墙材料性能、检测评价技术、施工配合比和施工工艺等方面形成了成套技术，西藏甲玛沟尾矿库塑性混凝土防渗墙深度达到119m。表9.1为基础局承建的国内部分具有代表性的塑性混凝土防渗墙工程。

表9.1　基础局承建的国内部分具有代表性的塑性混凝土防渗墙工程

工程名称	性质	所在地	建成年份	最大墙深/m	墙厚/m	成墙面积/m^2
十三陵抽水蓄能电站	临时	北京	1990	31.6	0.8	5000
水口水电站主围堰	临时	福建	1990	46.7	0.8	17800
册田水库南副坝	永久	陕西	1991	32.5	0.8	1157
小浪底上游围堰	临时	河南	1994	73.4	0.8	
三峡二期上游围堰	临时	湖北	1998	74.0	0.8/1.0	83450
沙湾水电站围堰	临时	四川	2006	80.0	1.0	60000
岳城水库	永久	河北	2000	56.0	0.8	49000
象山水库	永久	黑龙江	2004	40.0		
汉江遥堤	永久	湖北	2002	20.0	0.3	97565
清水河水库除险加固		新疆	2005	45.2	0.4	6721
紫坪铺上游围堰	临时	四川	2002	34.5		2723
龙泉湖水库		黑龙江	2004	5.0	0.4	3257.2
东大河水库防渗墙		云南	2004	33.2		11630
西营水库大坝加固	永久	甘肃	2003	25.4	0.4	5750.8
拉西瓦水电站围堰	临时	青海	2004	40.0	0.8	7330
白山抽水蓄能泵站		吉林	2004	15.0	1.2	8486.4
冯村水库除险加固	永久	陕西		37.0	0.4	
向家坝围堰	临时	四川	2005	81.8	0.8	51788
石头河水库右坝肩	永久	陕西	2002	71.2	0.8	

续表

工程名称	性质	所在地	建成年份	最大墙深/m	墙厚/m	成墙面积/m²
马厂水库除险加固		安徽	2007	23.45	0.41	8584
街子河水库加固	永久	云南	2004	57.0	0.8	8000
富水水库主坝	永久	湖北	2005	44.0	0.6	5306
溪洛渡水电站围堰防渗墙	临时	四川	2007	上游：52.0 下游：52.2	1.0	上游：4296.12 下游：3356.75
瓦白果水库除险加固		云南	2008	35.0	0.4	3564.9
窄口水库加固	永久	河南	2009	82.3	0.8	9946
瀑布沟水电站坝基防渗	永久	四川	2010	78.0	1.2	677.2
河南龙湖调蓄工程		河南	2010			427442
西藏甲玛沟尾矿库		西藏	2014	119.0		55000

9.2 塑性混凝土防渗墙的试验研究和基本物理力学性能

9.2.1 塑性混凝土的试验研究

自塑性混凝土问世以来，国外工程界以塑性混凝土的配合比为重点进行了大量试验研究工作。在国际大坝会议和第九届国际土力学与基础工程会议上都提出了塑性混凝土的设计配合比，一些大坝工程结合防渗墙设计工作也进行了许多配合比试验，这些工作为塑性混凝土防渗墙技术的发展打下了良好的基础。

国内的试验研究工作虽然比国外晚一二十年，但进展比较迅速。基础局与相关研究单位合作，持续开展试验研究工作，取得了丰硕成果，推动了我国塑性混凝土防渗墙技术的发展。

试验研究工作内容主要有：①塑性混凝土材料静、动力特性研究；②塑性混凝土配合比设计理论研究；③塑性混凝土防渗墙结构静动力分析；④塑性墙结构设计理论和设计方法研究；⑤塑性墙施工工艺和施工方法研究；⑥现场测定、分析塑性墙的防渗性能和墙体的应力应变状态。

9.2.2 塑性混凝土的基本物理力学性能

塑性混凝土的胶凝材料除了水泥之外还有膨润土、黏土等，也可同时掺入这两种材料。按胶凝材料成分的不同，塑性混凝土可分为膨润土混凝土、黏土混凝土和黏土加膨润土混凝土。塑性混凝土的主要物理力学性能如下[4]：

（1）塑性混凝土拌和物的泌水率小于3%，具有良好的稳定性、和易性，施工时不易离析。

（2）坍落度、扩散度随时间增长而减小。

（3）初凝时间为8h左右，终凝时间为48h左右。

(4) 塑性混凝土的容重为2.0～2.2t/m³。

(5) 抗压强度随龄期的增长而加大。

(6) 抗拉强度为抗压强度的1/7～1/12。

(7) 水泥用量对抗压强度和弹性模量的影响最大。在水泥用量不变的条件下，膨润土和黏土的掺量越多则抗压强度和弹性模量越小。

(8) 在水泥和膨润土掺量相同时，使用高标号水泥的塑性混凝土，其抗压强度 R 的增长速率高于弹性模量的增长速率，因而使用高标号水泥对降低模强比 E/R 有利。

(9) 掺入加气剂可提高抗渗性能。

(10) 在外力作用下，塑性混凝土的总变形包括可恢复变形和不可恢复变形两部分。

(11) 塑性混凝土的变形模量随着加荷、卸荷循环次数的增多而加大，趋近于一条渐近线，其斜率为塑性混凝土的弹性模量。

(12) 水泥和膨润土用量越多则抗渗性能越好。渗透系数一般可达 $10^{-6}\sim10^{-9}$ cm/s，抗渗破坏比降可达286。

9.3 塑性混凝土施工技术[6-8]

目前，塑性混凝土防渗墙施工基本与常态混凝土相同，关键是通过施工配合比研究实现设计要求，保障塑性混凝土的质量。塑性混凝土墙体材料与拌和物的主要设计技术指标一般为：1MPa≤抗压强度 R_{28}≤5.0MPa，弹性模量 E_{28}＜2000MPa，弹强比为150～500，渗透系数 $K\leqslant10^{-7}$cm/s，入槽坍落度为18～22cm，扩散度为34～40cm，混凝土密度不宜小于2100kg/cm³。保证塑性混凝土质量的主要因素有以下几个方面：

(1) 砂率。塑性混凝土防渗墙要求和易性好、黏聚性高，有较大的扩散性、良好的水下自密性，一般采用较大砂率来改善和易性，根据相关资料及同类工程经验，从弹强比及和易性来看，砂率不宜小于40%。

(2) 水。拌制塑性混凝土应使用矿物质含量不高，不含泥砂，不含有机质、油质等有害物质，适于饮用的清洁水。用水量的多少关系到混凝土拌和物流动度的大小，增大用水量，即增大水胶比，混合浆就变稀，使浆液黏聚性降低，保水性差，出现泌水现象，反之用水量过少，混合浆过稠，在泵送及浇筑过程中容易发生堵管，不利于施工。所以，单位用水量的确定应该满足水胶比的要求，同时兼顾塑性混凝土的坍落度和扩散度。

(3) 骨料品种。配制塑性混凝土的骨料的细度模数要适中。考虑到细度模数小的砂或石比表面积大，需要较多的胶凝材料才能包裹住砂的表面，水泥用量大。所以，配制塑性混凝土的骨料宜用中粗砂及粗粒石，以降低成本。

骨料品种对常态混凝土的弹性模量影响较大，尤其是粗骨料作为混凝土的骨架，它的弹性模量对混凝土本身的弹性模量有着直接的影响，因此粗骨料的用量和粒径大小对塑性混凝土的强度及变形能力影响显著。其中，对于拌制塑性混凝土，宜选用天然卵石、砾石，以增强流动性；同时，骨料粒径最大应不超过40mm，否则会因石料粒径过大，造成塑性混凝土的强度过大，变形性能明显降低。又考虑到混凝土早期强度低，混凝土硬化不完全，骨料与胶凝材料未形成整体，所以弹强比早期大，在28d后混凝土强度增大，其弹

强比则会降低。综合以上各点，宜在配合比设计中选用粗粒低弹骨料。

（4）水泥。水泥用量的多少是影响塑性混凝土强度和弹强比的关键因素。水泥用量增加后，混凝土强度增高，弹强比下降。混凝土坍落度控制在18～22cm，水泥用量为$160kg/m^3$、$200kg/m^3$、$240kg/m^3$、$280kg/m^3$的塑性混凝土，其28d的相对抗压强度分别为100、99.1、91.9和87.5。塑性混凝土的这种性质，为提高强度降低弹强比创造了有利条件。

（5）膨润土。膨润土具有吸水膨胀软化和失水收缩干裂的特点，它的掺入对塑性混凝土的流动性影响很大，这是因为其矿物成分以强亲水的蒙脱石和伊利石为主，能吸收大量的水，使混凝土配合物中的自由水含量大大减少。

在塑性混凝土中，当膨润土掺量大于20%时，混凝土的强度及弹性模量会随掺量的增大而明显降低，减少墙身刚性应变，增加其柔性，从而适应周围地基的变形，所以膨润土在塑性混凝土中占有很重要的地位。但膨润土掺量不宜过大，否则会造成混凝土强度过低，影响抗渗性。

（6）粉煤灰。试验表明，当粉煤灰掺量在10%～40%时，随粉煤灰掺量的增加，混凝土的弹强比明显下降，显著改善混凝土性能。同时，应用粉煤灰配制塑性混凝土，还可以改善混凝土的长期性能和极限强度，降低混凝土的放热高峰，并且节省水泥用量，降低工程成本，有利于环境保护，降低能耗。

（7）外加剂。在塑性混凝土中，可适量掺加外加剂（如高效减水剂、引气剂、缓凝剂等），有利于改善混凝土的性能，提高强度，降低弹强比，增强抗裂性能。缓凝高效减水剂在混凝土中主要是吸附在水泥离子上，使水泥浆液中的水泥粒子分散，从而增大水泥浆的流动性。虽然减水剂可以降低混凝土的用水量，但是外加剂的掺加也会降低弹性模量，同时还会降低混凝土的强度。因此，选择外加剂及其掺量时应同时观察其拌制的混凝土的和易性、弹性模量及弹强比，一般情况下减水剂掺量为0.5%～1.0%。

（8）塑性混凝土施工配合比。通过对混凝土的砂率、水、骨料品种、水泥品种、黏土、膨润土品种及掺量、外加剂品种及掺量进行材料的正交配比试验，提供满足设计要求的施工用混凝土配合比。其主要技术要点如下：

1）每立方米塑性混凝土水泥用量以100～150kg为宜，最多不超过200kg，对承受水力比降不高的，尤其是临时性的防渗墙，其水泥用量可降至40～100kg。

2）水胶比是影响塑性混凝土性能的主要因素，在满足施工性能的前提下，应尽可能减小水胶比。为提高塑性混凝土的和易性，塑性混凝土的用水量可适当加大。

3）砂率越大，弹性模量越低，一般采用40%以上。

4）一般采用一级配混凝土。

5）优先采用膨润土泥浆，其分散性能好、施工方便，膨润土宜采用二级以上优质膨润土。

6）对于偏远地区或当地黏土资源好，可采用黏土或与膨润土一起使用。

7）配合比试验要考虑混凝土制作方法。

8）为了增加塑性混凝土防渗墙的后期强度和降低其渗透系数，可掺入适量粉煤灰。

塑性混凝土制作与普通混凝土相似，采用优质膨润土时，可通过现场试验，采用干掺方式；采用黏土时，须先制作黏土浆液，采用湿掺方式。

国内部分塑性混凝土防渗墙特性见表 9.2，近年来典型工程案例见 9.4 节和 12.2 节。

表 9.2　　国内部分塑性混凝土防渗墙特性表

工程名称	材料用量/(kg/m³)									物理力学性能		
	水泥	黏土	膨润土	粉煤灰	砂子	石子	水	外加剂	湿容重	抗压强度/MPa	弹性模量/MPa	渗透系数/(cm/s)
十三陵抽水蓄能电站尾水进口围堰	120	240	40		770	630	360		2160	3.67	416	7×10^{-7}
水口水电站主围堰	170	85	40		748	888	275	0.428	2036.7	4.5	823.2	S5
册田水库南副坝	80	140	50		700	740	370		2080	1.17	379	2×10^{-8}
小浪底围堰	150		40		760	910	230		2090	3.8	221	3×10^{-8}
三峡二期主围堰	180		100		1341	72	282	1.0		5.19	1032.7	1×10^{-7}
沙湾水电站围堰	101		101	51	601	1158	215	2.3	2229	2.5	3000	$<10^{-7}$
岳城水库	199	57	28		835	860	245	2.85	2226	5.5		$<10^{-8}$
凤亭河水库	160	125			848	782	275		2190	1.5～3	800～2500	1×10^{-7}
绿荫湖水库	160		80		848	848	260	0.6	2196	2.5	800～1000	1×10^{-8}
象山水库	280	100		80	1341	72	282			4～5	500～700	1×10^{-7}
汉江遥堤	148		52		1006	718	267	1.2		2.0	<1000	1×10^{-7}
紫坪铺上游围堰	170	60	20		837	837	260			7.75	1444	0.9×10^{-7}
天生桥水库	180		180		707	837	274			4.05		S6
西营水库大坝加固	300		54		547	1219	228	1.2	2350	2.0	200～500	S5
拉西瓦水电站围堰			80		320	668	240					
冯村水库除险加固	180		100	80	1347	879	230	0.88				
向家坝围堰	170	80			886	886	220	1.55		4.0	500～700	1×10^{-7}

续表

工程名称	材料用量/(kg/m³)									物理力学性能		
	水泥	黏土	膨润土	粉煤灰	砂子	石子	水	外加剂	湿容重	抗压强度/MPa	弹性模量/MPa	渗透系数/(cm/s)
石头河水库右坝肩	200		70		845	845	245	0.67		>3.0	500～800	
长潭大坝加固	245		163		810	810	265	7.75		>5.0	<1200	1×10^{-7}
富水水库主坝	43		450		717		450					9.7×10^{-6}
瀑布沟电站坝基防渗	252			168	815		252			>12		
向家坝一期围堰	203		80		974	797	212	2.4	2266	4～6	500～700	$i\times10^{-7}$
溪洛渡围堰	185	80	40	100	652	887	252	5.06	2198	>5	<2000	$i\times10^{-7}$
西藏甲玛沟尾矿库	170	70			899.25	881	252	2.4	2100	>5	<1500	5×10^{-7}

9.4 塑性混凝土工程案例

9.4.1 向家坝水电站一期围堰工程

9.4.1.1 基本情况

向家坝水电站位于四川省宜宾县与云南省水富县交界的金沙江下游河段，是金沙江河段规划的最末一个梯级电站，电站总装机容量为6000MW。工程枢纽由拦河大坝、泄水建筑物、左岸坝后厂房、右岸地下厂房、左岸垂直升船机和两岸灌溉取水口等组成[9]。

工程施工导流采用分一、二期导流方式，一期围堰采用塑性混凝土防渗。防渗墙工程最大墙深为81.80m，墙厚为0.8m，成墙面积为51788m²。塑性混凝土防渗墙墙体材料主要设计指标如下：

抗压强度：$R_{28}\geqslant4\sim6$MPa，墙高大于30m时，R_{28}以6MPa控制。

初始切线模量：$E_0=500\sim700$MPa（大值允许1500MPa）。

渗透系数：$K_{28}\leqslant i\times10^{-7}$cm/s。

出机口坍落度：20～24cm。

浇筑时材料坍落度：初始18～22cm（保持在15cm以上的时间不小于1h）。

扩散度：34～40cm。

拌和析水率：<3%。

初凝时间：≥6h。

终凝时间：≤24h。

9.4.1.2 塑性混凝土施工

(1) 混凝土原材料。混凝土原材料如下：

水泥：选用 P·O32.5 普通硅酸盐或硅酸盐水泥。

粗骨料：选用金沙江天然砂卵石、砾石混合料，最大粒径小于 40mm，含泥量不大于 1%，饱和面干吸水率不大于 1.50%。

细骨料：选用金沙江中河砂，细度模数为 1.7～2.6，含泥量不大于 1%，饱和面干吸水率不大于 1.60%。

膨润土：采用四川雅安产膨润土。

水：采用金沙江渗透过滤净水。

外加剂：采用 FDN－OR 高效缓凝型减水剂。

(2) 混凝土配合比。根据室内和现场配合比试验，塑性混凝土配合比见表 9.3。因前期混凝土取样检测成果显示，混凝土 28d 抗压强度稍高，故后期稍降低水泥用量并提高砂率至 55%。

表 9.3　　塑性混凝土配合比

名称		设计强度/MPa	水胶比	砂率/%	$1m^3$ 混凝土材料用量/kg					
					胶凝材料		水	砂	石	外加剂
					水泥	膨润土				
塑性混凝土	前期	4.0	0.85	50	178	80	220	886	886	1.55
		6.0	0.76		211	80	220	873	873	1.744
	后期	4.0	0.85	55	172	80	212	989	809	1.550
		6.0	0.76		203	80	212	974	797	1.744

(3) 混凝土拌和及运输。该工程采用 3 台 JS－750 型和 1 台 JS－500 型双卧轴强制式搅拌机配合 PL1200 型配料机建立混凝土拌和站。其生产能力为 $75m^3/h$。

砂、石骨料采用 ZL30 型装载机分别装入 PL1200 型电子秤配料机的储料仓，水泥以袋装倒入，外加剂或其水溶液以专用量具加入，水以继电器自动控制加量。

全部材料加入后按照设计转速强制搅拌 30s 后即可卸料。

运输混凝土采用 2 辆 $6m^3$ 和 2 辆 $8m^3$ 混凝土搅拌车。混凝土浇筑高峰期各增加 2 辆混凝土搅拌车。

(4) 混凝土浇筑导管和导管下设。

1) 混凝土浇筑导管采用快速丝扣连接的 ϕ250mm 钢管，在每套导管的上部和底节管以上部位设置数节长度为 0.3～1.0m 的短管，导管接头设有悬挂设施。

2) 导管使用前做调直检查和压水试验。导管使用 3～5 次应进行压水试验一次。

3) 孔口支撑架用型钢制作，其承载力大于混凝土充满导管时总质量的 2.5 倍以上。

4) 导管下设前需配管和制作配管图。

5) 导管按照配管图依次下设，每个槽段布设 2～3 套导管，导管下设套数按槽长和以下要求确定：一期槽端距离导管不大于 1.5m，二期槽端距离导管不大于 1.0m，导管间距不大于 4.0m。

（5）混凝土开浇、入仓。

1）混凝土搅拌车运送混凝土卸入槽口储料-分料斗，由其分流到各溜槽进入导管顶部料斗。

2）混凝土开浇采用压球法，每个导管均下入隔离塞球。开始浇筑混凝土前，先在导管内注入适量的水泥砂浆，并准备好足够数量的混凝土，以使隔离的球塞被挤出后，能将导管底端埋入混凝土 1.0m 以上。

（6）混凝土浇筑过程控制。采用“泥浆下直升导管法”浇筑和“压球满管法”开浇。每个导管均下入隔离塞球。开始浇筑混凝土前，先在导管内注入 $3m^3$ 水泥砂浆，并准备好 2 辆混凝土搅拌车的混凝土，以使隔离的球塞被挤出后，能将导管底端埋入混凝土 1.0m 以上；导管埋入混凝土内的深度保持在 1～6m，最大深度不超过 8.0m；槽孔内混凝土面应均匀上升，其高差控制在 0.5m 以内。开浇从底部最深的导管开始。混凝土必须连续浇筑，混凝土面上升速度不小于 3～5m/h。

进入终浇阶段后及时拆卸导管，勤拆少拆，适当减少导管埋深，经常上下活动导管，增加测量混凝土面深度的频次，及时调整各根导管的混凝土注入量；采用木棍等硬杆探测混凝土面；槽内插入软管，采用清水和分散剂稀释孔内泥浆等措施保证顶部混凝土质量。

9.4.2 溪洛渡水电站围堰工程

9.4.2.1 基本情况

溪洛渡水电站位于四川省雷波县与云南省永善县接壤的金沙江溪洛渡峡谷中，下游距宜宾市 184km（河道里程），左岸距四川省雷波县城约 15km，右岸距云南省永善县城约 8km，总装机容量为 12600MW。电站枢纽由拦河大坝、泄洪建筑物、引水发电建筑物等组成。拦河大坝为混凝土双曲拱坝，最大坝高为 278.00m[10]。

溪洛渡上、下游围堰堰基覆盖层（包括堰体填筑料）防渗采用塑性混凝土防渗墙，塑性混凝土防渗墙最大深度为 52.0m，厚度为 1.0m，防渗面积为 $7652.87m^2$。塑性混凝土防渗墙墙体材料主要设计指标见表 9.4。

表 9.4　　塑性混凝土防渗墙墙体材料主要设计指标表

项　目	性能指标	项　目	性能指标
28d 抗压强度/MPa	≥5	28d 弹性模量/MPa	≤2000
28d 抗拉强度/MPa	≥0.5	28d 渗透系数/(cm/s)	$\leq i\times10^{-7}$

9.4.2.2 塑性混凝土施工

（1）塑性混凝土配合比。混凝土防渗墙工程正式开工前，按技术文件和施工图纸要求进行塑性混凝土室内和现场配合比试验，围堰防渗墙施工中实际采用了两种塑性混凝土配合比，见表 9.5。

围堰防渗墙浇筑初期因遇冬季严寒天气和南方雪灾，湖南澧县膨润土无法按时供应，按监理要求及时补做了四川名山膨润土的塑性混凝土配合比试验，故前期浇筑的 14 个槽段（即 S01、S25、S26、X00、X01、X03、X07、X11、X12、X13、X15、X18、X19、X20）采用了配合比 1 的塑性混凝土，而其他剩余的 33 个槽孔采用了配合比 2 的塑性混凝土。

表 9.5　　围堰防渗墙塑性混凝土配合比表　　单位：kg

配合比	胶凝材料				水	骨料		外加剂		备　注
	水泥	粉煤灰	膨润土	黏土粉		砂	小石	JM-PCA	AIR202	
配比 1	175	100	60	80	241	795	754	4.98	0.042	四川名山膨润土
配比 2	185	100	40	80	252	652	887	4.86	0.2025	湖南澧县膨润土

（2）混凝土拌和及运输。根据招投标文件要求，防渗墙浇筑采用商品塑性混凝土，由右岸水电武警塘房坪混凝土拌和楼拌制混凝土，采用 $8m^3$ 混凝土搅拌车运输到施工现场槽孔前的储料槽内。

（3）混凝土浇筑导管和导管下设。

1）浇筑导管。

a. 混凝土浇筑导管采用快速丝扣连接的 ϕ250mm 钢管，导管接头设有悬挂设施。

b. 导管使用前做调直检查、压水试验、圆度检验、磨损度检验和焊接检验，检验合格的导管做上醒目的标识，不合格的导管不予使用。

c. 导管在孔口的支撑架用型钢制作，其承载力大于混凝土充满导管时总质量的 2.5 倍以上。

2）导管下设。

a. 导管下设前需配管和制作配管图，配管应符合规范要求。

b. 导管按照配管图依次下设，导管距槽孔端部或接头管壁距离保持在 1.0～1.5m，导管间距不得大于 5.0m，当孔底高差大于 25cm 时，导管中心置放在该导管控制范围内的最低处。导管底口距槽底距离控制在 15～25cm。

3）混凝土开浇及入仓。

a. 混凝土搅拌车运送混凝土至槽孔前储料罐，再分流到各溜槽进入导管。

b. 混凝土开浇采用压球法，每个导管均下入隔离塞球。开始浇筑混凝土前，先在导管内注入适量的水泥砂浆，并准备好足够数量的混凝土，以使隔离的球塞被挤出后，能将导管底端埋入混凝土内。

c. 混凝土必须连续浇筑，槽孔内混凝土面上升速度不得小于 2m/h，并连续上升至高于设计规定的墙顶高程 0.50m 以上。

（4）浇筑过程的控制。

1）导管埋入混凝土内的深度保持在 1～6m，以免泥浆进入导管内。

2）槽孔内混凝土面应均匀上升，其高差控制在 0.5m 以内。每 30min 测量一次混凝土面，每 2h 测定一次导管内混凝土面，在开浇和结尾时适当增加测量次数。

3）严禁不合格的混凝土进入槽孔内。

4）浇筑混凝土时，孔口设置盖板，防止混凝土散落槽孔内。槽孔底部高低不平时，从低处浇起。

5）混凝土浇筑时，在机口或槽孔口入口处随机取样，检验混凝土的物理力学性能指标。

9.4.3 沙湾水电站一期围堰工程

9.4.3.1 基本情况

沙湾水电站位于四川省乐山市沙湾区葫芦镇，为大渡河干流下游梯级开发中的第一级电站。该工程以发电为主，兼顾灌溉和航运功能。电站装机容量为480MW，额定水头为24.5m。河床式厂房后接长9015m的尾水渠，尾水渠利用落差为14.5m。

沙湾水电站一期围堰防渗墙轴线总长度为998.83m，其中上游围堰长358.84m，纵向围堰长567.66m，下游围堰长72.33m。沙湾水电站一期围堰补强防渗墙共计完成造孔进尺61514m^2，混凝土浇筑73000m^3，拔管11572m，预灌浓浆14000m[11]。

围堰墙体材料采用塑性混凝土，28d抗压强度不小于5MPa，变形模量不大于1500MPa，抗折强度$f_{28} \geqslant 1.5$MPa，渗透系数$K \leqslant i \times 10^{-7}$cm/s，允许渗透坡降不小于80。设计墙厚1.0m，最大墙深80.50m，平均墙深61m。墙体穿过岩溶角砾岩（5.5～31.1m），深入泥质白云岩0.5m；若无岩溶角砾岩，墙体穿过覆盖层深入灰岩1.0 m。

9.4.3.2 塑性混凝土施工

通过设计和试验，施工中采用的两个配合比（一级配、二级配）见表9.6。

表9.6 沙湾水电站补强防渗墙塑性混凝土施工配合比 单位：kg/m^3

混凝土种类	水	水泥	膨润土	砂	小石	中石	减水剂	引气剂
一级配	219	230	70	1033	618		1.80	0.026
二级配	235	210	70	1000	578	145	1.82	0.035

防渗墙混凝土浇筑采用泥浆下直升导管法。开浇前先在导管内注入适量的水泥砂浆，并准备好足够数量的混凝土，以使隔离的球塞被挤出后，能将导管底端埋入混凝土内。

依据从深至浅的顺序逐根浇筑导管。开浇时用测绳和测饼随时监测槽孔内混凝土面深度；当混凝土面深度比某根导管管底处的深度小10cm左右时，此处导管开浇。

开浇后严格控制混凝土面的高差和导管埋深以防混浆；各导管保持均匀进料，控制好进料速度，定时定点测量混凝土面深度，做好导管拆卸记录，防止产生“压气”和漫溢现象。临近终浇时要及时确定还需搅拌的混凝土量，并及时通知拌和站。设计浇筑高程为距导墙顶部1.0m，为保证墙顶混凝土质量，实际终浇高程按距导墙顶部0.5m控制。

9.4.3.3 塑性混凝土质量及墙体质量

（1）混凝土施工性能。每次浇筑混凝土时，拌和站和浇筑现场分别由试验人员检查混凝土的坍落度、扩散度、坍落度损失和含气量等指标。前两项指标每6～8车抽检一次，当混凝土拌和料性能不稳定时，加密抽检，发现问题及时通知拌和站。190个槽段混凝土施工性能检测数据统计成果见表9.7。

表9.7 混凝土施工性能检测数据统计成果表

项　目	坍落度	扩散度	1.5h后的坍落度	含气量
检测总次数	1174	1174	190	190
偏小次数	0	0	0	0

续表

项　目	坍落度	扩散度	1.5h后的坍落度	含气量
偏大次数	0	0	—	0
最大值	220mm	400mm	210mm	4.6%
最小值	180mm	340mm	150mm	3.6%

（2）塑性混凝土机口取样成型试件检验结果见表9.8。

表9.8　塑性混凝土机口取样成型试件检验结果

项　目	最大值	最小值	平均值	备　注
渗透系数/(cm/s)	7.74×10^{-9}	4.65×10^{-9}	6.05×10^{-9}	符合设计要求
抗压强度/MPa	10.6	5.3	8.3	符合设计要求
抗折强度/MPa	1.98	1.80	1.89	符合设计要求
弹性模量/MPa	2910	1910	2415	稍大于设计值

抗压强度离差系数 $C_v=0.117$，保证率 $P=100\%$，施工质量控制水平达到优良标准。

试验结果表明弹性模量数值偏大，要满足抗压强度不小于5MPa的要求，弹性模量很难控制在1500MPa以内；但弹强比仍在塑性混凝土的范围之内，基本符合设计要求。成墙后检查孔芯样的弹性模量大部分在3200～3700MPa，大于孔口取样试件的弹性模量。

弹性模量偏大的主要原因：一是塑性混凝土的设计强度与设计弹性模量不完全匹配；二是水下浇筑混凝土的施工配制强度要求高于同等级的地上浇筑混凝土；三是水泥掺量较多，膨润土掺量较少。如何在强度满足要求的前提下，进一步降低塑性混凝土的弹性模量和弹强比是今后需要继续研究的课题。

（3）墙体钻孔检查。此次共布置墙体检查孔9个、接缝检查孔1个，累计完成钻孔进尺571.05m。钻孔取芯率达到99%以上，芯样均匀、密实。完成注水试验106段。10个检查孔注水试验的结果表明墙体渗透系数 K 均满足设计要求。

（4）无损检测。防渗墙完工后，中国水电顾问集团贵阳勘测设计研究院物探分院对该防渗墙使用高密度电测法进行了墙体缺陷检查，探测部位长度上游围堰为280m，纵向围堰为567m，下游围堰为62m，总长度为909m。探测数据分析成果表明防渗墙整体密实，无夹泥现象。

9.4.3.4　施工质量评定

该工程单元质量评定标准采用《水电水利基本建设工程　单元工程质量等级评定标准第1部分：土建工程》（DL/T 5113.1—2005）。该工程单元工程190个，合格190个，合格率100%，优良177个，优良率93.15%；分部工程1个，合格1个，合格率100%，优良1个，优良率100%，该工程质量经评定达到优良[12]。

参　考　文　献

［1］　陈赓仪．我国水工混凝土防渗墙技术的应用和发展［C］//2002年水利水电地基与基础工程学术

会议论文集，2002.

[2] 王清友，孙万功，熊欢. 塑性混凝土防渗墙 [M]. 北京：中国水利水电出版社，2008.

[3] 刘志红. 浅谈塑性混凝土防渗墙在水利水电工程中的应用 [J]. 水利技术监督，2000 (3)：22-25.

[4] 肖树斌. 塑性混凝土防渗墙的抗渗性和耐久性 [J]. 水力发电，1999 (11)：24-27.

[5] 李文林. 塑性混凝土防渗墙技术综述 [J]. 水利水电工程设计，1995 (3)：54-59.

[6] 周传弘，王威. 简述塑性混凝土防渗墙墙体材料 [J]. 黑龙江水利科技，2003 (4)：84-85.

[7] 吴大成，蒋浩江. 浅谈原材料对塑性混凝土性质的影响 [C] //中国水利水电地基与基础工程专业委员会，中国岩石力学与工程学会锚固与注浆分会. 地基基础工程与锚固注浆技术：2009年地基基础工程与锚固注浆技术研讨会论文集，2009.

[8] 李丽，陆作海，范佳，等. 对防渗墙塑性混凝土弹性模量的讨论 [C] //中国水利水电地基与基础工程专业委员会，中国岩石力学与工程学会锚固与注浆分会. 地基基础工程与锚固注浆技术：2009年地基基础工程与锚固注浆技术研讨会论文集，2009.

[9] 程频，田学良，黄灿新. 向家坝水电站塑性混凝土防渗墙施工 [C] //水利水电地基与基础工程技术论文集，2006.

[10] 张世荣，田学良. 溪洛渡水电站上下游围堰防渗墙施工 [C] //水利水电地基与基础工程技术论文集，2008.

[11] 蒋成明. 塑性混凝土薄壁防渗墙施工技术在沙湾水电站的应用 [J]. 四川水利，2009 (1)：12-15.

[12] 熊欢，王清友，高希章，等. 沙湾水电站一期围堰塑性混凝土防渗墙应力变形分析 [J]. 水力发电学报，2010 (2)：197-203，189.

应用篇

第10章 旁多水利枢纽超深与复杂地质条件防渗墙工程

10.1 概述

西藏旁多水利枢纽大坝坝基防渗墙工程是世界上目前已建防渗墙最深的工程。本书所介绍的重型钢丝绳抓斗与配套机具、重型冲击钻机与液压抓斗、大体积泥浆自动搅拌系统、超深防渗墙槽孔施工工法体系、新型防渗墙正电胶固壁泥浆、防渗墙接头管接头技术、气举法清孔换浆技术、泥浆下混凝土浇筑技术和防渗墙墙内预埋灌浆管技术等[1-4]都在该工程中得到了应用。针对施工中发现的复杂恶劣地质条件，如松散易塌孔地层、粉细砂层、孤石层等取得了众多防渗墙专项施工技术，创造了防渗墙连续成槽、气举法清孔换浆、泥浆下混凝土浇筑、防渗墙墙内预埋灌浆管和接头管拔管最大深度158m，以及单槽试验槽孔201m的新纪录，标志着我国200m级防渗墙施工技术已经成熟[5-9]。防渗墙工程于2009年9月开工，2013年6月28日全部完成。该枢纽工程已于2013年10月正式投产运行，防渗墙工程质量优良[10-13]。

10.2 工程概况与技术难点

旁多水利枢纽位于西藏自治区林周县旁多乡下游1.5km处的拉萨河干流上，是一项具有综合利用要求的大型水利工程[14]，工程任务以灌溉、发电为主，兼顾防洪和供水。水库总库容为12.3亿m^3，水库具有年调节性能，电站装机容量为160MW[15]。

旁多水利枢纽主要由碾压式沥青混凝土心墙砂砾石坝、泄洪洞及泄洪兼导流洞、发电引水系统、发电厂房和灌溉输水洞等组成，最大坝高为72.30m。坝基防渗采用混凝土防渗墙，防渗墙轴线长1073m，墙厚1.0m，设计成墙面积为12.5万m^2[16]。

坝址区河流流向为SE向，河谷底宽约700m，河水面宽100～110m，水深1～3m。正常蓄水位4095.00m时，谷宽1020m，河谷呈不对称U形。河床靠近右岸，右岸漫滩、阶地发育不完整。左岸漫滩发育，宽约550m，Ⅲ级阶地明显，阶地前缘分别高出河水面7m、14m和38m。河床部位岩体多为弱透水岩体，局部为中等透水岩体，右岸坝肩0～10m为中等透水岩体，10m以下为弱透水岩体。

右岸山坡覆盖层不厚，基岩为闪长玢岩、熔结凝灰岩，熔结凝灰岩出露于山体坡脚，闪长玢岩与熔结凝灰岩呈熔融接触，中等风化带厚度为30～120m。地下水埋藏3～80m。闪长玢岩透水率$q=3\sim10$Lu，熔结凝灰岩透水率$q<3$Lu。右岸坝头有f_4断层，断层宽

5～25cm，破碎带由碎裂岩和黄褐色断层泥组成，该断层为顺坡向逆断层[17]。

坝轴线防渗墙覆盖层厚10～150m，主要为冲积卵石混合土（Q_4^{al}）和混合土碎（块）石、碎（块）石混合土（Q_4^{dl+pl}）、冲积卵石混合土上（Q_3^{al}）、冰水积卵石混合土（Q_2^{fgl}）等，基岩为闪长玢岩、花岗岩等，花岗岩与闪长玢岩呈熔融接触，中等风化带厚度为30～120m[18-20]。

西藏旁多水利枢纽大坝基础混凝土防渗墙为整个大坝工程的关键，具有墙深量大、地质条件复杂等众多施工技术难点，高海拔（4100m）、高寒、缺氧、工程量大（约10.5万m^2）、地层复杂［冲积、冰水积卵石混合土层，坡积（孤）块石层，冲积孤石透镜体，粉细砂透镜体等］、施工难度大（深度达150m）、预埋管下设垂直度不易控制（预埋管深度达到150m）、工期紧等特点。其施工难点及关键技术问题主要表现在以下几个方面：

（1）该工程防渗墙深度比以往工程又大幅提高，造孔工效会大幅降低，孔斜难以控制，防渗墙施工设备需要通过研制和改进，全面提升施工能力。同时给接头管施工、清孔换浆、混凝土浇筑和墙内预埋墙下帷幕灌浆管施工等带来新的挑战。

（2）防渗墙地层中，存在有大范围强漏失地层，如覆盖层上部冲积卵石混合土层渗透系数K为10^{-1}级，具有强透水性，下部冰水积卵石混合土层渗透系数K为10^{-4}～10^{-2}级，为中等透水层，防渗墙施工极易产生严重的漏浆继而发生塌孔现象。特别是在孔深22～38m范围内，存在粉细砂层，很难控制其液化、坍塌。

（3）冲积卵石混合土层内以直径30～40cm卵石为主，且局部夹有直径1.3m以上的大块径孤石，限制了抓斗等高效设备在该工程中的应用，制约了防渗墙成槽施工工效，同时槽孔安全度降低，形成安全隐患。

（4）该工程地处高海拔（4100m）、高寒、缺氧地区，设备出力会受到明显影响，人员施工也将面临较大困难。

旁多防渗墙工程施工现场如图10.1所示。

图10.1　旁多防渗墙工程施工现场图

10.3　造孔成槽

10.3.1　造孔成槽施工方案

该工程墙深量大，强漏失地层、大孤石地层造孔成槽困难，高原缺氧地区施工工效低，设备需求量大，按照第3章介绍的成槽施工方案优化组合综合比选方法，采用钻机与液压抓斗、钢丝绳抓斗相互配合的造孔成槽施工方案，充分发挥各种设备的优势，有效提升施工效率[21]。

10.3.2　造孔成槽施工工艺研究改进

基于工程特点和设备组合，该工程造孔成槽施工工艺以“钻抓法”施工工法技术为

主，在 100m 以上深度防渗墙工程中开展适应性研究的同时，进行了优化。

对于覆盖层地层中大漂石地层较少、深度较小的槽孔，尽可能采用“两钻一抓法”“两钻三抓法”“上抓下钻法”施工，最大限度地发挥抓斗的作用，工效最高。

对于大漂石地层范围大的槽孔，用钻劈法穿透 30m 左右漂、孤石层后，再采用钻抓法施工下部地层。

在“钻抓法”的基础上，在抓斗抓取副孔施工中，研发了“回填抓取法”“加打主孔法”等配套施工工法。

(1)“回填抓取法”。根据工作方式不同，抓斗分为液压抓斗和钢丝绳抓斗（又称为机械抓斗）。无论是液压抓斗还是机械抓斗，决定其工效的因素主要有：①斗体自重；②斗体闭合力；③地层性状。对于机械抓斗而言，其切削地层（土体）能力主要体现在斗体自重，自重越大，其切削地层能力越强，工效越高；对于液压抓斗而言，其切削地层能力主要体现在斗体闭合力，这个闭合力由液压系统提供。这就得出一个基本研究方向：在斗体自重及斗体闭合力不变的情况下，决定抓斗工效的因素取决于地层性状。地层松软，少有或没有漂、孤石等，抓斗工效则高，相反则低。

在以往众多砂卵石地层施工防渗墙工程实例中，均是冲击钻造完主孔后直接用抓斗抓取副孔。在抓斗抓取副孔过程中，副孔中的漂卵石掉入已造好的主孔中，当掉入主孔中的漂卵石与副孔深度相同时，抓取难度极大，往往是再由冲击钻机打回填，达到一定深度后，再由抓斗施工。如此反复，抓斗工效极低，甚至无法继续施工。在泸定坝基防渗墙、向家坝一期围堰防渗墙等大型工程施工中都遇到了此类问题。

由此可见，改变主孔地层性状是提高抓斗工效的有效途径。为此，在研究中，将已造好的主孔回填壤土或钻屑，使主孔中不存在抓斗难以抓取的漂卵石，形成了“回填抓取法”施工工法技术。这样，通过改变主孔中地层的颗粒组成和地层性状，大大提高了抓斗切削土体能力，使抓斗工效显著提高。经试验对比，主孔回填与不回填钻屑工效相差1.5～2.0 倍。

将抓斗向侧下方的切削力设为 E_1，抓斗因遇土体阻力而上浮的力设为 E_2。当主孔中回填钻屑后，同样质量和闭合力的斗体由于钻屑松软，使得其切削力 E_1 显著增加，上浮力 E_2 明显减小［图 10.2 (a)］，此时，斗体向侧下方切削力远大于上浮力，即 $E_1 \gg E_2$；当因抓取副孔而使主孔中填满漂卵石时，斗体向侧下方切削力 E_1 显著减小，而上浮力 E_2 增加［图 10.2 (b)］，此时，斗体向侧下方切削力与上浮力近似，即 $E_1 \geqslant E_2$。由此可见，通过主孔中回填钻屑并改变地层颗粒组成和性状，可显著提高斗体切

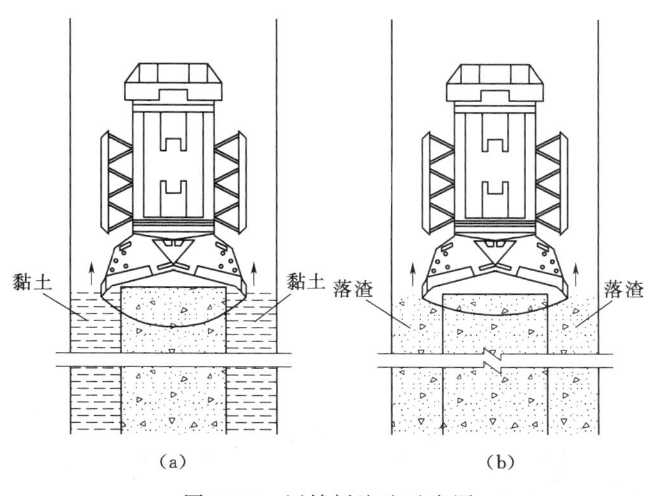

图 10.2　回填抓取法示意图

削土体能力和抓斗工效。

(2)“加打主孔法”。当地层孤、漂（块）石较多时，抓斗抓取副孔工效较低，采用钻机在副孔中部加打一主孔，穿过含孤、漂（块）石地层，进行地层预破碎后，然后再由液压（钢丝绳）抓斗抓取副孔覆盖层至基岩表面，最后由钻机施工副孔基岩部分，此工法对于大比例孤、漂（块）石地层深防渗墙施工十分适用。

10.3.3 槽段划分

根据工程特性，综合考虑地层、墙体深度、设备能力等，该防渗墙槽段划分有以下3种形式。

(1) 0+422～0+755段防渗墙，采用“钻抓法”施工，槽孔深，槽段划分采用“一期小槽、二期大槽”的原则，即一期槽槽长为4m，分为2个主孔和1个副孔，主孔为1.0m，副孔为2.0m；二期槽槽长为7.0m，分为3个主孔和2个副孔，主孔为1.0m，副孔为2.0m。该段防渗墙典型槽段划分如图10.3所示。

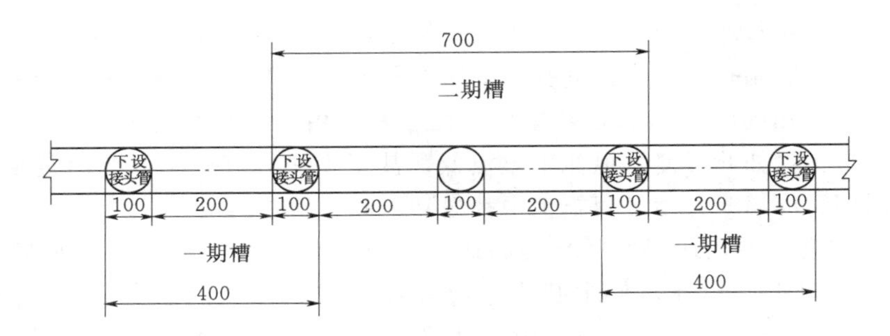

图10.3 0+422～0+755段防渗墙典型槽段划分图（单位：cm）

(2) 0+146～0+422段防渗墙，槽孔深度较小，为加快进度，槽段划分一、二期槽段长度均为7m，主孔为2m，副孔为2.0m。该段防渗墙典型槽段划分如图10.4所示。

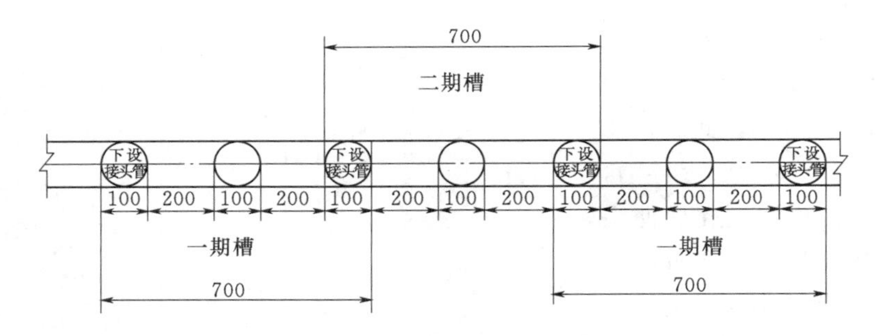

图10.4 0+146～0+422段防渗墙典型槽段划分图（单位：cm）

(3) 剩下的山坡台阶段防渗墙，由于场地限制不便于大型抓斗展开施工。二期河床段防渗墙，因地质条件相对复杂也不宜做大槽孔。两者槽段长度均划为6.6m，主孔为1m，副孔为1.8m。山坡台阶与河床段防渗墙典型槽段划分如图10.5所示。

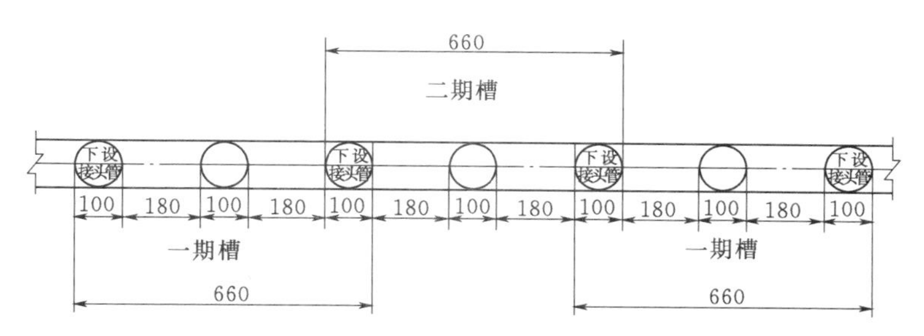

图 10.5　山坡台阶与河床段防渗墙典型槽段划分图（单位：cm）

10.4　施工设备与机具

设备能力是满足 150m 深墙施工的基本保障。根据地层地质条件，该工程配置的防渗墙钻孔挖槽主要施工机具为：利勃海尔 HS875HD 重型钢丝绳抓斗、HS885HD 重型钢丝绳抓斗、HS843HD 型钢丝绳抓斗，金泰 SG40 重型液压抓斗，CZ－A、ZZ－6A 型冲击钻机，YBJ－800/960 型大口径全液压拔管机。

在该工程开展了重型钢丝绳抓斗与配套机具研制、重型冲击钻机与液压抓斗能力提升研究改造等工作，研发与改造后的主要施工设备技术参数如下：

（1）HS875HD 重型钢丝绳抓斗。最大提升力为 60tf，杆长 50m，斗体质量为 23t，具备 200m 深槽的施工能力。

（2）SG40 重型液压抓斗。额定抓取深度为 60m，经改进后实际最大施工深度为 106m，已经接近设计能力的 2 倍。通常情况，在这种地质条件下最大抓取深度只有 40～50m。

（3）HS843HD 型钢丝绳抓斗。最大提升力为 50tf，实际杆长 19m，施工时最大深度为 152m。

（4）CZ－A、ZZ－6A 型冲击钻机。钻头最大质量可达到 8t，最大冲程达 1.0m，施工时最大深度为 201m。在砂卵石地层中，已经接近其施工能力极限。

（5）YBJ－800/960 型大口径全液压拔管机。最大起拔力为 17kN，最大起拔深度为 200m，最大口径为 1000mm。

旁多水利枢纽墙深量大，工期紧、钻机数量多、泥浆用量大，复杂地质地层常常伴有漏浆，清孔换浆标准高，置换新浆量大，其用浆量更是呈量级增长，传统泥浆集中制备系统凸显出许多不适应和不足，如搅拌机容量小、自动化程度低、完全依靠人工上料、配合比误差大、泥浆质量差、制浆速度慢、需要较多的人工和设备占地面积大等，很难适应大规模生产造孔泥浆的需要。

为配合西藏旁多水利枢纽坝基防渗墙施工，研制了大体积泥浆自动搅拌系统，该系统主要由大体积储料罐和大容量高速泥浆搅拌机组成，配以先进的电子称量和自动控制装置，实现了上料、配料 、称重 、搅拌 、放浆全过程的自动化，日生产能力达到 840m^3，保证了旁多工程 86 台钻机和 6 台抓斗施工的需要，生产的正电胶泥浆性能满足工程要求，提高了装备化、集约化与自动化水平。泥浆自动搅拌系统总体布置如图 10.6 所示。

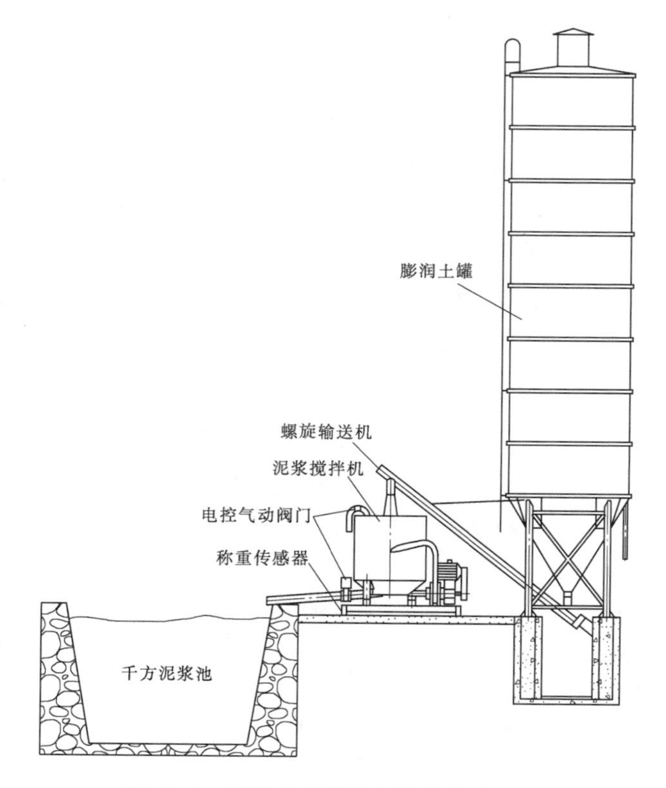

图 10.6　泥浆自动搅拌系统总体布置图

10.5　新型防渗墙正电胶固壁泥浆研究与应用

10.5.1　研究概况

固壁泥浆技术是混凝土防渗墙施工中的重要组成部分。随着钻遇地层的复杂和施工难度的增大，固壁泥浆技术在稳定孔壁、防止坍塌，携带和悬浮钻屑，拓展液压铣槽机、抓斗、冲击反循环钻机等优良设备及气举反循环清孔工艺的适用范围，提高工效等方面起着重要的作用。

长期以来，国内外在防渗墙施工中仍然沿用早在20世纪60—70年代使用的分散型固壁泥浆，即由淡水、膨润土或黏土和起分散作用的处理剂组成。常用的处理剂主要是纯碱、烧碱及起降滤失作用的羧甲基纤维素（CMC）等。该类泥浆在覆盖层比较薄、墙体较浅、地层比较稳定的防渗墙施工中尚可满足要求。但我国西部许多工程地基覆盖层深厚，地层复杂，防渗墙深度很大，孔壁不稳定问题严重。主要问题是：①泥浆抑制性差，不能有效控制地层水化膨胀，特别是对于砂质含量高、渗透性强、结构松散的地层，容易引起垮塌；②泥浆性能不稳定，抗污染能力差，在造孔过程中，容易受孔壁地层和钙、镁离子等的污染，使泥浆流变性和滤失性遭到破坏而失去悬浮稳定性，造孔、清孔困难；

③由于分散体系颗粒比较细，特别是粒径小于 1μm 亚微米颗粒所占的比例相当高，使用时对提高造孔速度、加快施工进度不利；④由于泥浆中加入大量烧碱、纯碱等，对自然环境带来不利影响。因此，研制或筛选出环保的并能适应各种复杂地层的新型环保固壁泥浆已迫在眉睫。此前，虽多次在防渗墙工程中试验性使用过聚丙烯酰胺为主剂的高分子聚合物材料，并取得一定成效，但由于其成本高，且受槽孔深度、施工设备制约，难以适应深厚复杂覆盖层的防渗墙施工。

目前，石油勘探钻井界已研制出数十种处理剂，但大多着眼于泥页岩、高盐钙地层等，专门针对砂层、砂砾石层和漂、孤石层等松散地层的处理剂甚少。在旁多工程之前，本书依托田湾河、泸定工程，进行了新型防渗墙正电胶泥浆的试验研究，并应用于工程，在该工程中，本书通过试验和机理研究，系统开展了新型泥浆的研究，并在最大深度 158m 的防渗墙工程中全面应用。

10.5.2 固壁泥浆处理剂研究选择

西藏旁多水利枢纽坝基覆盖层最大深度为 420m，地质条件复杂，几乎涵盖了防渗墙施工中遇到过的各种特殊地层，如强漏失漂（卵）石层、孤石层、坡积块石堆积层以及细砂-粉细砂层等。为了在防渗墙施工中稳妥地穿越特殊地层，保证墙体质量，对多种处理剂进行了优选，如 KPAM 粉剂、80A51－223 粉剂、乳化 HP、正电胶等。通过试验研究，加入正电胶的泥浆可较好地解决深厚复杂覆盖层防渗墙施工过程中的孔壁稳定及携带、悬浮岩屑等重要问题。

10.5.3 正电胶的化学组成与特性

正电胶是混合金属层状氧化物的简称。由于其胶体颗粒带永久正电荷，所以统称为正电胶。以正电胶为主剂配制的浆液称为正电胶浆液。

（1）化学组成和晶体结构。正电胶主要是由二价金属离子和三价金属离分子组成的具有类水滑石层状结构的氢氧化物。现场应用的正电胶主要是铝镁氢氧化物正电胶（Al－MgMMH），也可称为氢氧化铝镁正电胶，主要成分是 Mg^{2+}、Al^{3+}、OH^{-} 和 Cl^{+}。基本构造单元是镁（氢）氧八面体，八面体中心是 Mg^{2+}，6 个顶角是 OH^{-}。相邻八面体间靠共用边相互连接形成二维延伸的镁（氢）氧八面体结构层，即单元晶层，称为水镁石片。OH^{-}之间的全部八面体孔隙中，水镁石片堆叠形成晶体颗粒。水镁石的层状晶体结构决定了它多以片状形态存在。

水滑石的化学组成式为 $[Mg_6Al(OH)_{16}][CO_3^{2-}]\cdot 4H_2O$。它具有与水镁石一样的层状结构，水镁石片中的 Mg^{2+} 被 Al^{3+} 同晶置换后，晶体结构不变，形成镁铝氢氧化物八面体结构层，称为类水镁石片，是水滑石的单元晶层。水滑石就是由这种类水镁石片重叠形成的。在类水镁石片中，由于高价的 Al^{3+} 取代了部分低价的 Mg^{2+}，使得正电荷过剩，所以类水镁石带正电荷。这种由晶体结构产生的电荷称为永久电荷。

（2）正电胶的电荷来源。正电胶胶粒的电荷主要来自于同晶置换和离子吸附作用。当正电胶中的镁氧八面体中心的 Mg^{2+} 部分被 Al^{3+} 取代后，由于 Al^{3+} 所带的正电荷数比

Mg^{2+}多，每取代一个Mg^{2+}就增加一个正电荷，所以类水镁石片有过剩的正电荷。正电胶中的同晶置换作用与黏土粒子是相同的，只是黏土粒子是低价阳离子（Mg^{2+}或Ca^{2+}）取代高价阳离子（Al^{3+}或Si^{4+}）而使层片带负电荷。

同晶置换所产生的电荷是由物质晶体结构本身决定的，与外界条件如 pH 值、电解质种类及浓度无关，因而称为永久电荷。正电胶胶粒表面电荷密度与离子吸附作用有关，如高 pH 值时吸附OH^-而带负电荷，低 pH 值时吸附H^+而带正电荷，当吸附高价阴离子如SO_4^{2-}、CO_3^{2-}等时，表面负电荷增加，这种离子吸附作用产生的电荷与外界条件有关，称为可变电荷。胶粒的净电荷是永久电荷和可变电荷之和。

（3）正电胶作用原理。正电胶带永久正电荷是由物质晶体结构本身决定的。正电胶与地层钻屑带负电荷胶粒靠静电作用形成空间连续结构，既可稳定浆液性能，也可吸附在钻屑和孔壁上，具有抑制钻屑分散、稳定孔壁的作用。同时，在正电胶浆液中水与正电胶/黏粒复合物结合紧密，只有受到搅拌时，聚合物间的水链才被拆散，但单个复合体周围仍束缚大量的水。因此，水处于正电胶浆液与地层的竞争环境中，谁的亲和力大，谁就是胜者。由于正电胶浆液束缚水的能力强，可降低水向地层中的渗透，因此有利于孔壁的稳定。此外，正电胶独具特色的固-液相间的流变性，使其在近孔壁处于相对静止状态或固相，因此容易形成保护孔壁的"滞流层"。它的存在减轻了浆液对孔壁的冲蚀，从而有效地稳定孔壁。

10.5.4 正电胶浆液的特性

（1）稳定性。正电胶胶粒带高密度的正电荷，对极性水分子产生极化作用，使其在胶粒周围形成一层稳定的水化膜，这个水化膜的外沿显正电性。而岩屑/黏土胶粒所带负电荷，也会对水分子产生类似作用，只是水化膜外沿显负电性。当两个带有强水化膜的粒子靠近时，首先接触的是水化膜外沿，由于电性相反而形成贯通的极化水链，使两个粒子保持一定的距离而不再靠近。这样，在整个空间就会形成由极化水链连接的网络结构，这种由正、负电荷的颗粒与极化水分子所形成的稳定体系称为"正电胶-水-黏土复合体"（图 10.7）。正是这种特殊的结构，使正电胶泥浆具有特殊的流变性并稳定地层。

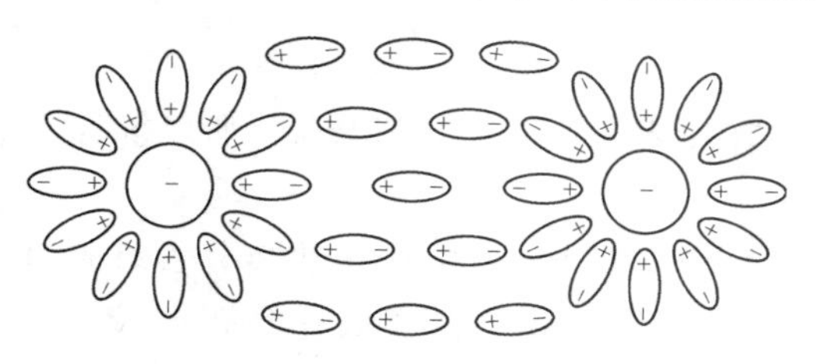

图 10.7 "正电胶-水-黏土复合体"示意图

（2）固-液相间的流变性。试验表明，正电胶浆液具有一种特殊的流变学现象，即静止时呈假固体状，具有一定的弹性；搅拌时迅速稀化，变为流动性很好的流体。这种现象称为"固-液双重性"，即为极强的剪切稀释性。其主要是由正电胶-水-黏土复合体结构引起的。静止时，体系的水全部被极化后可形成网状结构，因而结构强度大，表现为动切力较高，即体系悬浮钻屑能力较强。因为其复合体中所形成的空间网状结构主要是由极化水链连接的，极化水链结构的形成和破坏均十分迅速，因而从假固态向流体的转化或相反的转化都可以在很短的时间内完成。而结构的破坏仅限于受扰动很窄的区域，邻近未感受到应力作用的部分不受影响。这对于防渗墙工程，特别是超深防渗墙工程是一种十分理想的特性。因其有较强的动切力（携带岩屑能力），有利于提高清孔工效及清孔效果；而其较高的静切力（悬浮岩屑能力），可以保证未被清除的岩屑在长时间混凝土浇筑过程中不下沉或极少下沉，从而保证墙段接头施工及墙体质量。

就其固壁效果而言，这种固-液相间的流变性是正电胶浆液独具的特色。正由于这种特性，在近孔壁处于假固相，即所谓的“滞流层”，它减轻了浆液对孔壁的冲蚀。Fraser 通过现场试验发现，“滞流层”厚度约为 19mm。“滞流层”对解决砂层和松散的漂砾石层坍塌问题甚为重要，同时对易漏失地层具有较好的防漏堵漏效果。此外，“滞流层”的存在可拓宽液压铣槽机、抓斗、冲击反循环钻机等优良设备的适用范围，从而提高工效。

（3）抑制性。正电胶泥浆具有良好的抑制性。造浆性强的地层对正电胶泥浆的流变性能影响不大，同时还有极强的抗 Ca 污染的能力，Ca^{2+} 进入浆液还能改善浆液的流变性能。同时对滤失量影响不大。

孔壁失稳的实质是地层的水化问题。水化分表面水化和渗透水化两种。正电胶的强抑制性使地层中矿物或岩屑表面的离子活度降低，从而削弱了表面水化和渗透水化作用。因此，稳定了孔壁，防止了掉块、塌孔等孔内事故的发生，并大幅提高了成槽工效。

（4）电性的调节。通常的水基泥浆液是由黏土分散在水中形成，所用的处理剂也是带负电荷的，这样整个泥浆体系是强负电性的。这种强负电性易导致钻屑分散和孔壁不稳定。

带正电荷的正电胶胶粒加入泥浆体系后，会降低体系的负电性，甚至会转化为正电性，这抑制钻屑分散，使浆液易于进入松散地层，并改变原始地层成分和结构，形成较广的“桥塞区”（或称为“内泥皮”）。事实上，单纯外泥皮很难维护孔壁稳定，孔壁稳定体系是由“外泥皮＋桥塞区＋浸染区”共同构成（图 10.8），由于正电胶的加入改变了浆液体系的电性，使得进入地层的泥浆不仅可以有效抑制地层水化膨胀，还可封堵孔隙，防止漏浆塌孔。

泥浆的电性与正电胶的掺量密切相关。随正电胶含量的增大，泥浆体系由负电性变为正电性或极弱的负电性。高岭土体系电性反转需要的正电胶量比蒙脱土体系要低得多，这是因为高岭土的负电性明显低于蒙脱土的缘故。高岭土的 ζ 电位为－12.8mV，蒙脱土的 ζ 电位为－30mV。因此，通过改变正电胶的加量，可实现对正电胶泥浆电性的调节，这是该体系的一个特点。因此，在配制泥浆时要根据膨润土或其他浆材矿物成分及地质条件调整正电胶的掺量。

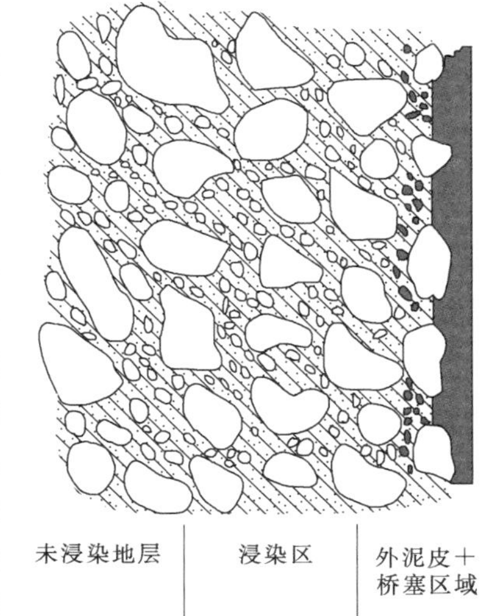

图 10.8 “外泥皮＋桥塞区＋浸染区”的形成及固壁机理

10.5.5 正电胶泥浆应用效果

在西藏旁多158m大坝防渗墙施工中，优先使用了
正电胶泥浆。钻遇地层包括下部冰水沉积漂（孤）石层、砂砾石层；中上部河流相漂砾石层、砂层；左岸Ⅱ～Ⅲ级台地坡积块石堆积体。但总体以河流相沉积漂卵石层、砂层为主。造孔成槽深度一般为152～158m，最大深度达201m。

在大量试验的基础上确定了防渗墙施工泥浆实用配方，其配合比见表10.1，泥浆性能见表10.2。

表10.1 正电胶泥浆配合比

成分	水/kg	膨润土/kg	纯碱/kg	CMC/kg	正电胶/kg	助剂/kg
正电胶泥浆	1000	50～60	1.6～2	≤1	0.25～0.28	适量

表10.2 正电胶泥浆性能

配方	密度/(g/cm³)	马氏漏斗黏度/s	表观黏度/(mPa·s)	塑性黏度/(mPa·s)	动切力/Pa	静切力/Pa	滤失量/(mL/30min)	pH值
正电胶泥浆	1.04	45～51	16～29	8～13	10～16	8～11	11～19	9.5

该泥浆具有如下特点：

（1）稳定孔壁。在轴线长达602m（PD-45～PD-162号槽段）的旁多水利枢纽深度大于100m的防渗墙槽孔施工中，除PD-67号槽孔因膨润土供应短缺造成孔壁掉块卡斗外，其余各槽段未出现因地层水化膨胀导致的孔内事故及槽孔坍塌现象，并由此大大降低了处理孔故及重复造孔时间，提高了施工工效。与国外类似地质条件相比，造孔成槽工效提高了近1倍。

（2）有效封堵渗漏，减缓浆液对孔壁的冲蚀。旁多大坝防渗墙孔深60～80m以下为漂卵石和崩塌堆积块石体，间夹粉细砂等，属强漏失地层。如采用常规分散型泥浆，遇到该类地层时难以控制其漏浆及地层水化分散、膨胀，漏浆、塌孔难以控制。实践表明，正电胶泥浆有效封堵了地层孔隙，防止了孔内复杂情况的发生。即使个别槽孔出现严重漏浆，槽孔内浆面迅速下降，也因“外泥皮＋桥塞区＋浸染区”稳定体系的形成而保持了孔壁稳定。

（3）提高浆液的携带与悬浮能力。通常情况下，150m深槽孔常规分散型泥浆无法或极难清除槽孔内下部岩屑。正电胶的加入提高了其动切力，即携带岩屑的能力，因而加快了清孔工效，提高了清孔效果，使清孔指标可达到含砂量小于3%，通常在1.5%左右。静切力的提高，亦即泥浆悬浮岩屑能力的提高，保证了在混凝土浇筑过程中，未被清除的岩屑悬浮泥浆中而不下沉。这一点对墙体质量至关重要。

10.6 接头管技术

在旁多工程之前，YBJ系列卡键直顶式大口径液压拔管机已经研制完成，并形成了

配套施工工法技术，完成了狮子坪水电站101.8m深度防渗墙和泸定水电站125m深度防渗墙的接头管施工，针对该工程158m深度防渗墙的挑战，对接头管技术进行了深化研究[22]。主要研究收获如下：

(1) 严格控制混凝土浇筑速度。拔管过程中，要随时监控浇筑混凝土情况，浇筑过快，使短时间内混凝土埋管深度较大，造成起拔力上升较快，且由于浇筑速度过快，造成接头管孔内侧向位移较大，容易形成孔内“自锁”。如发现异常，应及时通告混凝土浇筑人员进行控制调整，以确保拔管正常进行，

(2) 严格控制接头管埋管深度。拔管施工中，要随时掌握槽内混凝土面上升和接头管埋管深度情况，根据取样混凝土试验的初凝时间，合理确定接头管底口脱模时间，以便保证安全有效拔管并成孔，不能因为起拔压力过低，就一味延长起拔时间，造成埋管深度增加，最终酿成事故。

(3) 高度关注混凝土面上升不正常。起拔接头管过程中，若混凝土面上升不正常，这时要特别加以注意，因为极有可能出现塌孔现象，这时一定要控制好起拔，因为槽孔深的缘故一旦塌孔，会造成混凝土面下降较多，使浇筑导管脱离混凝土，造成混浆，进而影响墙体质量。

(4) 密切关注起拔压力稳定性。在起拔接头管过程中，出现压力波动较大时，一定是一种异常现象，不能掉以轻心，要密切关注压力变化趋势。根据接头管埋深、浇筑速度和混凝土上升情况分析原因，压力不降反升时，一定要快速起拔降压，降低铸管风险。

(5) 管内注浆。每拆卸一节接头管后应检查管内泥浆液面，浆面较低时要及时向管内补浆，以防接头管拔出后出现塌孔事故。

(6) 控制混凝土面上升速度。混凝土从导管下降过程中，由于速度较快而使冲击力较大，对底部刚初凝的混凝土的稳定性造成了破坏，从而影响成孔率。放料时应尽量匀速，不要时快时慢，时大时小。

10.7 清孔换浆

在旁多工程之前，气举反循环清孔换浆技术和配套施工工法技术已经应用于泸定等工程，针对旁多工程防渗墙最大深度158m、试验槽孔深201m的新要求，开展了200m级超深防渗墙槽孔气举反循环清孔换浆技术的系统研究。

(1) 设备选用。气举反循环清孔所需的主要设备是空气压缩机、排渣管、风管和泥浆净化机。

(2) 清孔工艺流程。

1) 根据该工程的特殊性，防渗墙施工用的固壁泥浆为特制泥浆。由于槽孔底部泥浆经长期膨化及钻具的副作用后，底部泥浆较为黏稠，泥浆各项指标均超过规范要求，经试验总结后，如直接下设气举排渣管后，底部泥浆过于黏稠，导致底管及混合器经常堵管，影响正常的清孔施工，所以在下管前，利用抽桶法将底部过于黏稠的钻渣及浆液抽出，同时加注新制泥浆，待抽出的泥浆较稀时，抽测孔底淤积及泥浆指标，一般控制含砂量不大于3%，淤积厚度不大于1m，再由钻机或吊车下设排渣管。由于大部分槽孔均为152m

深，一般先下设排渣管至100m左右进行气举法清孔，再由钻机及吊车提升排渣管在槽孔主、副孔位依次进行施工，孔口泥浆净化机无钻渣及泥砂排出后，再加1根排渣管，如此循环直至孔底。如槽底沉淀过多，则反复清孔。槽底含砂量较高的泥浆经泥浆净化机进行处理后返回槽孔，直到净化机的出渣口不再筛分出砂粒为止。槽底高差较大时，清孔应由高端向低端推进。

2）清孔结束前在回浆管口取样，测试泥浆的全性能，其结果作为换浆指标的依据。

3）根据清孔结束前泥浆取样的测试结果，确定需换泥浆的性能指标和换浆量。用膨润土泥浆置换槽内的混合浆，换浆量一般为槽孔容积的1/3～1/2。

4）换浆量根据成槽方量、槽内泥浆性能和新制泥浆性能综合确定。

（3）清孔换浆结束标准。清孔换浆结束后1h，在槽孔内取样进行泥浆试验。如果达到结束标准，即可结束清孔换浆的工作。

结束标准：清孔换浆结束1h后，槽孔内淤积厚度不大于5cm。使用膨润土时，孔内泥浆密度不大于1.12g/cm^3，泥浆黏度（马氏）不小于32s，含砂量不大于3%。

10.8 混凝土浇筑

该工程防渗墙深度的新挑战，给防渗墙槽孔泥浆下混凝土浇筑带来的巨大难度，150m深防渗墙、201m深试验槽孔的墙体浇筑[23]相关技术要点如下：

（1）开浇阶段的控制。混凝土开始浇筑之前，首先应在吊车的起吊作用下将下设完毕的浇筑导管放至孔底，检查浇筑导管是否配置正确，然后在导管内放入一个直径比导管内径略小并且能够被泥浆浮起的胶球作为导管塞，以便将最初进入导管的混凝土和管内的泥浆隔离开来，球塞的弹性必须好，在混凝土的挤压作用下能够贴紧导管内壁，避免下部的泥浆透过缝隙进入塞球上方并与混凝土混合造成堵管事故。同时提前计算混凝土开浇时混凝土的方量，确保混凝土足够将浇筑导管的底口掩埋，并且开浇时混凝土下料必须连续，同样避免泥浆通过底口进入导管造成堵管事故。混凝土进入浇筑导管之前可提前注入一定量的砂浆，以湿润浇筑导管，然后注入混凝土，宜采用一级配混凝土开浇，开浇时混凝土的扩散度应适当放大，以便混凝土能够在孔底迅速扩散。

该工程采用的开浇方式为“压球法”。首批混凝土浇筑完毕后，及时探测导管内混凝土面的位置（孔深的1/2左右），以判断开浇是否正常。开浇成功后应迅速加大导管的埋深，直至满足拆管要求时（拆管后混凝土掩埋浇筑导管底口不小于2m），及时拆卸顶部的短管，尽早使管底通畅。

（2）中间阶段的控制。

1）导管埋深。规范规定导管埋入混凝土的深度不得小于1m，不宜大于6m，特别是要防止导管提出混凝土面，造成拔脱混浆甚至断墙事故。埋深过小容易混浆，该工程以埋深尽量不低于2m进行控制。埋深过大则容易造成堵管甚至铸管事故。该工程一期槽段由于浇筑速度较慢，要求浇筑导管必须一根一根起拔，埋深不能超过5m，二期槽段浇筑速度较快，在浇筑顺畅的基础上允许两节导管同时拆卸，因此最大埋深可以适当放大，只要满足拆管后埋深大于2m即可拆管。

2）混凝土面上升速度。混凝土面上升速度应不小于2m/h，这是最低的要求，该工程要求达到3m/h以上。浇筑速度越快对浇筑质量越有利，浇筑速度过低有多种不利的影响，可能引发堵管、铸管、夹泥（砂）等情况。

3）混凝土质量控制。防渗墙的浇筑事故往往是由于混凝土的质量问题引起的，所以在浇筑施工过程中必须严格控制混凝土的质量，层层把关，处处设防。由于原材料、骨料含水量、配料、搅拌、运输以及施工组织等方面的原因，混凝土的和易性难免出现波动。和易性不好的混凝土绝对不能使用。控制入孔混凝土的质量可采取以下措施：

a. 采用和易性较好、坍落度损失较小的配合比。

b. 及时对砂石骨料的含水量和超逊径进行检测，尤其是雨天，必须加强含水量的检测，加强原材料的质量控制。

c. 加快浇筑速度，避免浇筑中断，新拌混凝土要在1h以内入孔。

d. 定时检查新拌混凝土的坍落度，开浇时一定要检查，不合格的混凝土不运往现场。

e. 设专人检查运至现场的混凝土的和易性，不合格的混凝土不要放进分料斗。

f. 在料仓或是料斗上部安装筛网，在混凝土浇筑过程中筛出超径骨料。

g. 料仓上设置防雨措施，避免大雨情况下稀释混凝土而出现混凝土离析堵塞浇筑导管。

4）混凝土浇筑过程中孔口防护。如在混凝土浇筑过程中孔口未进行有效防护，砂浆或混凝土极有可能落入槽孔，存在下述危害：

a. 破坏泥浆性能，造成泥浆无法回收再利用，施工成本加大。

b. 进入泥浆后产生絮凝，影响对混凝土面的正确判断。

c. 混凝土或砂浆悬浮泥浆中，加大泥浆比重以及含砂量，不利于混凝土面的上升，同时容易造成混凝土浇筑过程中出现夹层现象，严重影响墙体质量。

d. 对于一期槽段施工，一旦出现夹层情况，极易造成拔管过程中混凝土塌方事故，进而造成浇筑导管脱管混凝土混浆事故，造成墙体质量缺陷。

所以在混凝土开始浇筑之前必须对孔口进行有效防护，不能存在较大缝隙，避免混凝土或砂浆直接进入槽孔。具体措施如下：

a. 槽孔口应设置防护板，放料不要过猛、过快，避免混凝土由管外撒落槽孔内。

b. 散落到防护板上的混凝土或砂浆必须及时清理到防护板以外，避免通过缝隙进入槽孔。

c. 一旦出现堵管情况需拆除全部导管并重新下设时，必须将全部混凝土排到槽孔以外。

d. 拆卸导管过程中尽量不要冲洗，避免导管上附着的砂或胶凝材料进入槽孔；如拆管困难必须冲洗时，只需冲洗丝扣部位，不可整管冲洗。

5）混凝土面高差。槽孔浇筑过程中要注意保持混凝土面均匀上升，各处的高差应控制在0.5m以内。混凝土面高差过大会造成混凝土混浆、墙段接缝夹泥、导管偏斜等多种不利后果。

6）浇筑过程中的细节控制。

a. 刚开始放料时，混凝土罐车的出料口应左右摆动，避免粗骨料在一处集中。

b. 先于料仓中储存一半以上的混凝土时再打开料仓出料口，便于各个溜槽同步、均匀放料。

c. 必须密切关注混凝土坍落度、扩散度，控制好最优的混凝土性能状态。

d. 浇筑过程中多活动浇筑导管，避免混凝土抱管、堵管现象，但不要墩管。

e. 合理安排混凝土面探测点位，保证混凝土面平衡。

f. 加大测针质量，尽量穿破上部絮凝物，准确探测混凝土面的位置。

g. 混凝土骨料采用天然骨料。

(3) 终浇阶段的控制。当混凝土面上升至距孔口只剩 20m 左右时，槽孔浇筑进入终浇阶段。此阶段的特点是槽孔内的泥浆越来越稠，导管内外的压力差越来越小，导管内的混凝土面越来越高，经常满管，下料不畅，需要不断地上下活动导管。此时用测锤已很难测准混凝土面的位置。终浇阶段的主要施工要求是全面浇到预定高程，即墙顶高程。

终浇阶段的控制措施主要有以下几个方面：

a. 适当加大混凝土的坍落度、扩散度。

b. 及时拆卸导管，勤拆少拆，适当减少导管埋深。

c. 经常上下活动导管。

d. 增加测量混凝土面深度的频次，及时调整各根导管的混凝土注入量。

e. 采用带有取样盒的硬杆探测混凝土面的位置。

f. 采用高压水管水平冲刷上部絮凝物，水管的水量、水压要尽量大，切削力要大。

g. 终浇的标准为新鲜混凝土全部顶出或是已确定高出设计墙顶 50～100cm。

10.9 防渗墙墙内预埋墙下帷幕灌浆管

按设计要求在最大深度 158m 的防渗墙墙内预埋墙下帷幕灌浆管难度很大，经技术创新，成功实施了预埋灌浆管施工，创造了新的纪录[17,24]。

(1) 预埋灌浆管的布设。根据槽孔划分情况、接头方式等调整钢筋保持架的长度。确保相邻的灌浆管间距满足设计要求。根据灌浆管所处的部位，对应槽孔底部高程的变化，准确调整灌浆管底部的深度与之相适应。灌浆管底口缠过滤网，防止混凝土进入管内。

(2) 预埋管保持架制作。管体采用 ϕ100mm×5.5mm 钢管，采用钢筋定位架固定。采用 ϕ18mm 钢筋制作定位架。预埋管与钢筋架通过绑扎或焊接连接为一整体桁架。

钢桁架在预先做好的平台上进行加工。定位架在垂直方向的间距为 5m。每段桁架应据槽孔孔深分节制作。为避免起吊时桁架变形，一方面要选好起吊位置，另一方面可考虑在灌浆管部位加设槽钢、钢管等刚性体，以增加灌浆管桁架的整体起吊刚度。

(3) 预埋管钢桁架下设。预埋管钢桁架采用吊车分节起吊，孔口连接，整体下设。

将最底节预埋管钢桁架吊入槽内，其顶部外露导墙顶 1.5m 左右，用 2 根加强型钢横向穿过预埋管钢桁架并架立在导墙上；起吊第二节预埋管钢桁架，经对中调正垂直后即可进行对接。

当全部预埋管桁架对接完毕后，利用吊车进行整体下设。下设时一定要安全、平稳，对应好桁架在槽中的位置。遇到阻力时不得强行下放，以免桁架变形，造成管体移位，影响下设精度。预埋灌浆管下设工艺流程如图 10.9 所示。

(4) 预埋灌浆管孔口保护。对下设完成的预埋灌浆管的孔口采取必要的保护措施，防止杂物进入管内。

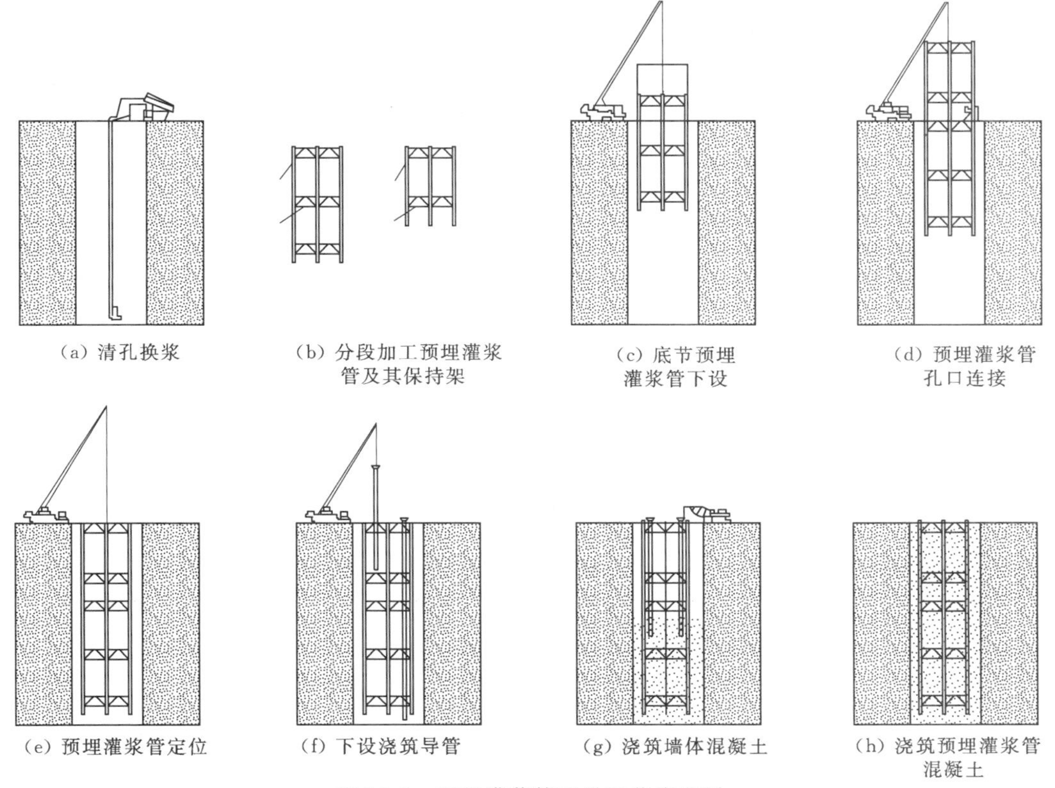

图 10.9　预埋灌浆管下设工艺流程图

10.10　复杂地层处理

深墙施工技术主要体现在特殊地层的处理，包括松散易坍塌地层（如漂石层等）、孤石层、粉细砂层处理等，以及固壁泥浆技术、孔形孔斜的控制技术、清孔技术、混凝土浇筑及接头管施工技术、清除深部小墙技术等。这些关键技术或工序直接关系到工程进度、墙体质量，甚至工程的成败。

10.10.1　松散易漏浆塌孔地层的处理

该工程坝基地质条件复杂，主要由冰积含泥砾石层、孤石层、冲洪积漂卵石层、砂砾石层、细砂-粉细砂层、坡积孤（块）石堆积层组成，极易造成掉块并导致卡斗、卡钻。易坍塌的地层主要为孔深 20m 以上的强漏失漂卵石层、粉细砂层及左岸坡积孤（块）石堆积层。如何有效抑制松散地层坍塌，以及由此引起的掉块卡钻、卡斗等，是超深（大于 100m）防渗墙施工遇到的首要问题。

(1) 影响因素。该工程涉及的地层主要为冲（洪）积漂（卵）砾石层和冰积层，具有结构松散、渗透性强等特点，造孔时泥浆会大量漏失，严重时会发生槽孔坍塌事故，危及人员、设备安全，延误工期。因此，如何处理松散易坍塌地层，保证槽孔稳定成为本节重点研究的问题。影响槽孔稳定的主要因素为地层性状、地层压力和泥浆性能。

1）地层性状因素。旁多水电站坝基地质条件复杂，主要由冰积含泥砾石层、孤石层、冲洪积漂卵石层、砂砾石层、细砂-粉细砂层、坡积孤（块）石堆积层组成，极易造成掉块并导致卡斗、卡钻。易坍塌的地层主要为孔深 20m 以上的强漏失漂卵石层、粉细砂层及左岸坡积孤（块）石堆积层。

强漏失层：该类地层为防渗墙施工中常见地层并因泥浆漏失引起导墙下部地层掉块，更严重的将导致地层失稳，前后施工平台坍塌。其主要原因是，钻遇强漏失地层时，孔底泥浆大量漏浆，槽孔中浆面迅速下降，由于槽孔中没有泥浆固壁及支撑，从而导致孔壁失稳，发生掉块卡钻、埋钻或槽孔大面积坍塌。此为防渗墙施工过程中最为常遇的孔内事故之一。因此，如何有效封堵孔隙，抑制上部地层渗透水化，防止由于泥浆快速漏失导致地层失稳而引发孔故成为问题的关键。

2）地层压力因素。防渗墙的施工过程是以不断破碎、挖掘孔底地层而逐渐钻进并形成槽孔的。孔壁的形成使地层逐渐裸露于孔壁上，地层失去原有平衡，这涉及浆柱与地层之间的压力平衡问题。对此处理不当，则会发生地层掉块卡钻、槽孔坍塌等孔内复杂情况或事故，使得造孔成槽难以进行，甚至槽孔报废，更严重的将导致变更防渗墙轴线。

地下各种压力的理论及其评价技术对防渗墙，特别是 158m 超深防渗墙施工具有重要意义，它是科学进行防渗墙设计和施工的基本依据。地下各种压力包括浆柱静压力 、上覆地层压力、地层压力以及基岩压力等。以下仅就浆柱静压力、地层压力及与孔壁稳定性的关系做一简要阐述。

浆柱静压力是由浆柱自身的重力所引起的压力，它的大小与浆液的密度、浆柱的垂直高度或深度有关，即

$$P_h = 0.00981\rho h_1$$

式中：P_h 为浆注静压力，MPa；ρ 为浆液的密度，g/cm^3；h_1 为浆柱的垂直高度，m。

由上式可知，浆柱静压力随浆柱的垂直高度和浆液的密度的增加而加大。

地层压力（P_p）是指地层空隙中的流体所具有的压力。其值的大小与地下水水位和流体密度有关，地下水水位高、流体密度大，则该值就高。

在防渗墙施工中，主要是用浆柱静压力抵御地层孔隙压力。当 $P_h \leqslant P_p$ 时，孔壁失稳、坍塌；当 $P_h \propto P_p$ 时，孔壁容易失稳；当 $P_h \gg P_p$ 时，孔壁可保持相对稳定。因此，尽可能使 $P_h \gg P_p$ 是防渗墙临建施工中重点考虑的问题。

3）泥浆性能因素。长期以来，我国在防渗墙施工中一直沿用早在 20 世纪 60—70 年代使用的分散型泥浆，即由淡水、膨润土或黏土和起分散作用的处理剂组成。常用的处理剂主要是纯碱、烧碱及起降滤失作用的羧甲基纤维素（CMC）等。该类泥浆存在以下明显不足或缺陷：

a. 抑制性差，不能有效控制地层水化膨胀，特别是对砂质含量高、渗透性强、结构松散的地层，容易引起垮塌。

b. 性能不稳定，抗污染能力差。在造孔过程中，容易受孔壁地层和钙、镁离子等的污染，使泥浆流变性和滤失性遭到破坏而失去悬浮稳定性，造孔、清孔困难。

c. 由于分散体系颗粒比较细，特别是粒径小于 1μm 亚微米颗粒所占的比例相当高，泥浆中以及孔壁较粗的固相颗粒容易被分散，因此不利于孔壁稳定。

d. 泥浆体系与地层或自然界矿物颗粒均带强负电性，极易导致钻屑分散和孔壁失稳。

由此可见，提高泥浆性能指标，改变其电性是解决易坍塌地层孔内事故的最为关键问题。

（2）处理方法。

1）开钻前，先向槽孔内注入新鲜正电胶泥浆。通过施工实践证明，开钻前首先注入新鲜泥浆可起到很好的堵漏、防塌效果。在以往的工程中，假如上部地层松散，通常采用回填黏土挤压密实方法，但效果甚微，其主要原因是对泥浆固壁机理认识不够。泥浆固壁不仅靠泥皮，而是一个稳定/稳固体系，它由“外泥皮＋桥塞区＋浸染区”构成（图 10.10）。

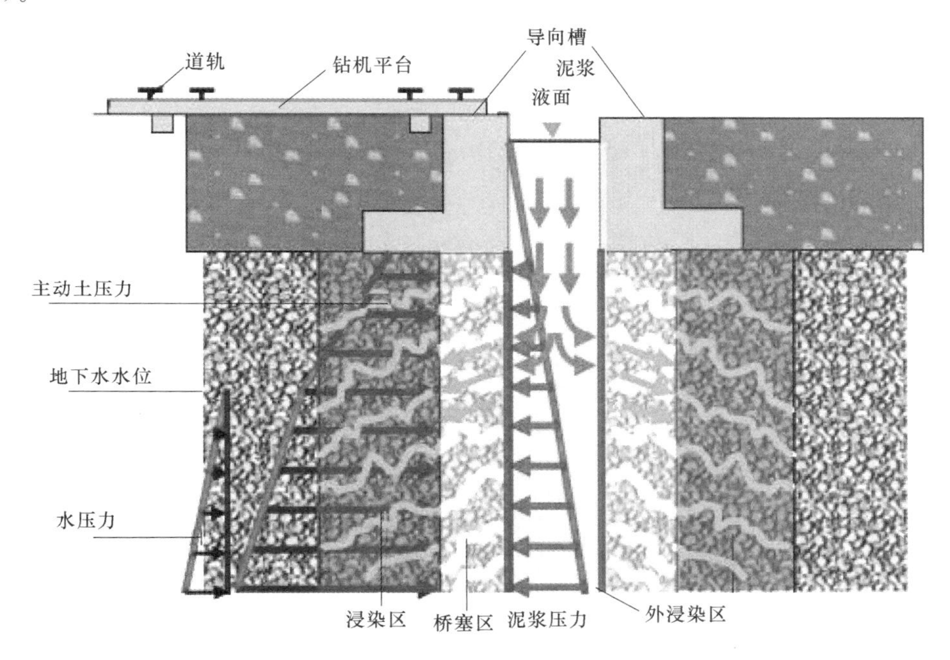

图 10.10 “外泥皮＋桥塞区＋浸染区”的形成及固壁机理

由于这一概念的提出并得到首次应用，孔口坍塌问题得到了有效遏制。至整个工程结束，仅在早期供浆能力不足，使用黏土造孔时产生过两次孔口坍塌。

2）使用新型防渗墙正电胶泥浆固壁。这种泥浆是针对特殊地层研究的新型泥浆。在四川田湾河工程首次实验，泸定工程开始部分应用，该工程由于采用了正电胶泥浆，效果较好。其主要性能特点表现在以下几个方面：

a. 稳定性。“正电胶-水-黏土复合体”在浆液中是一种空间稳定剂。这种稳定体系可以提高泥浆的切力，对于携带和悬浮泥浆中的钻屑十分有利。亦即，有利于清孔并保证未被清除的岩屑在较长时间内不下沉。

b. 固-液相间性。这一特性会在孔壁形成“滞留层”，对解决砂层和松散的漂砾石层坍塌问题甚为重要。

3）主孔回填黏土、钻屑。松散强漏失地层孔隙大，在冲击钻或抓斗施工副孔过程中往往产生急速泥浆渗漏，浆面下降，造成槽孔坍塌。为解决这一突出问题，施工中采用单向压力封堵剂等特殊泥浆，并向主孔内回填黏土、钻屑等方法，有效地封堵了大孔隙地层，并加快了施工进度，提高了抓斗抓取深度。

10.10.2 粉细砂层的处理

某种程度上，粉细砂层比孤石层的处理难度更大，关键在于很难控制其液化、坍塌。该工程孔深在22～38m，存在透镜状粉细砂，PD-137号和PD-163号槽段曾发生过坍塌，坍塌范围为孔深17～38m。通过泥浆性能及工艺的及时改变，粉细砂层坍塌问题得到了有效遏制。

（1）采用正电胶泥浆。正电胶独特的触变性以及“滞留层”的存在，使得在施工粉细砂层时，降低了设备对其的扰动，从而保持相对稳定状态；正电胶显正电性，粉细砂、钻屑及自然界矿物等带负电，因此泥浆更容易向孔壁两侧地层扩散，形成更广的桥塞区、浸染区，并吸附在孔壁上，使其相对稳定。

（2）调整施工方法。当抓斗施工到粉细砂地层时，抓斗停止施工，改用冲击钻机造孔，并向孔内填入大量生石灰，以增加泥浆悬浮能力，使粉细砂抽出孔口。

10.10.3 孤石层的处理

从施工揭示的地层情况看，20～158m分布有厚度不一、成因不同、层数不等的孤石夹层/透镜体，尤以0+146～0+290段和0+563～0+756段居多，施工难度大，严重影响了工效。主要技术措施有以下几个方面：

（1）研究采用槽内聚能爆破方法破碎大孤石。采用本书介绍的槽内聚能爆破方法，可以有效破碎大孤石。

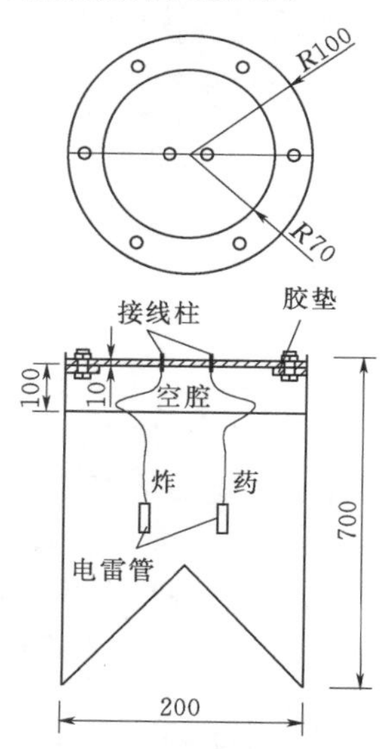

图10.11 耐高压聚能定向弹装置结构示意图（单位：mm）

该工程最大槽孔深度达200m左右，100m以上深度槽孔内泥浆压力很大，乳化炸药会出现拒爆现象，导致爆破作业无法实施，这也是深孔爆破的技术难题。其机理原因主要是在深水作业时，由于水压的作用，使乳化炸药中的微气泡压实，因此不能形成灼热核，因此所需的起爆能大大增加，雷管的起爆能不足以引爆乳化炸药，引起乳化炸药的拒爆。

针对此难题，研发了密封耐压性柱状定向聚能弹技术和耐高压聚能定向弹装置（图10.11），其核心技术是保证定向弹的严格密封，使泥浆或水的压力不传递到定向弹内部，经旁多水利枢纽等工程应用，可以成功完成200m级深孔泥浆下的爆破，解决了超深防渗墙深孔爆破的技术难题。

爆破筒筒壁采用钢管制作，钢管内径和长度根据需要的装药量确定，聚能爆破筒底部采用厚1mm的钢板制成锥形，锥顶角度控制在60°左右。

盖板采用厚10mm的钢板制作，周边根据支撑环上螺栓的位置和直径打孔，中间打两个直径 6mm 的接线柱孔，选取两根直径 5mm、长度 40～50mm 的螺栓，在螺栓一端根据需要拧上两个螺母，在螺栓中段缠绕绝缘胶布数层，将缠有胶布的螺栓穿入盖板上的接线柱孔内，根据盖板厚度切掉接线柱露在外面的胶布，套上绝缘板然后在两侧用螺母拧紧，外侧接起爆线，内侧接电雷管的电线。

当线路连接好后，可向爆破筒内装填炸药，安装雷管，炸药不要装得太满，确保盖板与炸药之间留有一定的空腔，预防下设到孔内后泥浆进入爆破筒后，很快导致内外压力一致影响爆炸。在支撑环与橡胶垫之间以及盖板与橡胶垫之间涂密封胶，然后用螺丝将盖板拧紧，确保密封良好。安装过程中一定要保证两个接线柱之间用导线可靠连接。导线连接需要注意，如果是在一个孔内一次性放入两个或以上的爆破筒时，还要在内侧另外连接两根导线到爆破筒底部接线柱上。

在爆破过程中，聚能爆破筒下设的深度、方向要十分准确。槽内聚能爆破时，下设时用钢筋制作定位架，把爆破筒与冲击钻钻头连接好，连接时要把爆破筒的角度控制好，且爆破筒距钻头底部的距离不小于 4m，在钻头上焊制导向架，钻头顶部连接一个破力器，防止钻头在下放过程中转动。采用冲击钻机下放钻头至目的物深度，然后移动钻机，使爆破筒底部尽量靠近目的物，检查位置合适且能确保安全后起爆。

(2) 施工中研究采用重锤法破碎大孤石。遇到孤石后，首先选用钻机平底钻（4.5t 左右）冲击破碎，当难以破碎时，改用钢丝绳抓斗携重锤（10～12t）冲砸破碎。

由于孔形、孔斜的控制对 158m 深墙来说确实是个难题，尤其对存在大量孤石地层而言更是如此。施工中主要是及时修孔、纠偏，即发现孔形不好或孔斜时，及时回填漂（块）石，否则接头管不能顺利下设，无法保证墙体连接质量。从施工情况看，接头管 95%下设到底，最深达 158m，如有 5～20m 无法下设，则采用钻劈法完全可以保证墙体搭接厚度和搭接质量。孔斜率控制在 0.06%～0.3%，最大未超过 0.3%，高于设计和规范要求。

小墙的存在将严重影响工程质量，但清除小墙却是个难题。采用本书在该工程研发的“加打主孔法”施工，先在副孔中间打一钻，然后用抓斗抓取左右小墙，有效提高了抓斗的抓取深度，保证了墙体质量。

10.11 工程实施效果

(1) 应力应变监测。

1) 桩号 0+331.00 监测数据分析。该监测断面混凝土防渗墙于 2010 年 9 月上旬完成造孔，9 月中旬完成水下混凝土防渗墙浇筑，同步完成该断面混凝土防渗墙上下游侧应变计 30 支、混凝土防渗墙中心线无应力计 15 支的埋设。高程 3970.00m 以上混凝土防渗墙成墙指标为：180d 抗压强度不小于 25MPa，抗渗等级为 W10，弹性模量不大于 28GPa。高程 3970.00m 以下混凝土防渗墙成墙指标为：180d 抗压强度不小于 36MPa，抗渗等级为 W10，弹性模量不大于 31GPa。

自 2010 年 9 月 16 日取得应变监测初值以来，各测点累计微应变值在 −482.90～1956.79$\mu\varepsilon$，应变值变化幅度较大主要发生在两个时段，即 2011 年 9 月 30 日至 12 月 23

日的大坝第一填筑高峰期和 2012 年 4 月 6 日至 2013 年 1 月 6 日的大坝第二填筑高峰期。整个断面的应变计多数表现为压应变，与防渗墙自重和上部填筑体质量有关，应变变化符合防渗墙应变一般规律。蓄水期监测应变值变化在－90.23～251.70με，机组试运行期监测应变值变化在－52.28～258.81με。

防渗墙上下游面均为压应力，最大压应力发生在蓄水期，其值为 14.88MPa，小于防渗墙混凝土设计指标。

2）坝纵 0＋522.00 监测数据分析。该监测断面混凝土防渗墙于 2010 年 9 月 10 日完成造孔，9 月 11 日完成水下混凝土浇筑，同步完成该断面混凝土防渗墙上下游 30 支应变计、混凝土防渗墙中心线 15 支无应力计的埋设。高程 3970.00m 以上混凝土防渗墙成墙指标为：180d 抗压强度不小于 25MPa，抗渗等级为 W10，弹性模量不大于 28GPa。高程 3970.00m 以下混凝土防渗墙成墙指标为：180d 抗压强度不小于 36MPa，抗渗等级为 W10，弹性模量不大于 31GPa。

自 2010 年 9 月 12 日取得应变监测初值以来，应变值变化幅度较大主要发生在两个时段，即 2011 年 9 月 30 日至 12 月 23 日的大坝第一填筑高峰期和 2012 年 4 月 6 日至 2013 年 1 月 6 日的大坝第二填筑高峰期。蓄水期监测应变值变化在－149.59～35.25，机组试运行期（48h）监测应变值变化在－5.96～4.39με，当前各测点累计微应变值在－1054.66～－188.70με。

防渗墙上下游面均为压应力，最大压应力发生在蓄水期，其值为 32.22MPa，小于防渗墙混凝土设计指标。

3）坝纵 0＋755.00 监测数据分析。该监测断面混凝土防渗墙于 2012 年 2 月 3 日完成造孔，2 月 4 日完成水下混凝土浇筑，同步完成该断面混凝土防渗墙上下游侧 18 支应变计、混凝土防渗墙中心线 9 支无应力计的埋设。混凝土防渗墙成墙指标为：180d 抗压强度不小于 36MPa，抗渗等级为 W10，弹性模量不大于 31GPa。

自 2012 年 2 月 9 日取得监测初值至 2014 年 6 月 30 日，应变值变化幅度较大出现在 2013 年 4 月 12 日至 7 月 5 日时间段，除 S3－9 外其余各测点均表现为压应变，综合分析压应变与防渗墙自重和上部大坝二期填筑强度存在一定关联。另有 2013 年 8 月 2—9 日应变计发生突变，各仪器应变值变化在－9.32～359.79με，蓄水期监测应变值变化在－20.55～70.97με，机组试运行期监测应变值变化在－35.76～102.86με，各测点累计应变值在－1079.30～518.30με。

防渗墙上下游面均为压应力，最大压应力发生在蓄水期，其值为 29.82MPa，小于防渗墙混凝土设计指标。

（2）防渗渗压监测。

1）坝纵 0＋331.00 监测数据分析。该监测断面混凝土防渗墙于 2010 年 9 月 11 日完成造孔，9 月 13 日完成水下混凝土浇筑，同步完成该断面混凝土防渗墙下游侧 14 支渗压计的埋设。自 2010 年 9 月 11 日取得监测初值至 2014 年 6 月 30 日，各测点监测最低水位在 4023.36～4024.89m，监测最高水位出现在 2012 年汛期的 8 月 3 日，水位在 4032.70～4033.72m。2012 年 5 月 25 日至 10 月 22 日监测库水位在 4036.80～4044.20m，断面渗压计监测以水位相对较低的 PH1－10 为代表，在 2012 年主汛期最高水位时（8 月 3 日）进

行坝前、坝后水位比较，高差为12.81m；2013年汛期水位峰值出现在8月2日，监测水位在4032.92～4033.72m；蓄水期监测水位呈上升趋势，变化量在10.41～20.21m，机组发电前后水位差在0.79～6.45m；当前监测水位在4039.68～4051.47m。

2）坝纵0+522.00监测数据分析。该监测断面混凝土防渗墙于2010年9月10日完成造孔，9月11日完成水下混凝土浇筑，同步完成该断面混凝土防渗墙下游侧14支渗压计的埋设。自2010年9月9日取得监测初值至2014年6月20日，施工期各测点监测最低水位在4023.36～4026.15m，监测最高水位在4031.73～4073.06m。2012年汛期监测最高水位出现在8月3日，监测坝前最高库水位为4044.20m，与典型测点PH2-03比对，坝前、坝后最大水位差为12.47m；2013年汛期监测最高水位出现在7月26日，水位在4031.73～4032.88m；蓄水期监测水位呈上升趋势，变化量在9.30～13.90m，机组发电前后水位差在−0.38～0.17m；当前监测水位在4033.12～4059.45m，与库水位比对，水位高差在22.48～48.81m；该断面渗压计反应灵敏且各支渗压计监测水位变化趋势一致，施工期水位变化与上游来水量关联，蓄水期水位变化与尾水水位关联。

3）坝纵0+755.00监测数据分析。该监测断面混凝土防渗墙于2010年9月10日完成造孔，9月11日完成水下混凝土浇筑，同步完成该断面混凝土防渗墙下游侧14支渗压计的埋设，其中PH3-01～04在2013年8月23日至10月4日期间先后失效。自取得监测初值至2014年6月30日，监测最低水位出现在2013年4月19日，水位在4024.32～4028.43m。2012年汛期监测最高水位出现在8月3日，水位在4029.59～4034.57m，监测断面典型渗压计PH2-02与库水位比较，坝前、坝后水位高差为14.61m；2013年汛期监测最高水位在4025.62～4032.56m；蓄水期监测水位变化为9.34m，机组发电期监测水位变化在0.28～0.32m；当前监测水位在4027.23～4070.33m，与库水位4081.93m比对，水位高差在11.60～54.70m。

（3）监测分析。

1）应力应变监测。为监测坝基混凝土防渗墙应力应变情况，选取3个典型剖面作为监测断面，沿高程按10m间距布置应变计、无应力计。其中，桩号0+331.00监测断面埋设30支应变计、15支无应力计；桩号0+522.00监测断面埋设30支应变计、15支无应力计；桩号0+755.00监测断面埋设18支应变计、9支无应力计。根据监测结果，防渗墙上、下游面均为压应力，最大压应力发生在蓄水期，3个监测剖面最大应力值分别为14.88MPa、32.22MPa、29.82MPa，小于对应部位防渗墙混凝土设计抗压强度。

2）防渗渗压监测。为监测坝基防渗墙防渗状态，在防渗墙下游侧埋设渗压计45支，其中主要监测断面坝纵0+331.00监测断面埋设14支，坝纵0+522.00监测断面埋设14支，坝纵0+755.00监测断面埋设9支。各监测断面防渗墙渗压计监测结果符合一般规律，与设计计算结果基本一致，说明防渗墙起到了较好的防渗效果。

参 考 文 献

［1］ 史光宇，刘牧冲，刘清利，等. 西藏旁多水利枢纽坝基深厚覆盖层防渗分析论证［J］. 东北水利

水电，2010，28（7）：1－4.
［2］ 杨春璞，宣树学．西藏旁多水利枢纽坝基深厚覆盖层渗透稳定性研究［J］．东北水利水电，2009，27（6）：4－8.
［3］ 韩伟，李明宇，方浩，等．旁多水利枢纽145.9m深防渗墙试验槽段施工［C］//地基基础工程与锚固注浆技术研讨会论文集，2009.
［4］ 史光宇，田伟峰，张雨豪，等．西藏旁多水利枢纽坝基百米深防渗墙施工试验［J］．东北水利水电，2010，28（6）：43－45.
［5］ 刘鹏，余洪波．创造新的高原“神话”——水电基础局西藏旁多项目部全力建造世界最深防渗墙［J］．中国工程建设通讯，2010（4）：14.
［6］ 陈向阳，李凯，高亚辉．混凝土防渗墙150m深墙造孔施工［J］．水科学与工程技术，2012（1）：39－41.
［7］ 次仁卓玛，米玛次仁．试述旁多水库基础帷幕灌浆施工［J］．中国科技纵横，2014（4）：123－124.
［8］ 方浩．158.47m深厚覆盖层地下连续墙施工质量控制［J］．水利水电施工，2014（1）：52－54.
［9］ 格桑央培．西藏旁多坝基防渗处理帷幕灌浆工程［J］．工程技术：引文版，2016（5）：117－118.
［10］ 韩伟，崔微．接头管施工拔管力确定的理论分析与监测验证［J］．人民长江，2014（5）：46－49.
［11］ 韩伟，孔祥生．158m超深地下连续墙施工技术［M］．北京：中国水利水电出版社，2014.
［12］ 韩伟，石峰，孔祥生．旁多水利枢纽158m深防渗墙施工技术［C］//中国水利学会地基与基础工程专业委员会第十一次全国学术技术研讨会论文集，2011.
［13］ 孔祥生，黄扬一．西藏旁多水利枢纽坝基超深防渗墙施工技术［J］．人民长江，2012，43（11）：34－39.
［14］ 刘付．HS843HD抓斗在158m深防渗墙施工中的应用［J］．城市建设理论研究：电子版，2013（24）.
［15］ 涂江华，熊平，陈廷胜．西藏旁多水利枢纽大坝超深防渗墙施工技术［C］//中国水利学会地基与基础工程专业委员会第十二次全国学术会议论文集，2013.
［16］ 王宝文，刘权富，李凯，等．西藏旁多水利枢纽深厚砂卵石层的钻进方法［J］．东北水利水电，2011，29（9）：5－6.
［17］ 旺加．旁多水利工程大坝基础帷幕灌浆现场工艺性试验［J］．中国西部科技，2014，13(12)：30－32.
［18］ 旺加，石林，向尚君．西藏旁多水利枢纽坝基百米深防渗墙施工试验［J］．中国西部科技，2014，28（2）：37－39.
［19］ 旺加，魏红平，苟于军．高海拔地区150m深防渗墙施工技术［J］．四川水力发电，2014，33（S1）：21－23.
［20］ 魏良．超深防渗墙成槽机具钻进能力及适应性研究［J］．水利水电施工，2013（4）：146－150.
［21］ 魏良，王虎山，符晓军．液压抓斗挖掘深度拓展至110m的研究与应用［C］//中国水利学会地基与基础工程专业委员会第十一次全国学术技术研讨会论文集，2011.
［22］ 赵存厚，崔溦，马斌．超深防渗墙连接槽段接头管拔管技术数值模拟研究［J］．水利水电技术，2011，42（10）：87－90.
［23］ 赵存厚．超深防渗墙混凝土浇筑控制及滑管脱模关键技术研究［D］．天津：天津大学，2014.
［24］ 朱田胜，采涤舒．通过西藏旁多帷幕灌浆试验选择设计防渗处理方法［J］．吉林水利，2012（12）：13－16.

第11章 黄金坪水电站超深与复杂地质条件防渗墙工程

11.1 概述

黄金坪水电站防渗墙工程最大防渗墙深度为129m。防渗墙施工涉及重型冲击钻机、超深防渗墙槽孔施工工法技术、新型防渗墙正电胶固壁泥浆、超深防渗墙接头管接头技术、超深防渗墙气举法清孔换浆技术、超深防渗墙泥浆下混凝土浇筑技术和超深防渗墙墙内预埋墙下帷幕灌浆管技术等的应用[1-2]。防渗墙工程于2013年10月开工，2013年8月1日全部完成。该电站已于2015年8月正式投产运行，防渗墙工程质量优良。

11.2 工程概况与技术难点

黄金坪水电站位于大渡河上游河段，系大渡河水电基地干流水电规划“3库22级”的第11级电站，上接长河坝水电站，下游为泸定水电站。该水电站采用水库大坝和“一站两厂”的混合式开发，枢纽建筑物主要由沥青混凝土心墙堆石坝、岸边溢洪道、泄洪（放空）洞、主体引水发电建筑物和坝后小厂房等组成；最大坝高为95.5m，电站总装机容量为850MW，多年平均年发电量为38.61亿kW·h。坝基覆盖层采用全封闭防渗墙防渗形式，防渗墙厚1.2m，最大深度约129m，防渗墙轴线长度为277.27m，成墙面积为22022.33m^2。

河谷覆盖层厚度一般为33～133m，自下而上（由老至新）可分为3层：第一层为漂（块）卵（碎）砾石夹砂土（Q_3^{fgl}），第二层为漂（块）砂卵（碎）砾石层（Q_{41}^{al}），第三层为漂（块）砂卵（碎）砾石层（Q_{42}^{al}）。漂、孤石架空层严重、大孤石含量高，工程地质条件复杂。

工程区基岩地层岩性主要为晋宁-澄江期斜长花岗岩［γ02（4）］、石英闪长岩［δ02（3）］，岩体间呈焊接式接触关系，局部穿插有辉绿玢岩岩脉，岩石致密坚硬，浅表层多弱风化。据勘探资料，左岸厂房部位边坡岩体强卸荷水平深度约28m，弱卸荷水平深度约105m，弱风化水平深度约190m；右岸引水发电建筑物区强卸荷水平深度约22m，弱风化、弱卸荷水平深度约120m。此外在左岸大厂区局部有深部卸荷情况[3]。

11.3 造孔成槽施工

11.3.1 造孔成槽施工方案

该工程覆盖层为孤、漂石地层，架空严重，大孤石含量高，工程地质条件复杂；防渗墙平均深度大，防渗墙轴线长度仅为277.27m，轴线短，地层不适于抓斗抓取，场地也不适于大量大型设备布置与展开，研究采用以冲击钻机为主施工防渗墙的方案。为提高孤、漂石地层的施工工效，配置1台钢丝绳抓斗，辅助钻机施工。

11.3.2 造孔成槽施工工艺

冲击钻机造孔成槽的传统配套工法是“钻劈法”，对于孤、漂石地层和岩石地层，特别是孤石地层，采用本书研发的“钻砸抓法”工法技术，由钢丝绳抓斗拎重锤辅助冲砸破碎孤、漂石[4]。

11.3.3 槽段划分

综合考虑该工程地层、墙体深度、设备能力等，槽孔分两期施工，先施工一期槽孔，后施工中间的二期槽孔。墙段连接采用“接头管法”施工。典型槽段槽孔划分示意图如图11.1所示。

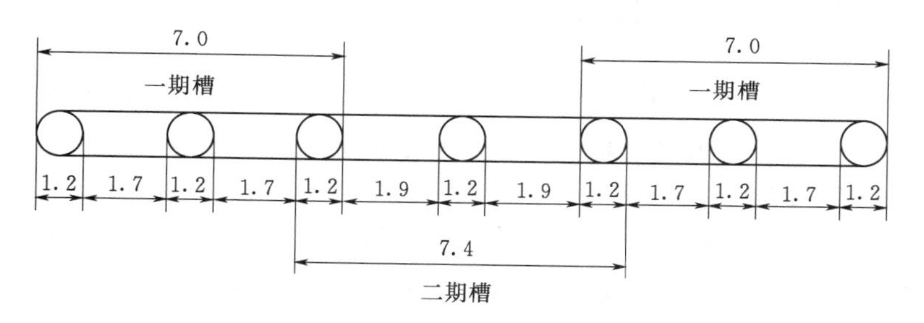

图11.1 典型槽段槽孔划分示意图（单位：m）

施工过程中，由于上、下游围堰防渗墙为悬挂式防渗墙，左右岸均为弱风化强卸荷花岗岩的地质条件，围堰防渗墙下和左右岸堰间绕渗与层间裂隙水渗流严重，防渗墙施工地下涌水比较严重，对部分槽段划分进行了调整，部分槽段槽孔调整划分示意图如图11.2所示。

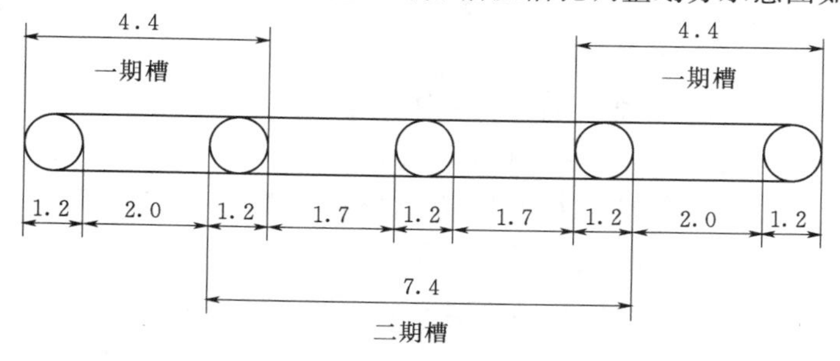

图11.2 部分槽段槽孔调整划分示意图（单位：m）

11.4 重型冲击钻机与钻具

鉴于该工程防渗墙最大深度达130m左右，传统冲击钻机性能和能力难以满足施工需要，在本书研究成果的基础上，通过对传统冲击钻机研究改造，采用特A、ZZ－6A等重型冲击钻机为主要钻孔设备和配套的钻具[5]。重型冲击钻机结构、工作状态分别如图11.3和图11.4所示，主要技术性能参数见表11.1。

表11.1　　重型冲击钻机主要技术性能参数

项　目	技术参数	项　目	技术参数
钻孔直径/mm	600～2500	冲击次数	36～42
钻孔深度/m	300	钻机质量/t	8
配用动力/kW	75	桅杆高度/m	8～12
主轴直径/mm	110	主架工字钢	22号
摩擦片直径/mm	278	钻具质量/kg	5500
大卷提升力/tf	8		

在覆盖层部位冲击造孔采用筒式冲击钻头，嵌岩造孔选用十字冲击钻头。后者特别适用于砂卵石层、风化岩层、卵石层、漂石层以及基岩等，钻头磨损后可补焊修理，其结构如图11.5所示，不同地质条件时十字冲击钻头技术参数见表11.2。

图11.3　重型冲击钻机结构图

图11.4　重型冲击钻机工作状态图

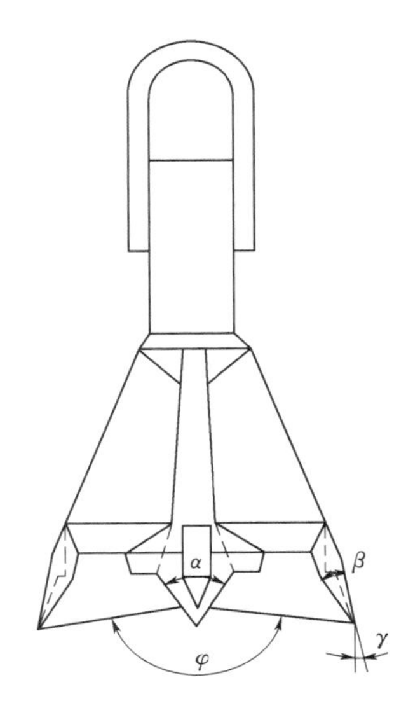

图11.5　十字冲击钻头结构图

表 11.2 不同地质条件时十字冲击钻头技术参数

地质条件	冲击刃角 α/(°)	摩擦面角 β/(°)	摩擦角 γ/(°)	底角 φ/(°)
黏土	70	40	12	160
砂卵石	80	50	15	170
岩石	90	60	15	170

11.5 固壁泥浆与循环利用

11.5.1 新型防渗墙正电胶固壁泥浆研究与应用

（1）原材料选用说明。正电胶是混合金属层状氧化物的简称。由于其胶体颗粒带永久正电荷，所以统称为正电胶。以正电胶为主剂配制的浆液称为正电胶浆液。

根据工程实际情况和设计要求，该工程拟采用正电胶、优质Ⅱ级钙基膨润土、烧碱、纯碱等复合泥浆护壁。降失水增黏剂为中黏类羧甲基纤维素（CMC），配制泥浆用水采用大渡河水，使用前将水样送有关部门进行水质分析，以免对泥浆性能产生不利影响。

（2）配合比。配合比确定之前先按规定的检测项目进行膨润土性能测定，然后通过现场试验确定具体的配合比。

根据以往施工经验和相应的技术标准拟定的新制正电胶泥浆配合比见表 11.3，新制正电胶泥将性能指标见表 11.4。

表 11.3 正电胶泥浆配合比

成分	水/kg	膨润土/kg	纯碱/kg	CMC/kg	正电胶/kg	烧碱/kg
正电胶泥浆 KWXS-1X	1000	77.5	1.490	3.32	0.372	0.77

表 11.4 新制正电胶泥浆性能指标

密度/(g/cm³)	马氏漏斗黏度/s	表观黏度/(mPa·s)	塑性黏度/(mPa·s)	动切力/Pa	静切力/Pa	失水量/(mL/30min)	pH 值
1.04	40～50	18～23	7～9	10～15	8～12	20～21	9.5

11.5.2 泥浆制备

（1）泥浆搅拌。

1）在配合比相同的条件下，正电胶泥浆的性能很大程度上取决于搅拌程序和搅拌时间，制备时需严格控制。

程序 1：清水＋膨润土＋纯碱＋正电胶干粉＋烧碱，5 种组分一同搅拌，时间为 5min。

程序 2：清水＋膨润土＋纯碱，3 种组分先搅拌 5min，然后加烧碱和正电胶再搅拌 5min。

2）应按规定的配合比配制泥浆，各种材料的加量误差不得大于 2%。

3）泥浆处理剂使用前宜配成一定浓度的水溶液，以提高其效果。纯碱水溶液浓度为

20%，CMC 水溶液浓度为 1.5%。

(2) 泥浆使用、检验。

1) 新制膨润土浆需存放 24h，经充分水化溶胀后使用。

2) 储浆池内泥浆应经常搅动，保持指标均一，避免沉淀或离析。

3) 在钻进过程中，槽孔内的泥浆由于岩屑混入和其他处理剂的消耗，泥浆性能将逐渐恶化，必须进行处理。处理方法是：被使用过的泥浆通过泥浆净化系统，将土颗粒和碎石块除去，然后把干净的泥浆重新送回到槽中。

4) 槽内泥浆性能指标的控制标准见表 10.7，经过净化处理的泥浆必须在使用前进行测试。在成槽过程中，应在循环浆沟中取样，检测有关指标，如超出限值，必须进行处理。如果膨润土的密度、黏性和含砂率无法满足要求，则要更换合格的膨润土。

5) 在槽孔和储浆池周围应设置排水沟，防止地表污水或雨水大量流入后污染泥浆。被混凝土置换出来的泥浆和距混凝土面 2m 以内的泥浆，因受污染较严重，应予以废弃。

11.5.3 泥浆净化及回收

(1) 施工废水的形成。施工泥浆为膨润土或黏土颗粒分散在水中所形成的悬浮液，在建造防渗墙时起固壁、冷却钻具、悬浮及携带钻渣等作用。随着造孔的不断深入，部分泥浆携带施工钻渣被抽筒抽出槽孔排入排渣沟，形成施工废水；同时槽段成槽施工完成后，进行混凝土浇筑时，伴随着浇筑混凝土面的不断抬升，固壁泥浆携带钻渣被排挤出槽孔流入排渣沟，形成施工废水。

(2) 施工废水的组成。施工废水主要由施工弃浆及施工废渣组成，施工泥浆包括膨润土浆及黏土浆。膨润土浆由膨润土、水、Na_2CO_3、CMC 按适当的配比组成；黏土浆由黏土、水、Na_2CO_3、CMC 按适当的配比组成。为改善泥浆性能，施工泥浆中有时也加入适量的水玻璃。也就是说，施工废水的组成原料主要包括水、钻渣、膨润土、黏土及少量的 Na_2CO_3、CMC。

(3) 施工废浆的处理。为避免施工废水造成污染，同时也为了避免制浆原料的大量浪费，在防渗墙轴线上游建造了一个回浆池，施工废水通过排渣沟自流至回浆池。回浆池通过中间矮墙分割成两个浆池，连接排渣沟的浆池为进浆池，另一侧为沉淀池。中间矮墙比回浆池周边墙体矮 1～1.5m，其作用为拦截进浆池中沉淀的砂子及小石，上方的泥浆可漫过矮墙自流入沉淀池，然后经过泵重新送回泥浆站储浆池内供造孔二次利用。

每次混凝土浇筑时用回浆泵把浇筑槽孔内的泥浆打回到储浆池用于二次造孔，这样不仅减少泥浆排放和环境污染，还能降低工程成本。

(4) 施工废渣的处理。施工废水通过排渣沟排至回浆池（图 11.6），伴随着钻渣的不断沉淀，排渣沟底部形成厚厚的砂石层即为废渣，同时回浆池的进浆池也会由于钻渣沉淀形成废渣。对于废渣的处理，基础局利用反铲将废渣排出排渣沟及回浆池，然后用装载机将废渣统一堆放到现场临时废渣场，晾干后用自卸汽车运至业主和监理指定的弃渣场。

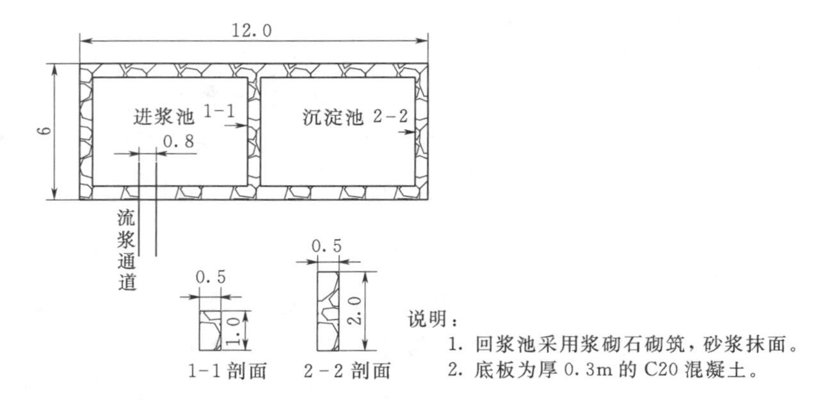

图 11.6 回浆池平面示意图（单位：m）

（5）YJB－1200 型全液压拔管机。YJB－1200 型全液压拔管机为基础局研制的产品，是目前国内防渗墙施工中使用过的最大口径、最大吨位的液压拔管机，已在润扬大桥北锚碇基础工程的地下连续墙施工中成功地进行了直径 1200mm、深度 50m 的拔管施工。YJB－1200 型全液压拔管机基本性能参数见表 11.5。其外观如图 11.7 所示。拔管机及导墙布置断面如图 11.8 所示。

表 11.5　YJB－1200 型全液压拔管机基本性能参数

项　目	指　标	项　目	指　标
正常工作压力/MPa	25	垂直下降速度/(mm/min)	1100
最大工作压力/MPa	30	油缸行程/mm	750
正常垂直起拔力/kN	3600	拔管直径/mm	800～1200
最大垂直起拔力/kN	4500	工作时外形尺寸/(mm×mm×mm)	2200×2200×1770
垂直提升速度/(mm/min)	580	单台质量/t	13.7

图 11.7 YJB－1200 型全液压拔管机

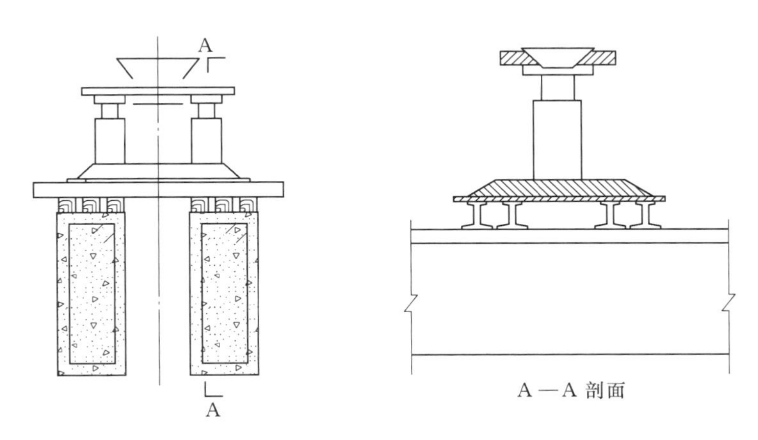

图 11.8　拔管机及导墙布置断面示意图

11.6　清孔换浆

国内外采用的清孔换浆方法主要有抽桶法、泵吸法和气举反循环法等，在该工程之前，本书依托冶勒、狮子坪、下坂地、泸定、旁多等工程，进行了超深防渗墙泵吸法和气举反循环法清孔换浆技术的适用性研究和深化研究，研究结果表明，气举反循环清孔技术具有明显的优势，结合该工程特点，气举反循环清孔换浆技术应用的主要技术要点如下：

（1）导管下放深度以出浆管底距沉淤面 30～40cm 为宜，风管下放深度一般按照气浆混合器至泥浆面距离与孔深之比的 0.5～0.65 来控制。

（2）导管出浆管直径为 200mm，送风管直径为 25mm，浆气混合器用 ϕ25mm 水管制作，在 1m 左右长度范围内打 6 排孔，每排有 4 个 ϕ8mm 孔即可。

（3）反循环法清孔时所需风压 P 计算。

$$P=\gamma_s h_0/1000+P$$

式中：γ_s 为泥浆比重，kg/m^3，一般取 1.2；h_0 为混合器沉没深度，m；P 为供气管道压力损失，MPa，一般取 0.05～0.1MPa。

该工程中最深槽段深度按照 130m 计算，清孔时气浆混合器处所需风压为 0.15～0.2MPa。

（4）反循环法清孔时所需风量 Q 计算。

$$Q=\beta d^2 V$$

式中：β 为经验系数，一般取 2～2.4；d 为导管内直径，m；V 为导管内混合浆液上返流速，m/min，一般取 1.5～2.0m/min。

导管内直径为 0.2m 时，清孔需要的风量大约为 0.2m^3/min。

（5）清孔时按照施工步骤，由钻机提升排渣管在槽孔主、副孔位依次进行施工，一般是从远离回浆管的一端清至靠近回浆管的一端，如槽底沉淀过多，则反复清孔。槽底含砂量较高的泥浆经泥浆净化机进行处理后返回槽孔，直到净化机的出渣口不再筛分出砂粒为止。槽底高差较大时，清孔应由高端向低端推进。

（6）开始送风时应先槽孔内送浆、补浆，停止清孔时应先关气后断浆。清孔过程中特别要注意补浆量，严防因补浆不足、水头损失而造成塌孔。

（7）送风量应从小到大，风压应稍大于孔底水头压力，当孔底沉渣较厚、块度较大，或有细沙和地层里的一些颗粒黏结时，可适当加大送风量，并摇动出水管、导管，以利于排渣。

（8）随着钻渣的排出，孔底沉淤厚度减小，出水管、导管应同步跟进，以保持管底口与沉淤面的距离。

（9）清孔结束前在回浆管口取样，测试泥浆的全性能，其结果作为换浆指标的依据。根据清孔结束前泥浆取样的测试结果，确定需换泥浆的性能指标和换浆量。用膨润土泥浆置换槽内的混合浆，换浆量一般为槽孔容积的1/3～1/2。

（10）换浆量根据成槽方量、槽内泥浆性能和新制泥浆性能综合确定。换浆在槽孔的主、副孔位依次进行，钻机的移动方向从远离回浆管的一端至靠近回浆管的一端，并通过4英寸输浆管向槽孔输送新鲜泥浆。槽底抽出的泥浆通过回浆沟进入回浆池，成槽时再作为护壁浆液循环使用。

（11）清孔换浆结束后1h，在槽孔内取样进行泥浆试验。如果达到结束标准，即可结束清孔换浆工作。100m以上超深防渗墙清孔换浆结束标准宜高于现行规范标准：清孔换浆结束1h后，槽孔内淤积厚度不大于5cm，泥浆密度不大于1.15g/cm^3，泥浆黏度（马氏）为32～50s，含砂量不大于3%。

11.7 接头管槽段连接技术

该工程接头管直径为97mm，单节长5m，采用单销连接；底节管装有能自动启闭的活门，以防止混凝土进入接头管内；为减少下管时吊车的荷载，在部分管节内设置了浮箱[6]。拔管设备采用YBJ-1000型卡键式大口径液压拔管机。在以往接头管施工技术的基础上，重点总结了如下技术要点：

（1）混凝土正常浇注时，应仔细分析浇注过程是否有意外，并随时从浇筑柱状图上查看混凝土面上升速度的情况以及接头管的埋深情况。

（2）由于混凝土强度升高越快，与管壁的凝结力增长越快，其起拔力增长也越快，因此必须准确地检测并确定出混凝土的初终凝时间，尽量减小人为配料误差。浇筑混凝土时，随着混凝土面的不断上升，分阶段制作混凝土试件，从而更精确地掌握混凝土的初终凝时间。

（3）接头管的垂直度。发生接头管偏斜主要有两方面因素：①由于端孔造孔时，孔形不规则，下设接头管时，容易发生偏斜；②浇筑混凝土时，受到混凝土的侧向挤压，使其偏斜。一旦发生接头管偏斜，应立即采取纠偏措施，即在混凝土尚未全凝结之前通过垂向的起拔力重塑孔形，使接头管尽可能垂直或顺直。

（4）安排专职人员负责接头管起拔，随时观察接头管的起拔力，避免人为因素发生铸管事故。

（5）接头管全部拔出混凝土后，应对新形成的接头孔及时进行检测、处理和保护。

接头管施工工序如图11.9所示。

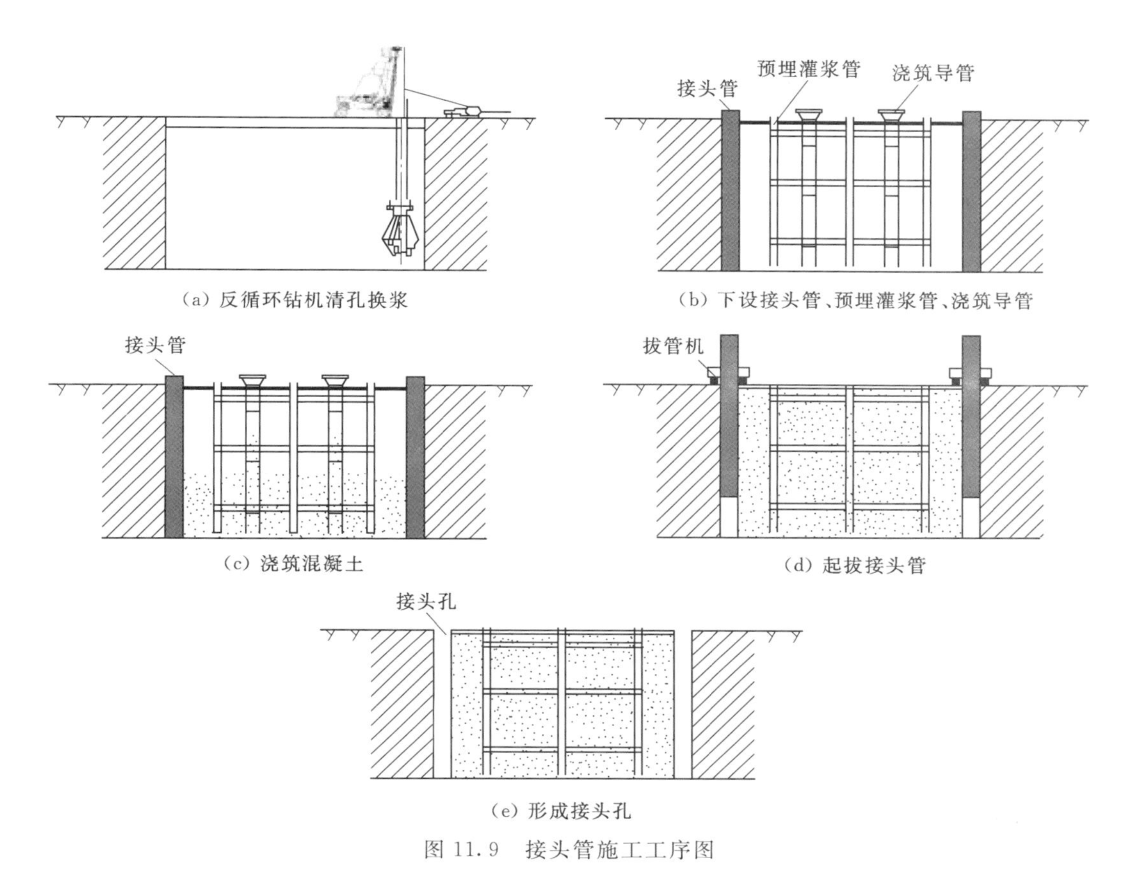

（a）反循环钻机清孔换浆

（b）下设接头管、预埋灌浆管、浇筑导管

（c）浇筑混凝土

（d）起拔接头管

（e）形成接头孔

图 11.9　接头管施工工序图

11.8　混凝土浇筑

11.8.1　混凝土与原材料技术要求

（1）防渗墙混凝土技术要求见表 11.6。

表 11.6　　大坝防渗墙混凝土的主要物理学性能指标

技术指标	龄期	
	28d	90d
抗压强度/MPa	≤20	≥35
弹性模量/GPa	—	≤ 25
抗渗等级	—	W10
抗冻等级	—	F50

入槽坍落度为 18～22cm，扩散度为 34～40cm，坍落度保持 15cm 以上的时间应不小于 1h，初凝时间不小于 6h，终凝时间不大于 24h，混凝土密度不小于 2.4g/cm^3。

（2）原材料技术指标。原材料使用前应取得出厂合格证明，并按相关标准抽样进行检测，技术指标如下：

水泥：水泥强度等级应不低于P·O42.5，粉煤灰等级不低于Ⅱ级，胶凝材料用量不少于350kg/m^3，水胶比不宜大于0.55。

骨料：采用发包人供应的满足性能要求的人工骨料，其最大粒径应小于40mm。

砂：采用人工砂，应选用细度模数为2.4～3.0的中细砂。

膨润土或黏土：应满足制泥浆用土料要求。

外加剂：各种外加剂应通过试验确定，并参照《水工混凝土外加剂技术规程》（DL/T 5100—2014）的有关规定执行。

水：符合拌制混凝土用水要求。

11.8.2 混凝土拌制、运输

混凝土拌制过程中，应用电子秤对大宗的原材料进行准确称量后加入，外加剂按要求配制成溶液掺入。从水、砂、碎石、水泥等材料的计量到搅拌时间均自动化、程控化，减少人为因素对混凝土物理力学指标离散性的影响。拌制时应观察熟料的稠度、均匀性和和易性，合格后方可放入储料斗。

拌制好的熟料采用9m^3 搅拌车输送至浇筑槽口，经分料斗和溜槽将混凝土输送至浇筑漏斗，浇筑导管均匀放料，有利于保证混凝土面均匀上升。

11.8.3 混凝土浇筑技术要点

（1）混凝土浇筑导管和下设。

1）浇筑导管。

a. 混凝土浇筑导管采用快速丝扣连接的ϕ250mm钢管，应在每根导管的上部和底节管以上部位设置数节长度为0.3～1.0m的短管，导管接头设有悬挂设施。

b. 导管使用前应做检查。检验合格的导管做上醒目的标识，不合格的导管不予使用。

c. 导管在孔口的支撑架用型钢制作，其承载力大于混凝土充满导管时总重力的2.5倍以上。

2）导管下设。

a. 导管下设前需配管和制作配管图。配管应符合规范要求。

b. 导管按照配管图依次下设，每个槽段布设2～3根导管，导管安装应满足如下要求：一期槽导管距离槽端或接头管壁面为1.0～1.5m，二期槽孔两端的导管距离孔端为0.5～1.0m，导管间距不大于3.5m，当孔底高差大于25cm时，导管中心置放在该导管控制范围内的最深处。

（2）混凝土开浇及入仓。

1）混凝土拌和车送混凝土至槽口储料罐，再分流到各溜槽进入导管入槽孔。

2）混凝土开浇采用压球法，每个导管均下入隔离塞球。开始浇筑混凝土前，先在导管内注入适量的水泥砂浆，并准备好足够数量的混凝土，以使隔离的球塞被挤出后，能将导管底端埋入混凝土内。

3）混凝土必须连续浇筑，槽孔内混凝土上升速度不得小于3m/h，并连续浇筑上升至墙顶高程以上0.5m。

（3）浇筑过程的控制。

1）导管埋入混凝土内的深度保持在2～5m，以免泥浆进入导管内产生混浆。

2）槽孔内混凝土面应均匀上升，其高差控制在0.5m以内。每30min测量一次混凝土面高程，每2h测定一次导管内混凝土面高程，在开浇和结尾时适当增加测量次数，根据每次测得的混凝土表面上升情况，填写浇筑记录和绘制浇筑指示图，核对浇筑方量，指挥导管拆卸。

3）严禁不合格的混凝土进入导管内。

4）浇筑混凝土时，孔口设置盖板，防止混凝土散落槽孔内。槽孔底部高低不平时，从低处浇起。混凝土浇筑完毕后的顶面应高于设计要求的顶高程50cm。

5）混凝土浇筑时，在机口或槽孔口入口处随机取样，检验混凝土的物理力学性能指标。

6）浇筑混凝土时，如发生质量事故，应立即停止施工，并及时将事故发生的时间、位置和原因分析报告监理工程师，除按规定进行处理外，将处理措施和补救方案报送监理工程师批准，按监理工程师批准的处理意见执行。

7）每次槽孔混凝土浇筑前召开专题会，进行详细分工并明确各级岗位责任和奖罚措施，确保每次槽孔混凝土浇筑顺利。

（4）混凝土质量过程控制。在每个槽孔混凝土浇筑时应分别做现场坍落度试验，并取混凝土试块，每组试块应按规范要求制作、养护，确认达到28d龄期后做室内检测试验。取样数量应满足抗压、抗渗及弹性模量的试验要求。槽孔开浇前必须检测混凝土的坍落度和扩散度，浇筑过程中每2h检测一次坍落度和扩散度，严禁不合格的混凝土进入槽孔。

11.9　防渗墙墙内预埋墙下帷幕灌浆管[7-10]

主要技术要点如下：

（1）预埋灌浆管的布设。根据槽孔划分情况、接头方式等调整钢筋保持架的长度。确保相邻的灌浆管间距满足设计要求。根据灌浆管所处的部位，对应槽孔底部高程的变化，准确调整灌浆管底部的深度与之相适应。灌浆管底口缠过滤网，防止混凝土进入管内。

（2）预埋管保持架制作。使用ϕ20mm钢筋制作定位架。预埋管与钢筋架通过绑扎或焊接连接为一整体桁架。钢桁架在预先做好的平台上进行加工。定位架在垂直方向的间距为6m。每段桁架应据槽孔孔深分节制作。为避免起吊时桁架变形，一方面要选好起吊位置，另一方面在灌浆管接头部位加设槽钢、钢管等刚性体，以增加灌浆管桁架的整体起吊刚度。

（3）预埋管钢桁架下设。预埋管钢桁架采用吊车分节起吊，孔口连接，整体下设，并在现场工长和技术人员的指挥下进行。将最底节预埋管钢桁架吊入槽内，其顶部外露导墙顶 1.5m 左右，用 2 根加强型钢横向穿过预埋管钢桁架并架立在导墙上；起吊第二节预埋管钢桁架，经对中调整垂直后即可进行对接。对接过程中要采取吊垂线方法和水平靠尺随时校正预埋管对接的垂直度。当全部预埋管桁架对接完毕后，利用吊车进行整体下设。下设时一定要保持安全、平稳，对应好桁架在槽中的位置。遇到阻力时不得强行下放，以免桁架变形，造成管体移位，影响下设精度。

(4) 预埋灌浆管孔口保护。对下设完成的预埋灌浆管的孔口采取必要的保护措施，防止杂物进入管内，考虑到导向槽各点不在同一水平面上，通过槽段内浆面对预埋管的 4 个吊筋点进行水平校正，确保预埋管在槽段内的垂直度满足要求。

(5) 预埋灌浆管测斜。预埋管下设完成后采用 KXP－1 型测斜仪对预埋管进行孔斜分段测量，如发现预埋管孔斜不合格，应采取纠偏措施或者重新返工，确保预埋管下设垂直的成功率。

11.10 孤、漂石地层槽孔施工

该工程地层中孤、漂石含量高、直径大、岩石坚硬，施工难度大、工期紧，主要技术措施有以下几个方面：

(1) 研究采用槽内定向聚能爆破技术处理大孤石。在大孤石表面下放置聚能爆破筒进行爆破，爆破筒聚能穴锥角为 55°～60°，根据孔深与槽段实际情况控制装药量，该工程装药量控制在小于 6kg。在二期槽孔内则采用减震爆破筒，即在爆破筒外面加设一个屏蔽筒，以减轻冲击波对已浇筑墙体的作用。

(2) 研究采用槽内钻孔爆破技术处理大孤石。对于较大范围的孤、漂石地层，采用 XY－Ⅱ型地质钻机或 SM－400 型全液压钻机在遇孤石槽孔部位下设套管钻进，钻到规定深度后，提出钻具，在漂卵石、孤石部位下放置爆破筒，提起套管，引爆。爆破后漂卵石、孤石被破碎，加快了钻进速度。

(3) 该工程配置了重型钢丝绳抓斗，研制了 15t 重锤，采用“钻砸抓法”工法技术，由钢丝绳抓斗主机拎重锤冲砸副孔部位大孤石与小墙，辅助钻机施工。

11.11 工程实施效果

11.11.1 各工序质量检测情况

黄金坪大坝防渗墙施工过程中严格按照设计要求和规范执行，孔斜率、孔位偏差、嵌岩深度、混凝土上升速度、孔底淤积厚度、泥浆各项性能指标等全部满足要求后才进入下道工序。

施工过程中各工序质量验收时严格按照如下指标控制：孔位允许偏差不得大于 3cm，槽孔两端主孔严格控制孔斜率，不得大于 0.2%，其他槽孔孔斜率不得大于 0.3%，含孤、漂石地层以及基岩面倾斜度较大等特殊情况，孔斜率应控制在 0.4%以内，嵌入基岩深度不小于 1m，混凝土上升速度大于 2m/h，孔底淤积厚度小于 10cm，泥浆比重不大于

1.10g/cm³，含砂量不大于5%，泥浆黏度（马氏）不大于30s。

对于深槽段钻凿套打部位的接头孔最终通过严格控制孔斜率满足一、二期槽接头孔套接厚度达到施工规范中“接头套接孔的两次孔位中心在任意深度的偏差值不得大于设计墙厚的1/3”的要求与坝基混凝土防渗墙施工技术要求中“一、二期槽孔套接孔的两次孔位中心线在任意深度的偏差值应能保证搭接墙厚95%”的规定。经过计算，防渗墙施工规范中与设计技术要求中关于接头孔搭接的要求是一致的，即接头套接孔的两次孔位中心偏差值为设计墙厚的1/3时的墙体搭接厚度为94.3%。因此，满足了设计技术要求规定，也相应满足了施工规范要求。

经过统计，各槽段孔位偏差值范围在0～2cm，孔位偏差最大槽段为平均孔深50.02m的DB-5号槽段。各槽段接头套接孔孔斜率范围在0～0.2%，孔斜率最大槽段为平均孔深35.92m的DB-45号槽段，其他槽孔孔斜率范围在0～0.25%，孔斜率最大槽段为平均孔深55.74m的DB-7号槽段。各槽段混凝土上升速度范围在3.18～6.76m/h，平均浇筑速度最小槽段为DB-2号槽段，浇筑速度为3.18m/h。各槽段孔底淤积厚度范围在20～60mm，淤积厚度最大槽段为DB-7号、DB-12号、DB-24号槽段，淤积厚度为60mm。各槽段各孔泥浆比重范围在1.03～1.09g/cm³，泥浆平均比重最大槽段为DB-4号、DB-7号、DB-9号、DB-11号、DB-13号、DB-20号、DB-25号、DB-32号、DB-33号、DB-38号、DB-39号、DB-40号槽段，泥浆比重为1.09g/cm³。各槽段各孔泥浆含砂量在0.36%～1.95%，泥浆平均含砂量最大槽段为DB-33号槽段，含砂量为1.95%。各槽段各孔泥浆黏度在28.35～29.69s，泥浆平均黏度最大槽段为DB-42号槽段，泥浆黏度为29.69s。

经过统计，各槽段接头孔的两次孔位中心线在任意深度的搭接墙厚范围为设计墙厚的98.66%～100%，高于设计技术要求的95%，搭接厚度最小部位发生在DB-17号与DB-18号槽段的接头孔114m位置，搭接厚度为118.39cm，占设计墙体厚度的98.66%，满足设计要求。防渗墙槽段在浇筑混凝土前对每个主、副孔要进行孔斜验收，合格后才能进行清孔验收，而且每个槽段预埋管下设到底，预埋管用钢筋桁架固定成了整体。下设预埋管和钢筋笼前基础局用钢筋试笼下设到槽底部进行检验，这些措施都保证了每个槽段防渗墙墙体的连续和孔斜率满足设计要求，并且利用预埋管进行的跨孔声波检测同样能够证明防渗墙槽段墙体的连续性。

为准确判断防渗墙基覆界限，确保防渗墙入岩深度大于1m，基础局根据要求进行先导孔施工，利用XY-Ⅱ型岩心钻机对孔底基岩钻孔取芯，取芯深度大于15m，以利于准确判断是基岩还是孤石，对于防渗墙底部出现的软弱断层带，基础局根据设计要求利用冲击钻机钻穿后深入新鲜基岩1m。

11.11.2 防渗墙检查孔钻孔取芯、压水及芯样抗压强度情况

黄金坪大坝防渗墙完工后基础局立刻开展了检查孔钻孔压水取芯检查，按照2013年6月14日大坝防渗墙质量检测及帷幕灌浆检查孔专题讨论会的会议要求，共布置13个检查孔，其中10个墙身检查孔、3个接头检查孔，该防渗墙工程布置的检查孔数量远远超过了按照设计要求及施工规范要求需要布置4～8个检查孔的数量。

钻孔取芯显示检查孔岩芯完整，表面光滑，无蜂窝、麻面，取芯率较高，达到98%，最长取芯长度达到5.6m，能够反映出混凝土浇筑较为均匀，混凝土整体质量情况良好。经过统计，各检查孔各段透水率在0.02～0.204Lu，满足检查孔透水率小于1Lu的设计要求。

基础局对各个检查孔的钻孔芯样进行了抗压强度的数据统计，所有钻孔芯样抗压强度值在38.7～43.7MPa，满足35MPa的设计强度值。

11.11.3 防渗墙原材料检验及混凝土试块检测情况

(1) 混凝土用原材料质量检查。原材料与混凝土试块检测委托江南水利水电工程公司进行。

水泥：使用峨胜P·O42.5水泥。大坝防渗墙水泥用量约13870t，按每400t为一个抽样批次进行检测，应检测35组，实际检测108组。检验项目包括强度等级、凝结时间、安定性等指标，检测结果满足《通用硅酸盐水泥》(GB 175—2007) 的要求。

粉煤灰：使用泸州地博Ⅰ级粉煤灰。大坝防渗墙粉煤灰用量约5318t，按每200t为一个抽样批次进行检测，应检测27组，实际检测81组，检验项目包括细度、需水量、烧失量、含水率等指标，检测结果满足《水工混凝土掺用粉煤灰技术规范》(DL/T 5055—2007)、《用于水泥和混凝土中的粉煤灰》(GB/T 1596—2005)、《水泥化学分析方法》(GB/T 176—2008) 的要求。

粗骨料：使用中国水利水电第九工程局有限公司人工粗骨料，大坝防渗墙粗骨料用量约33530t，按每1000t为一个抽样批次进行检测，应检测34组，实际检测39组。检测项目包括表观密度、堆积密度、含泥量、针片状含量、超逊径等指标，检测结果满足《水工混凝土施工规范》(DL/T 5144—2001) 的要求。

细骨料：使用中国水利水电第九工程局有限公司人工砂，大坝防渗墙砂用量约30000t，按每1000t为一个抽样批次进行检测，应检测34组，实际检测31组。检测项目包括表观密度、堆积密度、石粉含量、细度模数等指标，检测结果满足《水工混凝土施工规范》(DL/T 5144—2001) 的要求。

钢筋：使用甲供ϕ20mm、ϕ28mm钢材，大坝防渗墙钢筋用量约450t，按每60t为一个抽样批次进行检测，应检测8组，实际检测20组，其中ϕ20mm钢材检测14组，ϕ28mm钢材检测6组；钢筋接头按每300个为一个抽样批次进行检测，应检测20组，实际检测25组。检测项目包括抗拉强度、断口距焊接口外尺寸、断裂方式等指标，检测结果满足《钢筋混凝土用钢　第2部分：热轧带肋钢筋》(GB 1499.2—2007)、《钢筋焊接及验收规程》(JGJ 18—2012) 的要求。

外加剂：使用四川长安育才GK-4A缓凝高效减水剂。大坝防渗墙外加剂用量约145t，按每50t为一个抽样批次进行检测，应检测3组，实际检测3组。检测项目包括减水率、含气量、泌水率比、凝结时间差、抗压强度比等指标，检测结果满足《混凝土外加剂》(GB 8076—2008) 的要求。

(2) 混凝土配合比。混凝土浇筑前进行了大量的配合比试验工作以及试验资料的分析等，并提交了试验报告。防渗墙混凝土配合比见表11.7。

表 11.7　　防渗墙混凝土配合比

名称	设计强度/MPa	水胶比	砂率/%	1m³ 混凝土材料用量/kg						
				胶凝材料		水	砂	中石	小石	外加剂
				水泥	粉煤灰					
混凝土	35	0.40	45	341	146	195	757	281	655	3.413

（3）混凝土取样试验。

1）混凝土拌和物性能试验。在槽孔浇筑过程中，进行了混凝土拌和物性能试验，测试混凝土的坍落度、扩散度等指标。共进行坍落度、扩散度测试 427 次。浇筑混凝土坍落度最大为 230mm，最小为 180mm，平均为 208mm，且坍落度在 180～220mm 的试验值个数为 424 个，占抽样总数的 99.3%。抽样试验的结果表明混凝土拌和物在适宜施工的状态且波动不大，见表 11.8。

表 11.8　　混凝土坍落度和扩散度检测结果统计

统计时段	工程部位	拌和系统	抽检地点	试验项目	控制要求/mm	检测次数	最大值/mm	最小值/mm	平均值/mm
2013 年 1 月 11 日至 8 月 1 日	0+49.82～0+327.09	HBS90 型和 JS-1500 型强制式搅拌机	槽口和室内	坍落度	180～220	427	230	180	208
				扩散度	340～400	427	410	380	395

2）防渗墙施工过程中应进行混凝土检查。抗压强度试件每 100m³ 成型一组，每个槽段至少成型一组；抗渗性能试件每 3 个槽段成型一组；弹性模量试件每 10 个槽段成型一组。抗压强度要求分别进行龄期 28d、90d 的检测。弹性模量和抗渗及抗冻性能进行龄期 90d 的检测。

共抽样成型混凝土 28d 抗压强度试件 440 组（其抗压强度平均值为 31MPa），90d 抗压强度试件 203 组（其抗压强度平均值为 40.02MPa）；按 3 个槽段一组的抽样频率，取抗渗试件 20 组，其抗渗等级均满足设计要求；按 10 个槽段一组的抽样频率，取弹性模量试件 7 组（其弹性模量平均值为 31.58GPa）；按 10 个槽段一组的抽样频率，取抗冻试件 8 组（其相对冻弹模量平均值为 86.65MPa）。

3）混凝土匀质性评定。根据《水电水利工程混凝土防渗墙施工规范》（DL/T 5199—2004）中的有关规定，对 28d、90d 抗压强度试验数据进行统计分析，其结果见表 11.9。此数据表明混凝土抗压强度匀质性为优秀。

表 11.9　　混凝土抗压强度统计数据分析

龄期/d	平均值/MPa	最大值/MPa	最小值/MPa	标准差/MPa	离差系数
28	31	45.7	23.8	4.92	0.16
90	40.02	46.5	35.5	4.97	0.12

11.11.4 防渗墙墙体声波无损检测情况

大坝防渗墙的墙体质量检测采用声波无损检测的方式进行，为提高声波检测精确性，所有跨孔声波检测全部利用相邻预埋管进行检测。深度大于100m的深槽段利用相邻预埋管进行跨孔声波检测，深度小于100m的浅槽段按照10%的比例利用相邻预埋管进行检测，接头孔部位利用相邻预埋管进行全部检测。

声波检测工作自2013年8月中旬开始至9月25日结束，总共完成单孔声波检测13个，跨孔声波检测86组。

(1) 单孔声波检测情况。单孔声波检测情况如下：

1) Jc-01孔。该孔位于DB-1-3号槽内，孔口高程为1401.00m。声波速度范围在3922～5263m/s之间变化，平均声波速度为4299m/s。

混凝土防渗墙段（孔深3.2～14.2m）：声波速度范围在3922～4651m/s之间变化，平均声波速度为4244m/s，各测点声波速度值均大于3850m/s。

混凝土与基岩接触段（孔深14.2～15.4m）：声波速度范围在3922～4348m/s之间变化，平均声波速度为4149m/s，各测点声波速度值均大于3850m/s。

基岩段（孔深15.4～16m）：声波速度范围在5000～5263m/s之间变化，平均声波速度为5132m/s。

2) Jc-02孔。该孔位于DB-6-1号槽内，孔口高程为1401.00m。混凝土防渗墙段（孔深3.2～53m）：声波速度范围在3886～4651m/s之间变化，平均声波速度为4200m/s，各测点声波速度值均大于3850m/s。

3) Jc-03孔。该孔位于DB-11-1号槽内，孔口高程为1401.00m。混凝土防渗墙段（孔深3.2～69m）：声波速度范围在3874～4662m/s之间变化，平均声波速度为4201m/s，各测点声波速度值均大于3850m/s。

4) Jc-04孔。该孔位于DB-29-2号槽内，孔口高程为1401.00m。声波速度范围在3636～5882m/s之间变化，平均声波速度为4390m/s。

混凝土防渗墙段（孔深3.2～113.8m）：声波速度范围在3874～4678m/s之间变化，平均声波速度为4372m/s，各测点声波速度值均大于3850m/s。

混凝土与基岩接触段（孔深113.8～114.4m）：声波速度范围在3636～4082m/s之间变化，平均声波速度为3831m/s，低于设计值的测点分别位于孔深114m（声波速度为3774m/s）和114.2m（声波速度为3636m/s）处。

基岩段（孔深114.4～117m）：声波速度范围在5000～5882m/s之间变化，平均声波速度为5316m/s。

5) Jc-05孔。该孔位于DB-38-3号槽内，孔口高程为1401.00m。声波速度范围在3509～5556m/s之间变化，平均声波速度为4389m/s。

混凝土防渗墙段（孔深3.2～85.8m）：声波速度范围在3856～4651m/s之间变化，平均声波速度为4374m/s，各测点声波速度值均大于3850m/s。

混凝土与基岩接触段（孔深85.8～87m）：声波速度范围在3509～4000m/s之间变化，平均声波速度为3735m/s，低于设计值的测点分别位于孔深86m（声波速度为

3509m/s)、86.2m（声波速度为3636m/s）和86.4m（声波速度为3571m/s）处。

基岩段（孔深87～89m）：声波速度范围在5000～5666m/s之间变化，平均声波速度为5321m/s。

6）Jc－06孔。该孔位于DB－46－1号槽内，孔口高程为1401.00m。混凝土防渗墙段（孔深3.4～29m，0～3.4m为套管）：声波速度范围在3922～4651m/s之间变化，平均声波速度为4176m/s，各测点声波速度值均大于3850m/s。

7）Jc－07孔。该孔位于DB－15－3号槽内，孔口高程为1401.00m。声波速度范围在3636～5263m/s之间变化，平均声波速度为4403m/s。

混凝土防渗墙段（孔深3.2～128.8m）：声波速度范围在3636～4651m/s之间变化，平均声波速度为4397m/s，除孔深51.2m、106m处外各测点声波速度值均大于3850m/s。其中，孔深51.2m处声波速度为3774m/s，孔深106m处声波速度为3636m/s。

混凝土与基岩接触段（孔深128.8～129.4m）：声波速度范围在3704～4000m/s之间变化，平均声波速度为3836m/s，低于设计值的测点分别位于孔深129.2m（声波速度为3704m/s）和129.4m（声波速度为3774m/s）处。

基岩段（孔深129.4～130.4m）：声波速度范围在5128～5263m/s之间变化，平均声波速度为5205m/s。

8）Jc－17－01孔。该孔位于DB－17号槽内，孔口高程为1401.00m。声波速度范围在3636～5405m/s之间变化，平均声波速度为4318m/s。

混凝土防渗墙段（孔深3.2～115.2m）：声波速度范围在3863～4651m/s之间变化，平均声波速度为4313m/s，各测点声波速度值均大于3850m/s。

混凝土与基岩接触段（孔深115.2～116m）：声波速度范围在3636～3922m/s之间变化，平均声波速度为3794m/s，低于设计值的测点分别位于孔深115.8m（声波速度为3774m/s）和116m（声波速度为3636m/s）处。

基岩段（孔深116～117m）：声波速度范围在5128～5405m/s之间变化，平均声波速度为5226m/s。

9）Jc－17－02孔。该孔位于DB－17号槽内，孔口高程为1401.00m。声波速度范围在3448～5263m/s之间变化，平均声波速度为4315m/s。

混凝土防渗墙段（孔深3.2～115.2m）：声波速度范围在3922～4651m/s之间变化，平均声波速度为4309m/s，各测点声波速度值均大于3850m/s。

混凝土与基岩接触段（孔深115.2～116m）：声波速度范围在3448～4348m/s之间变化，平均声波速度为3992m/s，低于设计值的测点分别位于孔深115.8m（声波速度为3774m/s）和116m（声波速度为3448m/s）处。

基岩段（孔深116～117m）：声波速度范围在5000～5263m/s之间变化，平均声波速度为5113m/s。

10）Jc－19－01孔。该孔位于DB－19号槽内，孔口高程为1401.00m。声波速度范围在3509～5263m/s之间变化，平均声波速度为4255m/s。

混凝土防渗墙段（孔深3.2～118.8m）：声波速度范围在3886～4651m/s之间变化，平均声波速度为4252m/s，各测点声波速度值均大于3850m/s。

混凝土与基岩接触段（孔深118.8～119.6m）：声波速度范围在3509～3922m/s之间变化，平均声波速度为3677m/s，低于设计值的测点分别位于孔深119m（声波速度为3571m/s）、119.2m（声波速度为3509m/s）和119.4m（声波速度为3704m/s）处。

基岩段（孔深119.6～121m）：声波速度范围在4545～5263m/s之间变化，平均声波速度为4879m/s。

11）Jc-19-02孔。该孔位于DB-19号槽内，孔口高程为1401.00m。声波速度范围在3333～5128m/s之间变化，平均声波速度为4276m/s。

混凝土防渗墙段（孔深3.2～118.8m）：声波速度范围在3922～4651m/s之间变化，平均声波速度为4277m/s，各测点声波速度值均大于3850m/s。

混凝土与基岩接触段（孔深118.8～119.6m）：声波速度范围在3333～4082m/s之间变化，平均声波速度为3706m/s，低于设计值的测点分别位于孔深119m（声波速度为3333m/s）、119.2m（声波速度为3636m/s）和119.4m（声波速度为3774m/s）处。

基岩段（孔深119.6～120.4m）：声波速度范围在4545～5128m/s之间变化，平均声波速度为4828m/s。

12）Jc-21-01孔。该孔位于DB-21号槽内，孔口高程为1401.00m。声波速度范围在3448～5128m/s之间变化，平均声波速度为4316m/s。

混凝土防渗墙段（孔深3.2～119.4m）：声波速度范围在3922～4651m/s之间变化，平均声波速度为4313m/s，各测点声波速度值均大于3850m/s。

混凝土与基岩接触段（孔深119.4～120.2m）：声波速度范围在3448～4000m/s之间变化，平均声波速度为3765m/s，低于设计值的测点分别位于孔深120m（声波速度为3774m/s）和120.2m（声波速度为3448m/s）处。

基岩段（孔深120.2～121.2m）：声波速度范围在4762～5128m/s之间变化，平均声波速度为4969m/s。

13）Jc-21-02孔。该孔位于DB-21号槽内，孔口高程为1401.00m。声波速度范围在3333～5000m/s之间变化，平均声波速度为3998m/s。

混凝土防渗墙段（孔深3.2～119.6m）：声波速度范围在3685～4651m/s之间变化，平均声波速度为3997m/s，除孔深29.2m、118m处外各测点声波速度值均大于3850m/s。其中，孔深29.2m处声波速度为3685m/s，孔深118m处声波速度为3704m/s。

混凝土与基岩接触段（孔深119.6～120.6m）：声波速度范围在3333～4082m/s之间变化，平均声波速度为3710m/s，低于设计值的测点分别位于孔深119.6m（声波速度为3333m/s）、119.8m（声波速度为3509m/s）和120m（声波速度为3333m/s）处。

基岩段（孔深120.6～121.4m）：声波速度范围在4255～5000m/s之间变化，平均声波速度为4673m/s。

（2）跨孔声波检测情况。坝基混凝土防渗墙共完成86组跨孔声波测试，其中槽段接头孔48组，墙体跨孔38组。

槽段接头跨孔声波资料分析成果显示：48组槽段接头跨孔声波，波速变化范围为3390～4698m/s，平均声波速度为4244m/s。高于设计值（3850m/s）的测点占总测点数的99.94%，低于设计值（3850m/s）的测点仅占总测点数的0.06%，分别位于DB18～

DB19 号接头段（YM97～JC19－1 号剖面）孔深 3.2m（波速为 3390m/s）、3.6m（波速为 3580m/s）和 4.0m（波速为 3688m/s）处，DB32～DB33 号接头段（YM162～YM163 号剖面）孔深 34.4m（波速为 3650m/s）和 34.8m（波速为 3670m/s）处。

墙体跨孔声波资料分析成果说明：38 组墙体跨孔声波剖面，波速变化范围为 3538～4693m/s，平均声波速度为 4256m/s。高于设计值（3850m/s）的测点占总测点数的 99.89%。低于设计值（3850m/s）的测点仅占总测点数的 0.11%，分别位于 DB－14 号槽段（YM78～YM79 号剖面）孔深 14.4m（波速为 3750m/s）和 21.6m（波速为 3660m/s）处，DB－21 号槽段（JC21－1～JC21－2 号剖面）孔深 12.8m（波速为 3538m/s）和 38.8m（波速为 3595m/s）处，DB－23 号槽段（YM113～YM114 号剖面）孔深 26.4m（波速为 3656m/s）处，DB－27 号槽段（YM133～YM134 号剖面）孔深 6.0m（波速为 3786m/s）和 6.4m（波速为 3620m/s）处，DB－31 号槽段（YM153～YM154 号剖面）孔深 14m（波速为 3630m/s）和 14.4m（波速为 3605m/s）处，DB－42 号槽段（YM208～YM209 号剖面）孔深 3.6m（波速为 3691m/s）和 4m（波速为 3672m/s）处。

（3）声波检测综合分析。通过单孔、跨孔声波检测成果表明坝基防渗墙混凝土浇筑较均匀，个别槽段及墙体局部存在低速（低于设计值），混凝土防渗墙单孔声波速度在 3636～4651m/s，平均声波速度在 3997～4397m/s，低值主要集中在混凝土与基岩接触段，声波速度在 3333～4348m/s，平均声波速度在 3677～4149m/s。混凝土防渗墙跨孔声波速度在 3390～4698m/s，平均声波速度在 4012～4470m/s。

单孔声波与跨孔声波的统计分析结果，虽然不完全一致，略有差异，但总体趋势是一致的。这主要是由于单孔声波测试间距较小（$L=0.2$m），反映的是孔壁附近混凝土的波速变化情况；而跨孔声波测试间距相对较大，反映的是两孔之间混凝土的波速变化情况，均化效应要大一些。

（4）波速低于设计值部位压水试验情况。2013 年 9 月 30 日大坝防渗墙施工平台开始拆除时，选定了 DB－16 号槽段中 YM－85～YM－86 号预埋管之间波速低值区进行了取芯压水和孔内摄像检测，检查孔压水试验范围包括了声波检测波速较低范围，压水起止深度为 17.8～22.8m，透水率为 0.1Lu，能够满足设计要求，混凝土取芯较完整，没有蜂窝、麻面等现象。

参 考 文 献

［1］ 罗庆松．黄金坪水电站大厚度超百米防渗墙特殊情况处理措施［J］．工程与建设，2015，29（6）：858－860.

［2］ 罗庆松，宋卫民，赵先锋．黄金坪水电站大厚度超百米深防渗墙施工技术［J］．水力发电，2016，42（3）：47－50.

［3］ 牟楠．110m 级超大深度混凝土防渗墙施工技术探讨［J］．城市建设理论研究：电子版，2012（35）.

［4］ 陈修星，冯杨文，侯锦，等．黄金坪水电站深厚覆盖层跟管钻进工艺研究［J］．探矿工程（岩土钻掘工程），2008，35（11）：10－12.

［5］ 谷江波，刘永波，闵勇章．振冲碎石桩在黄金坪水电站坝基处理中的应用［J］．四川水力发电，

2015，34（S2）：84－87.
［6］ 郭振，马驰．接头管法在黄金坪水电站围堰防渗墙中的应用［J］．城市建设理论研究：电子版，2015，5（36）.
［7］ 罗永葵，程超元，柳鹤，等．GIN法在黄金坪水电站坝基覆盖层帷幕灌浆试验中的应用［J］．地质装备，2010，11（4）：35－38.
［8］ 魏祥，李阳，马鹏奎．黄金坪水电站大坝防渗墙下基岩帷幕钻灌施工技术研究［J］．四川水力发电，2016，35（2）：68－70.
［9］ 杨俊志，冯杨文，陈修星，等．黄金坪水电站坝基深厚覆盖层帷幕灌浆试验研究［C］//地基基础工程与锚固注浆技术研讨会论文集，2009.
［10］ 郑元凯．悬挂式防渗灌浆处理在深厚覆盖层中的应用［J］．低碳世界，2015（1）：71－72.

第12章 冶勒水电站超深与复杂地质条件防渗墙工程

12.1 概述

冶勒水电站覆盖层深度约400m，是我国最早开展100m级防渗墙技术研究的工程[1]。为配合100m级防渗墙的施工，重点开展了重型冲击反循环钻机、液压铣槽机超深槽孔适应性与配套工法技术、双反弧接头技术、接头管接头技术、超深槽孔泵吸法清孔换浆与浇筑技术等方面的研究[2-3]，初步掌握了100m以上超深与复杂地质条件对设备机具的性能要求，总结了双反弧接头技术的适应性和应用范围，提出了超深槽孔接头管接头技术的施工工艺，掌握了深槽孔泵吸法清孔换浆与混凝土浇筑技术的规律[4-8]。

12.2 工程概况

冶勒水电站位于四川省西部南桠河（大渡河中游右岸的一级支流）上游，为南桠河流域梯级规划“一库六级”的第6级龙头水库电站。坝址以上流域面积为323km^2，多年平均流量为14.5m^3/s，电站采用高坝、中长引水隧洞、地下厂房的混合式开发。电站以单一发电为主，无航运、漂木、防洪、灌溉等综合利用要求。

首部枢纽由沥青混凝土心墙堆石坝，左岸泄洪洞、放空洞（兼导流洞）等建筑物组成。大坝坝顶高程为2654.5m，最大坝高为125.5m，坝轴线长约411m。

大坝坝基左岸基岩埋藏较浅，河床及右岸为深厚覆盖层，左、右岸基础严重不对称，相连接的右岸山体为深厚覆盖层，且相对隔水层埋藏深度约200m。为了防止大坝透水，设计采用混凝土防渗墙和帷幕灌浆防渗相结合的防渗方案。左岸与河床部分防渗结构为“混凝土防渗墙＋水泥灌浆帷幕”。右岸山体防渗分3层：第一层为洞外防渗墙，设计墙厚为1.2m和1m，分4个台阶施工，墙深分别为33.5m、45.6m、70.5m、78.5m，防渗面积约为27000m^2；第二层为洞内防渗墙，在衬砌后净空尺寸6m×6.5m的廊道内施工防渗墙，设计墙厚为1m，墙体深度为84m，与第一层防渗墙相接；第三层为洞内防渗墙下帷幕灌浆。右岸深厚覆盖层防渗墙总深度约150m，截水面积为48000m^2，其中洞外约30000m^2。整个工程混凝土防渗墙成墙面积为5.51万m^2。

防渗墙覆盖层地基孔深0～8.21m为第五岩组，系青灰色粉质壤土夹碳化碎屑层，层次清晰，遇水易软化，天然状态下崩解性能差，但干后遇水易崩解。孔深8.21～74.28m为第四岩组，系弱胶结卵砾石层；层间夹数层透镜粉质细砂层或粉质壤土层；卵砾石成分以大理岩、玄武岩、闪长岩为主，花岗岩、辉绿岩次之，粒径以5～15cm者居多，大者达35cm。孔深74.28～100m为第三岩组，系弱胶结卵砾石层与粉质壤土互层；卵砾石成分基本与第四组类似，但粒径以2～6cm者居多。

12.3 100m深度防渗墙生产试验研究

该工程防渗墙生产试验是我国首次进行100m深度防渗墙施工，目的在于全面探索100m深度防渗墙钻孔成槽施工设备的适应性，研究传统工法的可行性，研究墙段连接方式与技术，研究清孔换浆、混凝土浇筑工艺等。试验防渗墙最大深度为101m，主要研究成果和结论有以下几个方面：

（1）通过采用传统冲击钻机和冲击反循环钻机试验施工，平均成墙工效达到了2.22m/(台·d)，但由于传统钻机的动力明显不足，钻头质量偏轻，特别是80m以下深度施工时，效率很低，在今后的大规模100m以上深度防渗墙施工中，必须通过改造提升设备能力，或研制、采用新型的防渗墙钻孔挖槽设备。

（2）配套采用传统“钻劈法”工法技术进行成槽施工，在设备能力提升的前提下，仍然可以适应100m以上超深防渗墙施工。

（3）100m以上超深防渗墙通常采用高标号混凝土，如该工程混凝土强度等级为C30，试验施工进行了传统套打法试验，由于墙体超深、混凝土标号高，在槽孔下部施工非常困难，孔斜率也难以控制，最后没有完成接头孔的施工。试验表明，在100m以上超深高标号混凝土防渗墙施工中，传统套打法已不能采用。

（4）施工中进行了双反弧接头技术的试验，结果表明，双反弧接头钻孔工效为：导向孔2.35m/(台·班)、二次扩孔0.47m/(台·班)、综合0.93m/(台·班)，终孔深度为100m，孔形验收良好。但是，试验槽孔地层基本为均质小颗粒地层，对于大范围孤、漂（块）石地层，双反弧接头扩孔将十分困难，特别是遇探头石时，孔斜率难以保证，施工将难以进行。因此，应探索研究新型接头技术，否则100m以上超深防渗墙施工将难以实施。

（5）试验施工采用泵吸法清孔换浆，能够满足100m深度防渗墙施工，但由于砂石泵能力问题，120m以上超深防渗墙的施工，泵吸法清孔换浆将受到限制。

（6）通过试验施工还发现，传统膨润土泥浆性能、泥浆下混凝土浇筑技术，在100m深墙施工中，表现出许多不适应，需要进行创新研究。

总之，通过冶勒水电站100m深度防渗墙生产试验研究，全面了解了传统防渗墙施工技术的适应性。

12.4 造孔成槽施工

该工程防渗墙为国内第一个100m级超深防渗墙工程，对于70m以下深度防渗墙槽孔研究采用冲击钻机和冲击反循环钻机成槽，传统“钻劈法”工法技术施工；对于70m以上深度洞内防渗墙研究采用冲击反循环钻机与液压铣槽机配合施工，并研发了“钻铣法”

工法技术，辅以“铣削法”工法技术。造孔工艺根据造孔机具的选择而各异，在只有冲击钻施工的情况下，一般先施工主孔，再施工副孔，最后施工小墙。

12.5 施工设备与机具研制、改进与应用

该工程的钻孔挖槽设备主要有冲击钻机、冲击反循环钻机和液压铣槽机。针对超深防渗墙的需要，开展了CZF－1500、CZF－2000型重型冲击反循环钻机研制与应用研究、液压铣槽机适应性研究[9]。

12.5.1 CZF－1500、CZF－2000型重型冲击反循环钻机研制与应用研究

CZF－1500、CZF－2000型重型冲击反循环钻机在黄壁庄等工程生产性试验和施工成功后，首次在该工程得到大规模采用，经过完善和改进，使其具备120m以下深度防渗墙施工的能力。

该设备经过试验成为冶勒水电站防渗墙施工的主力设备，高峰期施工时达24台，施工最大深度达到84m。1台钻机配套1台JHB－200型净化器和1台6BS型砂石泵，构成一套完整的施工设备组合。该钻机的特点是采用冲击破碎和反循环滤渣，泥浆净化后再流回槽孔内重复利用，其优点是工效高，地层适应性较强，节省泥浆；缺点是配套设备所占空间大，管道多，耗电量大，成本相对较高。通过施工中不断摸索和改进，后来在6BS型砂石泵上加了一个双向三通闸阀，采用2台冲击反循环钻机配1台JHB－200型净化器和1台6BS型砂石泵，同样能达到处理泥砂的预期效果，从而减少了一套泥浆净化设备的配置，现场空间也显得宽松，更重要的是大大节约了施工成本。

12.5.2 液压铣槽机适应性研究

该工程引进了德国宝峨公司低净空双轮铣槽机（CBC25/MBC30），用于洞内防渗墙施工。设备质量约25t，工作高度为5.3m，安装在一部特殊设计的液压式履带吊车BS100B上，它的直接动力来自装在吊车上一个420kW的发动机。选择该低净空成槽设备的重要原因是：75m深的防渗墙需在6.0m×6.5m的廊道内施工、紧密的卵砾石地层、铣槽机工作时几乎无震动、工程质量的高要求、严格的垂直度要求与水密性接头，如图12.1所示。

图12.1 宝峨公司低净空双轮铣槽机（CBC25/MBC30）

液压铣槽机采用沿洞内轴线骑槽孔方式布置，两条履带分别在上下游两侧导墙上行走，泥浆净化系统设备由于受洞内场地的限制，布置在1号洞口外位置，进出2条泥浆管路均布置在防渗墙上游侧廊道壁上，管路长度达500m；6英寸泥浆管路采用快速接头，降低拆装辅助时间，有效减少了与其他施工设备的干扰。

MBC30型液压铣槽机于2003年9月2日开始洞内铣槽施工，最大铣削深度为84m，成墙厚度为1m，单刀铣削长度为2.8m，施工历时7个月，累计完成钻孔进尺12501m^2，平均工效达到67.55m/(台·d)。

通过液压铣槽机的适应性研究，表明该类设备完全可以应用于100m以上超深防渗墙施工，本书研发的“钻铣法”工法技术，具有充分发挥钻机和液压铣槽机两种设备各自优势的特点，大幅提高了单种设备施工的效率。

12.5.3 施工钻具、配套设施改进

(1) 钻头改进。冶勒地区的地层为胶结岩和超固结的粉质壤土层，其强度和密实度较高，造孔的挤密作用很小，完全要靠切削、破碎。因此，钻头的适应性是提高施工工效的重要因素之一。

传统的冲击反循环钻头为空心十字形钻头，在开工时经过一段时间的使用，发现并不完全适应冶勒地区的地层，工效较低。通过实践分析和逐步改进，最终形成了几种阶梯式钻头，改进的阶梯式钻头有2～3个台阶，外圈有6个刃角，内圈有4个刃角（起超前破碎作用），台阶高度为20～30cm，钻头长度为2～2.3m，由于增加了刃角，提高了钻头的空心度，增强了钻头对地层的切削、破碎能力。在此基础上，还适当增加了钻头的长度与质量（达2.7t左右），这样不仅提高了施工工效，而且保证了钻孔的垂直度。

双反弧钻具的使用和改进，在冶勒防渗墙工程上有了较大的突破。冶勒防渗墙最初采用双反弧接头方式，开始使用的双反弧钻头近弧点间距（1.2～1.3）B（B为设计墙厚），经过现场试验，发现其在造孔过程中，容易卡钻，后来将近弧点间距设计为（1.05～1.1）B，使用效果较好。双反弧钻具如图12.2所示。

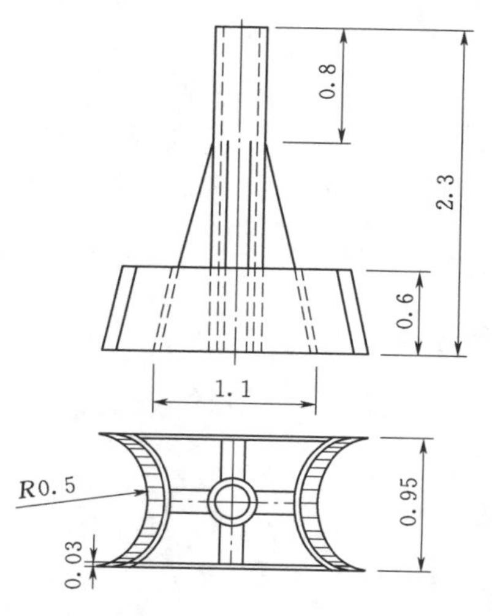

图12.2 双反弧钻具（单位：m）

(2) 排渣管、砂石泵改进。排渣管掉管在冲击反循环施工中是一种易发事故，在造孔较浅的情况下掉管较少且处理事故相对简单，但在冶勒这种深度近80m的防渗墙槽孔中掉管，处理起来费时、费工、费神，为减少掉管事故的发生，对排渣管一方面设置保护绳，以便捞管；另一方面对排渣管接头连接方式进行改进，并对接头进行加固处理，减少掉管事故的发生。

目前6BS型砂石泵对于超过70m深的孔来说，其排渣能力相对较弱。基础局对使用的6BS型砂石泵在传动方式与密封性能上都进行了改进，以增强吸渣能力，使用效果较好。

（3）泥浆净化系统改进。在抽砂泵上增加一个双向三通闸阀，连接两台 CZF－1500 型冲击反循环，共用一台 JHB－200 型净化器，在冶勒工程施工中是一个大胆的尝试，经过一年多施工证明，处理泥浆的效果较好，同时减少了一半的泥浆净化设备配置，大大节约了成本。

由于振动筛旋流器只能分离粒径大于 0.075mm 的颗粒，而地层中粉质颗粒含量相当大，特别是粉质颗粒始终在槽孔内泥浆中循环，当达到一定的浓度时就在孔底形成厚厚的一层粉质沉积物，钻头不易搅动，严重影响工效。在这种情况下，除了对泥浆进行置换以外，采用泥浆集中沉淀池是一种既简单有效又节约成本的方法。该方法主要是将含岩渣的泥浆通过砂石泵将粗颗粒抽排到集中沉淀池上部的筛网上，通过筛网首先将粗颗粒过滤掉，含细颗粒的泥浆经沉淀后再回流到槽孔内。这种方法可以节省泥浆净化设备的配置，泥浆净化的效果也很好，在施工平台较宽的部位可以使用这种简易的泥浆净化方式。

12.6　槽段划分与布置

防渗墙单元槽长的划分直接影响到防渗墙的施工工期，槽长的划分主要取决于地层特点与浇筑能力。结合冶勒防渗墙施工实际情况，通过生产性试验对比（表 12.1），选择了既适合地层特点又满足浇筑上升速度的单元槽段长度：一期槽长度在 7.4m 左右，二期槽长度在 8.8m 左右，副孔长度在 1.8～2.2m。这种槽长既便于 2～3 台钻机同时施工主孔（或 2 台钻机同时施工副孔），又适合采用冲击反循环钻机进行副孔“凿眼”钻进，使钻机的布置和调配游刃有余，避免了钻机的窝工，大大提高了钻机的使用率。

表 12.1　几种副孔长度工效对比试验

副孔长度/m	平均工效/[m/(台·d)]	备　注
1.5	0.52	小墙过窄，不便相邻钻机同时施工，钻机劈打时钻头不稳
1.7	0.66	副孔“凿眼”时易钻穿
1.8	0.84	适合但工效不高
2.2	0.86	既便于施工，工效也较高

（1）槽段划分原则。一般情况下，槽孔长度越大，对减少接头和提高墙体的整体防渗性、连续性以及提高施工工效是有利的；但要使拌和楼的拌制能力、混凝土运输能力满足规范及技术要求所规定的上升速度，则必须对槽段的划分长度进行综合考虑。同时根据坝基各部分不同的地质情况，采用不同的成墙工艺和槽孔长度，以保证在槽孔安全稳定的情况下减少搭接。另外还要满足单槽施工设备合理布置要求，提高施工进度，因为冶勒工程防渗墙施工工期十分紧张，属于施工设备密集型施工，投入钻机的数量及钻机的布置必须满足一期槽施工周期的要求。

冶勒大坝防渗墙墙厚为 1～1.2m，地层条件较好，除河床段外，其他部位都不易坍孔，因此在槽段划分时，除河床段外，其他部位地质因素可以不作重点考虑。按照过去的一般经验，单个槽孔的主孔为 3～5 个，3 个主孔的槽孔其副孔一般要长，5 个主孔的槽孔其副孔较短。主孔的直径确定后，槽孔的长度取决于主孔个数和副孔长度，而副孔的长度是由单槽上的钻机台数及施工工艺、工效所决定的。在施工过程中，一般采用钻劈法施工，两台钻机之间相互干扰很大，要达到均衡施工必须在副孔长度及施工过程中钻机的调整上深入研究。右岸防渗墙墙深普遍超过70m，根据现场拌和楼出料能力及混凝土运输能力，单槽浇筑方量以不超过700m³ 为宜。河床防渗墙处在砂卵石地层，漏浆塌孔严重，工期也十分紧张，在槽段划分时主要考虑造孔时的供水、供浆能力，同时考虑最大限度地安排钻机，以提高施工强度。

（2）防渗墙槽段划分。左岸墙厚1m，由于地层较密实，采用钻劈法施工，一、二期槽槽长均为6.6m（含接头），3个主孔，2个副孔，主孔长1m，副孔长1.8m，如左岸2568.6m平台，如图12.3所示。左岸2618.3m平台一、二期槽槽长均为8m，5个主孔，4个副孔；而三期槽则为双反弧接头，双反弧接头弧顶间长度为1m，如图12.4所示。

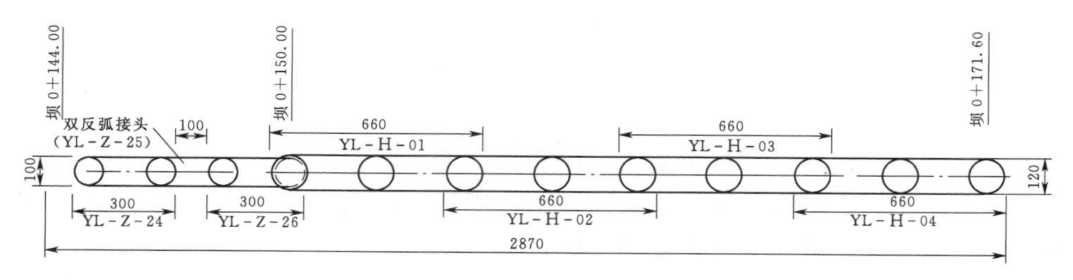

图12.3　左岸2568.6m平台混凝土防渗墙槽段划分图（单位：cm）

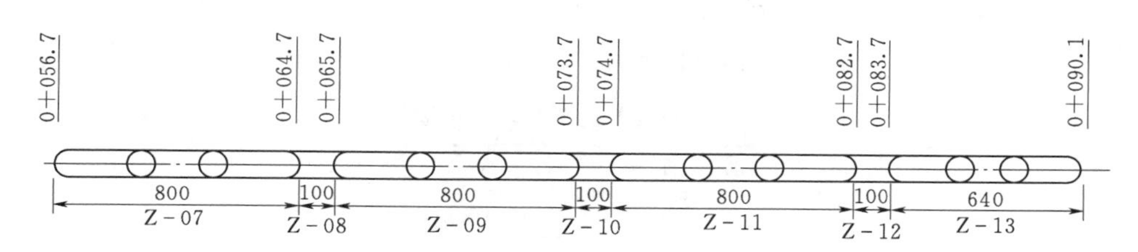

图12.4　左岸2618.3m平台防渗墙槽段划分图（单位：cm）

右岸墙厚1m，地层条件也比较好，采用钻劈法施工，一、二期槽槽长均为7.4m，每个槽孔分3个主孔，2个副孔，主孔长1m，副孔长2.2m，如图12.5所示。

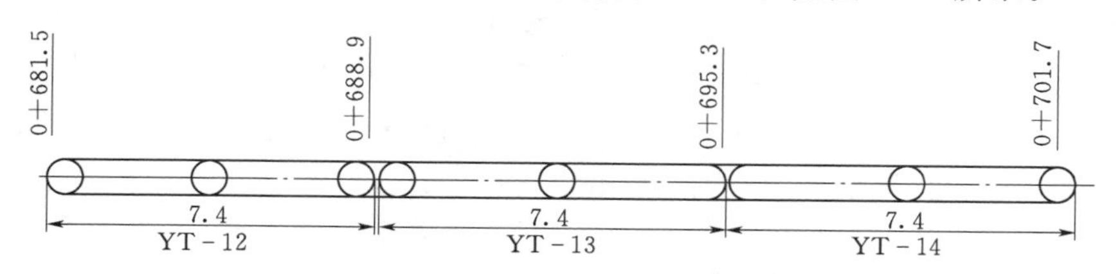

图12.5　右岸台地防渗墙典型槽段划分图（单位：m）

河床段墙厚1.2m，地质条件差，塌孔、漏浆严重，由于施工工期紧、任务重，没有考虑划小槽段，但中间为了防止大面积塌槽，保持施工平台稳定，采取了打单桩的方式，如在桩号0+258.4～0+259.6处就打了一个单桩。河床0+150.0～0+259.6段一期槽槽长为6.8m，4个主孔，3个副孔，主孔长1.2m，副孔长0.7m；二期槽槽长为7.5m（含接头），4个主孔、3个副孔，主孔长1.2m，副孔长0.9m，如图12.6所示。河床0+

259.6～0＋310.0 段一、二期槽槽长均为 7.2m，每个槽孔分 3 个主孔，2 个副孔，主孔长 1.2m，副孔长 1.8m，如图 12.7 所示。

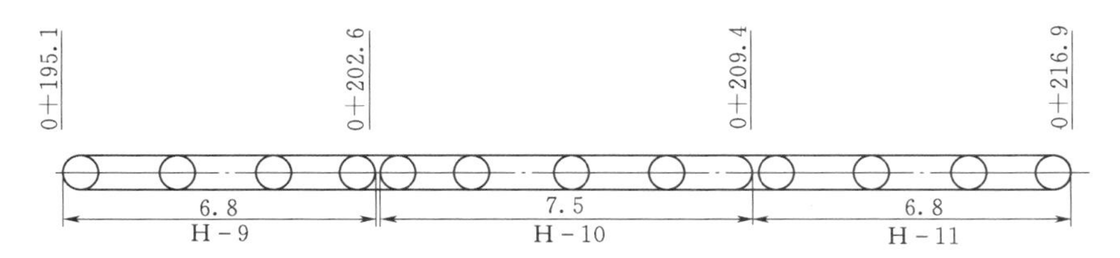

图 12.6　河床 0＋150.0～0＋259.6 段防渗墙典型槽段划分图（单位：m）

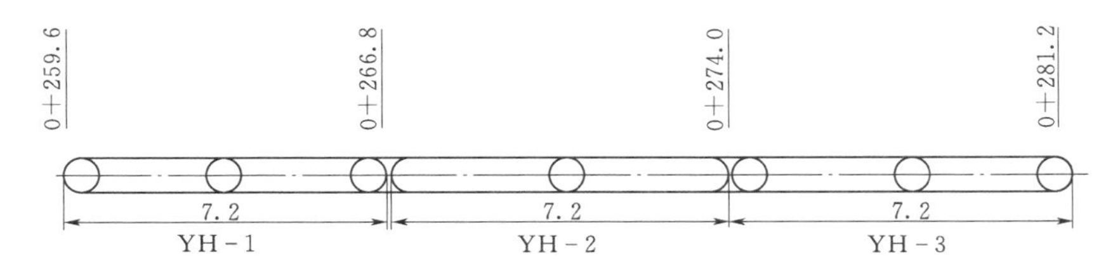

图 12.7　河床 0＋259.6～0＋310.0 段防渗墙典型槽段划分图（单位：m）

廊道内防渗墙采用冲击反循环钻机与液压双轮铣槽机配合施工，一期槽槽长为 6.4m、6.5m，二期槽槽长为 2.8m，如图 12.8 和图 12.9 所示。

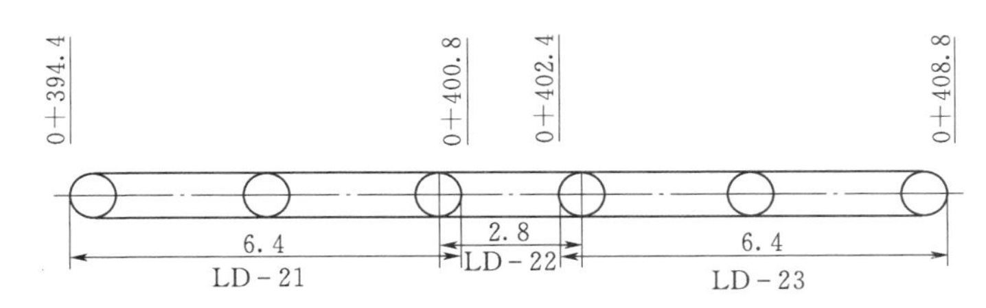

图 12.8　廊道 0＋310～0＋430 段防渗墙典型槽段划分图（单位：m）

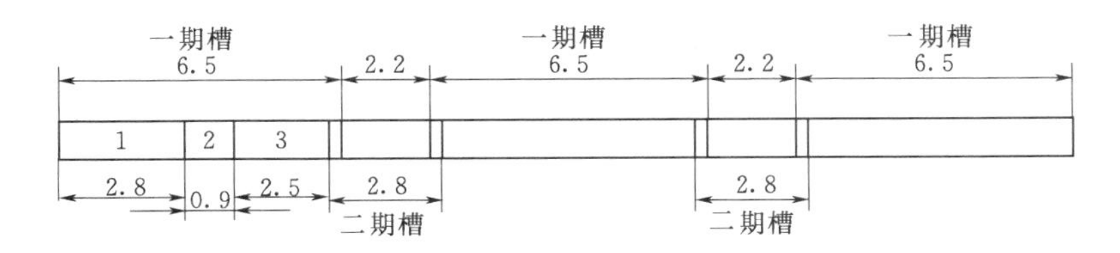

图 12.9　廊道 0＋430～0＋610 段防渗墙典型槽段划分图（单位：m）

12.7　防渗墙槽段连接

冶勒水电站作为国内第一个 100m 级防渗墙工程，对于 70m 以下的槽孔采用套打法接头连接，大部分孔深超过 70m 的槽孔，研究采用了双反弧法、单反弧法，对于这种大深度的防渗墙，其槽段之间的连接是防渗墙成败的关键所在。国内外常用的钻凿法和接头管（板）法对于这种大深度的防渗墙是不适用的，尤其是在高标号混凝土墙体材料中使用钻凿法，工效较低，成本高，因墙体和周围地层强度差异太大而易造成钻孔偏斜，质量难以保证。因此，冶勒工程防渗墙接头是冶勒工程重点研究的技术难题之一，在施工过程中采用了套接钻凿法、置换法、双反弧法、单反弧法、接头管法和铣削法等多种接头处理技术，并总结了各种接头处理技术的适应性和优缺点，为接头管法的后续深化研究和大规模应用奠定了基础[10-12]。

（1）双反弧法。施工是将防渗墙按轴线划分为一、二期槽段，在一、二期槽段间再预留一个小槽段，相当于三期槽，槽长1～1.2m，先施工一、二期槽，在一、二期槽施工结束后，再在一、二期槽之间用双反弧钻头进行造孔成槽，最后浇筑混凝土，使一、二期槽之间连接成一个封闭的整体。

双反弧法施工的过程为：先用冲击反循环钻机钻主孔，要求主孔垂直、居中，该主孔也将起到导向作用；再用双反弧钻头进行扩孔，边扩边采用反循环方式将主孔内的石渣抽出，要求将一、二期槽端头孔混凝土半圆弧周边的泥皮及部分混凝土凿除，形成槽孔两端的反弧状，并按要求将孔内清理干净；最后按防渗墙浇筑要求浇筑混凝土。

图12.10　双反弧施工效果图

采用双反弧法施工防渗墙接头的优点主要是克服了传统的套接法重复钻孔的弊病，节约了施工成本；但双反弧实施的条件是一、二期槽端头孔的孔斜率不能过大，且偏斜方向基本一致，没有大的因塌孔而形成的超浇方量，否则双反弧连接不理想，质量不能保证，还容易造成孔内事故；一旦发生孔内事故，则不易处理。双反弧施工效果如图12.10所示。

冶勒工程防渗墙进行了不同部位、不同长度的双反弧接头试验，最长的双反弧槽为2.2m，最短的双反弧槽为1.05m。在左岸2618.6m平台采用的是长度为1.05m的双反弧槽，在右岸2639.5m平台及2602.5m平台采用的是长度分别为2.2m和1.1m的双反弧槽，通过试验证明，长度为1.1m的双反弧槽最有优势，能保证质量，操作方便，工效较高；而长度为2.2m的双反弧槽扩孔施工时平衡不易控制，很容易卡钻，造成钻孔事故。因此，采用双反弧连接时，宜首选长度为1.1m的双反弧槽。

右岸2639.5m平台及2602.5m平台施工的接头和防渗墙，因为是先施工防渗墙，后施工廊道，在廊道开挖施工中防渗墙底部的情况被揭示出来，这也是防渗墙施工史上第一次将70m以上的深墙底部挖出来，从开挖出来的墙体底部情况看，墙体均匀、平直，尤其是双反弧接头部位连接紧密，弧形规则。

（2）单反弧法。单反弧法接头是在双反弧接头法的基础上演变而来的，其接头的连接原理是相同的，它们的区别在于槽段划分上，双反弧槽长一般是墙厚的1.1～1.15倍，只有一个单孔，而单反弧槽长则可按二期槽槽长要求来划分，可以有多个主孔与副孔，槽段划分如图12.11所示。

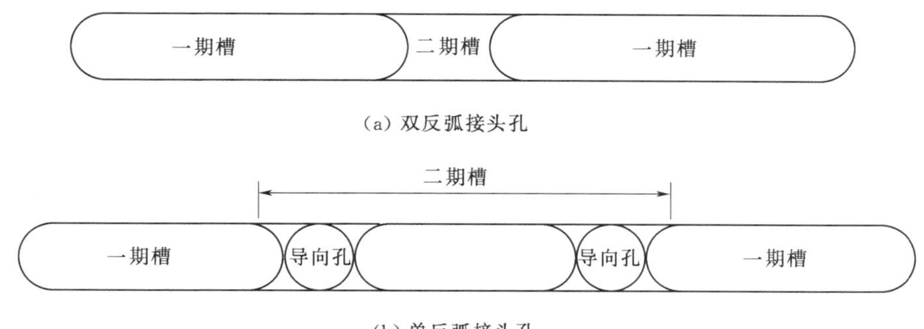

(a) 双反弧接头孔

(b) 单反弧接头孔

图 12.11　双反弧接头孔与单反弧接头孔对比图

单反弧法施工的过程为：在相邻一期槽浇筑后，先用冲击反循环钻机施工两端主孔（即单反弧导向孔），导向孔终孔验收合格后，再用双反弧钻头进行扩孔，边扩边采用反循环方式将主孔内的石渣抽出，直至终孔，将一期槽端头孔混凝土半圆弧周边的泥皮及部分混凝土凿除后，形成单反弧接头面；单反弧槽的另一端也类似进行施工，形成另一个单反弧接头面；槽的中部采用常规的一、二期槽的劈打法施工，即先打主孔，后采用钻劈法施工副孔，直至整个槽段成槽。

单反弧接头处理的最大优势为：接头和二期槽是一个整体，可减少一半的墙体接头数量；且相邻一期槽可同时施工，克服了双反弧接头槽因为太短而被击穿的弊病，使得施工周期缩短；单反弧接头施工过程中，双反弧钻具一边对接头孔混凝土进行劈打，另一边则是劈打槽孔内的原始地层，可以避免卡钻事故，即使发生了卡钻、埋钻等事故也可以通过钻旁边的主、副孔进行处理，单反弧施工效果如图 12.12 所示。

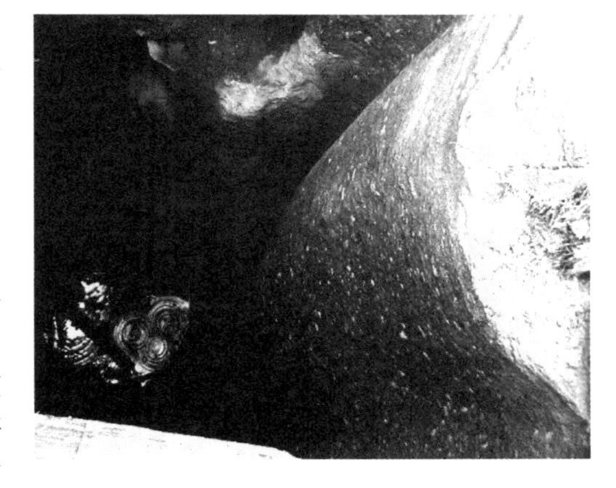

图 12.12　单反弧施工效果图

冶勒工程防渗墙通过各种接头处理方式的试验与对比，重点对单反弧接头进行了研究，其施工原理、工艺、方法在理论上是可行的，除了在施工工效上进行对比有其优越性外，如何来验证其施工质量及处理的效果也是一个复杂的研究课题。单反弧接头施工工效与双反弧接头、钻凿法套接接头工效对比见表 12.2，从工效对比上看，单反弧接头优于双反弧接头，而套接接头工效再高也属无效的工效，因为是重复造孔，从防渗墙施工总体角度来看，工效还是最低。

对单反弧接头的施工质量及其连接效果进行评价，主要有两种手段：一是采用孔形对比法，二是在接头上直接取芯观察。孔形对比法是采用日本超声波测井仪进行跟踪检测，这种仪器可以检测到孔内每个断面 4 个方向的孔形情况，通过对反弧接头孔检测图像与原一期槽端头孔的检测图像进行对比，可准确分析墙体的连接情况。一般情况下，两者图像趋向一致，则表明反弧接头连接效果较好。在接头处采用岩芯钻机打孔径为 168mm 的取样孔，直接对接缝进行观察（图 12.13），可以检查接缝是否有夹泥，结合是否紧密。

表 12.2　单反弧接头施工工效与其他接头工效对比表

接头形式	造孔孔深/m	墙厚/m	钻进工效/[m/(台·班)]	生产工效/[m/(台·班)]	平均工效/[m/(台·班)]	备　注
单反弧	78.5	1	0.90	0.77	47	采用双反弧钻具施工，钻具近弧点长 1m
双反弧	33.5	1	0.6	0.44	0.3	双反弧钻具近弧点长 1.2m
全孔套接	78.5	1	0.9	0.75	0.58	冲击反循环施工

图 12.13　钻孔取出的接缝芯样

在施工过程中，导向孔施工好坏直接影响单反弧的施工质量，因此对导向孔施工过程的控制，是单反弧施工的关键所在（当然一期槽端头孔的孔形也是很关键的），它直接影响反弧接头的质量；导向孔施工必须保证造孔孔斜质量，发现偏斜及时纠偏，全孔终孔后最好采用每 2m 一段检测。导向孔不合格，不能进行单反弧扩孔施工。然后是采用双反弧钻具进行扩孔，形成反弧面，单反弧扩孔操作时，力求稳打稳扎，轻打勤放，注意观察钢丝绳的跳动情况，不能放绳太快，同时清孔要及时。

（3）接头管法。本书研制的 YBJ 系列卡键直顶式大口径液压拔管机，在黄壁庄工程创造了当时最深拔管 60m 的施工纪录，形成了 60m 级防渗墙接头拔管施工的成套施工工法。在冶勒工程台地 0+414～0+610 段进行了防渗墙接头管法试验与施工，该段防渗墙墙厚 1m，墙深约 70m，属大深度防渗墙。接头管的直径为 1m，弯曲变形很小，在下设过程中接头管对孔形及孔斜的适应性差，在端头孔孔斜满足设计要求的情况下（小于 2‰），接头管往往不能下至孔底，在台地 0+414～0+610 段防渗墙施工中，共完成了 5 个孔的接头管施工，约占计划完成接头管的 25%，完成率较低，主要原因是钻孔孔形及孔斜使得接头管只能下至 30～40m 深度，而非拔管设备方面的原因。因此，在大深度防渗墙施工中采用接头管法处理接头，应保证端头孔有很好的孔形和较小的孔斜率。

12.8　混凝土浇筑

防渗墙浇筑采用水下混凝土直升导管法。冶勒右岸防渗墙孔深大部分超过 70m，要保证浇筑正常，尤其是在拔管过程中不发生拔不动、堵管等情况，是混凝土浇筑期间最关注的问题。从冶勒深槽浇筑情况看，要想保证混凝土浇筑正常顺利进行，一方面要在钻机提升能力上进行改进，如加设定滑轮等，或配备 16t 以上吊车，以协助拔管；最重要的是在混凝土的配比设计上，必须保证混凝土有良好的和易性；另外混凝土骨料应使用天然骨料，并确保骨料中的针、片状石含量不得超过 30%，以保证混凝土的流动性，这样才能从根本上减少堵管事故的发生。

（1）混凝土设计指标。廊道内墙体材料为高强低弹混凝土材料，共分为两种设计物理力学指标[13-15]：0＋310～0＋411 段，抗压强度 R_{90}≥30MPa，抗渗等级≥W10，弹性模量 E≤28000MPa；0＋411～0＋610 段，抗压强度 R_{90}≥25MPa，抗渗等级≥W10，弹性模量 E≤21000MPa。

针对以上不同的设计指标，廊道混凝土防渗墙配合比见表 12.3。

表 12.3　　廊道混凝土防渗墙配合比

设计强度等级	配合比主要参数									
	W/(C+F)	W/kg	S/%	F/(C+F)/%	C+F/kg	C/kg	F/kg	砂/kg	中石/kg	小石/kg
C25(90d)	0.23	98	47	38	420	260	160	874	598	399
C30(90d)	0.23	101	44	30	449	314	135	799	611	407

注　FDN－1 掺量为 0.6%，C25 配合比 DH9 掺量为 0.01%，C30 配合比 DH9 掺量为 0.04%。

（2）混凝土运输和浇筑。混凝土由 4 台 6m³ 拌和车从拌和楼运至 2 号洞口。由于受交通洞尺寸的限制，拌和车无法进入廊道内，故在 2 号洞口安装两台 B60 型中压混凝土泵，一台为正常浇筑使用，另一台作备用。混凝土通过混凝土泵从 2 号洞送入施工槽孔，最大泵送距离达 450m。在远距离混凝土的输送时，对混凝土的坍落度和扩散度要求相当高，需经常性地在混凝土泵入机口取样检测，以控制混凝土的良好流动状态，避免泵管堵塞事故发生。

混凝土浇筑采用水下直升导管法浇筑。浇筑设备与预埋管下设设备一样。由于受空间及起吊设备的限制，只能下设两套导管，导管直径为 320mm，丝扣连接。导管下设完毕后在两导管之间安放储料斗，混凝土通过泵管送入储料斗，然后通过储料斗两边漏槽进入导管内。

廊道内混凝土浇筑平均每小时供应强度为 24.5m³，平均每小时上升速度为 4.92m，混凝土浇筑满足设计要求。

12.9　工程实施效果

（1）施工工效分析。由于冶勒工程防渗墙的墙深及墙厚目前国内还没有先例，且在廊道内大规模施工防渗墙在国内也是第一次，究竟施工水平如何，还没有现存的资料可查，因此对施工工效的统计分析就显得至关重要，不仅可以对类似防渗墙工程施工起到指导作用，也将为新的施工定额的制订提供第一手参考资料[16]。

表 12.4 为右岸台地及右岸 2561.5m 平台工时利用统计、工效分析表，从表中可以看出，右岸台地共统计了 15 个槽，该部位的墙深为 78.5m，墙厚为 1m，纯钻孔工效平均为 1.69m/(台·班)，纯生产工效平均为 1.42m/(台·班)，考虑各种影响因素及浇筑槽段所占工时在内的平均生产工效为 0.71m²/(台·班)；右岸 2561.5m 平台共统计了 4 个槽，该部位的墙深为 67.4～70.6m，墙厚为 1.2m，纯钻孔工效平均为 1.26m/(台·班)，纯生产工效平均为 1.13m/(台·班)，考虑各种影响因素及浇筑槽段所占工时在内的平均生产工效为 0.71m/(台·班)。

表 12.4　　右岸台地及右岸 2561.5m 平台工时利用统计、工效分析表

槽孔号	孔别	进尺/m	工时耗用/台时									工时利用率/%		工效		
			生产			机故	孔故	停等	验孔	清孔	合计	钻进	生产	纯钻/(m/台时)	生产/(m/台班)	平均/(m/工日)
			直接	辅助	小计											
Z-01	主孔	95.1	562.0	85.2	647.2	18.2		40.7	15.0	17.3	738.3	76.1	87.7	0.2	1.2	3.1
	副孔	89.4	357.8	74.2	432	35		13			480	74.6	90	0.3	1.7	4.5
Z-02	双反弧	32.3	246	43.5	289.5	33	5.5	40	2.5	6	376.5	65.3	76.9	0.1	0.9	2.1
Z-03	主孔	98	1029	77	1062	51.2	2	51.2	3	8	1177.4	87.4	90.2	0.1	0.7	2
	副孔	91.6	804	73.3	877.3	85	5.5	28.8			996.6	80.7	88	0.1	0.8	2.2
合计		406.4	2998.8	353.1	3307.9	222.4	13	173.7	20.5	31.3	3768.8	79.6	87.8	0.1	1	2.6

由于冶勒地区气候条件恶劣，多雨，气温低，海拔高，人的活动受到很大限制，机械设备在这种多雨潮湿的环境中也容易出故障，因此大大降低了生产工效。从表 12.4 可以看出，右岸台地防渗墙施工非生产性工时占到总工时的 50.2%，右岸 2561.5m 平台防渗墙施工非生产性工时占到总工时的 37.3%；如果气候条件转好，工效可以提高。

从右岸台地及右岸 2561.5m 平台工时利用对比情况看，右岸台地在孔内事故及清孔方面所花的工时在非生产性工时中所占的比例要大于右岸 2561.5m 平台，分析原因是由于右岸台地的槽孔深度要大于右岸 2561.5m 平台的槽孔深度，尽管右岸 2561.5m 平台的墙厚要比右岸台地的大些，但深度对造孔施工的影响要敏感些。目前国产的钻机及砂石泵等设备对超过 70m 深的墙属超负荷运行，尤其是砂石泵，孔深超过 70m，其排渣能力很弱。

对于不同地层的工效分析，冶勒地区主要分弱胶结的卵砾石层、粉质壤土层及左岸为主的碎石土层，弱胶结卵砾石层与粉质壤层主要分布在右岸，廊道以上以弱胶结卵砾石层为主，且与少量粉质壤土层呈互层状，弱胶结卵砾石层造孔破碎较困难，但清孔简单，而粉质壤土层造孔破碎容易，但清孔较困难，因此，其平均综合工效相差不大，加上大多呈互层状，在统计时未严格区分开来，因此我们认为廊道以上台地的防渗墙施工工效基本上反映的是弱胶结卵砾石层的施工工效，即为 0.71m/(台·班)；廊道以下以粉质壤土层为主，基本上无弱胶结卵砾石层，其平均综合工效为 1.2m/(台·班)；而左岸岸坡为碎石土层，其孔深较浅，一般为 20～50m，其施工工效为 1.1m/(台·班)。不同部位的防渗墙施工工效见表 12.5。

表 12.5　　冶勒水电站工程防渗墙施工工效表

部位	地层	槽孔宽/m	槽孔深/m	平均工效/[m/(台·班)]
右岸台地	弱胶结卵砾石，少量粉质壤土	1	69.5～78.5	0.71
右岸岸坡	弱胶结卵砾石，少量粉质壤土	1	40～45.5	1.1
廊道	粉质壤土，砂砾石	1	60～84	1.72
廊道（双轮铣）	粉质壤土，砂砾石	1	60	26.7
河床	砂卵石层，底部碎石土层	1.2	39～69.1	0.7
左岸岸坡	碎石土层	1	20～50	1.1

（2）施工质量控制[17-18]。施工质量严格按照冶勒电站混凝土防渗墙施工技术要求及《水利水电工程混凝土防渗墙施工技术规范》（SL 174—96）实施。

1）槽孔孔斜率。端孔不大于0.2%，中间孔不大于0.3%，含漂石块球体及基岩面倾斜较大等特殊情况，孔斜率不大于0.4%。

2）接头孔套接。一、二期槽孔套接孔的两次孔位中心线在任一深度的偏差值应能保证搭接厚度为设计厚度的95%。

3）清孔换浆标准。孔深不得小于设计深度，孔内泥浆比重不大于1.10g/cm^3，泥浆黏度（马氏）不大于30s，含砂量不大于4%。

4）混凝土性能。混凝土入仓时的坍落度为18～22cm，扩散度为34～40cm，坍落度保持15cm以上的时间应不小于1h，混凝土的初凝时间应不小于6h，终凝时间不宜大于24h，混凝土的密度不应小于2100kg/m^3。

5）混凝土的拌和、运输应保证浇筑能连续进行。若因故中断，时间不得超过30min。

6）一期槽孔两端的导管距孔端小于1.5m，二期槽两端的导管距孔端应小于1m，导管间距不得大于3.5m，当孔底高差大于25cm时，导管中心应置放在该导管控制范围内的最低处。

7）槽孔内混凝土上升速度应不小于4～6m/h，并连续上升至设计墙顶高程。

8）导管埋入混凝土内的深度应保持在1～6m，槽孔内混凝土面上升均匀，其高差控制在0.5m以内。

9）钢筋笼入槽后定位最大允许误差。定位标高误差为±5cm，垂直墙轴线方向为±2cm，沿轴线方向为±7.5cm。

冶勒工程防渗墙质量控制设计指标较高，尤其是孔形验收要求十分严格，为保证墙体质量，所有防渗墙单元槽段均采用日本KE-400超声波检测仪进行检测控制。特别是对单反弧接头检测必须使用这种设备进行验收，否则无法保证质量。这种仪器采用声呐原理，能直接打印出孔内4个方向任意位置的孔形情况，非常直观。在已经验收的单元槽段中，优良率达100%。对墙体混凝土质量采用检查孔取芯检测，满足设计要求；墙体槽段接头缝采取ϕ168mm“骑缝孔”检查，混凝土接缝之间连接完好。另外对采取先施工墙后开挖洞的防渗墙墙底（墙深70.5m）进行了开挖查验，墙段之间连接非常完好。

参 考 文 献

[1] 张世荣，熊义咏. 冶勒水电站百米深防渗墙的施工试验［J］. 南昌工程学院学报，1997(1)：34-39.

[2] 赵献勇，苏少武，涂江华. 单反弧接头在冶勒防渗墙施工中的试验研究［C］//水利水电地基与基础工程技术论文集，2004.

[3] 朱耘志，杨胜良. 冶勒水电站防渗墙接头施工方法［J］. 水科学与工程技术，2006(b10)：32-34.

[4] 李春云. 冶勒水电站防渗墙及右岸深厚覆盖层灌浆施工技术措施研究［D］. 成都：四川大学，2005.

[5] 石峰，陈军. 冶勒水电站廊道内84m深防渗墙施工技术［C］//水利水电地基与基础工程技术论

文集，2004.
[6] 宋伟. 冶勒水电站坝基百米深防渗墙施工试验 [J]. 水力发电，1999 (11)：22-23.
[7] 向永忠，何开明，马家燕，等. 冶勒水电站大坝深厚覆盖层防渗墙施工 [J]. 水力发电，2005，31 (10)：39-41.
[8] 徐军杰，梁兵，徐炳生. 冶勒水电站防渗墙施工廊道施工技术 [J]. 水力发电，2004，30 (11)：57-58.
[9] 曾玲珑. 冶勒水电站大坝基础防渗墙施工设备与工效分析 [C] //水利水电地基与基础工程技术论文集，2004.
[10] 李守建. 冶勒水电站大坝防渗墙施工槽段划分与接头处理 [C] //水利水电地基与基础工程技术论文集，2004.
[11] 涂江华. 单反弧接头在冶勒水电站防渗墙中的首次应用 [J]. 四川水力发电，2003，22 (4)：21-22.
[12] 杨胜良. 冶勒水电站防渗墙接头施工方法探讨 [J]. 四川水利，2006，27 (3)：16-18.
[13] 卢剑虹. 冶勒水电站坝基防渗墙的混凝土配合比研究及应用 [J]. 水电站设计，2006，22 (1)：26-30.
[14] 彭成军. 深厚覆盖层下防渗墙混凝土施工质量检测 [J]. 葛洲坝集团科技，2005 (3)：22-26.
[15] 石峰. 冶勒水电站廊道混凝土防渗墙施工技术 [J]. 水力发电，2004，30 (11)：59-62.
[16] 李春云. 冶勒水电站混凝土防渗墙施工技术和质量控制 [J]. 水电站设计，2007，23 (4)：96-101.
[17] 何学国，鞠其凤. 冶勒水电站防渗墙施工监理质量控制 [J]. 四川水力发电，2003，22 (4)：17-20.
[18] 王成祥. 冶勒水电站大坝防渗墙施工与质量控制 [D]. 武汉：武汉大学，2004.

第13章 下坂地水库超深与复杂地质条件防渗墙工程

13.1 概述

新疆下坂地水库坝基覆盖层深达147.95m，最大槽孔深度为102m[1-3]，主要应用重型冲击钻机、“改进钻劈法”、槽内钻孔爆破与聚能爆破[4]技术、槽孔施工堵漏技术、接头管法接头技术、泵吸反循环清孔换浆技术、超深槽孔浇筑和预埋墙下灌浆管技术等进行防渗墙施工[5-8]。

下坂地工程已于2010年8月蓄水发电，防渗墙工程至今运行良好[9-11]。

13.2 工程概况

新疆下坂地水库工程为Ⅱ等大（2）型工程，是塔里木河流域近期综合治理中的唯一重点山区水库工程。主要建筑物由拦河坝、导流泄洪洞、引水发电洞和电站厂房4个部分组成，其中拦河坝为2级建筑物，坝型为沥青混凝土心墙砂砾石坝，坝顶高程为2966.00m，最大坝高为78m。

河床覆盖层主要是古冰川的推进和后退及“堰塞湖”的形成与溃决等因素形成的第四系冰碛、冰水堆积物。最大厚度达150m，成分复杂，自下而上大致可分为三大类地层：冰碛层、砂层、冲洪积湖积层。

（1）冰碛层厚度为80～148m，主要以漂石、块石、砾石及砂为主，结构松散且极不均匀，夹有砂层透镜体，漂、块石架空现象严重，渗透系数$K=10^{-2}\sim10^{-1}$cm/s，属强透水层。

（2）砂层透镜体，顺河向长约460m以上，宽为170～250m，埋深为18～35.4m，最大厚度为43.7m，空间分布呈“杏仁状”，属弱至中等透水地层。

（3）淤泥质黏土、软黏土由上下两层软土及冲击砾石夹层组成，总厚度为40～50m，自上游坝基（坝轴线上120m）至库区河床分布较连续，孔隙比$e>1.0$，含水量$w>$液限w_L，压缩系数$a_{v_{1-2}}>0.5\text{MPa}^{-1}$，渗透系数$K=10^{-7}\sim10^{-6}$cm/s，属相对不透水层。存在的系列工程地质问题如下：

（1）深厚覆盖层及坝肩岩体渗透性强，产生渗透破坏和水资源浪费。

（2）左、右岸高边坡风化卸荷岩体，透水性强，存在坝肩绕渗地质问题。

（3）坝基砂层振动液化问题影响坝基稳定和工程安全。

（4）由于淤泥质黏土和软黏土力学指标较低，属典型软土，压缩性高，具有触变特性，易产生侧向滑动、变形，稳定性差。

13.3 施工技术难点

（1）复杂地质覆盖层中防渗墙成槽。该工程覆盖层为冰碛层、砂层、冲洪积和坡积层，富含漂石、卵石、砂砾石、块石，透水性强，不利于成槽过程中的孔壁稳定。成槽过程中，使用优质膨润土泥浆护壁，在大漏失量地层成槽时，适当加大泥浆黏度，并向槽内加入黏土，然后利用钻头冲击挤密地层，每挤密一层后，再正常钻进。如此循环，直至穿过漏失地层。这样施工既可以保证槽孔安全，又利于提高成槽工效。遇漂、孤石以及坚硬基岩等影响成槽工效时，可采用槽内聚能爆破或钻孔爆破措施，以避免孔斜超标，加快成槽速度。

（2）接头管施工易发生事故。拔管法施工关键是要准确掌握起拔时间，起拔时间过早，混凝土尚未达到一定的强度，就会出现接头孔缩孔和垮塌；起拔时间过晚，接头管表面与混凝土的黏结力及摩擦力增大，增加了起拔难度，甚至接头管被铸死拔不出来造成事故。

接头管起拔过程中卡管、起拔过晚造成铸管或起拔过早造成接头混凝土坍塌均属施工中常见的质量事故。

（3）陡坡入岩造孔难。该工程防渗墙岸坡设计入岩深度不小于1m。从防渗墙设计图可见，防渗墙入岩位置的坡度比较陡，最陡的岩面角度约为70°，常规的冲击钻凿入岩易产生“顺坡跑”现象，不仅入不了岩，还导致钻孔偏斜卡钻的事故。

（4）孔斜的处理。由于多种原因，槽孔施工时会发生孔斜超标。若孔斜过大，可能使连接处墙体有效厚度减少。因此，当孔斜超过规定的指标时，应及时进行修孔。孔斜一旦超标，一般需回填后继续造孔。回填材料一般为坚硬的大块卵砾石，一般回填至发生孔斜部位上方约1m，然后重新钻进，进行纠偏。

（5）混凝土浇筑堵管的处理。浇筑过程中，发生堵管时，可上下反复提升导管进行抖动，以期导管通畅。如仍无效，可在导管埋深允许的高度下提升导管，利用混凝土的压差，减少混凝土流出的阻力。

当各种方法无效时，可考虑重新下设另一套导管。但开浇以前，必须采用措施将导管内的泥浆抽吸干净，防止混浆。

（6）预埋管上浮的处理。当浇筑工序控制、预埋管下设不合适，预埋管桁架固定不牢固时，可能会发生预埋管桁架上浮的现象。

13.4 造孔成槽施工

由于地层中分布有大量的特大块石、孤石，抓斗不适合这种地层施工，研究使用冲击钻机，采用“钻劈法”成槽。防渗墙分两期施工，一期槽段先钻进主孔至终孔深度，抓斗抓取副孔。成槽后，浇筑混凝土前下设接头管，待槽内混凝土已经稳定后，即混凝土坍落度损失为零时起拔。二期槽段的端部主孔直接由起拔接头管形成，中间部分的成槽同一期

槽段，如图 13.1 所示。

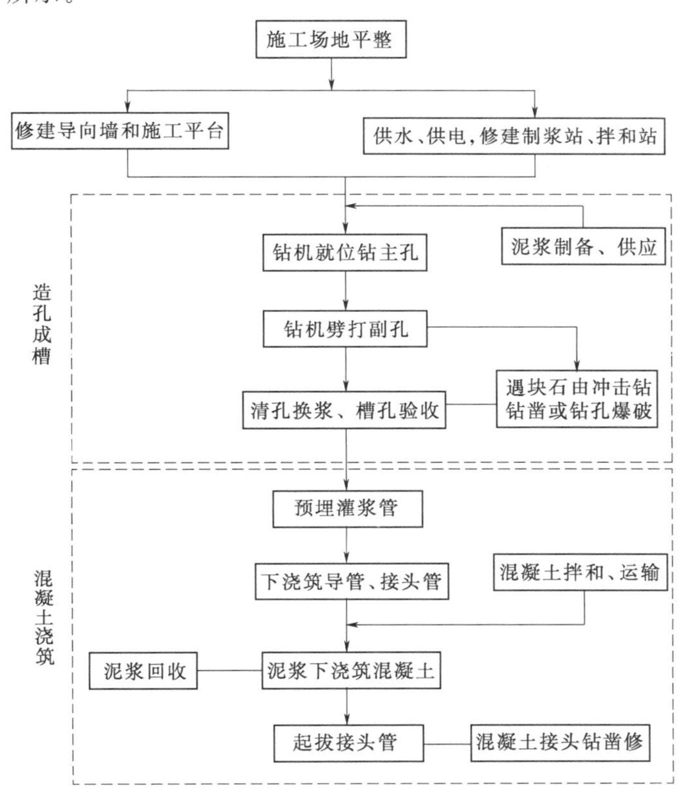

图 13.1　防渗墙一期槽施工程序

（1）槽孔深度控制。坝肩斜坡段成槽深度原则按设计标准确定，河床段槽孔按设计深度控制。坝肩斜坡段一期槽主孔钻进接近基岩面时开始留取基岩钻渣样品，并由现场地质工程师会同监理工程师和设计地质工程师进行岩样鉴定，以确定基岩面和终孔深度，副孔终孔深度依据相邻主孔的终孔深度来确定。

（2）槽孔造孔质量检查验收。在造孔过程中，对孔形不断检测，出现孔斜及时纠偏，槽孔终孔后，报告现场监理工程师进行造孔质量检查和验收。

孔位偏差根据铺好的钢轨来测量，第一道钢轨距防渗墙轴线 100cm，实际孔位与此数的差值即为孔位偏差。

孔斜率采用重锤法测量：将直径不小于设计墙厚的冲击钻头放至孔底，拉紧钢丝绳，根据相似三角形原理，通过测量钢丝绳在孔口偏离槽孔中心线的距离来计算孔底的偏差和孔斜率。

一、二期槽段的接头孔套接厚度根据接头孔两次造孔孔斜率计算得来，其套接厚度不得小于规范规定的最小厚度。

13.5　固壁泥浆

研究优质泥浆有利于成槽时的孔壁稳定以及混凝土浇筑质量的控制。在砂砾石地层中造孔成墙，孔壁稳定是关键，所以采用优质膨润土拌制护壁浆液[12]。

(1) 膨润土。膨润土由业主提供，每批膨润土进场之后，取样进行试验，并根据试验结果合理调整泥浆拌制时的材料用量。

(2) 外加剂。外加剂可从临近商家购买，分散剂为工业碳酸钠（Na_2CO_3）；降失水增黏剂为中黏类羧甲基纤维素（CMC），根据需要决定是否添加；如遇砂层可适当增加泥浆比重，在泥浆中添加适量重晶石粉。

(3) 新制泥浆配比。新制泥浆配比见表13.1，施工时根据膨润土性能进行适当调整。

表13.1　　新制泥浆配比

材料名称	水	膨润土	Na_2CO_3	CMC
用量/kg	100	5～8	0～0.3	0～0.1

(4) 泥浆性能指标。膨润土泥浆性能控制指标见表13.2。

表13.2　　膨润土泥浆性能控制指标

项目	密度/(g/cm^3)	马氏漏斗黏度/s	失水量/(mL/30min)	泥皮厚/mm	pH值	含砂量/%
新制泥浆	<1.10	30～90	≤20	≤1.5	9.5～12	—
施工中	<1.25	30～90	≤50	≤6	7～12	—

新制泥浆膨化24h后方可使用。

13.6　清孔换浆

在冶勒水电站研究基础上，该工程继续开展泵吸反循环法清孔换浆研究，用新鲜膨润土泥浆彻底置换槽内造孔泥浆。泵吸反循环法即采用砂石泵从孔底抽吸泥浆，泥浆携带出沉渣，泥浆经过净化装置处理将泥浆中悬浮的固相颗粒去除后返回槽孔。

二期槽孔清孔换浆结束前，用刷子钻头分段洗刷一期槽孔端头的泥皮和地层残留物，以刷子钻头上基本不带泥屑，孔底淤积厚度不再增加为合格标准。

根据近年来基础局使用膨润土泥浆的经验，建议清孔换浆1h后应达到如下标准：槽底淤积厚度不大于10cm，槽内泥浆密度不大于1.15g/cm^3，马氏漏斗黏度不大于40s，含砂量小于5%。由于在造孔过程中添加黏土，孔内泥浆实际上为混合浆液，建议清孔换浆1h后达到如下标准：槽底淤积厚度不大于5cm，槽内泥浆密度不大于1.20g/cm^3，500/700mm漏斗黏度不大于30s，含砂量小于3%。

清孔验收合格，由现场监理工程师签发合格证后方可进行下道工序施工。

13.7　接头管槽段连接

基于以往经验，在该工程继续开展了接头管技术的研究，接头管施工突破了80m。

拔管法施工关键是要准确掌握起拔时间，起拔时间过早，混凝土尚未达到一定的强度，就会出现接头孔缩孔和垮塌；起拔时间过晚，接头管表面与混凝土的黏结力及摩擦力增大，增加了起拔难度，甚至接头管被铸死拔不出来造成事故。研究积累的相关技术措施如下[13]：

（1）控制导墙建造质量，核算接头管起拔时导墙所需的支承力，以免起拔过程中造成导墙变形或下沉。

（2）严格控制端孔孔位及孔形，孔位偏差不大于3cm，开孔不压向二期槽孔；孔形偏差严格按规范要求，最好控制在3‰以内。

（3）端孔直径宜控制在110cm左右，以利于接头管的下入。端孔深度宜超过相邻副孔0.2m，以利于接头管的定位，防止开浇时混凝土的冲击使接头管移位偏离，造成接头管底部出现反坡，影响二期槽孔的刷洗质量，形成缺陷。

（4）端孔成孔过程中及成孔后进行孔形检测，孔斜超标及时修正，避免卡管。

（5）接头管下设之前，应检查其圆度、直度，检查底阀开关是否灵活，否则进行处理。

（6）根据以往的施工经验及现场生产性试验，确定合适的起拔时间。混凝土开浇后，留取混凝土样，观察其初凝情况，当试样基本初凝时开始起拔接头管，起拔原则为勤拔、少拔，这样既可以消除混凝土对接头管的黏结力，又可以避免混凝土尚未完全初凝而坍塌。

为了预防接头管起拔事故，还需注意以下事项：

（1）由于混凝土强度发展越快，与管壁的凝结力增长越快，其起拔力增长也越快，因此，必须准确地检测并确定出混凝土的初终凝时间。浇筑混凝土时，随着混凝土面的不断上升，分阶段制作混凝土试件，从而更精确地掌握混凝土的初终凝时间。

（2）接头管的垂直度。发生接头管偏斜主要有两方面因素：①由于端孔造孔时，孔壁粗糙，下设接头管时，容易使其偏斜；②浇筑混凝土时，受到混凝土的侧向挤压，使其偏斜。一旦发生接头管偏斜，应立即采取纠偏措施，即在混凝土尚未全凝结之前通过垂向的起拔力重塑孔形，使接头管尽可能垂直或顺直。

（3）专职人员负责接头管拔管试验，随时观察接头管的起拔力，避免人为因素发生铸管事故。

（4）接头管全部拔出后，对新形成的接头孔及时进行检测、处理和保护。

（5）起拔接头管时，边拔管边向接头孔内注入泥浆，以消除接头管起拔时在接头管底部产生真空负压导致混凝土产生缩变而坍塌。

13.8 混凝土浇筑

（1）混凝土配合比及性能指标。防渗墙混凝土室内配合比试验由业主指定的单位完成，防渗墙的混凝土性能指标满足下列要求：

1）防渗墙180d龄期抗压强度$R_{180}\geqslant35$MPa，弹性模量不大于25.5GPa。

2）抗渗标号不小于W8。

3）其他指标满足规范规定的水下混凝土要求。

（2）混凝土搅拌、输送及浇筑。混凝土拌和采用两台 JS1000 型强制式搅拌机，配料采用 PZD1200 型配料机，搅拌强度可以满足混凝土面最小上升速度的要求。

混凝土采用混凝土输送泵或混凝土拌和车进行运输，送至浇筑槽口后，经分料斗和溜槽将混凝土输送至浇筑漏斗，从浇筑导管均匀放料。

混凝土浇筑采用泥浆下直升导管法，开浇采用压球法。

导管下设及导管起拔均按规范要求控制。

13.9 预埋灌浆管制作与下设

（1）灌浆管的制作。预埋灌浆管由外径为 121mm、壁厚为 5.5mm、长度为 6m 的无缝钢管制作而成，由 ϕ18mm 钢筋制作保持架，连为整体，定位架在深度方向的间距为 6m，底部距槽底 2m[14-15]，最底部一节根据槽孔深度进行调整，如图 13.2 所示。

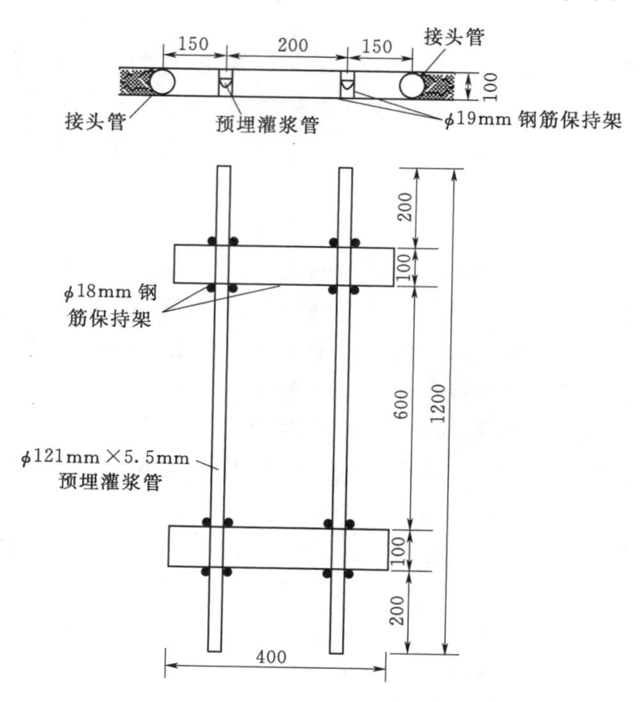

图 13.2　一期槽孔预埋灌浆管定位钢桁架结构示意图（单位：cm）

（2）下设工艺。下设采用吊车起吊，在孔口进行对接焊接，然后整体下设，灌浆管在槽口固定在导墙上。灌浆管底口缠过滤网，防止混凝土进入管内。

（3）预埋灌浆管的布设。布设原则：确保相邻的灌浆管间距为 2m。

（4）预埋灌浆管底段的布设。根据灌浆管所处的部位，对应槽孔底部高程的变化，准确调整灌浆管底部的长度与之相适应。确保每一根灌浆管底部都与基岩紧密接触。

（5）预埋灌浆管的孔口对接。灌浆管桁架底段先期入槽，并稳妥地架立于孔口，其余段利用吊车起吊，与底段进行逐段对接。灌浆管接口处利用电焊机牢靠地进行焊接连接。

每一接口处竖向焊设2～3根钢筋加劲肋，以确保接口处强度。

（6）预埋灌浆管的起吊、下设。因为每段灌浆管桁架长度较长（10～12m），为避免起吊时桁架变形，一方面要选好起吊位置，另一方面可考虑在灌浆管部位加设槽钢、钢管等刚性体，以增加灌浆管桁架的整体起吊刚度。

当全部预埋管桁架对接完毕后，利用吊车进行整体下设。下设时一定要安全、平稳，对应好桁架在槽中的位置。遇到阻力时不能强行下放，以免桁架变形，造成管体移位，影响下设精度。

（7）预埋灌浆管定位最大允许偏差。预埋灌浆管入槽后的定位最大允许偏差符合下列规定：定位标高误差为±5cm，垂直墙轴线方向为±2cm，沿墙轴线方向为±2cm，孔斜率不大于0.4%。

13.10 复杂地层施工

（1）漂石地层施工技术。该工程覆盖层为冰碛层、砂层、冲洪积和坡积层，富含漂石、卵石、砂砾石、块石，透水性强，不利于成槽过程中的孔壁稳定。成槽过程中，使用优质膨润土泥浆护壁，在大漏失量地层成槽时，适当加大泥浆黏度，并向槽内加入黏土，然后利用钻头冲击挤密地层，每挤密一层后，再正常钻进。如此循环，直至穿过漏失地层。这样施工既可以保证槽孔安全，又利于提高成槽工效。遇漂、孤石以及坚硬基岩等影响成槽工效时，可采用槽内聚能爆破或钻孔爆破措施，以避免孔斜超标，加快成槽速度[16]。

在混凝土防渗墙造孔中遇大块崩石、漂石、块石、卵石，钻进困难时，可采用KR806－3型全液压钻机配KD2728R型动力头进行跟管钻进，在槽内下置定位器进行钻孔，钻到预定深度后，提出钻具，在崩块石和硬岩部位下置爆破筒，提起套管，引爆。爆破后漂（块）石和硬岩被破碎，可加快成槽速度。爆破筒内装药量按岩石段长为2～3kg/m，如系多个爆破筒，则安设毫秒雷管分段爆破，以避免危及槽孔安全，如图13.3所示。

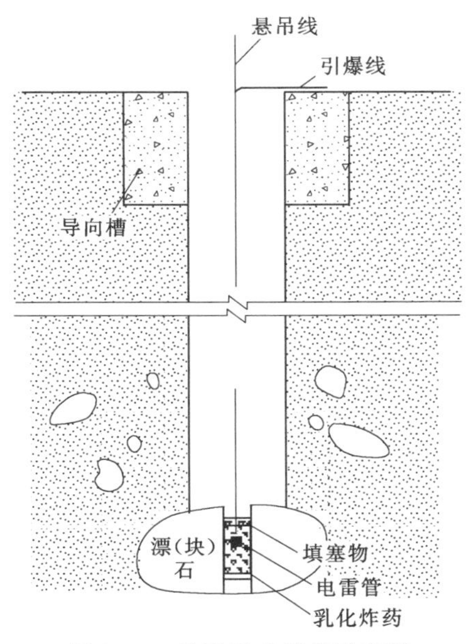

图13.3 钻孔爆破碎岩示意图

（2）陡坡基岩嵌岩技术。该工程防渗墙岸坡设计入岩深度不小于1m。防渗墙入岩位置的坡度比较陡，最陡的岩面角度约为70°，常规的冲击钻凿入岩易产生“顺坡跑”现象，不仅入不了岩，还导致钻孔偏斜卡钻的事故。对此难题，采用“钻爆法”解决，即使用小口径钻机钻进爆破孔，爆破碎岩后再用冲击钻机修孔。

（3）严重漏浆地层处理技术。漏浆部位一般发生在地层的变化部位、砂卵石部位以及覆盖层与基岩的结合部位。一旦发生严重的漏浆，易引起槽孔坍塌。地层发生严重漏浆时，立即中断槽孔施工，拉起钻头，停止泥浆循环，并迅速向槽孔内加注合格泥浆，保持浆面高度[17]。必要时向泥浆中掺加堵漏材料，如黏土、棉籽壳、锯末、纸屑等。如果漏浆严重，应立即对槽孔进行黏土回填，处理完毕后，重新造孔。上述方法难以奏效时，还可向槽孔中投放袋装水玻璃、水泥、黏土球等。

13.11 工程实施效果

混凝土防渗墙施工过程中，共取样进行抗压强度试验 230 组、抗渗强度试验 17 组、弹性模量试验 7 组，指标均满足设计要求。

根据设计要求，防渗墙施工结束 180d 后，还要进行成墙混凝土物理力学检测。该工程共进行了 18 组墙体对穿声波检测、8 个检查孔取芯钻孔及注水试验、2 处浅层开挖外观检测。其中，墙体对穿声波检测中，骑缝孔平均声波速度不小于 2800m/s，深槽段墙体平均声波速度不小于 3700m/s，岸坡段墙体平均声波速度不小于 3400m/s，而且声波检测总孔数中，声波速度低于设计标准值 90%的数量小于 5%；8 个检查孔平均岩芯采取率达到 95%以上，各段透水率均小于 1Lu；浅层开挖后可见墙体平顺、连续完整，混凝土级配均匀、密实，无夹泥、蜂窝；墙体一、二期槽接缝良好、密实；均超过设计指标值，满足施工技术要求。同时对所采取的岩芯进行抗压、抗渗、弹性模量等力学指标检测，均满足设计要求。

混凝土防渗墙施工结束后，上游地下水水位迅速抬升；进行下游基坑开挖过程中，未见地下水渗漏，基坑回填处理施工正常。2010 年 1 月底下闸蓄水后，坝后渗流观测值远远低于设计指标，满足设计要求。

地质条件复杂，场地狭窄，布置困难，工期紧张，不同标段、不同工序交叉作业是下坂地工程施工的特点。如何解决复杂的地质问题，是工程设计、施工的关键技术难题。通过上述施工工艺进行加固处理，坝基稳定及防渗性能满足了设计要求。该工程于 2010 年 1 月通过安全鉴定及阶段蓄水验收，顺利实现工程蓄水。该工程深厚覆盖层处理及施工技术值得类似工程借鉴。

参考文献

[1] 覃新闻，黄小宁，王廷勇．下坂地水库坝基深厚覆盖层垂直防渗工程现场试验综述［C］//水利水电地基与基础工程技术论文集，2004.

[2] 曹婷婷．下坂地水利枢纽坝基防渗墙工程现场施工试验及质量检测［J］．水利技术监督，2011，19（2）：27－29.

[3] 苏来曼·司衣提．新疆下坂地坝基深厚覆盖层防渗墙的施工技术［J］．水利技术监督，2008，16（5）：72－73.

[4] 向建琼．水下深孔爆破在下坂地坝基防渗墙的应用［C］//中国水利学会地基与基础工程专业委员会第十一次全国学术技术研讨会论文集，2011.

[5] 邹涛．阐述新疆下坂地水利枢纽工程坝基防渗墙建设［J］．水利科技与经济，2012，18（7）：84－85.

[6] 杨晓东，等. 深厚覆盖层防渗技术 [M]. 北京：中国水利水电出版社，2011.
[7] 周春选. 下坂地水库坝基防渗墙设计 [C] //陕西省水力发电工程学会青年优秀学术论文集，2008.
[8] 魏克武. 新疆下坂地工程防渗墙及帷幕灌浆质检标准 [J]. 山西建筑，2010，36 (27)：355-356.
[9] 龚木金，刘建发. 新疆下坂地水库坝基防渗墙试验施工 [J]. 水力发电，2005，31 (8)：50-53.
[10] 覃新闻，龚木金，刘建发，等. 新疆下坂地水库坝基防渗墙试验研究 [J]. 工程地质学报，2006，14 (4)：570-575.
[11] 王根龙，崔拥军，寿立勇，等. 新疆下坂地水利枢纽坝基垂直防渗试验研究 [J]. 人民长江，2006，37 (6)：59-61.
[12] 连永秀. 改良固壁泥浆在下坂地水利枢纽坝基防渗处理工程中的试验研究与应用 [J]. 新疆水利，2012 (5)：24-27.
[13] 甘亚军，戴乐军，杨安元. 新疆下坂地水利枢纽坝基深厚覆盖层防渗墙施工 [J]. 人民长江，2012，43 (4)：39-42.
[14] 张永伟，王进，聂红俊. 浅析下坂地水库坝基防渗墙试验段预埋灌浆管施工 [J]. 新疆水利，2007 (5)：4-6.
[15] 沈文华，龚木金，刘建发. 下坂地水库坝基防渗墙预埋灌浆管试验施工 [C] //水利水电地基与基础工程技术论文集，2004.
[16] 杨建平，华钢. 下坂地水利枢纽坝基混凝土防渗墙施工 [C] //中国水利学会地基与基础工程专业委员会第十一次全国学术技术研讨会论文集，2011.
[17] 哈德尔，阿布都哈力克，杨桂权. 新疆下坂地水利枢纽坝基深厚覆盖层防渗墙施工技术 [J]. 科技资讯，2008 (26)：118.

第14章 狮子坪水电站超深与复杂地质条件防渗墙工程

14.1 概述

狮子坪水电站防渗墙深 101.8m，单孔最大深度为 136m，是我国最早大规模建设 100m 以上深度防渗墙的工程[1]。依托该工程，主要应用 CZF－1500、2000 型冲击反循环钻机及配套的 JHB－200 型泥浆净化机，泵吸法清孔换浆技术，防渗墙混凝土浇筑技术，防渗墙内预埋墙下帷幕灌浆管技术，强漏失地层、孤漂（块）石和硬岩陡坡地层等复杂恶劣地质条件防渗墙施工技术，接头管接头技术等进行防渗墙的施工[2-4]。

14.2 工程概况与技术难点

狮子坪水电站位于四川省阿坝藏族羌族自治州理县境内岷江右岸一级支流杂谷脑河上，为杂谷脑河梯级水电开发的龙头水库电站。工程枢纽由拦河坝、泄洪洞、导流（放空）洞、引水隧洞、调压井、压力管道和地下厂房等建筑物组成。混凝土防渗墙施工轴线与大坝轴线重合，施工轴线桩号为 0＋100.04～0＋185.42，全长 85.38m；墙体厚度为 1.2m，防渗墙底部嵌入岩石深度至少 1m，最大造孔深度为 101.8m，成墙面积为 5242m^2，是当时国内混凝土防渗墙最深的墙体。槽孔内还需下设钢筋笼、双排灌浆预埋管等。

该工程位于青藏高原向四川盆地的过渡地带，区内山岭海拔一般为 3500～4000m，相对高差为 1000～2000m，属深切的高山峡谷区。杂谷脑河为岷江右岸一级支流，发源于鹧鸪山南麓，从西北向南流，河道平均坡降为 18.4‰，谷底宽度一般为 40～120m。

两岸谷坡陡峻，高程 2480.00m 以下平均坡度为 35°～40°，高程 2480.00m 以上平均坡度为 45°～50°，临河坡高 300m 以上。坝区岩石由上三叠统侏倭组和新都桥组浅变质岩组成，岩性为变质砂岩夹千枚状板岩、变质砂岩与千枚状板岩互层、薄层变质砂岩与千枚状板岩互层和千枚状板岩夹薄层砂岩。河床覆盖层厚度为 90～102m，结构复杂且厚度变化大，坡脚广泛分布崩坡积的块碎石土。

坝址区第四系不同成因堆积物主要分布于河床和两岸谷坡谷脚地带，其成因类型和成层结构复杂，厚度变化大，有远源的河流相冲积物，也有近源的崩坡积物。根据施工情况，地层情况如下：

（1）漂卵砾石层（Q_3^{gl+fgl}）：分布于河床底部，下伏为基岩，厚度一般为 12～25m，顶板高程为2320.00～2332.00m。漂卵石成分以变质砂岩、板岩为主，偶见花岗岩，漂石粒径一般为20～30cm，卵砾石粒径一般为2～7cm，充填灰灰色粉砂，结构较均一、密实。

（2）漂（块）卵砾石层（Q_4^{al}）：分布于河床中下部，下伏为①层，厚度为20～39.5m，顶板高程为2358.00～2367.50m。漂卵石成分为变质砂岩、板岩，此层含有少量粒径为100～150cm的大孤石，强度非常高，漂石粒径一般为20～40cm，卵砾石粒径一般为5～10m，充填灰灰色粉砂、粉质土，结构较密实。

（3）块碎石土层（$Q_4^{col+pl+al}$）：主要分布在右岸，厚度为33～57m，顶部高程为2397.00～2408.00m。碎砾石成分为板岩、砂岩，块石为砂岩，块石粒径为20～50cm，偶有粒径100cm左右的孤石，碎石粒径为3～10cm，砾石粒径为0.5～2cm，细粒以粉细砂为主。该层结构分布不均一，有局部粗颗粒集中、局部细颗粒集中的现象，漏浆、塌孔现象较多。

（4）碎砾石砂层（Q_4^{al}）：分布于河床中上部，厚度为17～36m，顶板高程为2380.00～2397.00m。含有卵、碎石，粒径多在3～8cm，砾石粒径为0.5～1cm，含量约为25%，此层夹杂大量的粉细砂土，含量约为47%。该层结构松散，易漏浆、塌孔。

（5）漂卵石层（Q_4^{al}）：分布于河床顶部，厚度一般为14～28.5m，顶板高程为2408.00m。漂卵砾石成分主要为变质砂岩，此层含有较多的大孤石，粒径为100～200cm，强度很高，钻头磨损严重，小砾石粒径为0.5～1.0cm，卵砾石粒径一般为3～7cm，漂石粒径为20～40cm，充填物为中细砂，结构松散。

基岩断面呈V形，基岩面陡坡倾角超过80°。

该工程是本书研究依托的第一个100m以上超深防渗墙大规模施工的工程，极具挑战性。主要施工技术难点如下：

（1）防渗墙中线仅有85.38m，地形狭窄，不利于大型设备展开，设备投入受到限制。

（2）地层中存在大范围的孤、漂石地层，给防渗墙成槽施工带来很大难度。

（3）地层中存在大范围架空漏失层，防渗墙造孔挖槽中，极易发生漏浆、塌孔。

（4）该工程防渗墙深度比以往工程又有大幅提高，造孔工效会大幅降低，孔斜难以控制，防渗墙设备需要通过研制和改进，全面提升施工能力；同时给超深防渗墙接头管施工、清孔换浆、混凝土浇筑和墙内预埋墙下帷幕灌浆管施工等带来新的挑战。

（5）该工程左岸防渗墙下基岩呈近90°左右的陡坡，防渗墙嵌岩将极为困难。

14.3 造孔成槽施工

14.3.1 造孔成槽施工方案

该工程防渗墙轴线处覆盖层成因类型和成层结构复杂，厚度变化大，有远源的河流相冲积物，也有近源的崩坡积物，结构松散，并夹有大孤石，覆盖层地层漂孤石架空层严重、大孤石含量高，工程地质条件复杂；防渗墙平均深度大，防渗墙轴线长度仅为85.38m，轴线短，地层不适于抓斗抓取，场地也不适于大量大型设备布置与展开，研究采用以冲击钻机为主施工防渗墙的方案。

14.3.2 防渗墙造孔工艺

防渗墙造孔采用CZF－1500型冲击反循环钻机。槽孔分两序施工，先施工一期槽孔，后施工二期槽孔。槽孔施工方法为冲击钻进、泵吸反循环出渣、膨润土泥浆固壁。防渗墙孔造孔主要采用“钻劈法”。先用阶梯钻头施工主孔，根据基岩取样情况，由设计、监理对岩样鉴定后决定终孔深度。主孔施工完毕后，再施工副孔，长度1.6m以上的副孔用阶梯钻头在副孔中心先钻一导孔，再用1.2m的十字钻头将两边的残余物冲砸干净；长度1.1m的副孔直接用1.2m的十字钻头劈孔；劈孔到一定深度后，经反复打回填、找小墙后成槽。

主孔施工时先用1.2m十字钻头开孔，开孔深度为6～30m（具体开孔深度根据地层情况而定），开孔必须用黄土护壁、悬渣，用抽筒将悬渣抽出。开孔完成后，改为冲击反循环钻进、膨润土泥浆固壁，用小号阶梯钻头造孔，120cm钻头扩孔。

14.3.3 槽段划分

槽孔分两期施工，先施工一期槽孔，后施工中间的二期槽孔，墙体连接采用接头管法。左岸施工一、二期槽孔长度均划分为6.8m，即“三主两副，主孔1.2m，副孔1.6m”，右岸施工S06～S15号槽孔时根据实际施工情况把一期槽长度划分为7.6m，即“主孔1.2m，副孔2.0m”；二期槽长度划分为5.8m。

在同一槽孔内分主、副孔，单号为主孔，双号为副孔。槽孔划分如图14.1所示。

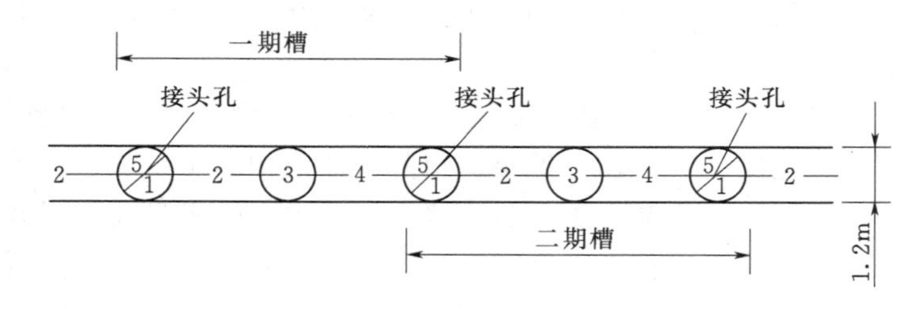

图14.1 槽孔划分示意图

14.4 重型冲击反循环钻机研究应用

本书研制的CZF－1500、CZF－2000型重型冲击反循环钻机经黄壁庄、润扬大桥、冶勒、下坂地等工程试验并施工，基本完成了定型生产工作，在该工程首次大规模在100m以上超深防渗墙工程试验应用，通过工程施工，完成了设备全部研究工作。工程应用证明，钻进工效是同级别冲击钻机的2～3倍，施工深度可达100m以上。

14.5 固壁泥浆与循环利用

（1）制浆原材料。根据工程的实际情况，选用湖南澧县的Ⅱ级钙基膨润土搅拌泥浆，

分散剂为工业碳酸钠（Na_2CO_3），降失水增黏剂采用羧甲基纤维素（CMC），部分槽段使用的泥浆中还添加了重晶石粉，配浆用水采用杂谷脑河水。

（2）泥浆制作。泥浆拌制使用高效、低噪声的 ZJ－1500 型和 ZJ－500 型旋流立式高速搅拌机，每筒膨润土浆的搅拌时间不低于 4min，放入浆池待膨化后备用。当发生漏浆等情况急需泥浆时搅拌时间不低于 9min，可直接输送到槽孔中。

材料加入顺序为：水→膨润土→CMC→碱粉→其他外加剂。

（3）泥浆配合比及性能指标。根据防渗墙施工地质情况，做了大量的泥浆配合比试验，最终选用 3 组适应不同地层施工的泥浆配合比，见表 14.1，其泥浆性能指标见表 14.2。

表 14.1　　泥浆试验配合比表

配比编号	$1m^3$ 泥浆材料用量/kg				
	水	膨润土	Na_2CO_3	CMC	重晶石粉
1	1000	80	3		
2	1000	80	3	0.3	
3	1000	80	3	0.5	80

表 14.2　　膨润土泥浆性能指标

配比编号	性能指标									
	密度 /(g/cm^3)	漏斗黏度 /s	表观黏度 /(mPa·s)	塑性黏度 /(mPa·s)	静切力/Pa		动切力 /Pa	失水量 /(mL/30min)	泥皮厚 /mm	pH 值
					1min	10min				
1	1.07	37.22	10.5	7	7.15	10.73	3.58	11.5	1	9.5
2	1.06	41.81	13	8	8.69	13.29	5.11	10	1	9
3	1.12	45.91	14.5	10	8.69	14.82	4.6	10	1	8.5

（4）泥浆的使用与回收。新制泥浆需在膨化池内膨化 24h 后使用；储浆池内泥浆需经常搅动，保持指标均一，避免沉淀或离析。每班检测新拌制泥浆及槽内泥浆的 3 项性能指标（密度、黏度、含砂量）。

钻孔时，泥浆泵利用置于钻头中的排渣管抽吸孔底泥浆并输送至地面的泥浆沉淀池中进行除砂处理，处理后的泥浆经管路返回槽孔中。

经一段时间使用，通过检验，若发现泥浆黏度指标降低，则适当掺加新浆进行调整；若黏度指标升高，则加入适量分散剂，经处理后仍达不到标准的予以废弃。

浇筑混凝土时，自孔口流出的泥浆一般均可直接用泵输送至回收泥浆池中，作为其他槽孔钻进用泥浆。接近混凝土顶面的泥浆会被污染而造成性能指标劣化，应予以废弃处理。

14.6　清孔换浆

该工程采用冲击反循环钻机施工，清孔均采用泵吸反循环法，通过冲击反循环钻机和与之配套的 6BS 型砂石泵、JHB－200 型泥浆净化机或沉砂池共同完成，在清除孔内废渣的同时向孔内补充新鲜泥浆。二期槽两端孔，采用圆形钢丝刷子钻头刷洗，直到刷子钻头基本不带泥屑、孔底淤积厚度不再增加为止。

经研究表明，泵吸反循环法适用于100m级超深防渗墙清孔换浆，但由于国产砂石泵能力问题，深度不宜超过120m。

14.7 接头管槽段连接

该工程防渗墙槽段连接采用本书研究的接头管接头技术，拔管机采用研制的YBJ-1000型大口径液压拔管机。该项技术自冶勒工程实现70m级深度施工后，在该工程是首次进行100m以上超深防渗墙施工。

在现场混凝土模拟试验取得混凝土的初凝、终凝时间，以此来确定接头管起拔时间的基础上，确定最大拔管力和最小拔管力，并研究形成了超深防渗墙接头管施工工法技术，其技术要点如下：

(1) 以实验室提供的混凝土初凝时间为基本依据，进行混凝土初凝现场模拟试验，准确测定混凝土初凝时间。

(2) 当浇筑的混凝土接触到底管位置时进行取样（只进行一次即可）。混凝土装在容器中将其放在泥浆10m以下随时用于观察。根据实验室提供的混凝土初凝时间报告，提前2h查看容器中混凝土的凝固情况，当试验的混凝土呈现明显的固态状时（此时混凝土从容器中取出后应成一完整的形状）便可进行初拔。

(3) 严格控制混凝土浇筑速度，常态混凝土（初凝时间为6～8h)，浇筑时混凝土面上升速度不应大于6m/h，正常拔管力控制在900～1200kN。塑性混凝土（初凝时间为9～15h)，浇筑时混凝土面上升速度不应大于4.5m/h，正常拔管力控制在900～1500kN。

(4) 在混凝土浇筑5h后必须上下活动接头管。

(5) 遵循限压拔管法理论，最大拔管力和最小拔管力必须始终控制在允许范围内。常态混凝土浇筑开始6h后，塑性混凝土浇筑开始8h后应启动副泵，使接头管处于慢速上升状态，一般情况下副泵不应停止运行。

(6) 接头管每拔出10～12m后必须向接头管内注入泥浆。

(7) 拔管不必待混凝土浇筑完后进行，可边浇筑边拔管。

(8) 接头管下设时应尽量将管子下到底，但下管时如遇到障碍物应立即停止接头管的下设，并将管子提高30cm以上。混凝土的初凝时间应从混凝土接触接头管时算起。

(9) 每次起拔时都必须锁紧抱紧圈。

(10) 拔管的速度应小于混凝土上升速度，原则上不应超过4m/h。

(11) 试验容器内的混凝土达到凝固时的拔管力应为最小拔管力；根据这个力限定一个最大拔管力，这个力不应超过最小拔管力的1.5倍（50m左右深的孔指导压力为6～9MPa)。

拔管机设有操作手柄2个，左侧大阀控制大泵，右侧小阀控制小泵。当拔管力小于最小拔管力时，应立即停止用大泵拔管，改用小泵起拔，并随时观察小泵的压力变化。

(12) 补浆原则：最多拔出3根管后必须从接头管中补进泥浆，防止真空。

（13）导向槽中最上层的混凝土达到初凝状态时，才可将管子全部拔出。

接头管槽段连接技术经该工程研究应用后，创造了拔管100m的新纪录。

14.8 混凝土浇筑

该工程槽孔深度达到了100m以上，混凝土浇筑施工难度较大，具体技术要点如下：

（1）混凝土原材料。配制混凝土的原料如下：

水泥：四川德阳川雄建材有限责任公司的川雄牌P·O42.5水泥。

粉煤灰：四川彭州关电粉煤灰厂的Ⅱ级粉煤灰。

粗骨料：均为天然骨料，小石粒径为5～20mm，中石粒径为20～40mm。

砂：采用天然砂，粒径小于5mm，细度模数为2.4～2.8。

外加剂：四川晶华化工有限公司的QH-HP高性能泵送剂。

水：杂谷脑河水。

上述各种材料在使用前，均通过了检验，检验合格后进行妥善保存，确保原材料的物理力学性能、化学性能保持不变。

（2）混凝土配合比。在混凝土原材料选定后，委托有资质的中国水利水电第十工程局中心试验室进行了混凝土配合比设计[5]，并得到监理工程师批准，防渗墙混凝土配合比见表14.3。

表14.3　防渗墙混凝土配合比

水泥/kg	粉煤灰/kg	砂/kg	小石/kg	中石/kg	外加剂/kg	水/kg
250	166	803	549	366	3.327	183

在每仓混凝土搅拌前，对砂石骨料进行检测，对上述配合比进行修正，将配料单报送监理工程师审批，以审批后的结果进行施工。

（3）混凝土拌和及运输。

1）拌和设备。根据混凝土拌和强度的计算，该工程采用2台JS750型单轴强制式混凝土搅拌机配合ZPL-1200型自动配料机建立混凝土拌和站。最大实际搅拌能力达到$45m^3/h$，可保证混凝土浇筑正常进行。

2）混凝土运输设备。考虑到该工程槽孔混凝土方量大、浇筑强度高的特点，必须有高效率的混凝土运输系统和入仓系统。由于混凝土拌和系统距浇筑面不远，该工地采用1台HBT60型混凝土泵输送混凝土，采用ϕ150mm泵管输送。

（4）混凝土浇筑。混凝土浇筑导管采用快速丝扣连接的ϕ250mm钢管，导管接头设有悬挂设施。单元槽孔造孔结束后，根据相应孔深和起吊设备能提起的高度进行配管，在地面预先分段连接、编号并制作配管示意图，以减少下设时间和避免下设顺序混乱。混凝土开浇采用压球法，每个导管均下入隔离塞球。

14.9 防渗墙墙内预埋墙下帷幕灌浆管埋设

该工程槽孔深度达到了125m以上，防渗墙墙内预埋墙下帷幕灌浆管难度大，创造了新的纪录[6]，具体技术要点如下：

（1）预埋管定位架的制作。混凝土防渗墙内预埋 2 排灌浆钢管，轴线对称布置，排距 0.8m，孔距 2.5m。根据设计图纸，共下设 68 根预埋管。

预埋管采用 ϕ114mm×4mm 钢管，采用定位架固定，用 ϕ20mm、ϕ22mm（通过计算，不同的下设深度采用不同的钢筋型号）钢筋制作定位架，通过焊接的方式连接为一整体桁架。每节预埋管长度为 12m，预埋管的长度由下设槽孔的单孔终孔深度决定。

预埋管节与节的连接采用焊接连接。以下所称预埋管应理解为预埋管与其定位架的一个整体。

每个槽段浇筑前，此槽段的预埋管按照相应终孔深度制作好。

孔口处的一节预埋管按照设计位置固定在钢筋笼内侧，下设时和钢筋笼一起下设。

（2）预埋管运输与下设。当接头管即将下设完毕时，将预埋管运至下设地点，每两节预埋管在孔口对接，用“扁担”吊起下入槽孔，管底端口采用双层细钢丝滤网封堵，避免浇筑时混凝土进入管内。最后一节将预埋管焊接在钢筋笼中，与钢筋笼一起下设。下设完毕后，用编织袋封堵预埋管顶端口，防止杂物进入管内。

预埋管顶部高程控制在 2408.34m，即与防渗墙施工平台高程一致，而灌浆廊道的底部高程为 2410.50m，防渗墙施工完毕后，将长度 2.3m 的钢管与原已下设的预埋管垂直焊接，等廊道施工完成后，在廊道内进行墙下帷幕灌浆。

14.10 恶劣地质条件施工

该工程地层中存在有大范围架空漏失层，孤、漂石地层和硬岩地层，陡坡基岩面倾角超过 80°，给防渗墙成槽施工带来很大难度，特别是对于 100m 深度防渗墙，其难度更是呈量级增加，结合该工程施工，一些专项技术得到了研究和成功应用。

14.10.1 强漏失地层施工技术

（1）预灌浓浆技术。根据设计提供的地质资料、先导孔的钻孔成果以及已施工段地层情况，对某些预计存在较大渗漏通道的部位采用预灌浓浆的方法堵塞渗漏通道，为防止防渗墙施工时槽内泥浆大量漏失，确保冲击反循环钻机的施工安全和正常作业，在防渗墙施工之前，沿轴线进行预灌浓浆。

设备选用：钻孔采用 SM400 型工程钻机以及配套的 KHP750 型空压机，搅浆和静压注浆采用 ZJ－400 型高速搅拌机。

预灌浓浆施工程序：灌浆分两序进行，先施工Ⅰ序孔，后施工Ⅱ序孔，逐序加密。自下而上分段灌浆。

施工工艺流程：钻孔至终孔深度→提取钻具→提升套管 1m→灌注第一段→提升套管 1m→灌注第二段，反复进行至本孔结束，封孔。预灌浓浆工艺流程如图 14.2 所示。

（2）槽孔施工堵漏技术。造孔过程中，如遇少量漏浆，则采用加大泥浆比重、投堵漏剂等处理，如遇大量漏浆，单孔采用回填黏土钻进处理，槽孔采用投锯末、水泥、稻草或高水速凝材料等进行堵漏处理，并改冲击反循环钻进为冲击钻挤实钻进，确保孔壁、槽壁

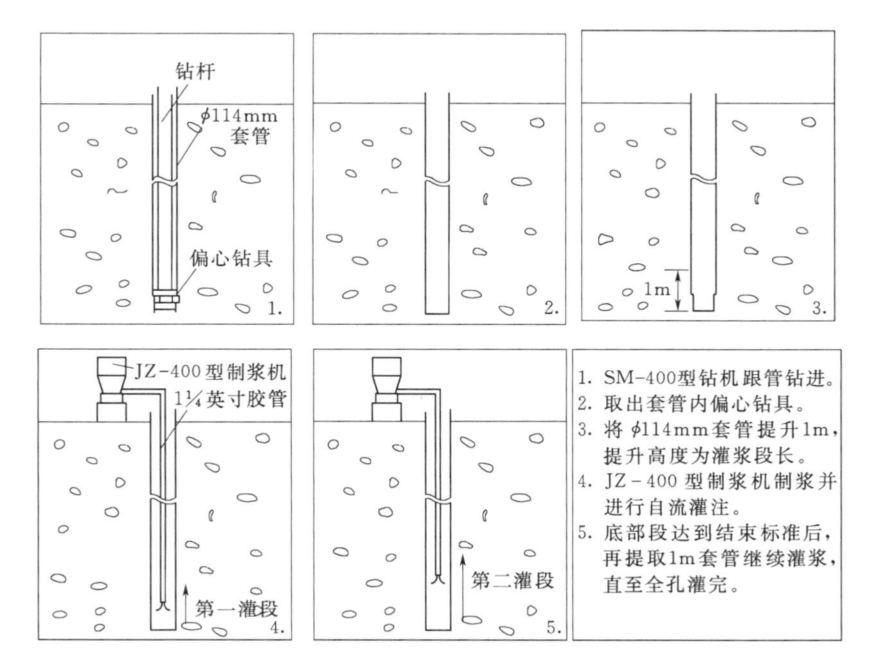

图 14.2　预灌浓浆工艺流程图

安全。

根据工程施工经验，危险性管涌土会加剧地层渗漏通道的渗漏，钻进时，加强泥浆损失测估，改变钻进工艺，准备好足够的堵漏材料及时处理好渗漏，尤其是槽孔的副孔钻劈时，要小心提防。

塌孔处理：由于覆盖层级配不均，局部架空，造孔中可能出现塌孔。发现有塌孔迹象，首先提起施工机具，根据塌孔程度采取回填黏土、柔性材料或低标号混凝土等处理；如孔口塌孔，采取布置插筋、拉筋和架设钢梁等措施，保证槽口的稳定。

如槽内塌孔严重，必要时可浇筑低标号混凝土回填后重新造孔。

14.10.2　孤、漂石和硬岩地层槽孔爆破辅助成槽工法技术

漂（块）石与硬岩钻进工效低，易产生孔斜，孔内事故多，针对这一难点可采取以下处理措施：

(1) 钻孔预爆。在经先导孔查明的漂（块）石密集带布设爆破孔，在防渗墙施工之前，沿轴线进行钻孔爆破，孔距1m左右，采用SM－400型全液压钻机，配置TUBEX偏心扩孔钻具进行跟管（ϕ114mm）钻进，穿过漂（块）石密集带，取出孔内钻具，在套管内对漂（块）石密集带和硬岩部位分别下置爆破筒，拔管起爆。该方法爆破效果好，不危及槽孔安全，但钻孔工程量大，与防渗墙施工干扰大。钻孔预爆技术工艺如图14.3所示。

(2) 槽内钻孔爆破技术。在防渗墙造孔中遇漂（块）石和硬岩时，可采用SM－400型全液压钻机跟管钻进，在槽内下置定位器进行钻孔，钻到规定深度后，提出钻具，在漂（块）石和硬岩部位下置爆破筒，提起套管，引爆。爆破后漂（块）石和硬岩被破碎，有

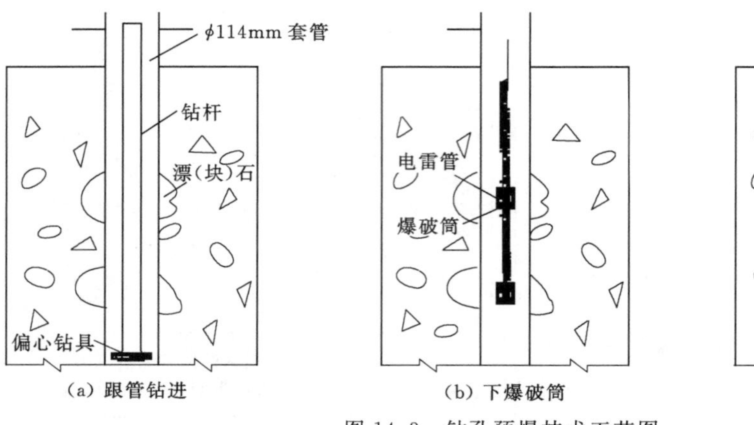

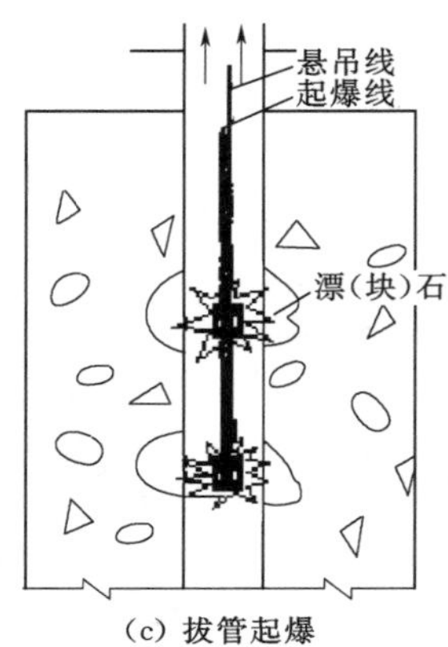

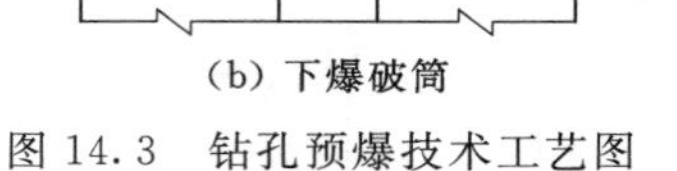

(a) 跟管钻进　　(b) 下爆破筒　　(c) 拔管起爆

图 14.3　钻孔预爆技术工艺图

效加快了钻进速度。爆破筒内装药量按岩石段长为 2～3kg/m，如系多个爆破筒则安设毫秒雷管分段爆破，以避免危及槽孔安全。因 SM－400 型全液压钻机采用风动潜孔锤冲击钻进，其在硬岩中的钻进速度可达 1.5m/h，可快速穿透漂（块）石，为爆破做好准备。该方法节省钻孔工程量，爆破效果也好，但应注意安全。槽内钻孔爆破技术如图 14.4 所示。

（3）聚能爆破技术。槽孔施工中，在漂（块）石或硬岩表面下置聚能爆破筒进行爆破，爆破筒聚能穴锥角为 55°～60°，装药量控制在 3～6kg，最大为 8kg。在二期槽孔内则采用减震爆破筒，即在爆破筒外面加设一个屏蔽筒，以减轻冲击波对已浇筑墙体的作用。槽内聚能爆破方法简便易行，与防渗墙施工干扰很小，有时还用于修正孔斜、处理故障等。聚能爆破技术如图 14.5 所示。

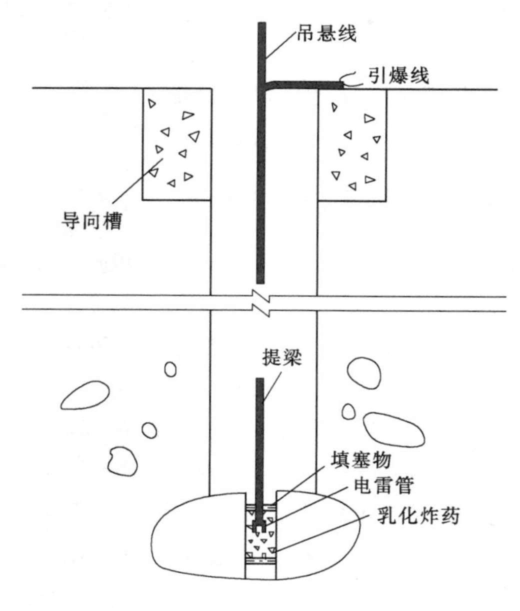

图 14.4　槽内钻孔爆破技术

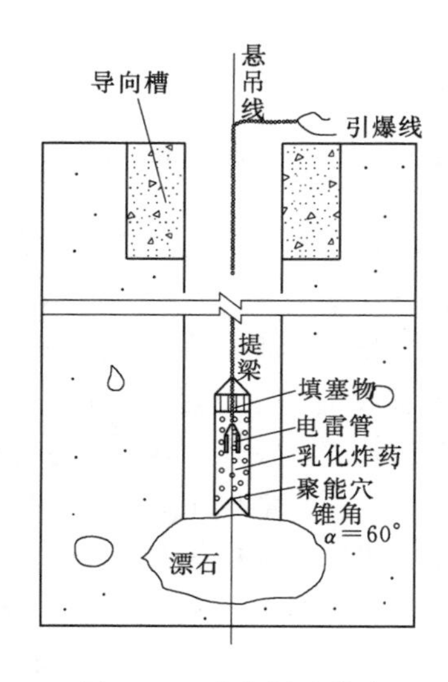

图 14.5　聚能爆破技术

14.10.3 陡坡段基岩中造孔

据设计提供的地质资料揭示，该工程河谷横断面呈较对称的V形，防渗墙下基岩呈80°左右的陡坡状，防渗墙按设计要求需入岩0.8～1.0m，在陡坡状基岩中造孔，由于钻具在下落冲砸基岩时容易溜钻，嵌岩很困难，施工中极易发生孔斜，不仅钻进效率极低而且钻进效果极差，如处理不好，将严重制约防渗墙工期，嵌岩不好也会严重影响防渗墙质量。施工中研究采用了以下措施进行处理：先施工端孔，用冲击反循环钻机钻进，穿过覆盖层至基岩陡坡段，然后在孔内下置定位器和爆破筒，将爆破筒定位于陡坡斜面上，经爆破后，使陡坡斜面产生台阶或凹坑，然后在台阶或凹坑上，下置定位管（排渣管）和定位器（套筒钻头），用SM－400型全液压钻机钻爆破孔，下置爆破筒，提升定位管和定位器进行爆破，爆破后用冲击钻头进行冲击破碎，直至终孔，陡坡段钻爆施工工艺如图14.6所示。

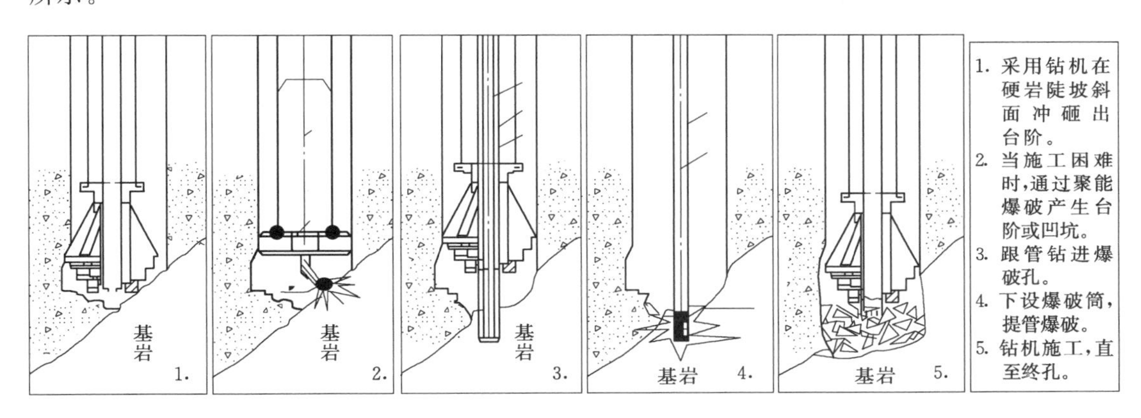

图14.6　陡坡段钻爆施工工艺图

14.11 工程实施效果

（1）防渗墙造孔质量控制[7]。

1）钻孔前，现场值班技术人员必须对孔位进行校核，无误后进行钻进，钻进过程中要经常对孔位进行校核。

2）钻进过程中，钻机操作人员是孔形的直接控制人，经常测量、及时纠偏，现场值班技术人员经常检查，做好监督和指导工作，同时做好相关记录。

3）找小墙时，每30cm用120cm钻头压一道，确保无小墙。

4）现场值班技术人员根据地质详勘报告和设计图纸，在接近预计基岩面时开始留取砂石泵抽出的岩样，现场取样每进尺30～50cm一次，当进入基岩后每进尺20～30cm取样一次，当地质条件明显异常时，取样加密；并根据岩样分析判断孔底到达位置的岩性，最后根据设计的要求并经现场设计、监理工程师认可在相应的位置终孔。对难以辨别的基岩面，采用了钻孔取芯的方法进行鉴定。施工S03－1号孔时，在钻进到38.8m、39.2m、39.4m时取样初步判断已进入基岩，但与施工图纸岩面高程相差甚远，施工到42.3m时由于地层非常坚硬，钻头损坏，为了准确、可靠地判断嵌入基岩情况，最终使用XY－2型钻机在S03－1号孔进行了钻孔取芯，钻孔深度为49m，从芯样判断，已嵌入基岩。

终孔验收标准详见表14.4。

表14.4　终孔验收标准

序号	验收项目	验收标准
1	孔位	偏差不大于3cm
2	孔宽	≥120cm
3	孔形	孔斜率不大于4‰；遇含孤石地层及基岩陡坡情况，孔斜率小于6‰
4	孔深	达到设计孔深，并且入岩深度至少100cm
5	入岩深度	≥100cm

（2）泥浆质量控制及清孔验收。

1）泥浆质量控制。

a. 严格按照配合比制浆，各种材料的加量（质量）误差控制在5%以内。

b. 现场值班技术人员，每班对搅拌机放出的泥浆检测4次，储浆池中的泥浆检测2次，孔内泥浆检测1次。

c. 现场值班技术人员根据施工地层情况，及时调整泥浆配比，并及时通知制浆人员和技术负责人，其他人不得调整泥浆配比。

d. 经处理后仍达不到标准的泥浆进行废弃处理。

2）清孔验收控制。终孔验收合格后进行清孔，清孔采用泵吸反循环法，通过CZF－1500型冲击反循环钻机和与之配套的6PS型砂石泵、ZX－200型泥浆净化器共同完成，在清除孔底淤积和净化泥浆的同时向孔内补充新鲜泥浆。质检员验收合格后通知监理工程师进行清孔验收，验收项目为孔内泥浆性能、孔底淤积厚度和接头孔刷洗质量（二期槽孔检测项目），方法如下：

a. 泥浆3项性能指标验收：泥浆比重用NB－1型比重秤称量，黏度用马氏漏斗测量，含砂量用NA－1型泥浆含砂量计测量。

b. 孔底淤积验收：用测针和测饼测量，淤积厚度等于测针的测深减测饼的测深。

c. 接头孔刷洗：用钢丝刷钻头上下刷洗接头孔孔壁，观看混凝土面一侧的钢丝上有无泥屑。

清孔换浆完成1h后进行清孔验收，其标准见表14.5。

表14.5　清孔验收标准

序号	清孔验收项目	清孔验收标准
1	比重/(g/cm^3)	<1.15
2	黏度/s	32～50
3	含砂量/%	<5
4	孔底淤积厚度/cm	≤10
5	接头孔刷洗质量	钢丝刷钻头上基本无泥屑，孔底淤积厚度不再增加

验收合格后，由监理工程师签发清孔验收合格证，并进行下道施工工序。

对钢筋笼、预埋管、浇筑导管下设时间超过4h的槽孔，在混凝土开浇前重新检测孔底淤积，符合表14.5标准的立即进行浇筑，超出该标准的采取措施，进检验达到标准后进行浇筑。

（3）钢筋笼、预埋灌浆管制作及下设质量控制。技术人员根据钢筋笼/预埋管设计图纸及技术要求，绘制出每个槽孔的钢筋笼预埋管加工图，经技术负责人审批签字后发送到钢筋笼加工组。钢筋笼制作质量控制及验收标准见表14.6。预埋管制作质量控制及验收标准见表14.7。

表14.6　　钢筋笼制作质量控制及验收标准

序号	项　目		允许偏差	检查方法及频率
1	竖向主筋排距/mm		±5	每段检查2个断面，用钢卷尺量
2	竖向主筋间距/mm		±10	
3	箍筋、加强筋间距/mm		±20	用钢卷尺量，每个方向检查5个点
4	钢筋笼外形尺寸	长度/mm	±50	每段检查2个断面，用钢卷尺量
		宽度/mm	±10	
		厚度/mm	±10	
		弯曲度/%	≤1	
5	保护层厚度/mm		±10	每段检查2个断面，用钢卷尺量
6	预埋件数量		实际数量	目测，全部
7	预埋管中心位置/mm		±10	全部，用钢卷尺量
8	焊点和焊缝		无裂缝、气泡、焊渣	目测，50%焊缝
9	搭接长度		15*d*	目测，50%焊缝
10	笼体表面清洁度		无明显锈斑、油污、泥块	目测

表14.7　　预埋管制作质量控制及验收标准

序号	项　目	质量标准	检查方法及频率
1	孔距/cm	±10	钢卷尺量，全部
2	排距/cm	±10	钢卷尺量，全部
3	定位架	坚固、稳定	目测
4	焊接质量	无裂缝、气泡，无相邻脱漏焊点	目测，总焊点数的10%
5	预埋管弯曲度/%	≤1	钢卷尺量，20%

质检员对钢筋笼/预埋管制作过程进行监督控制，发现问题及时纠偏。钢筋笼、预埋管制作完毕检验合格后，通知监理工程师进行验收。

钢筋笼、预埋管下设前，现场值班技术人员将钢筋笼侧面边缘和每根预埋管的设计位置在导墙或导墙前排铁轨上标识，按照标识的位置下设。下设时速度不宜过猛，防止预埋管底部碰到孔壁，使预埋管变形。预埋管下设完毕后，用编织袋将孔口封堵，防止混凝土或其他杂物进入管内。

（4）混凝土浇筑质量控制。

1）混凝土配合比。通过试验进行了混凝土配合比设计，并将配合比报告报送监理工程师进行审批。

在每仓混凝土搅拌前，对砂石骨料进行检测，做出混凝土施工配料单，将配料单报送监理人审批，以审批后的配合比进行混凝土搅拌。

2）混凝土浇筑导管和下设。

a. 混凝土浇筑导管采用快速丝扣连接的 ϕ250mm 钢管，导管接头设有悬挂设施。

b. 导管使用前做调直检查、压水试验、圆度检验、磨损度检验和焊接检验。检验合格的导管做上醒目的标识。不合格的导管不予使用。

c. 导管在孔口的支撑架用型钢制作，其承载力大于混凝土充满导管时总重力的 2.5 倍以上。

d. 单元槽孔造孔结束后，根据相应孔深和起吊设备能提起的高度进行配管，在地面预先分段连接、编号并制作配管示意图，以减少下设时间和避免下设顺序混乱。

e. 钢筋笼下设完毕后开始下设导管。导管按照配管示意图依次下设，每个槽段布设 2～3套导管，导管在槽段中的布置应满足如下要求：导管中心至槽孔端部或接头管面壁的距离控制在 1.0～1.5m，导管中心距宜控制在 4.0m 以内，当孔底高差大于 25cm 时，导管中心置放在该导管控制范围内的最深处。

3）混凝土开浇及入仓。

a. 混凝土泵输送混凝土至槽口储料槽，再分流到各溜槽进入导管。

b. 混凝土开浇采用压球法，每个导管均下入隔离塞球。开始浇筑混凝土前，先在导管内注入适量的水泥砂浆，并准备好足够数量的混凝土，以使隔离的球塞被挤出后，能将导管底端埋入混凝土内。

c. 混凝土必须连续浇筑，槽孔内混凝土面上升速度不小于 2m/h，并连续上升至墙顶有效高程顶面以上 0.5m。

d. 冬季浇筑混凝土时，提前将水加热，搅拌混凝土的水温控制在 60℃以内。

4）浇筑过程的控制。

a. 导管埋入混凝土内的深度控制在 1m 以上，以免泥浆进入导管内。

b. 槽孔内混凝土面应均匀上升，其高差控制在 0.5m 以内。每 30min 测量一次混凝土面，在开浇和结尾时适当增加测量次数。

c. 严禁不合格的混凝土进入槽孔内。

d. 浇筑混凝土时，孔口设置盖板，防止混凝土散落槽孔内。槽孔底部高低不平时，从低处浇起。

e. 每浇筑 100m^3 混凝土在机口或槽孔口入口处随机取样，检验混凝土的性能指标(坍落度、扩散度及强度、弹性模量、抗渗性、抗冻性)，在槽孔口入口处测量混凝土温度，混凝土温度控制在 5℃以上。

防渗墙混凝土拌和、浇筑时质量控制要素详见表 14.8。

(5) 质量评价。混凝土防渗墙施工中，严格执行验收“三检制”，确保了防渗墙质量。终孔验收、清孔验收和混凝土浇筑均符合防渗墙施工规范要求；原材料经过检验，也满足相关规范要求；检查孔取芯、压水试验的各项指标均满足设计要求；防渗墙导向槽爆破拆除后经超声波检测，防渗墙的完整率满足规范要求。

表 14.8　　防渗墙混凝土拌和、浇筑时质量控制要素

序号	过程参数	参数要求	直接控制人	监督控制人	控制频次要求
1	拌和材料用量	按配比进行	搅拌机操人	班长、技术值班	每盘
2	混凝土搅拌时间	拌和均匀	搅拌机操作人	班长、技术值班人	每盘
3	导管间距	防渗墙内间距宜 4m 以内，导管距端孔或接头管壁面 1～1.5m	钻机或吊车操作人	班长、技术值班人	下设全过程
4	导管下设深度	下端口至孔底 15～25cm	钻机或吊车操作人	班长、技术值班人	下设全过程
5	开浇时间	按照规范进行	浇筑班长	技术值班人	开浇全过程
6	混凝土上升速度	≥2m/h	技术值班人或指定人	技术负责人	每 30min 测量一次孔内混凝土面，开浇与终浇期加密
7	导管埋深	≥1.0m	技术值班人或指定人	技术负责人	每 30min 测量一次孔内混凝土面，开浇与终浇期加密
8	终浇高程	设计高程以上 0.5m	技术值班人或指定人	技术负责人	测量在终浇期加密
9	混凝土浇筑量	校核实际与理论量	技术值班人或指定人	技术负责人	每 30min 或需要时

防渗墙共划分 17 个槽孔施工，每个槽孔为 1 个单元，即 17 个单元，经过单元质量评定，17 个单元质量评定结果均为优良，优良率 100%。

参　考　文　献

[1] 牟楠. 110m 级超大深度混凝土防渗墙施工技术探讨 [J]. 城市建设理论研究：电子版，2012 (35).

[2] 李凯庭. 超深混凝土防渗墙浇筑施工技术 [J]. 黑龙江水利科技，2012，40 (10)：155-158.

[3] 陈钰鑫，刘娟. 狮子坪水电站坝基防渗墙设计施工 [J]. 水力发电，2009，35 (8)：37-39.

[4] 杨伟，翁嘉玲. 狮子坪水电站坝基防渗墙试验施工 [C] //第八次水利水电地基与基础工程学术会议论文集，2006.

[5] 陈海龙，文尚. 狮子坪水电站大坝防渗墙混凝土配合比研究 [J]. 水电站设计，2010，26 (1)：72-75.

[6] 李凯庭，唐静. 狮子坪水电站坝基防渗墙下帷幕灌浆施工技术 [J]. 黑龙江水利科技，2013，41 (3)：56-59.

[7] 周斌. 狮子坪水电站大坝基础防渗墙施工技术与质量监理 [J]. 四川水力发电，2006，25 (S2)：33-39.

第15章 泸定水电站超深与复杂地质条件防渗墙工程

15.1 概述

泸定水电站防渗墙最大深度为125m，试验段防渗墙最大深度为154.8m，具有墙体超深、地层复杂恶劣、工期紧等技术难点，其施工难度国内外罕见。本章重点介绍了混凝土防渗墙造孔施工设备与施工工法技术、复杂恶劣地质条件施工技术、固壁泥浆与清孔换浆技术、槽段连接接头管接头技术、超深防渗墙清孔换浆技术、泥浆下混凝土浇筑和墙内预埋墙下帷幕灌浆管技术等在该混凝土防渗施工中的研究和应用情况[1-6]。

该防渗墙工程于2008年3月7日开工，2010年4月24日全部完工，该水电站已于2011年11月蓄水发电，至今已运行6年。

15.2 工程概况与技术难点

泸定水电站位于四川省泸定县境内，为大渡河干流水电梯级开发的第12级电站。工程枢纽主要建筑物由黏土心墙堆石坝、泄洪建筑物、引水发电系统等组成。

黏土心墙堆石坝坝顶高程为1385.50m，正常蓄水位为1378.00m，总库容为2.195亿m^3，电站装机容量为920MW。大坝建基面最低高程为1300.00m，防渗黏土心墙墙顶高程为1382.00m，按原设计，基础防渗采用上游围堰悬挂式混凝土防渗墙＋水平黏土铺盖＋坝基悬挂式混凝土防渗墙下接3排帷幕灌浆形式。坝基防渗墙厚1.0m，设计最大墙深80m；为提高防渗墙防渗效果，后调整为在确保工期的前提下，主河床段设计墙深改为110m。实际施工防渗墙成墙深度为125m，试验墙段最深达154.8m，防渗墙轴线长度为425.3m，成墙面积为29241m^2，防渗墙嵌入基岩。

坝址区河床覆盖层深厚，层次结构复杂，一般厚度为120～130m，最大厚度为148.6m。根据物质组成、分布情况、成因及形成时代等，河谷及岸坡覆盖层自下而上（由老至新）可划为4层。

①层：漂（块）卵（碎）砾石层，系晚更新世冰水堆积（Q_3^{fgl}），分布于坝址区河床底部。厚度为25.52～75.31m，顶板埋深为52.12～81.8m。该层粗颗粒基本形成骨架，结构密实。

②层：系晚更新世晚期冰缘冻融泥石流、冲积混合堆积（$Q_3^{prgl+al}$），主要分布于河床中下部及右岸谷坡，分为3个亚层。

②-1 亚层：漂（块）卵（碎）砾石层夹砂层透镜体，物质组成及性状与①层基本相同。厚度为 26.25～28.06m，顶板埋深为 46.2～56.8m。

②-2 亚层：碎（卵）砾石土层，呈灰绿色或灰黄色，主要分布于上坝址。厚度为 8.2～79.45m，顶板埋深为 1.85～68.2m。局部见砂层或粉土层透镜体，结构较密实。

②-3 亚层：粉细砂及粉土层，呈透镜状展布于上坝址河谷中下部。厚度为 6.52～32.8m，顶板埋深为 29.68～39.36m。以粉细砂为主，底部见粉土层。

第③层：系冲、洪积堆积（Q_4^{al+pl}），分为两个亚层。

③-1 亚层：含漂（块）卵（碎）砾石层，展布于坝址右岸Ⅰ级阶地和河谷中部。厚度为 5.0～39.36m，顶板埋深为 0～39.36m。粗颗粒成分以弱风化花岗岩、闪长岩为主，少量辉绿岩。局部呈透镜状成层产出，结构密实。

③-2 亚层：砾质砂层，不连续分布于上坝址Ⅰ级阶地浅表部。厚度为 8.3m，以中粗砂为主，含量约 70%，余为砾石，次圆状为主。

第④层：冲积（Q_4^{al}）堆积之漂卵砾石层，分布于坝址区现代河床表部及漫滩地带，厚度为 5.6～25.5m，结构较密实。

坝基基岩主要为闪长岩、花岗岩，主要为弱风化（局部强风化）、弱卸荷，浅上部岩体强至中等透水。

该工程大坝基础混凝土防渗墙为整个大坝工程的关键，具有工程量大、地层复杂（孤石、漂石、块卵、砾石层、胶结层等）、施工难度大（最大深度超过 120m）、工期紧（约 5 个月时间）、施工干扰多、工作面狭窄等特点。主要施工技术难点如下：

（1）地层中存在大范围的孤、漂石地层，给防渗墙成槽施工带来很大难度。

（2）地层中存在大范围架空漏失层，防渗墙造孔挖槽中，极易发生漏浆塌孔。

（3）该工程防渗墙深度比以往工程又有大幅提高，造孔工效会大幅降低，孔斜难以控制，防渗墙设备需要通过研制和改进，全面提升施工能力；同时给超深防渗墙接头管施工、清孔换浆、混凝土浇筑和墙内预埋墙下帷幕灌浆管施工等带来新的挑战。

（4）该工程左岸防渗墙下基岩呈近 90°左右的陡坡，防渗墙嵌岩将极为困难。

15.3 造孔成槽施工

（1）造孔成槽施工方案。该工程墙深量大，强漏失地层、大孤石地层造孔成槽困难，高原地区施工工效低，设备需求量大，工期紧张，依据本书提出的成槽施工方案优化组合综合比选方法，研究采用钻机与液压抓斗、钢丝绳抓斗相互配合的造孔成槽施工方案，充分发挥各种设备的优势，有效提升施工效率[7]。

（2）造孔成槽施工工艺。基于施工方案的设备组合，研究采用“钻抓法”施工工法技术，对于抓斗施工困难的地层地段，辅以“改进钻劈法”施工。

（3）槽段划分。综合考虑该工程地层、墙体深度、设备能力等，槽孔分两期施工，先施工一期槽孔，后施工中间的二期槽孔。其中，主河床深槽段划分采用“一期小槽、二期大槽”的原则，即一期槽槽长为 4m，分为 2 个主孔和 1 个副孔，主孔 1.0m，副孔 2.0m；二期槽槽长为 7.0m，每个槽孔分为 3 个主孔和 2 个副孔，主孔 1.0m，副孔 2.0m；桩号

0+311.83至右边坡段一、二期槽段长度均为6.6m，主孔1.0m，副孔1.8m。

典型槽孔划分如图15.1和图15.2所示。

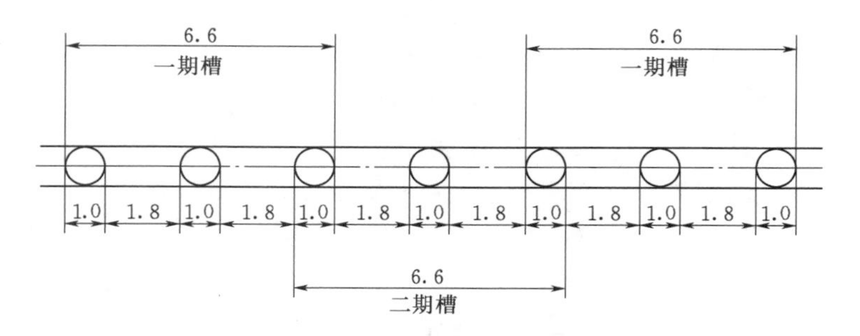

图15.1　河床段槽孔划分示意图

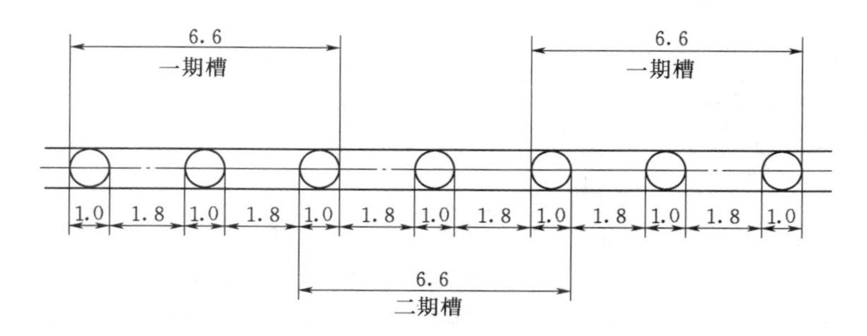

图15.2　两岸槽孔划分示意图（单位：m）

15.4　施工设备与机具

（1）成槽设备。冲击反循环钻机采用CZF-1500、CZF-2000型重型冲击反循环钻机；冲击钻机采用特A、CZ-9或CZ-8等重型冲击钻机；液压抓斗采用宝峨BS680型抓斗。为使钢丝绳抓斗满足120m以上深度槽孔施工，应用重型钢丝绳抓斗，配利勃海尔HS855HD、HS843HD型主机，最大施工深度可达到200m。

（2）特种重锤的研制。针对泸定水电站坝址覆盖层的施工问题，专门成立技术攻关小组，通过现场记录钻机施工不同地层的每一个细节、钻具磨损情况、出渣情况，经过1个月时间的艰苦努力，成功研制出了适用于泸定水电站坝基防渗墙施工特点的专用重锤（图15.3）。重锤长8m，质量为16t，底部冲头直径为0.80m，经过现场试验，重锤导向性良好，冲击过程中不易发生偏斜，冲击力巨大，单次冲击孤石进尺达50cm以上，较常规钻具冲击进尺提高了近30cm，大大提高了造孔工效，成功解决了孤石处理难度大的

图15.3　特种重锤

问题，对泸定水电站高程1310.00m平台防渗墙施工快速推进发挥了重要作用。

15.5 固壁泥浆

固壁泥浆技术是混凝土防渗墙施工技术的重要组成部分，也是本书重点攻关课题。

近年来，随着钻遇地层的日趋复杂和施工难度的逐渐增大，固壁泥浆技术在稳定孔壁、防止坍塌，携带和悬浮钻屑，拓展液压铣槽机、抓斗、冲击反循环钻机等优良设备及气举反循环清孔工艺的适用范围，提高工效等方面起着越来越重要的作用。

但迄今为止，国内在防渗墙施工中还仍然沿用早在20世纪50—60年代使用的分散型泥浆，即由淡水、膨润土或黏土和起分散作用的处理剂组成。常用的处理剂主要是纯碱、烧碱及起降滤失作用的羧甲基纤维素（CMC）等。该类泥浆在覆盖层比较薄、墙体较浅、地层比较稳定的防渗墙施工中尚可满足要求。但随着水电建设的快速发展，特别是近几年来，一批新开发的水电项目向深厚覆盖层扩展，钻遇地层日趋复杂，孔壁不稳定问题日益严重。由于其泥浆：①抑制性差，不能有效控制地层渗漏，特别是渗透性强、结构松散的地层，容易引起垮塌；②泥浆性能不稳定，抗污染能力差，在造孔过程中，容易受孔壁地层和钙、镁离子等的污染，使泥浆流变性和滤失性遭到破坏而失去悬浮稳定性，造孔、清孔困难；③由于分散体系颗粒比较细，特别是粒径小于1μm亚微米颗粒所占的比例相当高，因此在使用时对提高造孔速度十分不利，尤其不宜在强造浆地层（如黏土、亚黏土）中使用。

目前常用的分散型浆液远远不能适应快速发展的防渗墙施工技术要求。此前，虽多次在防渗墙工程中使用过聚丙烯酰胺为主的高分子聚合物材料，并取得一定成效，但由于其成本高，且受槽孔深度、施工设备制约，故难以适应深厚复杂覆盖层施工。

该工程将试验使用一种新型防渗墙正电胶泥浆，该高性能泥浆已于田湾河仁宗海水电站工程进行了试验并取得了成功，泥浆的固壁、悬浮效果也非常明显，本书将继续开展试验研究和应用，以提高固壁效果，保证深墙的顺利施工。

（1）原材料选用说明。正电胶是混合金属层状氧化物的简称。由于其胶体颗粒带永久正电荷，所以统称为正电胶。以正电胶为主剂配制的浆液称为正电胶浆液。

根据工程实际情况和设计要求，该工程拟采用正电胶、优质Ⅱ级钙基膨润土、烧碱、纯碱等复合泥浆护壁。降失水增黏剂为中黏类羧甲基纤维素（CMC），配制泥浆用水拟从大渡河中抽取，使用前将水样送有关部门进行水质分析，以免对泥浆性能产生不利影响。

（2）配合比。在配合比确定之前先按表15.1中规定的检测项目进行膨润土性能测定，然后通过现场试验确定具体的配合比。

根据以往施工经验和相应的技术标准拟定的新制正电胶泥浆初步配合比见表15.2。

表15.1　正电胶泥浆配合比表

成分	水/kg	膨润土/kg	纯碱/kg	CMC/kg	正电胶/kg	烧碱/kg
正电胶泥浆KWXS-1	1000	47.5	1.190	0	0.072	0.570

表 15.2　　新制膨润土泥浆性能指标

项　目	性能指标	试 验 仪 器	备　注
浓度/%	>4.5		100mL 水所用膨润土质量（g）
密度/(g/cm³)	<1.1	泥浆比重秤	
马氏漏斗黏度/s	32～50	946/1500mL 马氏漏斗	
塑性黏度/(mPa·s)	<20	旋转黏度计	
10min 静切力/(N/m²)	1.4～10	静切力计	
pH 值	9.5～12	pH 试纸或电子 pH 计	

（3）制备、使用与检验。

1）泥浆制备。

a. 在配合比相同的条件下，正电胶泥浆的性能很大程度上取决于搅拌程序和搅拌时间，制备时需严格控制。

程序 1：清水＋膨润土＋纯碱＋正电胶干粉＋烧碱，5 种组分一同搅拌，时间为 5min。

程序 2：清水＋膨润土＋纯碱，3 种组分先搅拌 5min，然后加纯碱和正电胶再搅拌 5min。

b. 应按规定的配合比配制泥浆，各种材料的加量误差不得大于 2%。

c. 泥浆处理剂使用前宜配成一定浓度的水溶液，以提高其效果。纯碱水溶液浓度为 20%，CMC 水溶液浓度为 1.5%。

2）泥浆使用、检验。

a. 新制膨润土浆需存放 24h，经充分水化溶胀后使用。

b. 储浆池内泥浆应经常搅动，保持指标均一，避免沉淀或离析。

c. 在钻进过程中，槽孔内的泥浆由于岩屑混入和其他处理剂的消耗，泥浆性能将逐渐恶化，必须进行处理。处理方法是：被使用过的泥浆通过泥浆净化系统，将土颗粒和碎石块除去，然后把干净的泥浆重新送回到槽中。

d. 槽内泥浆性能指标的控制标准见表 15.3，经过净化处理的泥浆必须在使用前进行测试。在成槽过程中，应在循环浆沟中取样，检测有关指标，如超出限值，必须进行处理。如果膨润土的密度、黏性和含砂率无法满足要求，则要更换合格的膨润土。

表 15.3　　新制正电胶泥浆性能指标

密度/(g/cm³)	马氏漏斗黏度/s	表观黏度/(mPa·s)	塑性黏度/(mPa·s)	动切力/Pa	静切力/Pa	失水量/(mL/30min)	pH 值
1.04	40～50	18～23	7～9	10～15	8～12	20～21	9.5

e. 在槽孔和储浆池周围应设置排水沟，防止地表污水或雨水大量流入后污染泥浆。被混凝土置换出来的泥浆和距混凝土面 2m 以内的泥浆，因受污染较严重，应予以废弃。

（4）泥浆净化及回收。

1）施工废水的形成。施工泥浆为膨润土或黏土颗粒分散在水中所形成的悬浮液，在

建造防渗墙时起固壁、冷却钻具、悬浮及携带钻渣等作用。随着造孔的不断深入，部分泥浆携带施工钻渣被抽筒抽出槽孔排入排渣沟，形成施工废水；同时槽段成槽施工完成后，进行混凝土浇筑时，伴随着浇筑混凝土面的不断抬升，固壁泥浆携带钻渣被排挤出槽孔流入排渣沟，形成施工废水。

2）施工废水的组成。施工废水主要由施工弃浆及施工废渣组成，施工泥浆包括膨润土浆及黏土浆。膨润土浆由膨润土、水、Na_2CO_3、CMC按适当的配合比组成；黏土浆由黏土、水、Na_2CO_3、CMC按适当的配合比组成。为改善泥浆性能施工泥浆中有时也加入适量的水玻璃。也就是说，施工废水的组成原料主要包括水、钻渣、膨润土、黏土及少量的Na_2CO_3、CMC。

3）施工废浆的处理。为避免施工废水造成污染，同时也为了避免制浆原料的大量浪费，基础局在防渗墙轴线下游建造了2个回浆池，施工废水通过排渣沟自流至回浆池。回浆池通过中间矮墙分割成两个浆池，连接排渣沟的浆池为进浆池，矮墙另一侧为去浆池。中间矮墙比回浆池周边墙体矮1～1.5m，其作用为拦截进浆池中沉淀的砂子及小石，上方的泥浆可漫过矮墙自流入去浆池。同时在进浆池一侧设泥浆净化器1台，用来净化排入进浆池的废浆，筛分泥浆和砂石后将处理好的泥浆直接排入去浆池。在去浆池设泥浆泵1台，并设分浆阀分别连接至槽孔的去浆管道和制浆站的回浆管道，如果经检验，去浆池的泥浆各项指标满足重复利用的标准则通过去浆管道直接排入槽孔，如不满足标准则通过回浆管道打回制浆站用于制作新浆。为避免到后期施工高峰期时，可能出现回浆池全部排满，废浆无处储存的现象，拟在下游侧建2个沉渣池，用于后期储存废浆，回浆池平面示意图如图15.4所示。

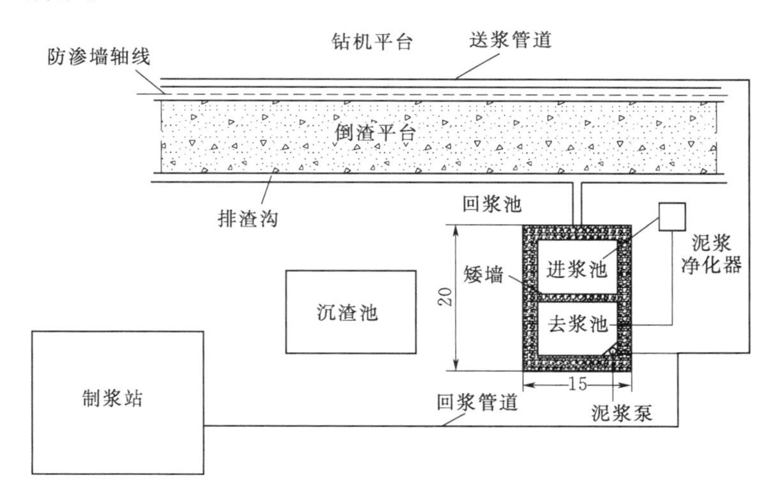

图15.4 回浆池平面示意图（单位：m）

原防渗墙轴线上游侧汛前建造的旧泥浆池作为此次施工槽孔混凝土浇筑时的回浆池，每次混凝土浇筑时用回浆泵把浇筑槽孔内的泥浆打回到回浆池用于二次造孔，这样不仅减少泥浆排放和环境污染，还能降低工程成本。

4）施工废渣的处理。施工废水通过排渣沟排至沉渣池，伴随着钻渣的不断沉淀，排渣沟底部形成厚厚的砂石层即为废渣，同时回浆池的进浆池也会由于钻渣沉淀形成废渣。

对于废渣的处理，基础局利用反铲将废渣排出排渣沟及进浆池，然后用装载机将废渣统一堆放到现场临时废渣场，晾干后用自卸汽车运至业主和监理指定的弃渣场，如图 15.5 所示。

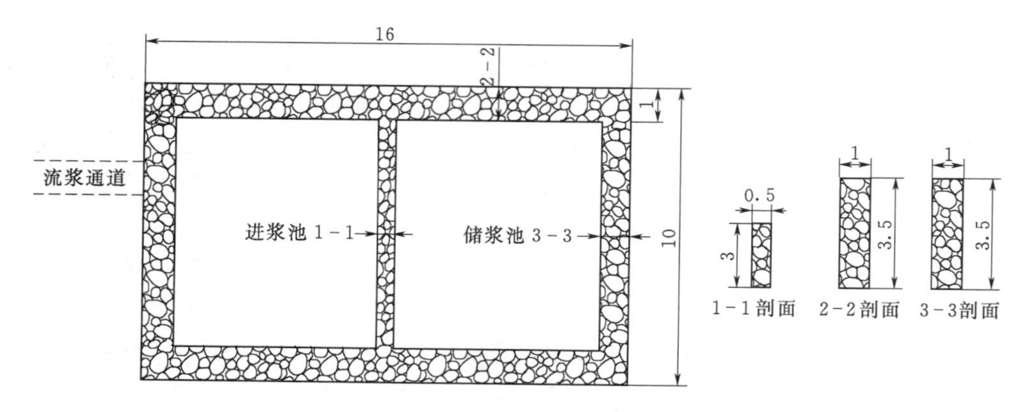

图 15.5　生产废水处理示意图（单位：m）

15.6　清孔换浆技术研究与实施

气举反循环清空换浆专项工法技术的具体技术要点如下：

（1）清孔时按照施工步骤，由钻机提升排渣管在槽孔主、副孔位依次进行施工，一般是从远离回浆管的一端清至靠近回浆管的一端，如槽底沉淀过多，则反复清孔。槽底含砂量较高的泥浆经泥浆净化机进行处理后返回槽孔，直到净化机的出渣口不再筛分出砂粒为止。槽底高差较大时，清孔应由高端向低端推进。

（2）清孔结束前在回浆管口取样，测试泥浆的全性能，其结果作为换浆指标的依据。

（3）根据清孔结束前泥浆取样的测试结果，确定需换泥浆的性能指标和换浆量。用膨润土泥浆置换槽内的混合浆，换浆量一般为槽孔容积的 1/3～1/2。

（4）换浆量根据成槽方量、槽内泥浆性能和新制泥浆性能综合确定。换浆在槽孔的主、副孔位依次进行，钻机的移动方向从远离回浆管的一端至靠近回浆管的一端，并通过 4 英寸输浆管向槽孔输送新鲜泥浆。槽底抽出的泥浆通过回浆沟进入回浆池，成槽时再作为护壁浆液循环使用。

图 15.6　800mm 接头刷

二期槽接头孔的刷洗采用具有一定质量的圆形钢丝刷子，如图 15.6 所示，通过调整钢丝绳位置的方法使刷子对接头孔孔壁进行施压，在此过程中，利用钻机带动刷子不断地由孔底至孔口进行往返运动，从而达到对孔壁进行清洗的目的。接头孔壁洗刷结束的标准是刷子钻头基本不带泥屑，并且孔底淤积不再增加。

清孔换浆结束后1h，在槽孔内取样进行泥浆试验。如果达到结束标准，即可结束清孔换浆的工作。

结束标准：清孔换浆结束1h后，槽孔内淤积厚度不大于5cm，泥浆密度不大于1.15g/cm^3，泥浆黏度（马氏）不小于32s，含砂量不大于3%。

15.7 接头管槽段连接

该工程防渗墙槽段连接采用5.2节介绍的接头管接头技术，拔管机采用YBJ－800型大口径液压拔管机。泸定工程的防渗墙深度为125m，较以往使用拔管机施工的深度有所增加，为了保证接头管拔管施工的顺利实施，基于混凝土模拟试验，在认真研究混凝土初凝、终凝时间，准确确定接头管起拔时间的基础上，合理确定最大拔管力和最小拔管力，严格按照接头管接头工法技术的技术要求精细施工，顺利实施了125m深度防渗墙接头管施工，创造了新的纪录[8-9]。

15.8 混凝土浇筑

该工程槽孔深度达到了125m以上，施工难度较以往工程有所增大[10]，混凝土浇筑的具体技术要点如下：

（1）防渗墙混凝土技术要求。主要技术要求如下：

1）混凝土强度等级：C35。

2）抗渗等级：W12。

3）坍落度：18～22cm，坍落度保持15cm以上的时间应不小于1h。

4）扩散度：34～40cm。

5）混凝土的初凝时间应不小于6h，终凝时间不宜大于24h。

6）混凝土密度不小于2.1g/cm^3，胶凝材料用量不小于350kg/m^3。

7）水胶比小于0.65。

（2）混凝土配合比。按设计技术要求的规定和施工图纸的要求进行混凝土室内和现场配合比试验，并将试验成果报送监理人审批后使用。

该工程采用业主砂石料场所生产的人工砂石骨料进行配合比试验，最终选择满足规范设计要求的配合比完成大坝防渗墙混凝土浇筑。

（3）混凝土浇筑导管和下设。

1）浇筑导管。

a. 混凝土浇筑导管采用快速丝扣连接的ϕ250mm钢管，应在每根导管的上部和底节管以上部位设置数节长度为0.3～1.0m的短管，导管接头设有悬挂设施。

b. 导管使用前应做检查。检验合格的导管做上醒目的标识。不合格的导管不予使用。

c. 导管在孔口的支撑架用型钢制作，其承载力大于混凝土充满导管时总重力的2.5倍以上。

2）导管下设。

a. 导管下设前需配管和制作配管图。配管应符合规范要求。

b. 导管按照配管图依次下设，每个槽段布设2～3根导管，导管安装应满足如下要求：一期槽导管距槽端或接头管壁面为1.0～1.5m，二期槽孔两端的导管距孔端为0.5～1.0m，导管间距不大于3.5m，当孔底高差大于25cm时，导管中心置放在该导管控制范围内的最深处。

（4）混凝土开浇及入仓。

1）混凝土拌和车送混凝土至槽口储料罐，再分流到各溜槽进入导管入槽孔。

2）混凝土开浇采用压球法，每个导管均下入隔离塞球。开始浇筑混凝土前，先在导管内注入适量的水泥砂浆，并准备好足够数量的混凝土，以使隔离的球塞被挤出后，能将导管底端埋入混凝土内。

3）混凝土必须连续浇筑，槽孔内混凝土面上升速度不得小于3m/h，并连续浇筑上升至墙顶高程以上0.5m。

（5）浇筑过程的控制。

1）导管埋入混凝土内的深度保持在2～5m，以免泥浆进入导管内产生混浆。

2）槽孔内混凝土面应均匀上升，其高差控制在0.5m以内。每30min测量一次混凝土面高程，每2h测定一次导管内混凝土面高程，在开浇和结尾时适当增加测量次数，根据每次测得的混凝土表面上升情况，填写浇筑记录和绘制浇筑指示图，核对浇筑方量，指挥导管拆卸。

3）严禁不合格的混凝土进入导管内。

4）浇筑混凝土时，孔口设置盖板，防止混凝土散落槽孔内。槽孔底部高低不平时，从低处浇起。混凝土浇筑完毕后的顶面应高于设计要求的顶高程50cm。

5）混凝土浇筑时，在机口或槽孔口入口处随机取样，检验混凝土的物理力学性能指标。

6）浇筑混凝土时，如发生质量事故，应立即停止施工，并及时将事故发生的时间、位置和原因分析报告监理工程师，除按规定进行处理外，将处理措施和补救方案报送监理工程师批准，按监理工程师批准的处理意见执行。

7）每次槽孔混凝土浇筑前召开专题会，进行详细分工并明确各级岗位责任和奖罚措施，确保每次槽孔混凝土浇筑顺利。

（6）混凝土质量过程控制。在每个槽孔混凝土浇筑时应分别做现场坍落度试验，并取混凝土试块，每组试块应按规范要求制作、养护，确认达到28d龄期后做室内检测试验。取样数量应满足抗压、抗渗及弹性模量的试验要求。槽孔开浇前必须检测混凝土的坍落度和扩散度，浇筑过程中每2h检测一次坍落度和扩散度，严禁不合格的混凝土进入槽孔。

15.9 防渗墙墙内预埋墙下帷幕灌浆管埋设

该工程防渗墙墙内预埋墙下帷幕灌浆管的具体技术要点如下[11]：

15.9.1 预埋灌浆管的布设

（1）按设计要求在防渗墙内预埋双排灌浆管，孔距1.5m，排距0.6m；预埋灌浆管最大深度大于110m。

（2）管体采用ϕ114mm焊接管，顶部5m与墙内钢筋笼一同下设，5m以下采用钢筋定位架固定。

（3）根据槽孔划分情况、接头方式等调整钢筋保持架的长度。确保相邻的灌浆管间距满足设计要求。

（4）根据灌浆管所处的部位，对应槽孔底部高程的变化，准确调整灌浆管底部的深度与之相适应。

（5）灌浆管底口缠过滤网，防止混凝土进入管内。

15.9.2 预埋管保持架制作

（1）采用ϕ22mm钢筋制作定位架。预埋管与钢筋架通过绑扎或焊接连接为一整体桁架。

（2）钢桁架在预先做好的加工平台上进行制作。

（3）定位架在垂直方向的间距为12m。每段桁架高度应据槽孔孔深确定。

（4）为避免起吊时桁架变形，一方面要选好起吊位置，另一方面可考虑在灌浆管部位加设槽钢、钢管等刚性体，以增加灌浆管桁架的整体起吊刚度，如图15.7所示。

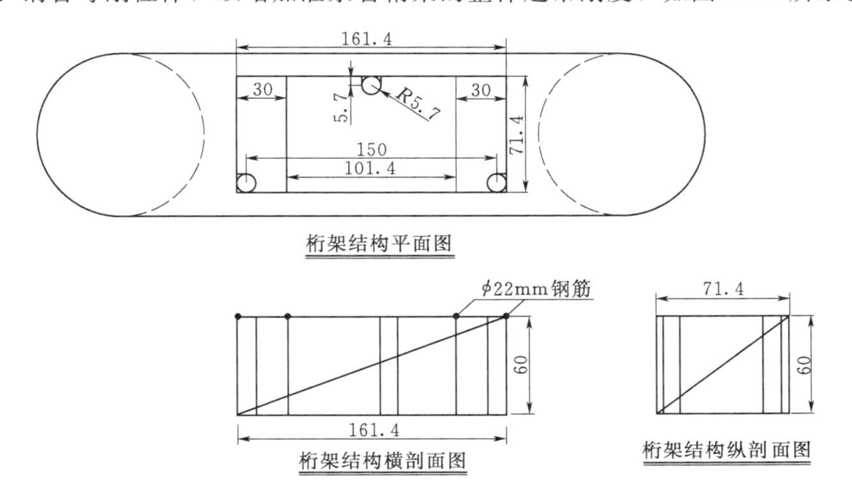

图15.7 预埋灌浆管固定架结构图（单位：cm）

15.9.3 预埋管钢桁架下设

（1）预埋管钢桁架采用吊车分节起吊，孔口连接，整体下设，并在现场工长和技术人员的指挥下进行。

（2）将最底节预埋管钢桁架吊入槽内，其顶部外露导墙顶1.5m左右，用2根加强型钢横向穿过预埋管钢桁架并架立在导墙上；起吊第二节预埋管钢桁架，经对中调正垂直后即可进行对接。

（3）当全部预埋管桁架对接完毕后，利用吊车进行整体下设。下设时要一定安全、平稳，对应好桁架在槽中的位置。遇到阻力时不得强行下放，以免桁架变形，造成管体移位，影响下设精度。

15.9.4 预埋灌浆管孔口保护

对下设完成的预埋灌浆管的孔口采取必要的保护措施，防止杂物进入管内。

15.10 恶劣地质条件施工技术

（1）孤、漂石地层施工。由于地层中孤石含量较多，在钻孔过程中经常碰到大孤石、漂石，孔斜不易控制，同时砂卵石层和漂孤石层漏浆、渗浆情况严重。采取的主要处理方法为：钻头冲砸法，即当孔深较浅时，通过回填漂孤石，利用十字钻头多次冲击使之挤压、碰撞破碎；当孔深较深时，利用十字钻头进行多次冲砸，使之破碎，再正常钻进施工。

对于大孤石、漂石，研究采用本书研发的槽内聚能爆破技术，进行爆破破碎后再行进行钻进施工。

（2）强漏失地层施工。由于工程地层中架空现象严重，施工中在块碎石层或基岩接触带以及劈孔时曾多次发生渗浆、漏浆现象。采取的处理措施如下：

a. 加大泥浆黏度，采用浓泥浆固壁，保持孔壁稳定。

b. 施工到块碎石层等漏浆地段时，多填黏土和碎石土，用钻头在孔内来回挤压密实，达到防止漏浆的目的。

c. 劈孔前先向槽内充填锯末等，防止漏浆。

d. 漏浆发生后应及时将钻头提出孔内，并用装载机回填黏土、补充泥浆等。

（3）基岩陡坡嵌岩施工。该工程左岸防渗墙下基岩呈近90°左右的陡坡，防渗墙按设计要求需嵌入基岩1.0m。在陡坡状基岩中造孔，由于钻具在下落冲砸基岩时容易溜钻，嵌岩很困难，不仅钻进效率极低，且钻进效果极差，如处理不好，将严重制约防渗墙工期，嵌岩不好也会严重影响防渗墙质量。为此，本书在该工程开展了专项技术研究，施工技术要点如下：

1）沿防渗墙轴线，设置先导孔补充勘探，摸清岩石陡坡平面位置和坡面形状。

2）先施工一期槽孔陡坡主孔。

a. 采用冲击钻机钻进至基岩陡坡最高点时，采用十字钻头钻进，手动操作间断冲击，钻进过程中，加强检查，发现孔歪时回填块石和碎石及时修正，使陡披斜面冲砸出台阶。

b. 当采用钻机冲砸台阶困难时，可在孔内实施槽内聚能爆破，通过爆破使陡坡斜面产生台阶或凹坑。

c. 在孔内台阶位置下置专有定位器或套筒钻头，采用全液压钻机或地质钻机跟管钻进爆破孔。

d. 钻孔成功后，在定位管或定位器内下置爆破筒，提升定位器进行爆破。

e. 爆破后用冲击钻头进行冲击破碎，直至终孔。

陡坡段钻爆施工工艺如图 15.8 所示。

3）一期槽孔主孔终孔后，施工相邻副孔，利用主孔形成的临空面，基岩自上而下，一钻压一钻向下施工，必要时辅以槽内聚能爆破，直至槽孔施工完成。

4）由于陡坡段岩石坚硬，钻孔极易顺坡溜钻偏斜，除采用回填块石修孔外，可采用定向聚能爆破纠偏。

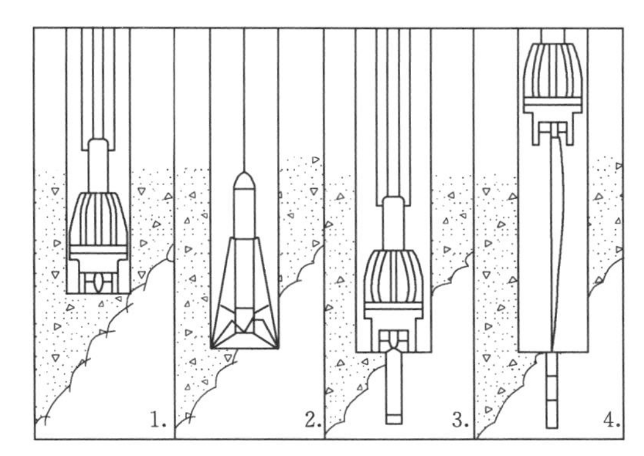

图 15.8　陡坡段钻爆施工工艺图

15.11　工程实施效果

（1）防渗墙工序质量统计成果。

1）孔位偏差：共检验槽孔 92 个，单孔 400 个，孔位偏差全部不大于±3cm，合格率 100%。

2）槽孔孔深：共检验槽孔 93 个，单孔 411 个，全部满足设计地质鉴定确认孔深和技术规范要求。

3）槽孔孔斜率：共检验槽孔 92 个，单孔 400 个，检测断面总数 92 个，每 2m 一个测点，总检验点数 11951 个，超标点 0 个，合格率 100%。

4）槽孔宽度：大坝防渗墙共浇筑槽孔 93 个，平均墙厚 1.28m，每个槽孔的宽度均满足不小于 100cm 的设计要求。

5）接头套接厚度：共检验接头套接 91 个，套接厚度全部满足不小于 85cm 的设计要求。

（2）防渗墙清孔质量。

1）孔底淤积厚度：共检验槽孔 93 个，单孔 405 个，孔底淤积厚度全部不大于 10cm，合格率 100%。

2）泥浆比重：共检验槽孔 93 个，单孔 405 个，泥浆比重全部不大于 1.15g/cm^3，合格率 100%。

3）泥浆含砂量：共检验槽孔 93 个，单孔 405 个，泥浆含砂量全部不大于 6%，合格率 100%。

4）泥浆黏度：共检验槽孔 93 个，单孔 405 个，泥浆黏度全部不大于 50s（漏斗黏度计），合格率 100%。

5）接头刷洗：共刷洗二、三期槽接头孔 91 个，全部满足“刷子钻头不带泥屑，孔底淤积不再增加”的技术要求，合格率 100%。

（3）防渗墙混凝土浇筑质量。

1）导管布置：共浇筑槽孔93个，全部满足设计要求，合格率100%。

2）混凝土开浇时间：77个槽段因下设钢筋笼、接头管未满足“清孔结束后4h内开浇”的要求，但4h后，第二次终检清孔各项指标均符合设计要求。其他16个槽段均满足设计要求，合格率100%。

3）混凝土面上升速度：共浇筑槽孔93个，混凝土面上升速度最大为10.27m/h，最小为2.18m/h，全部满足“上升速度不小于2.0m/h”的要求，合格率100%。

4）混凝土面高差：共浇筑93个槽孔，每个槽孔内混凝土面高差都严格控制在不大于50cm，满足规范要求，合格率100%。

5）导管埋深：共浇筑槽孔93个，导管埋深均能满足“1.0m≤导管埋深≤6.0m”的要求，合格率100%。

6）混凝土施工特性指标：共浇筑槽孔93个，均满足“终浇高程符合设计”的要求，合格率100%。

（4）墙体材料控制与混凝土性能。每次浇筑混凝土时，拌和站和浇筑现场分别由试验人员检查混凝土的坍落度、扩散度、坍落度损失和含气量等指标，前两项指标每3～4车抽检一次，遇混凝土料性能不稳定时，加密抽检，并根据槽口抽检数据，及时通知拌和站注意相关情况。混凝土坍落度、扩散度统计见表15.4。

表15.4　混凝土坍落度、扩散度统计表

槽孔号	浇筑日期	检测次数	坍落度/mm	扩散度/mm	备注
DB-0A	2009-03-31	3	210～220	390～400	
DB-0B	2009-04-29	2	215～220	390～400	
DB-1	2009-01-17	5	200～215	395～400	
DB-2	2009-02-22	3	215～215	395～400	
DB-3	2009-02-02	4	210～220	395～400	
DB-4	2009-03-09	3	215～220	395～395	
DB-5	2009-02-17	7	205～210	370～385	
DB-6	2009-05-08	6	215～220	390～400	
DB-7	2009-02-25	12	210～220	390～405	
DB-8	2009-04-29	12	215～220	385～400	
DB-9	2009-03-04	21	205～220	375～400	
DB-10	2009-04-28	12	210～220	390～400	
DB-11	2009-02-23	17	210～220	370～400	
DB-12	2009-02-23	9	210～225	390～400	
DB-13	2009-01-31	18	205～220	390～400	
DB-14	2009-04-03	11	210～220	380～400	
DB-15	2009-01-23	16	200～220	370～400	
DB-16	2009-04-19	11	210～220	380～400	
DB-17	2009-02-17	12	205～220	360～400	

续表

槽孔号	浇筑日期	检测次数	坍落度/mm	扩散度/mm	备注
DB-18	2009-04-17	10	210～220	390～400	
DB-19	2009-02-12	14	210～220	390～400	
DB-20	2009-04-18	10	210～220	390～400	
DB-21	2009-02-15	12	210～220	390～400	
DB-22	2009-04-26	16	210～220	385～400	
DB-23	2009-02-19	14	210～220	370～400	
DB-24	2009-04-26	13	210～220	385～400	
DB-25	2009-02-09	14	210～220	390～400	
DB-26	2009-04-12	15	195～220	360～400	
DB-27	2009-01-27	14	210～220	370～400	
DB-28	2009-03-24	19	210～220	395～400	
DB-29	2008-05-16	11	195～220	375～400	
DB-30	2009-04-29	6	210～220	390～400	
DB-31	2009-03-14	15	210～220	380～400	
DB-32	2009-04-24	10	210～220	390～400	
DB-33	2009-03-05	14	210～220	390～400	
DB-34	2009-04-14	8	210～220	375～400	
DB-35	2009-02-25	15	210～220	380～400	
DB-36	2009-04-21	6	210～220	390～400	
DB-37	2009-02-26	7	210～220	385～430	
DB-38	2009-03-27	13	210～220	390～400	
DB-39	2009-02-21	6	215～220	395～405	
DB-40	2009-03-18	12	210～220	385～400	
DB-41	2009-02-13	9	215～220	390～400	
DB-42	2009-03-08	5	215～220	395～400	
DB-43	2009-02-16	3	210～215	390～395	
DB-44	2009-03-17	8	210～220	390～400	
DB-45	2009-02-22	3	210～220	385～405	
DB-46	2009-03-11	3	215～220	395～400	
DB-47	2009-02-19	6	210～215	395～400	
DB-48	2009-02-27	5	215～220	385～405	
DB-49	2009-02-11	2	210～215	400～400	
DB-50	2009-06-13	6	200～220	360～400	
DB-51	2009-07-12	5	215～220	395～400	
DB-52	2009-06-11	8	215～220	395～400	

续表

槽孔号	浇筑日期	检测次数	坍落度/mm	扩散度/mm	备注
DB-53	2009-08-09	3	210～215	390～395	
DB-54	2009-07-08	7	200～220	390～400	
DB-55	2009-08-03	5	215～220	395～400	
DB-56	2010-02-08	5	200～220	390～400	
DB-57	2010-01-21	4	195～210	370～395	
DB-58	2010-02-26	5	210～220	385～400	
DB-59	2009-12-30	7	215～220	385～400	
DB-60	2009-08-18	9	200～220	385～400	
DB-61	2009-09-24	5	215～220	385～400	
DB-62	2009-07-24	9	195～220	385～400	
DB-63	2009-09-20	9	210～220	380～400	
DB-64	2009-08-08	7	200～220	390～400	
DB-65	2010-02-19	8	200～220	385～400	
DB-66	2010-01-14	8	200～220	370～400	
DB-67A	2010-02-21	7	200～220	345～390	
DB-67B	2010-01-11	13	180～220	375～400	
DB-68	2009-08-20	12	210～220	390～400	
DB-69	2009-09-22	5	215～220	385～400	
DB-70	2009-07-23	7	200～220	390～400	
DB-71	2010-01-20	6	195～220	370～400	
DB-72	2009-12-25	7	200～210	380～390	
DB-73	2010-01-15	5	200～220	380～400	
DB-74	2009-12-22	6	197～210	380～390	
DB-75	2009-08-15	4	210～215	390～395	
DB-76	2009-07-15	5	195～210	370～395	
DB-77	2009-08-10	3	215～220	390～395	
DB-78	2009-07-06	4	210～215	385～395	
DB-79	2009-07-28	3	205～210	390～395	
DB-80	2010-03-06	4	210～220	380～400	
DB-81	2010-03-30	4	210～220	390～400	
DB-82	2010-02-25	4	210～220	390～400	
DB-83	2010-04-02	5	210～220	390～400	
DB-84	2010-01-18	3	210～220	390～400	
DB-85	2010-02-03	5	180～220	340～400	
DB-86	2010-01-05	4	200～220	385～395	

续表

槽孔号	浇筑日期	检测次数	坍落度/mm	扩散度/mm	备注
DB-87	2010-01-17	3	210～220	390～400	
DB-88	2010-02-01	3	210～220	390～400	
DB-89	2010-02-11	3	200～220	380～390	
DB-90	2010-04-24	5	210～220	390～400	

(5) 混凝土浇筑施工质量。反映混凝土浇筑施工质量的几个重要指标的统计数据见表15.5。

表 15.5　　浇筑质量重要参数统计表

槽孔号	混凝土面平均上升速度/(m/h)	混凝土面最大高差/m	导管埋深/m			
			拆管前		拆管后	
			最大	最小	最大	最小
DB-0A	5.17	0.00	5.40	2.20	3.45	2.53
DB-0B	6.33	0.10	7.42	4.64	3.42	2.03
DB-1	4.18	0.00	4.90	0.70	2.74	2.47
DB-2	7.18	0.10	7.24	3.81	4.63	2.31
DB-3	4.92	0.00	6.67	0.70	4.67	3.17
DB-4	5.79	0.00	7.51	4.41	4.25	2.91
DB-5	4.38	0.00	8.38	3.31	5.61	2.48
DB-6	7.79	0.00	11.84	2.20	4.57	1.85
DB-7	3.71	0.00	7.11	3.31	5.01	2.31
DB-8	5.38	0.20	9.05	3.10	4.73	2.10
DB-9	2.94	0.00	8.38	3.81	5.77	2.81
DB-10	5.59	0.00	9.92	2.20	4.64	2.24
DB-11	3.10	0.00	6.65	3.81	3.87	2.03
DB-12	5.30	0.00	6.60	4.48	3.96	3.00
DB-13	2.84	0.10	6.61	0.70	4.00	2.51
DB-14	4.94	0.10	7.57	4.03	5.39	2.74
DB-15	3.64	0.00	8.19	0.70	5.92	2.50
DB-16	5.56	0.00	6.13	4.33	3.97	2.17
DB-17	4.36	0.10	8.35	3.31	5.74	2.48
DB-18	6.38	0.20	7.41	2.20	5.33	1.76
DB-19	3.56	0.10	9.14	4.08	5.37	2.38
DB-20	3.48	0.00	7.30	4.06	4.69	2.30
DB-21	4.35	0.00	7.89	0.70	5.28	2.70
DB-22	3.47	0.00	7.42	2.20	4.81	1.70
DB-23	3.19	0.00	6.26	3.98	3.65	3.00
DB-24	4.09	0.20	8.43	2.20	3.65	1.70
DB-25	3.81	0.10	8.65	3.31	5.80	2.10
DB-26	3.54	0.00	6.87	3.98	3.95	3.07

续表

槽孔号	混凝土面平均上升速度/(m/h)	混凝土面最大高差/m	导管埋深/m			
			拆管前		拆管后	
			最大	最小	最大	最小
DB-27	3.99	0.10	8.12	0.70	5.51	2.16
DB-28	3.72	0.20	8.45	2.20	5.64	1.20
DB-29	3.44	0.00	5.47	2.63	2.95	1.21
DB-30	9.96	0.00	6.56	4.08	3.96	3.00
DB-31	4.29	0.00	6.55	4.48	3.97	2.99
DB-32	3.75	0.20	6.87	2.20	4.26	1.20
DB-33	3.29	0.00	8.26	3.98	5.65	2.98
DB-34	6.43	0.10	8.22	2.20	5.75	2.42
DB-35	3.30	0.00	6.57	3.88	3.96	2.98
DB-36	6.31	0.00	6.78	2.60	4.62	1.10
DB-37	4.54	0.00	7.09	2.98	4.73	2.31
DB-38	4.52	0.00	8.15	2.20	4.81	2.49
DB-39	3.50	0.00	7.67	3.81	5.06	2.00
DB-40	3.89	0.00	6.50	4.48	3.89	2.82
DB-41	2.93	0.00	6.50	0.70	3.89	2.66
DB-42	6.14	0.20	8.91	2.81	5.94	2.21
DB-43	3.66	0.00	7.72	3.00	5.11	2.08
DB-44	2.84	0.10	6.53	2.20	3.92	2.34
DB-45	3.41	0.00	6.13	3.31	3.50	2.81
DB-46	3.87	0.10	7.70	3.48	5.09	2.68
DB-47	2.18	0.00	6.28	3.98	3.67	2.48
DB-48	7.30	0.00	7.54	2.69	4.64	2.19
DB-49	4.49	0.20	5.81	3.31	3.81	2.31
DB-50	3.71	0.20	6.36	4.90	3.98	2.74
DB-51	2.37	0.00	5.98	4.52	3.34	2.18
DB-52	3.44	0.00	6.58	4.00	3.82	2.50
DB-53	9.40	0.00	5.98	4.36	3.34	2.46
DB-54	4.73	0.00	6.90	3.90	3.34	2.42
DB-55	6.72	0.00	5.98	3.64	3.34	2.42
DB-56	5.98	0.00	7.65	3.16	3.58	1.66
DB-57	6.17	0.00	8.06	4.75	3.38	1.60
DB-58	6.57	0.00	6.74	4.09	2.42	1.50
DB-59	4.37	0.00	8.46	3.10	4.14	1.70

续表

槽孔号	混凝土面平均上升速度/(m/h)	混凝土面最大高差/m	导管埋深/m			
			拆管前		拆管后	
			最大	最小	最大	最小
DB-60	4.62	0.00	5.98	3.00	3.30	2.50
DB-61	9.27	0.00	5.80	4.20	3.60	2.40
DB-62	2.93	0.00	5.98	3.00	3.30	2.40
DB-63	5.28	0.00	6.42	5.02	3.34	2.38
DB-64	6.28	0.00	5.96	3.00	3.86	2.42
DB-65	5.28	0.00	8.74	5.82	4.42	1.70
DB-66	5.74	0.00	8.74	2.00	4.42	1.40
DB-67A	6.80	0.00	6.86	4.00	3.32	1.50
DB-67B	3.16	0.10	6.98	2.00	3.62	1.20
DB-68	4.11	0.00	6.08	4.50	3.90	3.04
DB-69	9.53	0.00	5.94	3.84	3.74	2.44
DB-70	3.84	0.00	6.02	4.64	3.96	3.04
DB-71	6.92	0.00	10.70	3.70	4.10	1.90
DB-72	4.30	0.00	10.62	4.66	5.52	2.40
DB-73	6.20	0.00	8.06	3.10	3.74	1.10
DB-74	3.59	0.00	8.26	3.10	3.94	2.10
DB-75	8.25	0.00	6.06	5.28	3.84	3.10
DB-76	7.08	0.00	6.10	4.64	3.92	3.10
DB-77	8.96	0.00	6.02	4.76	3.84	3.04
DB-78	4.79	0.00	6.04	4.54	3.84	3.12
DB-79	7.23	0.00	6.66	4.64	3.80	3.04
DB-80	10.27	0.00	11.42	6.20	3.42	1.90
DB-81	10.03	0.00	7.56	5.20	3.24	2.28
DB-82	6.02	0.00	6.94	3.80	3.40	1.09
DB-83	6.30	0.00	7.78	4.21	3.46	1.78
DB-84	4.10	0.00	6.30	2.00	2.46	1.00
DB-85	3.18	0.00	6.78	3.10	3.32	1.10
DB-86	2.83	0.20	6.16	2.20	3.62	1.20
DB-87	4.23	0.00	7.14	3.10	2.82	2.10
DB-88	3.71	0.00	6.82	3.25	2.50	1.75
DB-89	2.49	0.00	6.20	2.10	2.60	1.46
DB-90	3.74	0.10	6.60	2.00	4.00	1.50

从统计数据看，混凝土面平均上升速度、混凝土面最大高差、导管最小埋深的平均值均达到或超过有关规范和设计要求，反映出浇筑施工质量整体上良好。

（6）混凝土取样质量检查。该工程施工中，按照合同文件及监理工程师的要求，取混凝土抗压试件421组、抗渗性试件21组、弹性模量试件20组、抗冻性试件3组，经养护至28d、90d、180d龄期后，进行抗压强度、抗渗性、弹性模量等检查。表15.6为部分混凝土立方体抗压强度检验报告，表15.7混凝土抗渗性试验报告，表15.8为混凝土弹性模量试验报告，表15.9为混凝土静力抗压弹性模量检验报告，表15.10为混凝土抗冻性试验报告。

统计分析结果如下：

1）混凝土抗压强度检验结果：该工程混凝土抗压强度经检验，全部符合设计要求。

2）混凝土抗渗性检验结果：该工程混凝土抗渗性经检验，全部符合设计要求。

表15.6　　部分混凝土立方体抗压强度检验报告

试件编号	设计强度	检验依据	龄期/d	单块抗压强度/MPa			检验结果/MPa	备注
DB-0A	$C_{28}25$	DL/T 5150—2001	28	28.2	29.0	27.3	28.2	合格
DB-0A	$C_{90}30$	DL/T 5150—2001	90	35.3	35.4	35.0	35.2	合格
DB-0A	$C_{180}35$	DL/T 5150—2001	180	45.1	44.6	39.8	43.2	合格
DB-0B	$C_{28}25$	DL/T 5150—2001	28	32.9	32.7	32.2	32.6	合格
DB-0B	$C_{90}30$	DL/T 5150—2001	90	34.8	34.7	35.3	34.9	合格
DB-0B	$C_{180}35$	DL/T 5150—2001	180	44.3	45.4	39.9	43.2	合格
DB-1	$C_{28}25$	DL/T 5150—2001	28	25.3	25.7	26.5	26	合格
DB-1	$C_{90}30$	DL/T 5150—2001	90	30.1	31.3	30.4	30.6	合格
DB-1	$C_{180}35$	DL/T 5150—2001	180	40.9	40.5	40.3	40.9	合格
DB-2	$C_{28}25$	DL/T 5150—2001	28	28.1	27.4	28.0	27.8	合格
DB-2	$C_{90}30$	DL/T 5150—2001	90	36.2	36.2	35.6	36.0	合格
DB-2	$C_{180}35$	DL/T 5150—2001	180	40.4	39.8	40.4	40.2	合格
DB-3	$C_{28}25$	DL/T 5150—2001	28	28.6	28.7	27.1	28.1	合格
DB-3	$C_{90}30$	DL/T 5150—2001	90	32.0	32.6	32.9	32.5	合格
DB-3	$C_{180}35$	DL/T 5150—2001	180	43.7	43.6	42.2	43.2	合格
DB-4	$C_{28}25$	DL/T 5150—2001	28	27.5	28.9	28.1	28.2	合格
DB-4	$C_{90}30$	DL/T 5150—2001	90	33.6	31.5	32.5	32.4	合格
DB-4	$C_{180}35$	DL/T 5150—2001	180	41.2	38.8	37.2	39.1	合格
DB-5	$C_{28}25$	DL/T 5150—2001	28	30.6	29.1	29.9	29.9	合格
DB-5	$C_{90}30$	DL/T 5150—2001	90	32.6	32.4	32.1	32.4	合格
DB-5	$C_{180}35$	DL/T 5150—2001	180	41.1	41.7	42.0	41.6	合格
DB6-1	$C_{28}25$	DL/T 5150—2001	28	34.1	33.0	32.8	33.3	合格
DB6-1	$C_{90}30$	DL/T 5150—2001	90	37.9	39.0	38.9	38.6	合格
DB6-1	$C_{180}35$	DL/T 5150—2001	180	44.2	44.8	44.0	44.3	合格
DB6-2	$C_{28}25$	DL/T 5150—2001	28	32.6	32.8	31.9	32.4	合格

续表

试件编号	设计强度	检验依据	龄期/d	单块抗压强度/MPa			检验结果/MPa	备注
DB6-2	$C_{90}30$	DL/T 5150—2001	90	36.9	37.2	37.4	37.2	合格
DB6-2	$C_{180}35$	DL/T 5150—2001	180	46.0	46.2	50.4	47.5	合格
DB7-1	$C_{28}25$	DL/T 5150—2001	28	31.0	28.8	29.1	29.6	合格
DB7-1	$C_{90}30$	DL/T 5150—2001	90	38.5	34.5	36.9	36.6	合格
DB7-1	$C_{180}35$	DL/T 5150—2001	180	40.3	39.6	39.6	39.8	合格
DB7-2	$C_{28}25$	DL/T 5150—2001	28	28.1	28.7	27.4	28.1	合格
DB7-2	$C_{90}30$	DL/T 5150—2001	90	32.4	32.0	27.9	30.8	合格
DB7-2	$C_{180}35$	DL/T 5150—2001	180	36.2	40.6	38.9	38.6	合格
DB7-3	$C_{28}25$	DL/T 5150—2001	28	29.1	30.6	27.9	29.2	合格
DB7-3	$C_{90}30$	DL/T 5150—2001	90	32.9	31.9	31.3	32.0	合格
DB7-3	$C_{180}35$	DL/T 5150—2001	180	40.2	39.7	40.2	40.0	合格

表 15.7　　混凝土抗渗性试验报告

试件编号	试件尺寸/(mm×mm×mm)	检验依据	设计要求	龄期/d	试验压力/MPa	检验结果
DB-29	175×185×150	DL/T 5150—2001	≥W12	28	1.3	符合设计要求
DB-29	175×185×150	DL/T 5150—2001	≥W12	180	1.3	符合设计要求
DB-1	175×185×150	DL/T 5150—2001	≥W12	28	1.2	符合设计要求
DB-15	175×185×150	DL/T 5150—2001	≥W12	28	1.2	符合设计要求
DB19-2	175×185×150	DL/T 5150—2001	≥W12	28	1.2	符合设计要求
DB23-1	175×185×150	DL/T 5150—2001	≥W12	28	1.2	符合设计要求
DB35-1	175×185×150	DL/T 5150—2001	≥W12	28	1.2	符合设计要求
DB7-3	175×185×150	DL/T 5150—2001	≥W12	28	1.2	符合设计要求
DB42-1	175×185×150	DL/T 5150—2001	≥W12	28	1.2	符合设计要求
DB-46	175×185×150	DL/T 5150—2001	≥W12	28	1.2	符合设计要求
DB-28	175×185×150	DL/T 5150—2001	≥W12	28	1.2	符合设计要求
DB-38	175×185×150	DL/T 5150—2001	≥W12	28	1.2	符合设计要求
DB-12	175×185×150	DL/T 5150—2001	≥W12	28	1.2	符合设计要求
DB-22	175×185×150	DL/T 5150—2001	≥W12	28	1.2	符合设计要求
DB-8	175×185×150	DL/T 5150—2001	≥W12	28	1.2	符合设计要求
DB-30	175×185×150	DL/T 5150—2001	≥W12	28	1.2	符合设计要求
DB-79	175×185×150	DL/T 5150—2001	≥W12	28	1.3	符合设计要求
DB-51	175×185×150	DL/T 5150—2001	≥W12	28	1.3	符合设计要求
DB-80	175×185×150	DL/T 5150—2001	≥W12	28	1.3	符合设计要求
DB-78	175×185×150	DL/T 5150—2001	≥W12	28	1.3	符合设计要求
DB-60	175×185×150	DL/T 5150—2001	≥W12	28	1.3	符合设计要求

表 15.8　　混凝土弹性模量试验报告

试件编号	设计强度/MPa	检验依据	龄期/d	单块抗压强度/MPa			检验结果/MPa	备注
DB-1	E_{28}≤30000	DL/T 5150—2001	28	26592	25800	26902	26431	合格
DB-15	E_{28}≤30000	DL/T 5150—2001	28	25752	26321	26877	26317	合格
DB21-1	E_{28}≤30000	DL/T 5150—2001	28	27013	26492	27531	27012	合格
DB11-1	E_{28}≤30000	DL/T 5150—2001	28	28532	29615	29876	29341	合格
DB7-2	E_{28}≤30000	DL/T 5150—2001	28	29987	30134	29675	29932	合格
DB31-2	E_{28}≤30000	DL/T 5150—2001	28	29632	27934	27211	28259	合格
DB14-2	E_{28}≤30000	DL/T 5150—2001	28	32892	30235	28016	30381	合格
DB-24	E_{28}≤30000	DL/T 5150—2001	28	30832	33152	29808	31264	合格
DB-10	E_{28}≤30000	DL/T 5150—2001	28	31987	34525	33865	33459	合格
DB-79	E_{28}≤30000	DL/T 5150—2001	28	32255	31670	32375	32100	合格
DB-15	E_{180}≤35000	DL/T 5150—2001	180	35241	34982	35598	35274	合格
DB-21	E_{180}≤35000	DL/T 5150—2001	180	36750	35957	36016	36241	合格
DB-11	E_{180}≤35000	DL/T 5150—2001	180	38142	37254	39333	38243	合格
DB-7	E_{180}≤35000	DL/T 5150—2001	180	34256	35623	35562	35147	合格
DB-31	E_{180}≤35000	DL/T 5150—2001	180	34218	36033	34437	34896	合格
DB-80	E_{180}≤30000	DL/T 5150—2001	28	28933	27459	29233	28542	合格
DB-14	E_{180}≤35000	DL/T 5150—2001	28	37251	35462	35689	36134	合格
DB-63	E_{180}≤35000	DL/T 5150—2001	180	33987	34802	34108	34299	合格

表 15.9　　混凝土静力抗压弹性模量检验报告

试件编号	设计强度/MPa	龄期/d	单试件抗压强度/MPa			抗压强度/MPa	单试件静力抗压弹性模量/MPa			静力抗压弹性模量/MPa
DB-29	E_{28}≤25000	28	17.1	17.1	18.3	17.5	24884.23	25043.86	23258.2	24.4×10^3
DB-29	E_{180}≤30000	180	29.7	29.0	28.5	29.1	27523.66	27769.56	28211.26	27.8×10^3

表 15.10　　混凝土抗冻性试验报告

试件编号	试件尺寸(mm×mm×mm)	检验依据	设计指标	检验日期	龄期/d	试件冻融次数	质量损失率/%	相对动弹性模量/%	检验结果
DB-12	100×100×400	DL/T 5150—2001	C_{180}35W12F100	2010-01-18	270	100	1.3	89.3	抗冻等级≥F100
DB-23	100×100×400	DL/T 5150—2001	C_{180}35W12F100	2010-01-18	332	100	1.3	89.7	抗冻等级≥F100
DB-77	100×100×400	DL/T 5150—2000	C_{180}35W12F100	2010-01-18	187	100	2.0	87.0	抗冻等级≥F100

3）混凝土弹性模量检验结果：该工程弹性模量经检验，全部符合设计要求。

4）混凝土抗冻性检验结果：该工程抗冻性经检验，全部符合设计要求。

（7）防渗墙墙体检查。根据施工要求，沿大坝防渗墙轴线布置了9个质量检查孔，要求进行钻孔取芯和压水试验。对所有检查孔进行了钻孔取芯，对芯样及时进行了地质编录及妥善保存。通过取芯发现，芯样质密、坚硬，无蜂窝、麻面现象，对防渗墙逐段进行压水试验，吕荣值均满足不大于0.1Lu的设计标准，见表15.11，芯样抗压强度满足设计要求，见表15.12，入岩槽段底部混凝土与基岩胶结良好。防渗墙检查孔取芯照片如图15.9～图15.17所示。

表15.11　　检查孔压水统计表

序号	检查孔	桩号	最大透水率/Lu	基岩段透水率/Lu	芯样情况
1	DBJ-01	0+87.5	0.08	—	完整、质密
2	DBJ-02	0+99.0	0.08	5.2	完整、质密
3	DBJ-03	0+158.5	0.09	—	完整、质密
4	DBJ-04	0+175.5	0.09	—	完整、质密
5	DBJ-05	0+219.9	0.08	—	完整、质密
6	DBJ-06	0+264.3	0.08	42.53	完整、质密
7	DBJ-07	0+340.2	0.08	3.75	完整、质密
8	DBJ-08	0+396.6	0.08	69.37	完整、质密
9	DBJ-09	0+449.6	0.08	83.7	完整、质密

表15.12　　混凝土芯样抗压强度试验报告统计表

试件编号	试件尺寸/(mm×mm)	龄期/d	设计强度/MPa	抗压强度代表值/MPa	达到强度等级/%	尺寸换算系数
DBJ-04	ϕ127.5×127.5	300	35.0	42.8	122	1.0
DBJ-04	ϕ127.5×127.5	300	35.0	40.4	115	1.0
DBJ-04	ϕ127.5×127.5	300	35.0	53.9	154	1.0
DBJ-01	ϕ127.5×127.5	337	35.0	51.3	147	1.0
DBJ-07	ϕ127.5×127.5	180	35.0	39.6	113	1.0
DBJ-07	ϕ127.5×127.5	180	35.0	38.9	111	1.0
DBJ-07	ϕ127.5×127.5	180	35.0	40.8	117	1.0
DBJ-03	ϕ127.5×127.5	234	35.0	41.1	117	1.0
DBJ-05	ϕ127.5×127.5	281	35.0	45.1	129	1.0
DBJ-02	ϕ127.5×127.5	286	35.0	44.4	127	1.0
DBJ-06	ϕ127.5×127.5	325	35.0	45.2	129	1.0
DBJ-03	ϕ127.5×127.5	231	35.0	39.2	112	1.0
DBJ-03	ϕ127.5×127.5	231	35.0	45.4	130	1.0
DBJ-05	ϕ127.5×127.5	276	35.0	41.4	118	1.0
DBJ-05	ϕ127.5×127.5	276	35.0	46.4	133	1.0
DBJ-08	ϕ127.5×127.5	173	35.0	55.6	159	1.0
DBJ-09	ϕ127.5×127.5	37	35.0	48.1	137	1.0

图 15.9　DBJ－01 取芯样

图 15.10　DBJ－02 取芯样

图 15.11　DBJ－03 取芯样

图 15.12　DBJ－04 取芯样

图 15.13　DBJ－05 取芯样

图 15.14　DBJ－06 取芯样

图 15.15　DBJ－07 取芯样

图 15.16　DBJ－08 取芯样

图 15.17　DBJ-09 取芯样

该工程单元质量评定标准采用《水电水利基本建设工程　单元工程质量等级评定标准　第1部分：土建工程》（DL/T 5113.1—2005）。该工程单元工程93个，其中合格93个，合格率100%，优良86个，优良率92.47%；该分部工程质量经自评为“优良”。

参　考　文　献

[1] 韩伟，孔祥生，张聚生，等. 154m深防渗墙施工试验研究［C］//水利水电土石坝工程信息网2010年全网技术交流会论文集，2010.

[2] 霍苗，晏国顺，杨兴国，等. 大渡河泸定水电站深覆盖层基础防渗墙施工技术［J］. 人民长江，2013，44（1）：61-63.

[3] 潘华纯. 攻克“中国最深墙”——泸定水电站大坝基础防渗墙1310平台段施工纪实［J］. 施工企业管理，2009（11）：102-103.

[4] 王韶立，毛树满. 泸定大坝超深防渗墙施工技术［J］. 城市建设理论研究：电子版，2011（16）.

[5] 张宏，孙建义，毛鸿飞，等. 泸定水电站大坝防渗墙原位试验［J］. 水利与建筑工程学报，2011，9（1）：117-120.

[6] 李振学，李明辉. 泸定水电站深厚覆盖层防渗墙施工技术［J］. 水力发电，2012，38（1）：50-53.

[7] 张改红，赵凡. 深厚覆盖层坝基防渗墙造孔技术探究［J］. 甘肃水利水电技术，2015，51（9）：51-52.

[8] 潘三行，韩伟，李明宇. 超深混凝土防渗墙拔管施工难题分析及探讨［J］. 水利水电施工，2009（3）：56-57.

[9] 潘三行，何仁义，杨振中. 超深混凝土防渗墙接头孔拔管施工技术［J］. 水利水电施工，2008（3）：44-45.

[10] 杨伟. 泸定水电站超百米混凝土防渗墙施工技术［J］. 施工技术，2010，39（5）：32-36.

[11] 李伟，郑远建. 泸定水电站防渗墙下深厚覆盖层帷幕灌浆施工技术［J］. 水力发电，2012，38（1）：54-56.

第16章 新疆小石门水库超深与复杂地质条件防渗墙工程

16.1 概述

新疆小石门水库混凝土防渗墙最大深度为116m，墙厚1.0m，成墙面积为2.1万m^2。本章重点介绍了重型钢丝绳抓斗与配套机具、重型冲击钻机、超深防渗墙槽孔施工工法体系、防渗墙接头管接头技术、气举法清孔换浆技术、泥浆下混凝土浇筑技术和防渗墙墙内预埋灌浆管技术等在该工程的研究和使用情况[1-4]。

防渗墙工程于2014年2月开工，2014年11月完工，该工程已于2016年11月蓄水发电，防渗墙工程运行良好。

16.2 工程概况

新疆小石门水库位于莫勒切河出山口处，枢纽由拦河沥青混凝土心墙坝、泄洪排沙隧洞、溢洪隧洞、灌溉发电隧洞及电站厂房、电站尾水系统等组成。坝顶高程为2398.50m，最大坝高81.5m，坝线长度为545.5m，坝顶宽度为12m，总库容为7362万m^3，坝后电站装机容量为8MW。工程等别为Ⅱ等，工程规模为中型，该供水水源地主要是满足灌区1.67万人、13.37万头牲畜用水。

大坝防渗墙工程主要是深厚覆盖层嵌入岩石的基础防渗墙工程，坝基覆盖层厚度达120m，成分复杂，主要以漂石、块石、砾石及砂为主，结构杂乱、岩相变化大，在试验造孔的过程中地层孤石较多，其岩性大部分为较为坚硬的花岗岩。由于覆盖层地层结构松散，无胶结，均一性差，中间夹有砂层透镜体、大孤石及架空现象，渗透性强，这种地质条件在国内外水利水电工程基础防渗处理中是较为少见的，其防渗处理技术无论从设计和还是施工都是非常具有挑战的。

右岸混凝土防渗墙工程轴线长度为512.95m，最深槽孔深度为116.2m，成墙面积为2.1万m^2，主要的施工任务有：大坝基础防渗墙成槽、C30混凝土成墙、钢筋笼制作下设、预埋管下设、墙下帷幕灌浆、砂砾石开挖、心墙混凝土基座浇筑等。

施工技术难点如下：

(1) 工程所处地理位置偏远。水泥、钢筋等主要施工用材均需从运距为870km的库尔勒市运输；坝体心墙所需的沥青需从运距为1967km的克拉玛依市运输，工程所需的外购物资运距远、运输成本高。

(2) 工程所处的自然环境恶劣。坝址区河床部位海拔在2000m以上，属于高海拔施工区，增加了施工作业难度；另外该地区冬季气候寒冷，每年约有4个月不宜进行混凝土浇筑及沥青混凝土心墙的填筑施工，致使工程整体施工工期长。

(3) 工程区电力供应主要靠灌区内自流发电的一级电站，枯水期电站的发电量无法保证，电力供应不足将会降低施工强度、影响施工进度，为保证正常施工，施工期需用柴油自备电，相应地将会提高工程投资成本。

(4) 推荐坝址处坝基为砂卵砾石深覆盖层基础，覆盖层最深达105m，该工程基础防渗设计采用混凝土截渗墙与帷幕灌浆相结合的方案，混凝土防渗墙最大深度为100m，帷幕灌浆最大灌注深度为50m，基础处理总计深度达150m，在国内水利水电工程中，基础防渗处理深度亦名列前茅，施工难度大、施工技术水平要求高。

(5) 工期短，工作量大。

16.3 造孔成槽施工

(1) 成槽施工方案。该工程防渗墙墙体超深，强漏失地层、大孤石地层造孔成槽困难，高原缺氧地区施工工效低，设备需求量大，依据本书研究提出的成槽施工方案优化组合综合比选方法，研究采用钻机与钢丝绳抓斗相互配合的造孔成槽施工方案，主要采用"钻抓法"，配合采用"改进钻劈法"施工，充分发挥两种设备的优势，有效提升施工效率。

(2) 防渗墙造孔工艺。一期槽段先使用冲击钻机钻进主孔至设计孔深，然后用抓斗抓取副孔，到致密覆盖层或基岩地层抓取困难时，用抓斗主机提升10t重锤冲砸破碎地层后继续抓取，冲砸和抓取重复进行，直至设计要求的终孔深度。重凿和重型抓斗可以大幅提高成槽工效，而且可以保证槽内连续平整，当抓斗不能施工时或工效显著降低时，由冲击钻机采用"钻劈法"施工。

(3) 槽段划分。根据工程特性，综合考虑地层特点、墙体深度、设备能力等，该防渗墙槽段划分采用一期槽槽长4.8m，二期槽槽长6.8m的形式。

(4) 孔斜控制。该工程采用日本Koden公司的DM-684型超声波孔斜测定仪测量孔斜，根据每个槽段不同情况选取3～5个断面进行测量，可以准确直观地反映出整个槽段的孔形质量，以确保槽孔孔形连续完整。

DM-684型超声波孔斜测定仪由以下4个部分组成：

1) 产生超声波的振荡器。

2) 向槽壁发射和接收超声波的井下装置。

3) 将超声波转换成数字和图形并进行记录的自动记录仪装置。

4) 悬吊和移动井下装置的卷扬系统。

利用仪器测量时，在槽孔的中心线位置通过卷扬系统向槽内放入井下装置，同时发出超声波脉冲，当超声波遇到孔壁时发生反射，反射信号经接收器接收并放大，根据发射、接受的时间差测出传感器与孔壁之间的距离，记录仪在纸带上连续绘出孔壁形状和孔中心偏斜情况。

实际工程施工过程中，对于比较浅的槽孔，为方便测量、加快进度，可采用重锤法测量偏差，根据相似三角形原理计算孔斜率。

16.4 施工设备与机具

根据施工总体方案，确定该防渗墙工程的主要施工设备机具。

(1) 冲击钻机采用本书研究改进的CZ-9型重型冲击钻机，该设备具有结构简单、地层适应性广等特点，特别适应于该工程的砂砾石层造孔，结合该工程覆盖层厚、地层复杂的特点，选用CZ-9型冲击钻机。

(2) 钢丝绳抓斗采用德国LIEBHERR公司生产的HS875HD型机械钢丝绳抓斗主机，配备本书研制的重型钢丝绳抓斗和重锤，该主机可以提升重型斗体，直接冲抓具有一定密实或胶结程度的地层。在地层异常坚硬，冲抓效率明显降低时，可用10t重锤冲击破碎地层以后再抓取，直至设计要求的成槽深度。

(3) 泥浆净化系统采用本书研发的JHB-200型泥浆净化系统，处理能力达200m^3/h，对粒径74μm以上的颗粒净化效率达90%以上。渣料经筛分后，含水率极低，有利于节约泥浆，并减少环境污染。

(4) 拔管机采用本书研制的YJB-1000型全液压拔管机，最大拔管深度可达200m。

16.5 固壁泥浆

该工程采用膨润土优质泥浆固壁，为保证泥浆质量，施工中加强原材料质量检测、配合比调试、泥浆回收管理等工作[5-6]。

(1) 原材料。确定膨润土的供货商之前，应对不同的厂商提供的膨润土样品分别取样进行物理化学分析，择优选用。每批膨润土进场之后，应取样进行抽样检查。

(2) 外加剂。外加剂可从临近化工厂购买，分散剂为就近化工厂生产的工业碳酸钠(Na_2CO_3)。

(3) 新制泥浆配比。根据膨润土的质量和有关规范要求配置膨润土泥浆，使之各项性能指标满足施工需要。新制泥浆配合比见表16.1。

表16.1 新制泥浆配合比

材料名称	水	膨润土	Na_2CO_3
用量/kg	100	5~8	0~0.3

(4) 泥浆性能指标。膨润土泥浆性能控制指标见表16.2。

表16.2 膨润土泥浆性能控制指标

项　目	密度/(g/cm^3)	马氏漏斗黏度/s	失水量/(mL/30min)	泥皮厚/mm	pH值	含砂量/%
新制泥浆	<1.10	30~90	≤20	≤1.5	9.5~12	—
施工中	<1.25	30~90	≤50	≤6	7~12	—

新制泥浆膨化 24h 后方可使用。

16.6 混凝土浇筑

（1）墙体材料。

1）混凝土性能指标。防渗墙为混凝土墙体，其物理力学指标要求为：抗压强度 $R_{28}=35MPa$。

2）混凝土施工物理特性指标要求为：入槽坍落度为 18～22cm，保持 15cm 以上时间应不小于 1h；入槽扩散度为 34～40cm；熟料初凝时间应不小于 6h，终凝时间不宜大于 24h。

（2）原材料技术指标。现场通过试验确定防渗墙混凝土配合比，配置原材料要求如下：

1）水泥：拟使用合格水泥厂家生产的强度等级为 P·O42.5 以上（含）的普通硅酸盐水泥，品质应满足《通用硅酸盐水泥》（GB 175—2007）的要求。

2）砂：选用细度模数为 2.4～3.0 的中细砂，含泥量小于 3%，黏土含量应不大于 1.0%。

3）骨料：最大粒径不大于 40mm，含泥量不大于 1.0%，泥块含量不应大于 0.5%。

4）膨润土：质量应符合《膨润土》（GB/T 20973—2007）的要求。

5）水：采用河水。

6）外加剂：减水剂和加气剂等的质量和掺加量应经试验确定，并参照《混凝土外加剂应用技术规范》（GB/T 50119—2003）的有关规定执行。

（3）混凝土拌制、输送。混凝土拌制过程中，用电子秤对大宗的原材料进行准确称量后加入，外加剂按要求配制成溶液掺入。从水、砂、碎石、水泥等材料的计量到搅拌时间均自动化、程控化，减少人为因素对混凝土物理力学指标离散性的影响。拌制时应观察熟料的稠度、均匀性和和易性，合格后方可放入储料斗。

拌制好的熟料采用混凝土搅拌车运至施工现场，经分料斗和溜槽将混凝土输送至浇筑漏斗，浇筑导管均匀放料，有利于保证混凝土面均匀上升。

（4）混凝土浇筑。槽孔混凝土浇筑是关键工序。对成墙质量至关重要。一旦失败，整个墙段将全部报废，经济和工期的损失十分巨大。

该工程采用泥浆下直升导管法灌注混凝土，选用 ϕ250mm 的圆形螺旋快速接头导管，其上端接二级分料漏斗，并由吊车或钻机吊住导管，以便灌注及起拔时，导管可做上下垂直移动（图 16.1）。

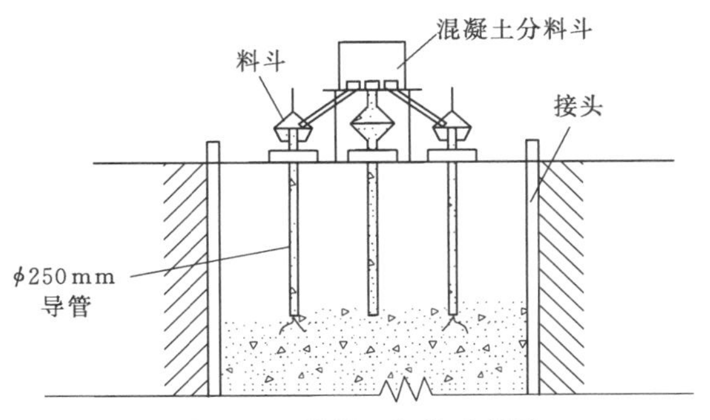

图 16.1 混凝土浇筑示意图

1）混凝土浇筑导管下设。

a. 根据槽段长短的不同，可设置数根浇筑导管，呈对称布置，间距不大于

3.5m，一般为3m左右，以保证混凝土流动时能均匀上升。一期槽端的导管距孔端或接头管为1.0～1.5m，二期槽端的导管距孔端为1.0m。当槽底高差大于0.25m时，导管应布置在其控制范围的最低处。

b. 导管安放位置应合理、垂直，连接和密封必须稳妥，接头处螺丝扣良好，便于拆装，防止因该处进浆而污染混凝土，浇筑应预先进行管压试验，以保证浇筑过程的可靠性。

c. 应在每套导管的顶部和底节管以上设置数节长度为0.5～1.5m的短管，导管底口距槽底应控制在0.15～0.25m范围内。

d. 导管下设前，应事先在地面进行导管组合，使每根不同位置的导管能够适应其所处位置的孔深情况。导管组合完毕后，认真做好记录，以便指导下设和拆除。

2）开浇。实行单根导管砂浆开浇的方法。在每根导管开浇前，预备好足够的砂浆（考虑导管内容积及封埋导管的方量），一次性对导管进行封堵。开浇前，导管内放置略小于导管内径的隔离塞球作为隔离体，隔离泥浆与砂浆。先灌注一定量的水泥砂浆，随即浇入足够量的混凝土，挤出塞球并埋住导管底端。

每槽先开浇孔底高程最低部位的导管。

3）浇筑过程控制。

a. 浇筑过程中，导管埋入混凝土的深度不得小于1m，亦不应大于6m，以方便起拔并严禁将导管拔出混凝土面。

b. 混凝土面上升速度控制在2m/h以上，并保证其均匀上升，同时有效控制好各处高差，特别是由于部分槽段有埋设灌浆管，应严格控制混凝土浇筑的上升速度和混凝土面的高差。

c. 每隔30min或每浇筑2～3车混凝土测量一次槽孔内混凝土面深度，并及时填绘混凝土浇筑指示图及混凝土浇筑量随深度的理论变化曲线，指导导管的拆卸工作。当浇筑方量与混凝土顶面位置不相符时，应及时分析，找出问题所在，及时处理。

d. 浇筑过程中，密切注意槽口情况，若发现预埋件上浮，应稍作停浇，同时，在钢筋笼上面加压重物，在不超过规定的中断时间内继续浇筑。

e. 不符合质量要求的混凝土严禁浇入导管内，防止入管的混凝土将空气压入导管内，另外槽孔口应设置盖板，避免混凝土散落槽孔内。

f. 混凝土终浇高程应达到设计标高，并适当高出一部分（具体尺寸由监理工程师确定）。

4）一期槽空孔段混凝土浇筑。按目前施工平台高程，与设计防渗墙顶高程之间有数米不浇筑墙体混凝土的空孔段，二期槽段施工时，空孔部位易坍塌，不能进行施工，因此一期槽段空孔段采用C10混凝土进行填充。

当墙体C35混凝土浇筑至设计高程以后，将导管拔出混凝土面，按浇筑程序重新开浇C10混凝土至导墙内1m。

16.7 预埋灌浆管下设

按设计要求在防渗墙内预埋灌浆管，单排预埋管沿防渗墙轴线布设，孔距2m。管体

采用 ϕ100mm×5.5mm 钢管，采用钢筋定位架固定。

(1) 预埋灌浆管的布设。根据槽孔划分情况、接头方式等调整钢筋保持架的长度。确保相邻的灌浆管间距满足设计要求。根据灌浆管所处的部位，对应槽孔底部高程的变化，准确调整灌浆管底部的深度与之相适应。灌浆管底口缠过滤网，防止混凝土进入管内。

(2) 预埋管保持架制作。采用 ϕ18mm 钢筋制作定位架。预埋管与钢筋架通过焊接连接为一整体桁架。预埋管钢桁架采用吊车分节起吊，孔口连接，整体下设。将最底节预埋管钢桁架吊入槽内，其顶部外露导墙顶 0.5m 左右，用 2 根加强型钢横向穿过预埋管钢桁架并架立在导墙上。

(3) 预埋灌浆管孔口保护。对下设完成的预埋灌浆管的孔口采取必要的保护措施，防止杂物进入管内。

16.8 恶劣地质条件施工措施

(1) 漏浆、塌孔预防措施。

1) 施工现场预备足够数量的黏土、砂砾、水泥、锯末、膨胀粉等堵漏材料。

2) 在一般漏失地层中造孔时，适当提高泥浆黏度，向孔内间断投入黏土或砂砾，并随时注意浆面变化，及时补充泥浆。

3) 在强漏失地层中造孔时，向槽孔内分层（0.5～1.0m）投入黏土、砂砾、锯末、水泥或膨胀粉等堵漏材料，用重凿冲击挤密改变地层结构以改善漏失情况，而后再行钻进。

4) 在强漏失地层中造孔时，尽量不用冲击反循环钻机，防止砂石泵的强吸力引起孔壁失稳；在该地层尽量使用钻头冲击钻进，钻头冲击可在钻进的同时进一步挤密地层，防止塌孔。

5) 堵漏要及时，一旦发现槽内浆面快速下降，发生漏浆时应立即停止钻进，及时进行处理，以防槽内浆液大量漏失后发生更严重的事故。

(2) 漂石、孤石、坚硬基岩以及地下障碍物施工措施。在造孔过程中如遇漂石、孤石、坚硬基岩以及地下障碍物等，影响成槽工效时，可用钢丝绳抓斗提升 10t 重锤冲砸破碎后，然后利用钻机或抓斗进行处理。

CZ-9 型重型冲击钻机的钻头最大质量可达到 5～8t，最大冲程可达 1.0m，而抓斗提升的重凿质量一般为 10t 左右，且其自身配有可以快速起落的吊钩，使得重凿自由下落的冲程可以远大于 1.0m，在与漂石、孤石、基岩等坚硬物体的碰撞过程中产生巨大的冲量，形成破碎。

在块石、块球体或硬岩表面下置聚能爆破筒进行爆破，爆破筒聚能穴锥角为 55°～60°，装药量控制在 3～6kg，最大为 8kg。在二期槽孔内则采用减震爆破筒，即在爆破筒外而加设一个屏蔽筒，以减轻冲击波对墙体的作用。槽内聚能爆破方法简便易行，与防渗墙施工干扰很小，有时还用于修正孔斜、处理故障等，故应用很多。

(3) 冰积层施工措施。工程地层中分布有冰水积卵砾石地层，其构成单一，属于强透水层，施工过程中易发生事故，施工过程中，若发生塌孔，导致漏浆，应及时填入水泥、石料或锯末等物将塌孔部位快速回填至起塌高程，再行处理。

对于架空层的处理是，施工时储备一定数量的黏土球与砂砾石掺合料，当钻进至架空层时，迅速投入这种掺合料至一定高度，然后用钻机进行不排渣钻进，反复多次至钻透架空层。同时，钻进中要注意观察，不可冒进处理。

16.9 工程实施效果

该工程混凝土防渗墙的质量检查，采用超声波无损检测，利用灌浆预埋管进行整个轴线内防渗墙质量检查。检查工作由业主委托第三方新疆北新四方土木工程试验研究所有限责任公司测试，于 2014 年 12 月 10 日完成墙体声波检测。采用超声波检测仪，利用墙体内的预埋灌浆管进行超声波透射检测；共检测 76 组，其中墙体检测 49 组，墙间接缝检测 27 组。检测结论：5－4－5、7－1－2 号墙体有轻微缺陷，混凝土质量为合格类，混凝土均匀性等级为 B。其余各防渗墙检测剖面的每一测点声速、波幅均为超临界值，混凝土均匀性等级为 A 级，墙体完整无缺陷。检测结果详见表 16.3。

表 16.3　防渗墙质量完整性声波透射法检测结果汇总表

序号	孔号	截面面积/m^2	检测孔长/m	平均声速/(km/s)	平均波幅/dB	桩身完整性	类别
				1－2	1－2		
1	R1－1－2	1.9	111.23	3.903	84.9	墙体完整无缺陷	Ⅰ
2	R1－3－4	1.9	108.20	3.898	85.0	墙体完整无缺陷	Ⅰ
3	R1－4－5	1.9	106.15	4.009	85.0	墙体完整无缺陷	Ⅰ
4	R2－1－2	1.9	100.0	4.091	85.9	墙体完整无缺陷	Ⅰ
5	R2－3－4	1.9	97.60	4.168	75.9	墙体有轻微缺陷	Ⅰ
6	R2－4－5	1.9	95.33	4.012	85.3	墙体完整无缺陷	Ⅰ
7	R3－1－2	1.9	92.10	3.955	85.1	墙体完整无缺陷	Ⅰ
8	R3－3－4	1.9	87.03	3.962	85.2	墙体完整无缺陷	Ⅰ
9	R3－4－5	1.9	86.14	3.968	95.3	墙体完整无缺陷	Ⅰ
10	R4－1－2	1.9	86.0	3.873	77.4	墙体完整无缺陷	Ⅰ
11	R4－3－4	1.9	81.0	4.063	85.3	墙体完整无缺陷	Ⅰ
12	R4－4－5	1.9	80.01	4.045	76.2	墙体完整无缺陷	Ⅰ
13	R5－1－2	1.9	76.40	4.269	78.4	墙体完整无缺陷	Ⅰ
14	R5－3－4	1.9	72.0	4.273	78.6	墙体完整无缺陷	Ⅰ
15	R5－4－5	1.9	71.30	4.104	85.1	墙体完整无缺陷	Ⅱ
16	R6－1－2	1.9	72.65	3.971	76.2	墙体完整无缺陷	Ⅰ
17	R6－3－4	1.9	70.90	3.979	75.8	墙体完整无缺陷	Ⅰ
18	R6－4－5	1.9	69.90	4.120	75.6	墙体完整无缺陷	Ⅰ
19	R7－1－2	1.9	66.5	4.233	80.2	墙体完整无缺陷	Ⅱ
20	R7－3－4	1.9	58.47	4.244	72.9	墙体完整无缺陷	Ⅰ
21	R7－4－5	1.9	57.65	4.245	75.5	墙体完整无缺陷	Ⅰ

续表

序号	孔号	截面面积 /m²	检测孔长 /m	平均声速 /(km/s)	平均波幅 /dB	桩身完整性	类别
				1-2	1-2		
22	R8-1-2	1.9	55.60	4.106	86.3	墙体完整无缺陷	Ⅰ
23	R8-3-4	1.9	54.36	4.101	86.6	墙体完整无缺陷	Ⅰ
24	R8-4-5	1.9	54.36	4.109	86.5	墙体完整无缺陷	Ⅰ
25	R9-1-2	1.9	62.0	4.109	86.5	墙体完整无缺陷	Ⅰ
26	R9-3-4	1.9	57.50	4.110	86.5	墙体完整无缺陷	Ⅰ
27	R9-4-5	1.9	57.50	4.179	84.0	墙体完整无缺陷	Ⅰ
28	R10-1-2	1.9	56.97	4.106	78.8	墙体完整无缺陷	Ⅰ
29	R10-3-4	1.9	56.55	3.989	86.8	墙体完整无缺陷	Ⅰ
30	R10-4-5	1.9	56.25	4.060	86.8	墙体完整无缺陷	Ⅰ
31	R11-1-2	1.9	56.22	4.022	79.4	墙体完整无缺陷	Ⅰ
32	R11-3-4	1.9	54.63	4.021	87.6	墙体完整无缺陷	Ⅰ
33	R11-4-5	1.9	54.07	4.021	83.5	墙体完整无缺陷	Ⅰ
34	R12-1-2	1.9	54.07	4.534	80.7	墙体完整无缺陷	Ⅰ
35	R12-3-4	1.9	51.07	4.535	84.3	墙体完整无缺陷	Ⅰ
36	R12-4-5	1.9	51.17	4482	81.1	墙体完整无缺陷	Ⅰ
37	R13-1-2	1.9	50.60	4.194	88.2	墙体完整无缺陷	Ⅰ
38	R13-3-4	1.9	49.50	4.193	85.3	墙体完整无缺陷	Ⅰ
39	R13-5-3	1.9	48.33	4.193	79.9	墙体完整无缺陷	Ⅰ
40	R14-1-2	1.9	47.80	4.159	82.3	墙体完整无缺陷	Ⅰ
41	R14-3-4	1.9	46.60	4.151	78.2	墙体完整无缺陷	Ⅰ
42	R14-4-5	1.9	46.64	4.151	86.5	墙体完整无缺陷	Ⅰ
43	R15-1-2	1.9	46.54	4.171	82.2	墙体完整无缺陷	Ⅰ
44	R15-3-4	1.9	43.85	4.170	78.0	墙体完整无缺陷	Ⅰ
45	R15-4-5	1.9	43.60	4.170	85.7	墙体完整无缺陷	Ⅰ
46	R16-1-2	1.9	43.08	4.273	84.2	墙体完整无缺陷	Ⅰ
47	R16-3-4	1.9	42.60	4.274	81.0	墙体有轻微缺陷	Ⅰ
48	R16-4-5	1.9	42.10	4.273	77.3	墙体完整无缺陷	Ⅰ
49	R17-1-2	1.9	42.40	4.161	80.9	墙体完整无缺陷	Ⅰ
50	R17-3-4	1.9	40.64	4.153	77.4	墙体完整无缺陷	Ⅰ
51	R17-4-5	1.9	40.63	4.155	81.0	墙体完整无缺陷	Ⅰ
52	R18-1-2	1.9	39.80	3.981	79.2	墙体完整无缺陷	Ⅰ
53	R18-3-4	1.9	38.40	3.986	74.5	墙体完整无缺陷	Ⅰ
54	R18-4-5	1.9	38.35	3.987	82.0	墙体完整无缺陷	Ⅰ

续表

序号	孔号	截面面积/m^2	检测孔长/m	平均声速/(km/s)	平均波幅/dB	桩身完整性	类别
				1-2	1-2		
55	R19-1-2	1.9	37.30	4.265	76.6	墙体完整无缺陷	Ⅰ
56	R19-3-4	1.9	37.30	4.265	78.2	墙体完整无缺陷	Ⅰ
57	R19-4-5	1.9	37.16	4.265	86.0	墙体完整无缺陷	Ⅰ
58	R20-1-2	1.9	47.24	4.003	77.1	墙体完整无缺陷	Ⅰ
59	R20-3-4	1.9	45.44	4.003	80.2	墙体完整无缺陷	Ⅰ
60	R20-4-5	1.9	45.29	4.003	77.1	墙体完整无缺陷	Ⅰ
61	R21-1-2	1.9	45.03	4.216	75.8	墙体完整无缺陷	Ⅰ
62	R21-3-4	1.9	42.33	4.016	70.0	墙体完整无缺陷	Ⅰ
63	R21-4-5	1.9	41.33	4.106	79.5	墙体完整无缺陷	Ⅰ
64	R22-1-2	1.9	38.54	3.998	78.1	墙体完整无缺陷	Ⅰ
65	R22-3-4	1.9	37.73	4.068	74.2	墙体完整无缺陷	Ⅰ
66	R22-4-5	1.9	37.09	4.089	82.0	墙体完整无缺陷	Ⅰ
67	R23-1-2	1.9	36.02	4.014	72.0	墙体完整无缺陷	Ⅰ
68	R23-3-4	1.9	33.10	4.014	71.4	墙体完整无缺陷	Ⅰ
69	R23-4-5	1.9	32.76	4.015	74.8	墙体完整无缺陷	Ⅰ
70	R24-1-2	1.9	32.27	3.999	75.6	墙体完整无缺陷	Ⅰ
71	R24-3-4	1.9	28.52	4.006	71.4	墙体完整无缺陷	Ⅰ
72	R24-4-5	1.9	28.56	4.006	80.0	墙体完整无缺陷	Ⅰ
73	R25-1-2	1.9	22.78	4.074	71.3	墙体完整无缺陷	Ⅰ
74	R25-3-4	1.9	17.73	4.086	71.4	墙体完整无缺陷	Ⅰ
75	R25-5-6	1.9	16.58	4.089	81.4	墙体完整无缺陷	Ⅰ
76	R25-5-7	1.9	16.43	4.090	82.4	墙体完整无缺陷	Ⅰ

参 考 文 献

[1] 郑伦鑫. 超深防渗墙槽段接头拔管脱模时机控制研究［D］. 宜昌：三峡大学，2015.
[2] 肖兵. 深厚覆盖层防渗墙槽壁稳定性研究［D］. 宜昌：三峡大学，2015.
[3] 刘豫蜀，高治宇. 深厚覆盖层混凝土防渗墙生产性试验施工工艺［J］. 建材与装饰，2014（9）：89-91.
[4] 刘豫蜀，高治宇. 石门水库深厚覆盖层混凝土防渗墙试验段施工工艺［J］. 中国建筑防水，2014（10）：45-48.
[5] 陈婷，燕乔，李亚云，等. 防渗墙施工中护壁泥浆沉淀对槽壁稳定性的影响［J］. 人民长江，2015（S2）：85-87.
[6] 莫世远. 护壁泥浆的不同沉淀阶段对防渗墙槽壁稳定性的影响［J］. 人民珠江，2017，38（3）：46-49.

第17章 西藏甲玛沟尾矿库塑性混凝土防渗墙工程

17.1 概述

甲玛沟尾矿库尾矿坝采用面板堆石坝，坝高90m，坝轴线长817m，基础坝（又称为初期坝）上游坝坡坡脚以下基础设置0.8～1.0m厚的塑性混凝土防渗墙，最大深度为119m，成墙面积为5.5万m^2，是目前唯一一座100m以上深度且为永久性工程的塑性混凝土防渗墙[1-2]。本章重点介绍了成槽施工方案优化组合综合比选方法确定钻孔成槽方案和设备选型，重型冲击钻机和本书研制的重型钢丝绳抓斗，“钻抓法”施工工法技术，新型防渗墙正电胶固壁泥浆，接头管技术，超深防渗墙清孔换浆技术，混凝土浇筑技术，墙内预埋灌浆管技术等在该工程的应用情况。

17.2 工程概况

西藏自治区墨竹工卡县驱龙矿区铜多金属矿开发建设工程由选矿厂、尾矿坝（库)(含防渗墙)、1号拦水坝（库)(含防渗墙)、溢洪道、库外排水隧洞、库内排水（井）隧洞、下游拦沙坝、回水池、库外公路等工程组成。尾矿库（坝）采用“中线法”筑坝，粗砂区下游坝坡坡比1∶3.5，中线处设置基础坝，采用面板堆石坝，坝顶标高4080m，坝高90m，坝顶宽5.0m，上、下游边坡坡比均为1∶1.6，坝轴线长817m，基础坝（又称为初期坝）上游坝坡坡脚以下基础设置0.8～1.0m厚的塑性混凝土防渗墙，深入基岩1.5～2.0m；尾矿库（坝）上游坝坡坡脚以下基础设置0.8～1.0m厚的塑性混凝土防渗墙，深入基岩1.5～2.0m。该工程防渗墙总工程量为5.5万m^2，其中厚0.8m墙工程量为1.76万m^2，厚1.0m墙工程量为3.74万m^2，最大深度达到119m。

甲玛沟工程作业面最大海拔为4100m，寒冷多风、常年缺氧，且防渗轴线多位于沼泽区，局部基础炭质土接近7m，冻土深度超过1m，施工机械效能下降严重；生态环境脆弱，环境保护压力很大。

防渗墙中心线处出露地层有：侏罗系中统叶巴组二段糜棱岩，第四系更新统冰水堆积（Q^{pfgl}）卵石、黏质卵石、黏质砾砂，第四系坡积（Q^{pdl}）碎石、角砾粉土，第四系冲洪积（Q^{al+pl}）漂石、粉土、泥炭质土。

充分结合库区防渗要求，对基础坝设置垂直防渗，为防止坝基产生渗透管涌破坏和尾矿渗滤液下泄，在坝基上游坡脚12m处设置一排地下连续墙，连续墙墙体采用塑性混凝土。防渗墙施工轴线桩号为0.00～966.09，全长966.09m。设计要求地下连续墙深入强风化糜棱岩以下1.5～2.0m，地下连续墙渗透系数要求在5×10^{-6}～5×10^{-7}cm/s；连续墙墙深和墙宽对应关系见表17.1。

表17.1　　甲玛防渗墙墙深与墙宽对应关系表

序号	设计墙深/m	设计墙宽/m	工程量/m^2
1	＜60	0.8	14021.79
2	＞60	1.0	39387.17

17.3　防渗墙成槽方法

（1）造孔施工。该工程防渗墙成槽采用“钻抓法”工法技术。主孔采用重型冲击钻机钻凿成孔，副孔覆盖层部分采用重型钢丝绳抓斗抓取，底部基岩采用冲击钻机钻凿。槽孔施工过程中孔斜控制及槽孔验收采用钻具悬垂法测量孔斜。

（2）入岩深度检查。接近设计基岩面1m时，每50cm取样一次。进入基岩后，每30cm取样一次，编号保存。据此判断和计算入岩深度；左右岸陡坡段或对基岩面发生怀疑时，则采用岩芯钻机取岩样进行验证。

（3）固壁泥浆。采用新型防渗墙正电胶固壁泥浆，固壁效果好，保证了深墙的顺利施工。

（4）清孔换浆及接头孔的刷洗。

1）清孔换浆。采用气举反循环法，即借助空压机输出的高压风进入排渣管经混合器将液气混合，利用排渣管内外的密度差及气压来升扬排出泥浆并携带出孔底的沉渣。结束标准为：清孔换浆结束1h后，槽孔内淤积厚度不大于5cm。使用膨润土时，孔内泥浆密度不大于1.15g/cm^3，泥浆黏度（马氏）不小于32s，含砂量不大于3%。

2）接头刷洗。接头孔的刷洗采用具有一定质量的圆形钢丝刷子，通过调整钢丝绳位置的方法使刷子对接头孔孔壁进行施压，在此过程中，利用钻机带动刷子自上而下分段刷洗，从而达到对孔壁进行清洗的目的。结束的标准是刷子钻头基本不带泥屑，并且孔底淤积不再增加。

17.4　防渗墙施工工艺

甲玛防渗墙施工工艺流程如图17.1所示。

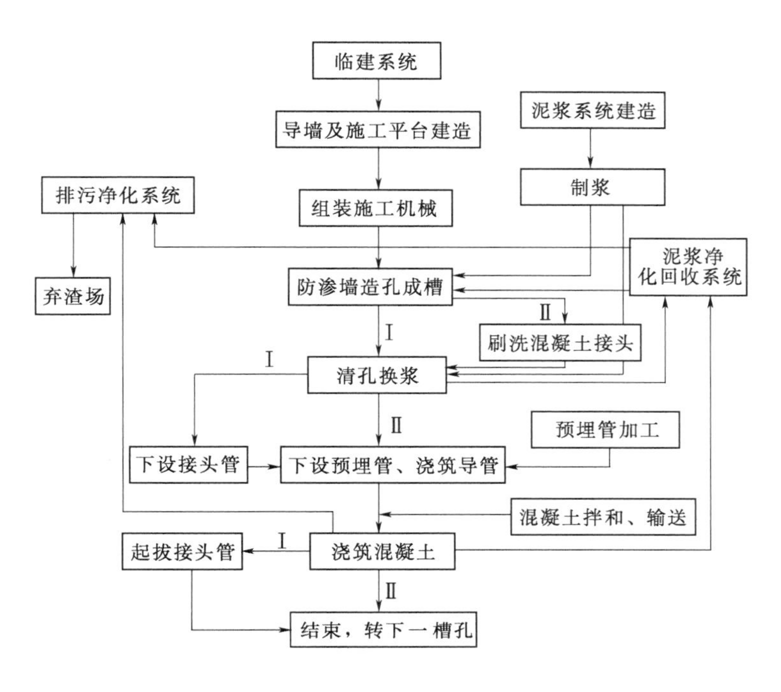

图 17.1　甲玛防渗墙施工工艺流程图

17.5　槽段划分

根据工程特性，综合考虑地层、墙体深度等，该防渗墙槽段划分为两种形式。

(1) 126.07～295.65、755.10～881.12 段。槽段一、二期槽槽长均为 6.4m，墙厚 0.8m，分为 3 个主孔和 2 个副孔，主孔 0.8m，副孔 2.0m。深度小于 60m 槽段防渗墙典型槽段划分如图 17.2 所示。

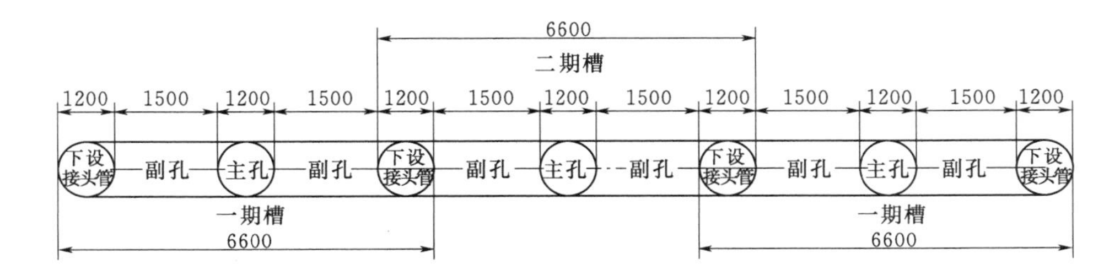

图 17.2　深度小于 60m 槽段防渗墙典型槽段划分图（单位：mm）

(2) 295.65～755.10 段。对于深度大于 60m 的槽段，墙厚 1.0m，一、二期槽段长度均为 6.6m，主孔 1.0m，副孔 1.8m。深度大于 60m 槽段防渗墙典型槽段划分如图 17.3 所示。

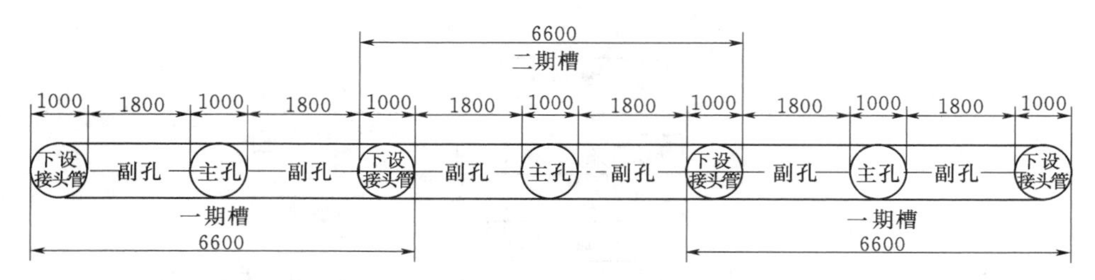

图 17.3　深度大于 60m 槽段防渗墙典型槽段划分图（单位：mm）

17.6　墙段连接

墙段连接采用接头管法，即一期槽孔清孔换浆结束后，在槽孔端头下设接头管，混凝土浇筑过程中及浇筑完成一定时段之内，根据槽内混凝土初凝情况逐渐起拔接头管，在一期槽孔端头形成接头孔。二期槽孔浇筑混凝土时，接头孔靠近一期槽孔的侧壁形成圆弧形接头，墙段形成有效连接。

17.7　混凝土配合比和浇筑

（1）混凝土设计指标。混凝土防渗墙墙体材料性能指标满足 C5 塑性混凝土的要求。混凝土物理特性指标要求如下：

1）入槽坍落度为 18～22cm。

2）扩散度为 34～40cm。

3）坍落度保持 15cm 以上，时间应不小于 1h。

4）初凝时间不小于 6h，终凝时间不大于 24h。

5）混凝土密度不小于 2100kg/m^3。

（2）配合比。甲玛工程最早采用的是膨润土基塑性混凝土，在施工过程中发现有地层中存有质量较好的土粉，随即进行试验并最终获得成功，节约了成本，提高了效益[3-4]。本书仅将最终的黏土基塑性混凝土配合比列于表 17.2。

表 17.2　　甲玛防渗墙塑性混凝土配合比

配合比编号	水/kg	水泥/(kg/m^3)	黏土粉/(kg/m^3)	砂/kg	小石/kg	外加剂/kg	弹性模量/MPa	抗渗系数/(10^{-7}cm/s)	允许渗透坡降/m	7d 抗压强度值/MPa	28d 抗压强度值/MPa
M8	252	170	70	899.25	881	2.4	1520	5.6	85	3.2	5.07

（3）混凝土浇筑。采用直升导管法，浇筑过程按《水工建筑物水泥灌浆施工技术规范》（DL/T 5148—2012）执行。

17.8　地下高压气体对墙体破坏的预防

（1）地下高压气体的基本情况。在尾矿坝区位于甲玛沟沟床中部的钻孔施工中，在钻

进中、终孔起拔套管后均存在不同程度的涌水、气体溢出，在第四系覆盖层及基岩中均有此现象，水头涌出地面高度达 5.0～13.0m，实测水头压力为 0.20～0.50MPa，孔中喷出的气体主要成分为二氧化碳（63.37%～71.59%）、氮气（22.85%～29.51%）、氧气（5.33%～7.15%）及少量的氦气、氩气、甲烷，地下水水温为 5～7℃。由于混合气体分布广，压力大，对防渗墙造孔成槽势必产生破坏作用，必须进行处理。

（2）预防设计方案。根据地质资料，在防渗墙上游侧距防渗墙轴线 15m 处，沿平行轴线位置设置 10 个减压井，减压井间距为 50m，深度为 50m，大于所含气体最大深度 5m；采用直径 300mm 的带孔钢管作为滤管，滤管上梅花形布置副孔，滤管外侧用土工布进行包裹。然后在滤管外侧用反滤料进行充填，保证该滤管具有自然排水功能。

17.9 减压井施工

（1）减压井施工工艺。减压井施工过程包括测量、造孔、清孔、下井管、回填反滤料和洗井等多项施工流程。

（2）减压井施工方法。

1）井位测量。根据三角控制网点和水准控制网点，按规范和设计要求对井位进行测量定位，确定减压井准确位置，同时测定减压井井口高程，并按照图纸进行编号。

2）反滤料准备。反滤料规格按设计要求准备 $D_{15}=2.5$mm、$D_{50}=3.5$mm、$D_{60}=5$mm、$D_{min}=1.5$mm，进行筛选，每孔按理论计算值总量的 1.2 倍进行备料。

3）井管制作。井管采用直径 300mm 的钢管进行制作，长度为 9m，按孔隙率 20%进行滤孔布置，井管外侧焊接 4 道直径 6mm 的龙骨筋，然后在外侧用 200g/m^2 的土工布进行包裹，再用直径 3mm 的铁丝扎牢在龙骨架上，滤管底部采用直径 350mm 的木板封口。

4）机械就位。经孔位测量验收合格后，将 CZ－6A 型冲击钻机就位，钻头对准孔位，调平并加以固定，校核钢丝绳的铅直度，在钻进过程中，孔斜率控制在 0.2%以内。

5）钻孔、成孔。钻机就位后就可以开始钻进，钻进过程中采用膨润土泥浆进行护壁，不同的地层采用不同的钻进参数，根据地层土质的不同采用不同的泥浆比重，钻进最终深度比设计深度大 50cm，以备孔底先填 50cm 的反滤料。

6）清孔、清渣。造孔结束后，及时对孔进行清洗、清渣，采用反循环方法进行，置换后的泥浆比重在 1.05～1.1，沉渣控制在 10cm 以内。

7）下井管、填反滤料。造孔、清孔结束并验收合格后进行井管下设，井管下设前，先在孔底填 50cm 反滤料，然后立即安装井管，加工好的滤管利用井架采用人工下设的方法进行及时下设，井管采用套管焊接的方法进行连接，井管下设完毕后，在井管与井壁之间一次性填筑准备好的反滤料，填至设计高程。

8）洗井。回填结束后，采用清水在压缩空气配合的水气轮换法进行洗井，在大约洗井 24h 后，测其含砂量，视觉为清水即可终止。

（3）实施效果。减压井施工完成后，地下高压气体对防渗墙墙体带来的危险得以消除。

17.10　工程实施效果

经精心组织工程施工，保证了实际工期，防渗墙质量优良，满足设计要求。

参　考　文　献

[1]　何学勇．甲玛沟尾矿库坝基渗漏影响分析［J］．四川地质学报，2017，37（1）：121-123.

[2]　刘典忠，潘文国，邢书龙，等．西藏甲玛沟尾矿库119m超深塑性混凝土防渗墙施工［C］//中国水利学会地基与基础工程专业委员会第十三次全国学术研讨会论文集，2015.

[3]　苏迎春，刘典忠，潘文国，等．西藏甲玛沟尾矿库塑性混凝土配合比研究与应用［C］//中国水利学会地基与基础工程专业委员会第十三次全国学术研讨会论文集，2015.

[4]　刘典忠，潘文国，潘金伟，等．优化塑性混凝土配合比在西藏甲玛沟防渗墙中的研究与应用［J］．水利水电施工，2015（1）：73-76.

第18章 西藏雅砻水库防渗墙工程

18.1 概述

西藏雅砻水库大坝防渗墙施工轴线长258.6m，最大墙深124.05m，墙厚1m，入岩深度为2.0m，成墙面积为19195.11m^2，混凝土浇筑量为26766m^3，预埋管埋设工程量为21317.05m[1-2]。本章重点介绍了成槽施工方案优化组合综合比选方法确定钻孔成槽方案和设备选型，重型冲击钻机、重型钢丝绳抓斗与重锤液压抓斗，“钻抓法”施工工法技术，新型防渗墙正电胶固壁泥浆，针对大范围架空强漏失地层的“平打法”等槽孔施工堵漏技术，针对大孤石、块石地层的“钻砸抓法”工法技术，接头管技术，清孔换浆技术，混凝土浇筑技术，墙内预埋灌浆管技术等在该工程的应用情况。

雅砻水库混凝土防渗墙工程于2015年1月26日开工，2015年8月13日全面完工，质量检测与验收结果表明，防渗墙质量优良，满足设计要求。

18.2 工程概况

雅砻水库位于西藏中南部地区，山南地区乃东县境内的雅鲁藏布江右岸一级支流雅砻河上游格曲河上。该工程距乃东县亚堆乡曲德贡村3km，距山南地区行署所在地泽当镇47km，距西藏自治区首府驻地拉萨市195km。

雅砻河干流长82.2km，河道平均比降为11.5‰，其主流格曲（西沟）发源于乃东县境内的亚桑拉山区，在亚堆乡曲德贡村与支沟先日则（东沟）汇合后始称雅砻河，在泽当镇以北约6km处汇入雅鲁藏布江。坝址位于西沟嘎握玛沟下游侧，坝址以上河长32.7km，集水面积为305km^2，坝址处多年平均流量为1.86m^3/s，多年平均径流量为5866万m^3。

雅砻水库工程主要任务以灌溉为主，兼顾城市供水。雅砻水库属Ⅲ等中型工程，总库容为2206万m^3，工程主要建筑物由碾压式沥青混凝土心墙砂砾石大坝、溢洪洞、灌溉输水兼泄洪洞以及附属建筑物等组成。拦河大坝为2级建筑物，最大坝高为73.5m。

大坝防渗墙施工轴线长258.6m，最大墙深124.05m，墙厚1m，入岩深度为2.0m，成墙面积为19195.11m^2，混凝土浇筑量为26766m^3，预埋管埋设工程量为21317.05m。防渗墙混凝土28d强度等级不小于25MPa，抗渗等级为W10，弹性模量不大于28GPa。防渗墙内设置两排帷幕灌浆孔，灌浆排间距0.8m，孔位间距2m，预埋ϕ110mm灌浆管。

工程区地处青藏高原南部喜马拉雅山脉中段北麓，属河流冲积和高山剥蚀地貌类型，区域地形多为高山峡谷，河谷多呈U形，两岸山体雄厚，地势南高北低，植被覆盖少，基岩裸露。河谷部位现代河床一般较宽，水流平缓，河曲明显，在河谷开阔的河段，冰水堆积阶地及河床漫滩发育。出露于工程区与周边的地层主要有三叠系上统郎杰学组（T_3l），侏罗系下统日当组（J_1r）、中上统（J_{2-3}），白垩系下统加不拉组（K_1j），下第三系诺布沙群（E_1b），第四系（Q）和岩浆岩等。

工程区位于雅鲁藏布江东西向构造和喜马拉雅弧形构造东翼的复合部位，区域构造较发育，主要活动性断裂带有雅鲁藏布江断裂带、邛多江断层、郎杰学-森木断层及泽当-错那断裂组等。50年超越概率10%时地震动峰值加速度为0.226g，相应地震基本烈度为Ⅷ度。

坝址位于嘎握玛沟下游侧，河谷较开阔，整体呈U形，为横向谷，两岸发育有不对称的Ⅰ级阶地。坝址区出露地层主要为三叠系上统郎杰学组砂质板岩（T_3l）和第四系（Q）。

雅砻河流域面积为2130km²，总河长82.2km，天然落差为3085m。坝址以上流域面积为305km²，其中冰川面积为12.5km²，河流长约32.7km，平均比降约为30.1‰。雅砻河流域内植被较差，多年平均气温为8.5℃，极端最高气温为29℃，极端最低气温为－16.7℃。

雅砻水库坝址处多年平均流量为1.86m³/s，对应的年径流量为5866万m³，多年平均洪峰流量为33.9m³/s。

雅砻水库坝址处$P=20\%$下设计流域枯期12月至次年3月最大洪峰流量为6.13m³/s，汛前过渡期4—5月最大洪峰流量为9.0m³/s，汛期6—9月最大洪峰流量为39.6m³/s，汛后过渡期10—11月最大洪峰流量为12.3m³/s。

18.3 造孔成槽施工方案

参照国内几道深墙实际施工经验，研究采用冲击钻机和抓斗配合施工防渗墙槽孔的方案，施工方法以“钻抓法”为主。在副孔抓斗遇孤漂石、砂卵石或基岩面时，调用钻机钻进或由抓斗吊重锤冲砸破碎。

（1）槽段划分。根据该工程施工分布和类似工程经验，结合现场地质条件等，综合考虑地层、墙体深度、设备能力及施工总体方案进行了槽段划分，一期槽段长度为6.6m、二期槽段长度为6.6m，如图18.1所示。

（2）成槽工艺。防渗墙施工分两期进行，先施工一期槽孔，后施工二期槽孔。

结合地层、施工强度、设备能力等综合考虑，防渗墙成槽采用“两钻一抓”法施工。

主孔：采用ZZ－6A型冲击钻机钻凿成孔。

副孔：采用抓斗抓取覆盖层，基岩及孤漂石采用重锤冲砸，ZZ－6A型冲击钻机配合钻凿。

一期槽孔的端孔混凝土拔管后形成二期槽孔的端孔，待相邻的一期槽孔施工完后再施工二期槽孔。

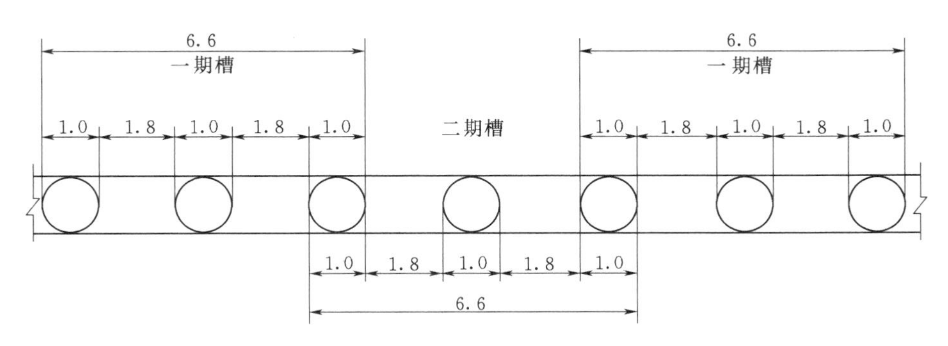

图 18.1　槽段划分（单位：m）

（3）基岩鉴定。该工程防渗墙要求嵌入基岩 2m，终孔时采用主孔抽筒取样法进行基岩鉴定。操作人员应对照地质剖面图和邻孔基岩面高程，并参照钻进感觉确定基岩面。

基岩岩样鉴定：主孔取样鉴定，副孔不取样，副孔的深度等于相邻两主孔中较浅孔的深度加上两孔之差的 2/3。接近设计基岩面 1m 时，每 50cm 取样一次。进入基岩后，每 30cm 取样一次，编号保存。据此判断和计算入岩深度。一期槽段应在主孔取样，确定基岩面。二期槽段在中间的 3 号主孔取样，并根据已入岩的 1 号、5 号主孔确定该槽段的基岩面。在左右岸陡坡段，当上述方法难以确定基岩面，或对基岩面发生怀疑时，应采用岩芯钻机取岩样，加以确定和验证。基岩岩样及其标签是槽段嵌入基岩的主要依据，应按顺序、深度、位置编号，填好标签，装箱，妥善保管。

18.4　施工设备与机具

防渗墙钻孔成槽采用“两钻一抓”法施工。主孔采用 ZZ－6A 型改进型重型冲击钻机钻凿成孔，副孔采用重型钢丝绳抓斗、改进型液压抓斗抓取覆盖层，基岩及孤漂石采用重锤冲砸。清孔采用“气举反循环”法，借助空压机输出的高压风进入排渣管经混合器将液气混合，利用排渣管内外的密度差及气压来升扬排出泥浆并携带出孔底的沉渣，主要设备为空压机、排渣管、风管和泥浆净化机。墙段连接采用“接头管法”。在一期槽段混凝土浇过程中，根据槽内混凝土初凝情况，采用 YBJ－1000 型拔管机进行接头管的起拔。

18.5　固壁泥浆

该工程大坝防渗墙覆盖层深厚，施工揭露最大厚度为 122m，由上至下依次为冲洪积砂壤土（Q_{4-1}^{al+pl}）、混合土卵砾石层（Q_{4-2}^{al+pl}）、冲击混合土卵砾石层（Q_4^{al}）、冰水积漂卵砾石底层（Q_3^{fgl}）、冰积混合土块碎石层（Q_3^{gl}）等。该地层透水性大，施工过程中如果掌握不好固壁泥浆就有可能酿成塌孔现象。因此，研究采用新型防渗墙正电胶固壁泥浆，该高性能泥浆已在国内几个超百米防渗墙工程中得到了良好的运用，取得了成功的经验。

（1）配合比。配合比确定之前先按规定的检测项目进行膨润土性能测定，然后通过现场试验确定具体的配合比。拟定的新制正电胶泥浆性能指标和配合比见表 18.1 和表 18.2。

表 18.1　　新制膨润土泥浆性能指标

项　目	性能指标	试验仪器	备　注
浓度/%	＞4.5		100mL 水所用膨润土质量（g）
密度/(g/cm³)	＜1.1	泥浆比重秤	
马氏漏斗黏度/s	32～50	946/1500mL 马氏漏斗	
塑性黏度/(mPa·s)	＜20	旋转黏度计	
10min 静切力/(N/m²)	1.4～10	静切力计	
pH 值	9.5～12	pH 试纸或电子 pH 计	

表 18.2　　正电胶泥浆配合比

正电胶泥浆 KWXS-1	水/kg	膨润土/kg	正电胶/kg	备注
	1000	59	0.6	

（2）制备、使用与检验。

1）泥浆制备。

a. 在配合比相同的条件下，正电胶泥浆的性能很大程度上取决于搅拌程序和搅拌时间，制备时需严格控制。

程序 1：清水＋膨润土＋纯碱＋正电胶干粉＋烧碱，5 种组分一同搅拌，时间为 5min。

程序 2：清水＋膨润土＋纯碱，3 种分先搅拌 5min，然后加烧碱和正电胶搅拌 5min。

b. 应按规定的配合比配制泥浆，各种材料的加量误差不得大于 2%。

c. 泥浆处理剂使用前宜配成一定浓度的水溶液，以提高其效果。纯碱水溶液浓度为 20%。

d. 新制泥浆应达到表 18.1 中规定的标准。

2）泥浆使用、检验。

a. 新制膨润土浆需存放 24h，经充分水化溶胀后使用。

b. 储浆池内泥浆应经常搅动，保持指标均一，避免沉淀或离析。

c. 在钻进过程中，槽孔内的泥浆由于岩屑混入和其他处理剂的消耗，泥浆性能将逐渐恶化，必须进行处理。处理方法是：被使用过的泥浆通过泥浆净化系统，将土颗粒和碎石块除去，然后把干净的泥浆重新送回到槽中。

d. 经过净化处理的泥浆必须在使用前进行测试。在成槽过程中，应在循环浆沟中取样，检测有关指标，如超出限值，必须进行处理。如果膨润土的密度、黏性和含砂率无法满足要求，则要更换合格的膨润土。

e. 在槽孔和储浆池周围应设置排水沟，防止地表污水或雨水大量流入后污染泥浆。被混凝土置换出来的泥浆和距混凝土面 2m 以内的泥浆，因受污染较严重，应予以废弃。

（3）泥浆净化及回收。

1）施工废水的形成。施工泥浆为膨润土或黏土颗粒分散在水中所形成的悬浮液，在建造防渗墙时起固壁、冷却钻具、悬浮及携带钻渣等作用。随着造孔的不断深入，部分泥浆携带施工钻渣被抽筒抽出槽孔排入排渣沟，形成施工废水；同时槽段成槽施工完成后，进行混凝土浇筑时，伴随着浇筑混凝土面的不断抬升，泥浆携带钻渣被排挤出防渗墙槽孔流入排渣沟，形成施工废水。

2）施工废水的组成。施工废水主要由施工泥浆及施工废渣组成，施工泥浆主要为膨润土浆。膨润土浆由膨润土、水、Na_2CO_3、正电胶干粉等按适当的配比组成；施工废水的组成原料主要包括水、钻渣、膨润土、黏土及少量的Na_2CO_3。

3）施工废水的处理。为避免施工废水造成污染，也为了避免制浆原料大量浪费，在施工现场建造回浆池，施工废水通过排渣沟自流至回浆池。回浆池通过中间矮墙分割成两个浆池，连接排渣沟的浆池为进浆池，矮墙另一侧为去浆池。中间矮墙比回浆池周边墙体矮1～1.5m，其作用为拦截进浆池中沉淀的砂子及小石，上方的泥浆可漫过矮墙自流入去浆池。同时在进浆池一侧设泥浆净化器1台，用来净化排入进浆池的废浆，筛分泥浆和砂石后将处理好的泥浆直接排入去浆池。在去浆池设泥浆泵1台，并设分浆阀分别连接至槽孔的去浆管道及至制浆站的回浆管道，如果经检验，去浆池的泥浆各项指标满足重复利用的标准则通过去浆管道直接排入槽孔，如不满足标准则通过回浆管道送回制浆站做相应处理。

4）施工废渣的处理。施工废水通过排渣沟排至回浆池，伴随着钻渣的不断沉淀，排渣沟底部形成厚厚的砂石层即为废渣，同时回浆池的进浆池也会由于钻渣沉淀形成废渣。对于废渣的处理，基础局利用反铲将废渣排出排渣沟及进浆池，然后将废渣统一堆放，并安排自卸汽车运至业主指定弃渣场。

18.6 清孔换浆

清孔换浆采用“气举反循环”法。由钻机或吊车提升排渣管在槽孔主、副孔位依次进行，如槽底沉淀过多，则反复清孔。槽底含砂量较高的泥浆经泥浆净化机进行处理后返回槽孔，直到净化机的出渣口不再筛分出砂粒为止。槽底高差较大时，清孔由高端向低端推进。清孔结束前在回浆管口取样，测试泥浆全性能，其结果作为换浆指标的依据。根据清孔结束前泥浆取样的测试结果，确定需换泥浆的性能指标和换浆量。用膨润土泥浆置换槽内的混合浆，换浆量一般为槽孔容积的1/3～1/2。换浆量根据成槽方量、槽内泥浆性能和新制泥浆性能综合确定。换浆在槽孔的主、副孔位依次进行，钻机的移动方向从远离回浆管的一端至靠近回浆管的一端，并通过4英寸输浆管向槽孔输送新鲜泥浆。槽底抽出的泥浆通过回浆沟进入回浆池，成槽时再作为护壁浆液循环使用。

18.7 混凝土浇筑

（1）混凝土配合比。混凝土防渗墙按设计要求，墙体采用C25混凝土浇筑，抗渗指标为W10，弹性模量不大于28GPa。

施工中按设计施工图纸及相关设计要求，结合现场实际施工情况，对混凝土进行了室内和现场的混凝土配合比试验，根据不同的情况，现场浇筑分别使用了一级配和二级配混凝土。防渗墙混凝土配合比见表18.3和表18.4。

表18.3　防渗墙一级配混凝土配合比表

混凝土强度等级	级配	配合比参数		材料用量/(kg/m³)				
		水胶比	砂率/%	水	水泥	砂	小石	减水剂
C25	一	0.53	45	205	387	797	985	4.257

表18.4　防渗墙二级配混凝土配合比表

混凝土强度等级	级配	配合比参数		材料用量/(kg/m³)					
		水胶比	砂率/%	水	水泥	砂	小石	中石	减水剂
C25	二	0.5	45	140	280	896	692	461	5.6

(2) 混凝土拌制、输送。防渗墙施工用混凝土由混凝土拌和站拌制，拌制好的熟料采用12m³混凝土拌和车输送至浇筑槽口，经分料斗和溜槽将混凝土输送至浇筑漏斗，浇筑导管均匀放料，有利于保证混凝土面均匀上升。

(3) 混凝土浇筑。混凝土搅拌车运送混凝土通过马道至槽口储料罐，再分流到各溜槽进入导管。混凝土开浇采用压球法，每个导管均下入隔离塞球。开始浇筑混凝土前，先在导管内注入适量的水泥砂浆，并准备好足够数量的混凝土，以使隔离的球塞被挤出后，能将导管底端埋入混凝土内。混凝土必须连续浇筑，槽孔内混凝土面上升速度不得小于2m/h，并连续上升至高于设计规定的墙顶高程以上0.5m。

(4) 浇筑过程控制。导管埋入混凝土内的深度保持在1～6m，避免泥浆进入导管内。浇筑过程中槽孔内混凝土面均匀上升，各处高差控制在0.5m以内。每30min均测量一次混凝土面，每2h均测定一次导管内混凝土面，在开浇和结尾时适当增加测量次数。施工中未出现不合格的混凝土进入槽孔内。混凝土浇筑时，孔口设置了盖板，防止了混凝土散落槽孔内。槽孔底部高低不平时，均按要求从低处浇起。混凝土浇筑时，在机口或槽孔口入口处随机取样，均检验了混凝土的物理力学性能指标。

整个防渗墙施工过程中，经严格控制浇筑质量，严格按照规范和现场监理要求进行施工，未发生质量事故。

18.8 墙段连接

墙段连接采用“接头管法”。一期槽孔清孔换浆结束后，在槽孔端头下设接头管，混凝土浇筑过程中及浇筑完成一定时段之内，根据槽内混凝土初凝情况逐渐起拔接头管，在一期槽孔端头形成接头孔。二期槽孔浇筑混凝土时，接头孔靠近一期槽孔侧壁形成圆弧形接头，墙段形成有效连接。

(1) 接头管下设。下设前均检查了接头管底阀开闭是否正常，底管淤积泥砂是否清

除，接头管接头的卡块、盖是否齐全，锁块活动是否自如等，并在接头管外表面涂抹脱模剂。采用吊车起吊接头管，先起吊底节接头管，对准端孔中心，垂直徐徐下放，一直下到销孔位置，用厚壁钢管对孔插入接头管，继续将底管放下，使钢管担在拔管机抱紧圈上，松开公接头保护帽固定螺钉，吊起保护帽放在存放处，用清水冲洗接头配合面并涂抹润滑油，然后吊起第二节接头管，卸下母接头保护帽，用清水将接头内圈结合面冲洗干净，对准公接头插入，动作要缓慢，接头之间决不能发生碰撞，否则会造成接头连接困难。吊起接头管，抽出厚壁钢管，下到第二节接头管销孔处，插入厚壁钢管，下放使其担在导墙上，再按上述方法进行第三节接头管的安装。重复上述程序直至全部接头管下放完毕。

（2）接头管起拔。采用 YBJ 型拔管机进行接头管的起拔。在一期槽段混凝土浇过程中，根据槽内混凝土初凝情况逐渐起拔接头管。拔管法施工中准确掌握起拔时间，未出现因起拔时间过早或过晚造成的质量事故。接头管全部拔出混凝土后，对新形成的接头孔及时进行检测、处理和保护。

18.9 墙内预埋灌浆管的制作和下设

根据以往防渗墙灌浆预埋管施工经验，墙下预埋管安装多采用分层整体吊装方式，预埋管吊装连接均采用钢筋焊接方式，它不仅效率较低，而且预埋管下设的质量也相对较低。特别是一个槽段采用双排多根灌浆预埋管时，由于加工工艺限制，不能保证预埋管管头在同一个平面，连接时切割补焊工序较多，影响质量和工效。该工程防渗墙深度最深达124m，采用双排灌浆孔，施工中为了保证预埋管的下设质量、提高下设效率，经现场研究，确定采用管箍式预埋管下设技术（图 18.2），不但预埋灌浆管质量保证率能达到 95%以上，而且下设速度快，大大节约了槽段清孔后的时间延误，为防渗墙槽段的施工质量提供了有力保障。

18.9.1 预埋灌浆管分层制作方法

（1）预埋管管箍式套管接头加工。雅砻水库灌浆预埋管外径为 114mm，每根长度为 6m。结合现场施工设备，提前把每根焊接成 12m，并在一端套接内径为118mm、长度为 200mm 的套管，套入深度为 100mm，套管管口四周与预埋管焊接牢固。预留 100mm 方便吊装时另一层预埋管插入套接。套管焊接示意图如图 18.3所示。

（2）定位桁架的制作。该工程一、二期槽段长度均为 6.6m，根据槽段长度和现场清孔，设计一期槽预埋管定位桁架长度为 4.4m，二期槽预埋管定位桁架长度为5.8m。灌浆预埋管采用双排管，同一排间距为 2m，如图 18.4 所示。

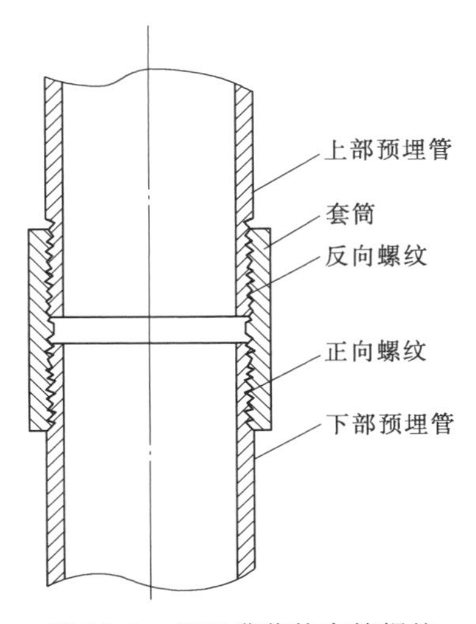

图 18.2 预埋灌浆管套筒螺纹连接示意图

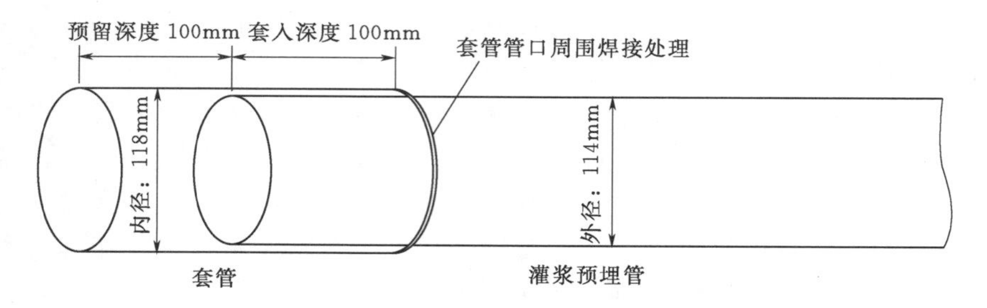

图 18.3 套管焊接示意图

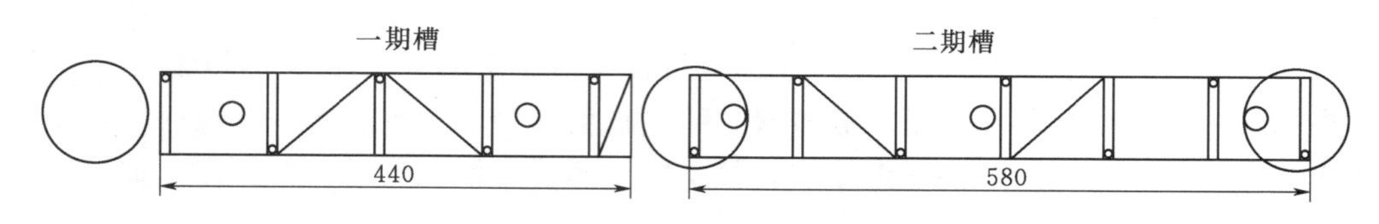

图 18.4 预埋管定位桁架平面布置图（单位：cm）

（3）分层制作。根据设计图纸制作好定位桁架，按预埋管布置图在桁架上把灌浆预埋管有套管的一端用焊接的方式固定在桁架上，桁架以每 12m 为一层。灌浆预埋管的另外一端用临时桁架暂时绑扎固定，以保持整体性。

（4）最底层灌浆预埋管的处理。在槽段快完成施工时，根据孔深及槽段内地质坡度要求，提前加工切割好每根预埋管的长度，使之与相应孔深对应。一般预埋管下设时，灌浆预埋管底部距孔底 20～50cm 为宜，既能防止过长接触槽孔底部发生预埋管变形，又能使其因自重保持整体垂直。20～50cm 厚的混凝土保护层还能防止日后帷幕灌浆时，不同孔序间相互串浆的发生。灌浆预埋管底部用小孔径钢丝网封闭，避免浇筑时混凝土串入管内。

18.9.2 预埋灌浆管吊装与下设

（1）吊装悬挂架的制作。提前用工字钢制作好矩形悬挂架，长度跟二期槽预埋管桁架长度一致，上面根据预埋管对应的位置制作悬挂点，每个悬挂点下用等长钢丝绳连接环形扣。用环形扣扣住每根预埋管套管底部。吊车起吊时，悬挂受力点即为每根预埋管管头，确保预埋管不产生变形。此方法克服了以往预埋管受力点为定位桁架，容易造成桁架变形的缺点。

（2）预埋管孔位定位。灌浆预埋管下设前，根据灌浆预埋管的平面布置图，在待下设槽段导墙及轨道上对每根预埋管进行放点定位。

（3）预埋管的分层整体下设及套接连接。根据孔位，下设最底层灌浆预埋管。下设到定位桁架时，用 3 根工字钢或者钢管插入桁架内，放在导墙上以支撑下部重力，遇到不平地面，应先垫平，以保证下部预埋管的垂直度。在起吊下一层灌浆预埋管后，去掉预埋管底临时固定桁架，使管底对接已下设的套管管口时，能够适当调节位置。当管底对接插入下部管头套管后，再加以调整垂直度，就可以焊接成整体。

（4）垂直度的保证。为保证下设垂直度，在条件允许的情况下，可以在下设槽段的垂直墙身方向和槽段轴线上分别架设测量仪器以调整下设垂直度。为了方便施工，可以在垂直墙身方向和轴线上分别架立2m高的铅垂线，通过观测适当调整预埋管，使之与上下游的铅垂线平行，就能保证下设的垂直度。

（5）最上层灌浆预埋管下设后的处理。最上层灌浆预埋管下设后，用工字钢或者钢管焊接定位桁架的上部，使之悬挂固定在导墙上，钢管固定焊接位置应避开接头管和浇筑导管架设位置，待混凝土浇筑完成后切割钢管，以便重复使用。灌浆预埋管管口应用水工织物堵塞封口，以防止杂物落入管内。管箍式预埋管下设与定位如图18.5和图18.6所示。

图18.5　悬挂架起吊实例

图18.6　上下层预埋管对接实例

18.9.3　管箍式预埋管安装的优点

整体分层安装方法，管箍式灌浆预埋管和定位桁架都可以提前在后台加工和制作，因此安装时效率较高。管箍式预埋管分层连接整体安装方法与原钢筋连接式预埋管下设方法相比，其优点有以下几个方面：

（1）安装速度快。百米级防渗墙对时效要求高，安装时间过长更容易造成塌孔。管箍式连接与钢筋焊接相比，省去了对接时切割和补接的工序。而且管箍式连接只需焊接上部套管管口四周，比钢筋每根上下焊接效率高，可操作性强。根据经验，平均每一层安装5～10min即可完成。

（2）下设垂直度高。墙下预埋灌浆管主要是为后续墙下帷幕灌浆施工而预埋的，墙下帷幕灌浆的质量能否保证主要取决于预埋管下设质量是否达到孔斜控制的要求，所以一般在超深防渗墙中很少应用。即使有应用，也因下设垂直度不够，对后期帷幕灌浆产生了较大影响。根据以往工程施工的特点，采取管箍式连接接头，可提高上下预埋管中心对位精度，如果产生了偏差，则至少有一根甚至几根预埋管不能插入管箍内，所以对加工时精度要求较高，而下设时比较方便，根据该工程施工预埋管下设情况和帷幕灌浆孔斜率测量数据分析，采用管箍式预埋灌浆管垂直度均满足灌浆规范技术要求，质量保证率达到了95%以上。

（3）整体质量可靠。钢筋焊接只有几个焊点受力，受力易脱焊断裂，管箍式连接四周

图 18.7　上下预埋管管箍焊接图

均衡受力，不易变形脱落。再加上预埋管生产工艺和焊接前切割工艺原因，管口对接时缝隙较大，管箍式连接则可完全避免这种情况的发生。管箍式预埋管焊接如图 18.7 所示。

（4）人员配置少。钢筋焊接方式，由于每根预埋管对接时不易固定，至少需要配置 4～6 人方可操作，而采用管箍式连接方式，对接后受管箍约束，不会移位，一般只需配置 3 人对位焊接即可，安装方便，使用劳动力降低。

18.10　工程实施效果

（1）槽孔终孔质量检查。槽孔终孔质量检查项目主要有深度、厚度和孔斜。施工中均采用重锤法测量。

该工程设计墙厚 1m，施工中经检查槽孔均平整垂直，无偏斜现象。孔位允许偏差不大于 3cm。采用“两钻一抓法”和“接头管法”施工工艺，能保证整个墙体的连续性及有效连接厚度。

1）槽孔的位置和厚度。在开工前，均在槽孔两端设置测量标桩，根据标桩确定槽孔中心线，并且始终用该中心线校核、检验所成墙体中心线的误差。孔位在设计混凝土防渗墙中心线上下游方向的允许偏差均不大于 3cm，在不同方向都应满足规范及相关要求。

钻头的直径和抓斗的厚度决定了墙的厚度。每一槽段终孔时钻头直径及抓斗宽度均未出现小于墙的设计厚度，在槽孔内任一部位均可顺利下放钻头，并且可在槽孔内自由横向移动。

2）孔斜测量。按相关要求，防渗墙工程造孔孔斜率不大于 0.4%；遇有含孤、漂石地层及基岩面倾斜度较大等特殊情况时，其孔斜率应控制在 0.6%以内；对于一、二期槽孔接头套接孔的两次孔位中心任一深度的偏差值，应不大于施工图纸规定墙厚的 1/3，并应采取措施保证设计厚度。

该工程根据相似三角形原理采用重锤法进行槽孔偏斜测量。其主要是用钢卷尺量出钢丝绳总长，用厚度不小于 1m 的抓斗斗体对准孔位，量出孔位偏差（±3.0cm），缓缓下放斗体，每 2～4m 量出一个孔口偏差值，根据相似三角形原理，计算出孔斜率。

3）孔深控制和基岩鉴定。施工中由于发现实际深度与设计深度有所差异。为此，在施工中对现场基岩鉴定和终孔验收均通知参建业主、设计、监理各方代表到现场见证。

孔深验收均在现场参建各方的监督下使用专用的有刻度标识的钢丝绳测量孔深，且使用前应对测绳进行检查校准，确保了每个槽孔的孔深测量精度。

按该工程设计需求，要求墙体进入基岩面深度为 2m。施工中由于到达设计推测深度后还未入岩，各方经多次会商后，明确仍须达到设计入岩深度要求。为此，为保证混凝土

防渗墙确实嵌入基岩，施工中严格按照下列规定进行施工和取样鉴定：

a. 防渗墙施工往往越接近孔底，越慎重，如混凝土防渗墙底未嵌入基岩而漏水，将造成严重的质量事故。为此，施工中严格区分基岩取样时与基岩岩性相同的砂卵石、块石、漂石的岩样，防止对基岩的误判。

b. 由于在防渗墙施工中无参考的地质剖面图，施工中除鉴别钻进时取得的岩样，还要研究施工钻进情况，推测工程地质情况，了解覆盖层的岩性、工效特点等，综合作出决定。以判断基岩面及基岩面的走向。

c. 选派有经验的机械操作人员进行终孔段的钻进操作，这样可以根据其丰富的经验对钻头或斗体是否进入基岩作出判断，以便及时取样并做保存记录。

d. 当钻孔接近岩面深度时，即开始不间断地追踪检查岩样，详细记录基岩顶面的深度并做好相应岩样的保存，并根据岩样分析判断孔底到达位置的岩性。最后根据参建四方现场基岩鉴定深度，确定建基面高程，并按设计要求入岩 2m，达到终孔条件。

4）孔内泥浆性能指标。使用取浆器从孔内取试验泥浆，试验仪器有泥浆比重秤、马氏漏斗、量杯、秒表、含砂量测量瓶等。槽孔清孔换浆结束后 1h，孔内泥浆应达到下列标准：

a. 泥浆比重不大于 $1.15g/cm^3$。

b. 泥浆黏度（马氏）为 32～50s。

c. 泥浆含砂量不大于 6%。

5）孔底淤积厚度。孔底淤积厚度采用测饼结合测针进行测量。测量结果应达到小于 10cm 标准。

6）接头孔刷洗质量。二期槽在清孔换浆结束之前，用刷子钻头清除二期槽孔端头混凝土孔壁上的泥皮。结束标准为刷子钻头上基本不再带有泥屑，刷洗过程中，孔底淤积厚度不再增加为准。

在清孔验收合格后可在 4h 内开始浇筑混凝土，若超出规定时间，开浇前，需重新检测孔内淤积情况，超过清孔标准时，需重新进行清孔。

（2）墙体质量检查。检查方法包括混凝土拌和机机口或槽口随机取样检查、芯样室内物理力学性能试验和墙体取芯检测等。

1）机口、槽口取样。浇筑前按设计要求完成混凝土室内配比试验，试验内容包括坍落度和试块检测试验。

混凝土浇筑过程中，在机口或槽口由实验室实验员随机取样，测试混凝土熟料主要性能指标，在每个槽孔混凝土浇筑时分别在现场做坍落度试验，并取混凝土试块，每组试块均按规范要求制作、养护，确认达到 28d 龄期后做室内检测试验。

出机口及入槽口的混凝土均进行性能指标检测，包括温度、强度及其他设计要求检测项目，混凝土试块按要求制作、养护，及时送检，随时对混凝土质量进行综合评价。

为了准确测试墙体混凝土试块的指标，试件均严格按规范要求成型并养护。

2）墙体质量检查情况。

a. 防渗墙成墙后，根据整体施工分析，与监理工程师共同确定检查的位置、数量和方法，并将检查孔的位置、数量和方法上报各方审核。检查方法包括钻孔取芯试验、钻孔压（注）水试验和芯样室内物理力学性能试验。

b. 所有检查均在成墙28d以后进行。

c. 检查孔均按照规范规定的距离进行钻孔取芯，检查孔孔深均与防渗墙深度相同。每孔均做压（注）水试验，钻孔取芯为每一孔取3组样进行。检查孔选用XY-2型地质钻机钻孔。

室内物理力学性能试验的试验项目均按设计指标或监理人的要求进行。

d. 合格标准。混凝土物理力学强度指标和抗渗标准均达到设计值，合格率达90%以上，不合格部分的物理力学指标必须超过设计值的70%以上，并不得集中；压（注）水检查的标准为渗透系数$K<1\times10^{-7}$cm/s。

e. 检查孔施工完成后按机械压浆封孔法进行封孔；封孔材料为水泥砂浆，水泥∶砂＝1∶1.3。

f. 经检查，均未出现不合格的槽孔段。

参考文献

[1] 陈龙，娄旭峰，吴长庚. 双冲一抓加重锤法在雅砻水库百米深墙施工中的应用[J]. 四川水利，2016（Z2）：16-19.

[2] 陈龙，娄旭峰. 管箍式预埋灌浆管在雅砻水库防渗墙施工中的应用[J]. 四川水利，2016（Z2）：71-73.

第19章 红石岩堰塞湖整治枢纽超深防渗墙工程

19.1 概述

2014年8月3日16时30分，云南省鲁甸县发生6.5级地震，震后约半小时在牛栏江红石岩处形成堰塞湖，在地震抢险与除险基本完成后，进入红石岩堰塞湖整治阶段，红石岩堰塞湖整治工程的任务是消除地震造成的堰塞湖可能引发的洪水等次生灾害，以及供水、灌溉、发电等，做到除害兴利。

该工程需要在新堰塞体内修建混凝土防渗墙，作为水库挡水建筑物，这在世界上尚属首例，堰塞体内大块石地层范围大，架空严重，防渗墙最大深度为136m左右，施工挑战空前。

本章重点介绍了成槽施工方案优化组合综合比选方法确定钻孔成槽方案和设备选型，重型冲击钻机，重型钢丝绳抓斗与重锤，新型防渗墙正电胶固壁泥浆，针对大范围架空强漏失地层的预灌浓浆、槽内灌浆和“平打法”等槽孔施工堵漏技术，针对大孤石、块石地层的钻孔预爆、槽内钻孔爆破和聚能爆破技术，“钻砸抓法”工法技术，重型钢丝绳抓斗携重锤冲砸破碎孤、块石和岩石副孔小墙技术，接头管技术，陡坡基岩嵌岩技术，清孔换浆技术，混凝土浇筑技术，墙内预埋灌浆管技术等在该工程的应用情况。

红石岩堰塞体防渗墙工程要求在2017年12月31日前完工，目前工程施工进度进展顺利，已浇筑5个墙段，深度分别为124.64m、126.02m、130.75m、131.52m、129.91m，最深为131.52m，可按期完成任务。经综合整治，红石岩堰塞湖将变废为宝，被改造成一个综合性水利枢纽工程，发挥水资源综合效益，也开拓了地震灾后重建的新篇章。

19.2 工程概况

红石岩堰塞湖整治工程枢纽等级属Ⅱ等大（2）型，枢纽主要由堰塞体、右岸溢洪洞、右岸泄洪冲沙放空洞、右岸引水系统、岸边主副厂房等建筑物组成，正常蓄水位为1200.00m，相应库容为1410万m^3，电站总装机容量为201MW。

堰塞体整治是对堰塞体、堰基及两岸岸坡进行防渗处理以及对部分坡面进行整治，其中堰塞体防渗处理采用防渗墙及帷幕灌浆相结合的方式。堰塞体防渗墙工程，结构形式为$C_{180}35$混凝土防渗墙，轴线长度为267.939m，防渗墙厚1.2m，墙体深入基岩1m，最大深度约136m，防渗面积约为30000m²。

坝址区属构造剥蚀为主的中高山峡谷区，两岸谷深、坡陡，基岩多裸露，牛栏江由南东流向北西。原始河谷呈V形，河床宽约100m，高程约1120.00m，左岸河床至坡顶部高差约600m，高程1520.00以下地形坡度为20°～35°，高程1520.00m以上为陡崖地形；右岸地形坡度为50°～60°，局部为陡崖，近河床段山坡高度约700m。

“8·3”地震发生后，左岸滑坡堆积物表层松动并向河床滑动；右岸山体产生大规模崩塌、滑坡，在河床形成堰塞湖。根据实测地形，堰塞体顶部呈马鞍形，顶部右岸高，左岸低，右岸边缘为崩滑岩石堆积体，顶部横河向最低点高程为1222.00m，堰塞体左岸最高点高程为1240.00m，上游迎水面坡比约1∶6.0，下游面平均坡比为1∶10～1∶4。顺河向底宽约910m，沿高程1222.00m坝轴线长度约307m。估算堰塞体总方量约1000万m³。

枢纽区出露地层主要为奥陶系（O)、泥盆系（D)、二叠系（P）地层及第四系（Q）的覆盖层，主要地层如下：

（1）崩塌堆积层（Q^{col}）：以堰塞体为代表，最大厚度约103m，组成松散，分上部（Q^{col-2}）和下部（Q^{col-1}）两层。下部（Q^{col-1}）为块石、碎石混粉土或粉土夹碎块石；上部（Q^{col-2}）为孤石、块石夹碎石，有少量砂土。

（2）坡积层（Q^{dl}）：灰褐、褐黄色粉土夹碎石，厚度一般小于5m。

（3）滑坡堆积（Q^{del}）：以左岸古滑坡堆积为代表，可分为上、下两层。下层（Q^{del-1}）为灰褐、褐黄色碎石土夹孤石、块石，堰塞体左岸滑坡堆积物最大厚度估计大于100m；上层（Q^{del-2}）为灰色孤石、块石夹碎石及粉土，厚度为24～60m，主要分布在滑坡体顶部平缓处。

（4）河床冲积层（Q^{al}）：分为古河床冲积层（Q^{al-1}）和现代河床冲积层（Q^{al-2}）。古河床冲积（Q^{al-1}）为粉细砂夹砂砾石，厚度为10m左右；现代河床冲积层（Q^{al-2}）为粉细砂、砂砾石及粉土，厚度一般为16～22m。

堰塞体崩塌堆积层上部为孤石块石层，松散、架空，在该层中完成了23组钻孔注水试验，渗透系数为3×10^{-2}～1×10^{-3}cm/s，属中等至强透水层。堰塞体崩塌堆积层下部为碎、块石混粉土层，较密实，在该层中完成了29组钻孔注水试验，渗透系数为9×10^{-3}～3×10^{-3}cm/s，属中等透水层。

两岸堰顶高程以下基岩为奥陶系砂岩、白云岩和页岩地层，岩体为基岩裂隙性透水，因此裂隙发育程度控制了岩体的透水性，一般情况下埋深越大节理发育越弱，且闭合性较好，透水性较弱。

19.3 关键技术问题与技术方案

在地震新滑坡体堰塞体上修建最大深度约136m的防渗墙，既无工程先例，技术难点也重重，除防渗墙深度带来的难度外，主要有以下关键技术问题：

（1）强漏失地层成槽。上堆积体地层具有强渗透性，堰塞体大块石地层架空严重，是主要的渗漏通道，防渗墙槽孔造孔时极易发生泥浆漏失，导致槽孔坍塌事故，对此，相应

的施工技术措施有以下几个方面：

1）为解决上部松散体渗漏问题，在防渗墙施工前，在防渗墙轴线上、下游侧布置两排预灌孔，全面进行预灌浓浆处理。结合防渗墙易渗漏的位置，并考虑地层、设备、进度和成本等因素，孔深为40～50m。

2）成槽施工采用性能优良的防渗墙正电胶膨润土泥浆固壁。

3）成槽过程中，出现泥浆渗漏情况，立即回填黏土、碎石土、锯末、水泥等堵漏材料，并及时向槽内补浆，必要时采用“平打法”“分段钻劈法”等改进钻劈法工法技术。

4）对于仍然有一定范围的漏浆塌孔地段，采取槽内灌浆措施。

（2）大块径孤石钻进。堰塞体大范围大块石岩性坚硬，覆盖层孤、漂石比例高，冲击钻进工效低，易歪孔，修孔时间长，影响进度和工期，主要施工技术措施如下[1]：

1）槽段施工前，采用钻孔预爆技术，在漂卵石和孤石密集带布设钻孔，在漂卵石和孤石部位下设爆破筒进行爆破，提高冲击钻进效率。鉴于该工程大块石特别多，在槽孔中间布设一排爆破孔，孔距1.5m，孔深控制在40～50m，采用Hutte205gt冲击钻机钻孔。40～50m深度以下的孤石，在防渗墙成槽过程中，通过槽内钻孔进行爆破。

2）施工设备采用CZ－6A等改进型重型冲击钻机，平底钻头和管钻钻头等，钻头镶焊耐磨耐冲击高强合金刃块，必要时，采用“钻砸抓法”工法技术，由重型钢丝绳抓斗携重锤冲砸破碎孤、块石和岩石副孔小墙。

3）在防渗墙造孔中遇大块径孤石时，采用槽内爆破技术，采用全液压钻机跟管钻进，在槽内下置定位器进行钻孔，钻到规定深度后，提出钻具，在漂卵石、孤石部位下置爆破筒，提起套管，引爆。爆破筒内装药量按岩石段长为2～3kg/m，如系多个爆破筒则安设毫秒雷管分段爆破，以避免危及槽孔安全。

（3）孔斜控制。该工程堰塞体部位防渗墙最大深度为136m，平均深度约107m，地层中孤块石含量高，造孔过程中孔斜控制极为困难。

该工程中，由于防渗墙上部20m需要下设钢筋笼、全槽需要下设预埋灌浆管和接头管，在槽孔垂直度达不到要求的条件下，就难以完成上述预埋件的下设工作。另外，在施工过程中如果反复修孔，还将大幅增加成本、制约工程进度，反复修孔单槽施工历时延长又会诱发安全风险，因此槽孔的孔斜率必须达到要求，孔斜率是施工过程中极为重要不可放松的指标。采取以下措施控制槽孔孔斜率：

1）选用在深槽及孤块石集中地层的防渗墙工程中表现优秀的机组及操作人员，承担该工程防渗墙施工任务，用树脂耐磨材料的修孔器取代传统的方木修孔工具。

2）选用性能良好的冲击钻机，并配置方形钻头处理小墙及探头石，方钻头长度为2.0m，胎体宽度为1m，方钻头的提吊设备考虑大型反循环钻机、强夯机或者大型抓斗设备。

3）采用先进、有效的检测仪器。除常规的重锤法检测外，配置超声波检测仪器以及简单有效的试笼。

4）采用合理的施工方案，包括合适的副孔长度（宜为1.6～1.8m）和工法，如吊打法、平打法等，可避免副孔部位探头石造成孔斜，并可避免漏浆塌孔。

5）严格孔斜检测验收制度。班组交接班进行检查验收，班组对本班造孔段的孔斜质量负责；班内每钻进1m，即对本段次的孔斜进行检查，便于发现孔斜超标后及时修孔，合格后再继续钻进；主孔终孔后，由值班质检员进行检查，全槽主孔合格后，才能开始劈打副孔；全槽成槽后，在全槽孔斜质量检测合格并且试笼下设成功后，才能转入下道清孔工序。上述孔斜质量检查项目均为停工待检点，其中主孔终孔质量监测采取班组及值班质检员两检制度，全槽孔斜质量检测采取“三检验收制度”。

（4）高陡坡基岩嵌岩。地质资料揭示，右岸防渗墙下基岩呈近50°左右的陡坡，防渗墙按设计要求需嵌岩1m，在陡坡状基岩中造孔，由于钻具在下落冲砸基岩时容易溜钻，嵌岩很困难，不仅钻进效率极低而且钻进效果极差，如处理不好，将严重制约防渗墙工期，嵌岩不好也会严重影响防渗墙质量。施工中将采取定向爆破和钻孔爆破的措施进行处理。

采用陡坡基岩嵌岩技术，先施工端孔，用冲击钻机钻进，穿过覆盖层至基岩陡坡段，然后在孔内下置定位器和爆破筒，将爆破筒定位于陡坡斜面上，经爆破后，使陡坡斜面产生台阶或凹坑，然后在台阶或凹坑上下置定位管（排渣管）和定位器（套筒钻头），用回转钻机钻爆破孔，下置爆破筒，提升定位管和定位器进行爆破，爆破后用冲击钻机进行冲击破碎，直至终孔。

19.4　造孔成槽施工方案

结合国内几道高孤石含量百米深墙实际施工经验，抓斗不适应于红石岩堰塞湖防渗墙的地层条件，研究采用以冲击钻机为主施工防渗墙的方案。为提高孤、漂石地层的施工工效，配置一台钢丝绳抓斗，辅助钻机施工。

（1）槽段划分。根据类似深墙工程施工经验，综合考虑地层、墙体深度、设备能力等，采用典型槽段划分：一期槽槽长为7.0m，分为3个主孔和2个副孔，主孔1.2m，副孔1.7m；二期槽槽长为7.2m，分为3个主孔和2个副孔，主孔1.2m，副孔1.8m。孔深较浅部位可根据实际情况调整一期槽段长度。典型槽段划分如图19.1所示。

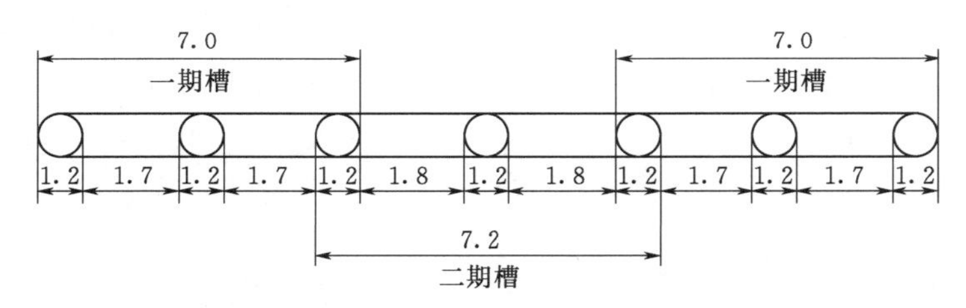

图19.1　典型槽段划分（单位：m）

（2）成槽工艺。防渗墙施工分两期进行，先施工一期槽孔，后施工二期槽孔。

结合地层、施工强度、设备能力等综合考虑，该工程防渗墙成槽主要采用“改进钻劈法”施工，在强漏失地层采用“平打法”施工，在大孤、块石地层辅以“钻砸抓法”施工。

19.5　施工设备与机具

根据施工总体方案和该工程的实际情况，确定该工程混凝土防渗墙的主要施工机具为CZ－6A型改进型重型冲击钻机、重型钢丝绳抓斗、JHB－200型泥浆净化装置、全液压拔管机等。施工过程中根据实际情况动态调整成槽设备。

19.6 固壁泥浆

根据实际情况和设计要求，该工程采用新型防渗墙正电胶固壁泥浆。

（1）配合比。根据以往施工经验和相应的技术标准拟定的新制正电胶泥浆初步配合比见表19.1。现场通过试验调整配合比，使泥浆性能符合表19.2中规定的性能指标要求。

表19.1 正电胶泥浆配合比表

成分	水/kg	膨润土/kg	纯碱/kg	CMC/kg	正电胶/kg	烧碱/kg
正电胶泥浆KWXS-1X型	1000	67.5	1.490	0	0.372	0.770

表19.2 新制膨润土泥浆性能指标

项　目	性能指标	试验仪器	备　注
浓度/%	＞4.5		100mL水所用膨润土质量（g）
密度/(g/cm³)	＜1.1	泥浆比重秤	
漏斗黏度/s	32～50	946/1500mL马氏漏斗	
塑性黏度/(mPa·s)	＜20	旋转黏度计	
10min静切力/(N/m²)	1.4～10	静切力计	
pH值		9.5～12	pH试纸或电子pH计

（2）制备、使用与检验。

1）泥浆制备。

a. 在配合比相同的条件下，正电胶泥浆的性能很大程度上取决于搅拌程序和搅拌时间，制备时需严格控制。

程序1：清水＋膨润土＋纯碱＋正电胶干粉＋烧碱，5种组分一同搅拌，时间为5min。

程序2：清水＋膨润土＋纯碱，3种组分先搅拌5min，然后加烧碱和正电胶再搅拌5min。

b. 应按规定的配合比配制泥浆，各种材料的加量误差不得大于2%。

c. 泥浆处理剂使用前宜配成一定浓度的水溶液，以提高其效果。纯碱水溶液浓度为20%。

2）泥浆使用、检验。

a. 新制膨润土浆需存放24h，经充分水化溶胀后使用。

b. 储浆池内泥浆应经常搅动，保持指标均一，避免沉淀或离析。

c. 在钻进过程中，槽孔内的泥浆由于岩屑混入和其他处理剂的消耗，泥浆性能将逐渐恶化，必须进行处理。处理方法是：被使用过的泥浆通过泥浆净化系统，将土颗粒和碎石块除去，然后把干净的泥浆重新送回到槽中。

d. 槽内泥浆性能指标的控制标准见表19.3，经过净化处理的泥浆必须在使用前进行测试。在成槽过程中，应在循环浆沟中取样，检测有关指标，如超出限值，必须进行处理。如果膨润土的密度、黏性和含砂率无法满足要求，则要更换合格的膨润土。

表 19.3 槽内泥浆性能指标控制标准

密度 /(g/cm³)	马氏漏斗黏度 /s	表观黏度 /(mPa·s)	塑性黏度 /(mPa·s)	动切力 /Pa	静切力 /Pa	失水量 /(mL/30min)	pH 值
1.04	40～50	18～23	7～9	10～15	8～12	20～21	9.5

e. 在槽孔和储浆池周围应设置排水沟，防止地表污水或雨水大量流入后污染泥浆。被混凝土置换出来的泥浆和距混凝土面 2m 以内的泥浆，因受污染较严重，应予以废弃。

(3) 泥浆净化及回收。

1) 施工废水的形成。施工泥浆为膨润土或黏土颗粒分散在水中所形成的悬浮液，在建造防渗墙时起固壁、冷却钻具、悬浮及携带钻渣等作用。随着造孔的不断深入，部分泥浆携带施工钻渣被抽筒抽出槽孔排入排渣沟，形成施工废水；同时槽段成槽施工完成后，进行混凝土浇筑时，伴随着浇筑混凝土面的不断抬升，固壁泥浆携带钻渣被排挤出槽孔流入排渣沟，形成施工废水。

2) 施工废水的组成。施工废水主要由施工弃浆及施工废渣组成，施工泥浆包括膨润土浆及黏土浆。膨润土浆由膨润土、水、Na_2CO_3、CMC 按适当的配比组成；黏土浆由黏土、水、Na_2CO_3、CMC 按适当的配比组成。为改善泥浆性能施工泥浆中有时也加入适量的水玻璃。也就是说，施工废水的组成原料主要包括水、钻渣、膨润土、黏土及少量的 Na_2CO_3、CMC。

3) 施工废浆的处理。为避免施工废水造成污染，同时也为了避免制浆原料的大量浪费，基础局在防渗墙轴线下游建造了回浆池，施工废水通过排渣沟自流至回浆池。回浆池通过中间矮墙分割成两个浆池，连接排渣沟的浆池为进浆池，另一侧为沉淀池。中间矮墙比回浆池周边墙体矮 1～1.5m，其作用为拦截进浆池中沉淀的砂子及小石，上方的泥浆可漫过矮墙自流入沉淀池，然后经过泵重新送回泥浆站储浆池内供造孔二次利用。

每次混凝土浇筑时用回浆泵把浇筑槽孔内的泥浆打回到储浆池用于二次造孔，这样不仅减少泥浆排放和环境污染，还能降低工程成本。

4) 施工废渣的处理。施工废水通过排渣沟排至回浆池，伴随着钻渣的不断沉淀，排渣沟底部形成厚厚的砂石层即为废渣，同时回浆池的进浆池也会由于钻渣沉淀形成废渣。对于废渣的处理，基础局利用反铲将废渣捞出，然后用装载机将废渣统一堆放到现场临时废渣场，晾干后用自卸汽车运至业主和监理指定的弃渣场。

19.7 墙段连接

考虑该工程施工强度高、工期紧、难度大，在保证质量的前提下，确保工期已成为该工程施工的关键。墙段连接采用“接头管法”，一期槽孔清孔换浆结束后，在槽孔端头下设接头管，混凝土浇筑过程中及浇筑完成一定时段之内，根据槽内混凝土初凝情况逐渐起拔接头管，在一期槽孔端头形成接头孔。二期槽孔浇筑混凝土时，接头孔靠近一期槽孔的侧壁形成圆弧形接头，墙段形成有效连接。

19.8 清孔换浆

槽孔终孔后，报告现场监理工程师进行孔位、孔深及孔形全面检查验收，合格后进行清孔换浆，该工程采用“气举反循环法”清孔换浆。

结束标准：清孔换浆结束 1h 后，槽孔内淤积厚度不大于 5cm。使用膨润土时，孔内泥浆密度不大于 $1.15g/cm^3$，泥浆黏度（马氏）为 32～50s，泥浆含砂量不大于 3%。

清孔检验合格后，应于 4h 内开浇混凝土，因吊放预埋管、接头管或其他埋设件不能在 4h 内开浇混凝土的槽孔，浇筑前应重新测量除接头孔之外的其他孔的淤积厚度，如超过 10cm 须再次清孔。

19.9 混凝土浇筑

（1）防渗墙混凝土材料设计指标。混凝土防渗墙墙体材料性能指标满足 C35（180d）强度要求，混凝土物理特性指标要求如下：

1）入槽坍落度为 18～22cm。

2）扩散度为 34～40cm。

3）坍落度保持 15cm 以上，时间应不小于 1h。

4）初凝时间不小于 6h，终凝时间不大于 24h。

5）混凝土密度不小于 $2100kg/m^3$。

6）胶凝材料用量不少于 $350kg/m^3$。

7）水胶比小于 0.60。

8）砂率不宜小于 40%。

按设计技术要求的规定和施工图纸的要求进行混凝土室内和现场配合比试验，并将试验成果报送监理人审批后使用。

（2）混凝土拌制、输送。混凝土拌制过程中，应用电子秤对大宗的原材料进行准确称量后加入，外加剂按要求配制成溶液掺入。从水、砂、碎石、水泥等材料的计量到搅拌时间均自动化、程控化，减少人为因素对混凝土物理力学指标离散性的影响。拌制时应观察熟料的稠度、均匀性和和易性，合格后方可放入储料斗。

拌制好的熟料采用 $9m^3$ 搅拌车输送至浇筑槽口，经分料斗和溜槽将混凝土输送至浇筑漏斗，浇筑导管均匀放料，有利于保证混凝土面均匀上升。

（3）混凝土浇筑。

1）混凝土车运送混凝土至槽口储料罐，再分流到各溜槽进入导管入槽孔。

2）混凝土开浇采用压球法，每个导管均下入隔离塞球。开始浇筑混凝土前，先在导管内注入适量的水泥砂浆，并准备好足够数量的混凝土，以使隔离的球塞被挤出后，能将导管底端埋入混凝土内。

3）混凝土必须连续浇筑，槽孔内混凝土面上升速度不得小于 2m/h，并连续浇筑上升至墙顶高程。

19.10 墙内预埋灌浆管的制作和下设

按设计要求在防渗墙内预埋单排灌浆管，孔距 1.5m；管体采用 ϕ110mm 钢管，采用钢筋定位架固定。

为缩短预埋灌浆管的接头施工时间并能保证接头强度，拟采用预埋管螺纹套接法连接预埋灌浆管。

按照图 19.2 所示，在下部预埋管下设至孔内后，将上部预埋管采用吊车起吊至槽孔孔口，然后人工将上下部预埋管均与套筒孔口对齐，因上下部预埋管螺纹方向相反，故采用管钳转动中间套筒即可将上下部位预埋管连接。根据基础局以往类似工程经验，该方法能够最大限度地保证预埋灌浆管的连接强度，并能加快预埋灌浆管槽孔孔口连接速度。

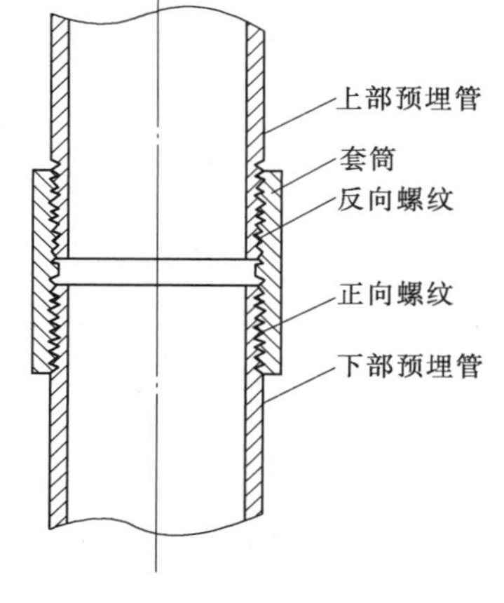

图 19.2 预埋灌浆管套筒螺纹连接示意图

19.10.1 预埋灌浆管的布设

根据槽孔划分情况、接头方式等调整钢筋保持架的长度。确保相邻的灌浆管间距满足设计要求，允许在设计规定的孔位偏差范围内调整。根据灌浆管所处的部位，对应槽孔底部高程的变化，准确调整灌浆管底部的深度与之相适应。

因该工程槽孔较深，混凝土压力较大，采用灌浆管底口缠过滤网，防止混凝土进入管内的方法容易失效，故该工程采用将开孔薄铁皮焊接于灌浆管底口的方法防止混凝土进入灌浆管。

19.10.2 预埋管保持架制作

预埋灌浆管采用定位架和桁架结构固定预埋管的方法进行下设，该方法能够满足设计要求的预埋管偏斜率的控制要求。定位架在垂直方向的间距为 6m。每段桁架高度应据槽孔孔深确定。

预埋管保持架材料及横断面形式，既要有一定刚度保证预埋管位置准确，又要利于预埋管及后续浇筑导管的下设，计划在浇筑导管下设部位采用钢板制作半圆形定位架，在预埋管部位采用角钢定位架，如图 19.3 所示。

19.10.3 预埋管钢桁架下设

预埋管钢桁架采用吊车分节起吊，孔口连接，整体下设。将最底节预埋管钢桁架吊入槽内，其顶部外露导墙顶 1.5m 左右，用 2 根加强型钢横向穿过预埋管钢桁架并架立在导墙上；起吊第二节预埋管钢桁架，经对中调正垂直后即可进行对接。

当全部预埋管桁架对接完毕后，利用吊车进行整体下设。下设时一定要安全、平稳，

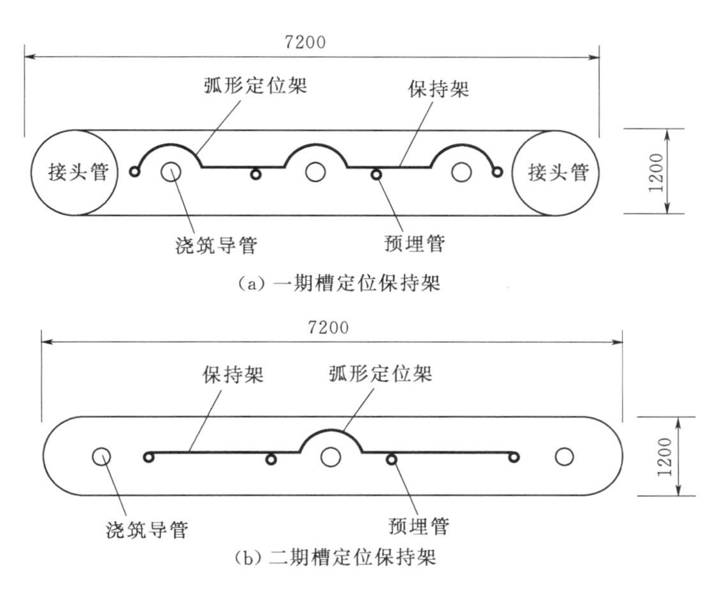

图 19.3　预埋管定位桁架平面布置图（单位：mm）

对应好桁架在槽中的位置。遇到阻力时不得强行下放，以免桁架变形，造成管体移位，影响下设精度。

19.10.4　预埋灌浆管孔口保护

对下设完成的预埋灌浆管的孔口采取必要的保护措施，防止杂物进入管内。

参　考　文　献

[1]　蒋忠银，肖瑞，李明宇．红石岩堰塞湖左岸防渗墙预灌预爆施工技术［J］．云南水力发电，2016，32（6）：164-165.

第20章 新疆大河沿水库超深防渗墙工程

20.1 概述

大河沿水库大坝基础防渗墙轴线长度为237.4m，基础防渗墙的结构型式为C30混凝土防渗墙，防渗墙厚1.0m，R_{180}强度大于35MPa，墙体深入基岩1m，设计最大深度为177.94m。

本章重点介绍了成槽施工方案优化组合综合比选方法确定钻孔成槽方案和设备选型，重型冲击钻机、重型钢丝绳抓斗与重锤，“钻抓法”施工工法技术，新型防渗墙正电胶固壁泥浆，针对大范围架空强漏失地层的槽孔施工堵漏技术，针对大孤石、块石地层的“钻砸抓法”工法技术，重型钢丝绳抓斗携重锤冲砸破碎孤、块石和岩石副孔小墙技术，接头管技术，清孔换浆技术，混凝土浇筑技术，墙内预埋灌浆管技术等在该工程的应用情况。

新疆大河沿水库防渗墙施工进展顺利，目前墙深超过160m的墙段共有7个，已浇注的4个墙段深度（最深孔）分别为160.50m、178.40m、186.15m、172.00m，最深为186.15m。

20.2 工程概况

大河沿水库位于新疆大河沿河中上游，是大河沿河上的控制性水利工程。该工程为Ⅲ等中型工程，主要由挡水大坝、溢洪道、泄洪冲沙放空兼导流洞及灌溉洞组成，是一座具有城镇供水、农业灌溉和重点工业供水任务的综合性水利枢纽工程。

大坝为沥青混凝土心墙砂砾石坝，坝顶高程为1619.30m，最大坝高为75.0m。上游坝坡比为1：2.2，在高程1594.30m、1573.00m处设置平台，台宽分别为2.0m、6.0m，坝体下部与施工围堰结合。大坝下游坝坡比为1：2.0，分别在高程1594.30m、1569.30m处设置宽3.0m的平台。坝体填筑从上游至下游依次分为上游砂砾料区上游过渡料区、沥青混凝土心墙、下游过渡料区和下游砂砾料区、排水棱体。沥青混凝土心墙厚度为0.6m、0.8m，砂卵石基础部分采用混凝土防渗墙防渗。

大河沿水库大坝基础防渗墙施工为整个大坝工程的关键线路。河床基础的防渗墙处理工程，桩号为B0+129.7～B0+367.1，轴线长度为237.4m。基础防渗墙的结构形式为C30混凝土防渗墙，防渗墙厚1.0m，R_{180}强度大于35MPa，墙体深入基岩1m，设计最大深度为177.94m。

坝址位于峡谷出口段，处于基本呈U形的河谷内，河床基岩面呈V形，两侧基岩面坡度为55°～60°，河床面高程为1540.00～1555.00m，河床面宽260～320m，河床覆盖层最深处达174m，平时水面宽4～10m，水深0.4～0.8m，大致分二股蜿蜒于河滩之中，总体流向由北向南，河床坡降较陡，其纵坡坡度平均为30.4‰，水流湍急。两岸山顶相对高差为120～130m，山坡坡度为40°左右，一般基岩裸露。左岸由上、下游冲沟切割，山体较单薄。左岸下游及右岸上、下游分布有连续的Ⅳ级阶地，其后缘多为坡洪积物所覆盖，两岸无泥石流形成条件。

坝区基岩为石炭系上统博格达下亚群第二组（C_3bga-2）一套火山碎屑岩类，岩性主要为火山角砾岩。

（1）第四系覆盖层。

1）上更新统冲洪积堆积（Q_3^{al}），分布于Ⅳ级阶地。堆积为碎屑砂砾石，厚度为30～50m。

2）全新统冲积堆积（Q_4^{al}），分布于河床及高漫滩，堆积为含漂石砂卵砾石层，呈V形分布于深切河谷内，最大厚度达173.8m。

3）第四系坡积堆积（Q^{dl}）：为褐灰色碎、块石夹土，呈松散状，分布于两岸坡脚及冲沟内，厚度为1～5m。

（2）物理特征。

1）基岩：属中厚层状夹薄层状构造，岩性为火山角砾岩，经室内薄片鉴定，岩石主要由显定向排列的显微叶片状绿泥石、少量石英、不透明铁质等成分组成，呈角砾状结构，其中绿泥石板状角砾含量约占80%，细条状钠长石、叶片状绿泥石等胶结物含量约占20%。室内定名为“中基性火山角砾岩”，经室内岩石物理力学试验，弱风化岩石的饱和抗强度为55～60MPa，属中硬至坚硬岩。

2）第四系：河床堆积深厚的含少量漂石砂卵砾石层，最大厚度达174m，结构较密实，层理间夹泥质、砂质壤土条带。

该工程河床坝基含漂石砂卵砾石层级配不良，经现场试验，含漂石砂卵砾石层最小干密度为1.62g/cm^3，最大干密度为2.05g/cm^3，颗粒比重为2.70g/cm^3。河床浅部（0～3.5m厚）的含漂石砂卵砾石层天然干密度为1.90g/cm^3，相对密度为0.71；3.5m以下天然干密度为2.2g/cm^3，相对密度为0.81，属密实状态。

坝址两岸Ⅳ级阶地堆积冲洪积层厚度为30～50m，结构较紧密，经对阶地高天然陡坎进行颗分，粒径以2～40mm为主，粒径大于40mm的砾石含量在10%以内，粒径不大于0.075mm的土粒含量少于5%。砾石主要成分为砂岩、矽质粉砂岩、安山岩及火山碎屑岩，磨圆度较差，以次棱角形为主。

20.3 关键技术问题与技术方案

（1）强漏失地层成槽。根据勘探孔记录，在勘探孔施工过程中，存在漏浆地层，分析其渗透系数在100cm/s左右。在该地层中建造混凝土防渗墙极易产生严重的漏浆继而发生塌孔现象，危及人员、设备安全，延误工期，为此采取的对策如下：

1）投置堵漏材料。造孔时发生漏浆，迅速组织人力、设备向槽内投入黏土、碎石土、锯末、水泥等堵漏材料，并及时向槽内补浆，以避免塌槽事故的发生。

2）采用单向压力封闭剂。单向压力封闭剂是经特别工艺处理的多种天然纤维与填充粒子及添加剂，按适当的级配和一定的工艺复合而成的灰黄色粉末状产品。产品在钻井中加入后，在单向压力差作用下，能对地层各种渗漏起到良好的封堵效果，使用方便，配伍性好，不影响泥浆性能。

（2）孔斜率控制。孔斜率的控制是深墙防渗质量的关键所在，177.94m深墙在造孔中易偏斜超标，因此控制造孔的孔斜率是操作技术上的难点。槽孔的孔斜率主要由主孔主导，保证主孔的孔斜率是槽孔孔斜率的关键，采用冲击钻机能有效保证主孔的孔斜率。

（3）墙段连接。该工程防渗墙最深部位深度为177.94m，墙体材料为C30高强混凝土，墙段连接若采用钻劈法（套打一钻），施工很困难，不仅工效低，而且钻孔易偏斜，质量难以保证，为此，采用接头管法，不仅质量好，而且节约混凝土用量和钻孔时间，有利于缩短工期。

（4）深墙内下设预埋管。在深度为177.94m的防渗墙中轴线位置下设孔距2m的预埋灌浆管，预埋灌浆管易受混凝土的冲击和挤压产生位移、弯曲、偏移设计孔位等，同时预埋灌浆管下设对孔形及孔斜要求比较严格，并且由于下设预埋管需花费一定的时间，在此过程中，孔底淤积可能超标，因此在测定后若超出设计标准，采取气举反循环法进行二次清孔换浆，以保证成槽质量。预埋灌浆管采用定位架和桁架结构固定预埋管的方法进行下设，该方法能够满足设计要求的预埋管偏斜率的控制要求。为缩短预埋灌浆管的接头施工时间并能保证接头强度，采用预埋管螺纹套接法连接预埋灌浆管。

（5）清孔换浆。深度超过60m的深孔孔底沉淀多，清孔困难较大，对设备要求较高，同时又不能轻易提高抽吸功率，以免对槽孔壁的稳定构成威胁，同时下设灌浆预埋管、导管等时间大幅延长，加大了清孔的难度。

采用“气举反循环法”清孔。气举反循环是借助空压机输出的高压风进入排渣管经混合器将液气混合，利用排渣管内外的密度差及气压来升扬排出泥浆并携带出孔底的沉渣。主要设备是空压机、排渣管、风管和泥浆净化机。

孔深小于100m的槽孔，清孔含砂量按4%控制；孔深为100～50m的槽孔，清孔含砂量按2%控制（高于规范标准）；对于孔深大于150m的槽孔，采用换浆清孔，保证泥浆符合标准。

（6）基岩陡坡嵌岩。地质资料揭示，该工程最深槽孔部位向左、右岸覆盖层下基岩呈61°左右的陡坡，防渗墙按设计要求需嵌岩，在陡坡状基岩中造孔，由于钻具在下落冲砸基岩时容易溜钻，嵌岩很困难，不仅钻进效率极低而且钻进效果极差，如处理不好，将严重制约防渗墙工期，嵌岩不好也会严重影响防渗墙质量。

采取孔内定向爆破和钻孔爆破的措施进行处理。先施工端孔，用冲击钻机钻进，穿过覆盖层至基岩陡坡段，然后在孔内下置定位器和爆破筒，将爆破筒定位于陡坡斜面上，经爆破后，使陡坡斜面产生台阶或凹坑，然后在台阶或凹坑上下置定位管（排渣管）和定位器（套筒钻头），用回转钻机钻爆破孔，下置爆破筒，提升定位管和定位器进行爆破，爆

破后用冲击钻机进行冲击破碎，直至终孔。

20.4 造孔成槽施工

参照结合国内几道深墙实际施工经验，采用冲击钻机和抓斗配合施工防渗墙槽孔的方案，施工方法以“钻抓法”为主。在副孔抓斗遇孤漂石、砂卵石或基岩面时，调用钻机钻进或由抓斗吊重锤冲砸破碎。

（1）槽段划分。根据类似工程施工经验，综合考虑地层、墙体深度、设备能力等，该防渗墙槽段划分采取以下两种形式。

1）超深槽段（深度大于100m槽段）。超深槽段一期槽槽长为4.0m，分为2个主孔和1个副孔，主孔1.0m，副孔2.0m；二期槽槽长为7.0m，分为3个主孔和2个副孔，主孔1.0m，副孔2.0m。超深槽段防渗墙典型槽段划分如图20.1所示。

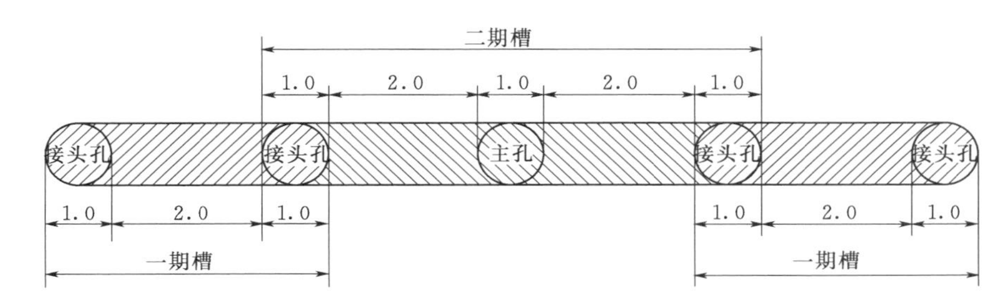

图20.1 深度大于100m槽段防渗墙典型槽段划分图（单位：m）

2）深度小于100m槽段。对于深度小于100m的槽段，一、二期槽段长度均为7.0m，主孔1.0m，副孔2.0m。深度小于100m槽段防渗墙典型槽段划分如图20.2所示。

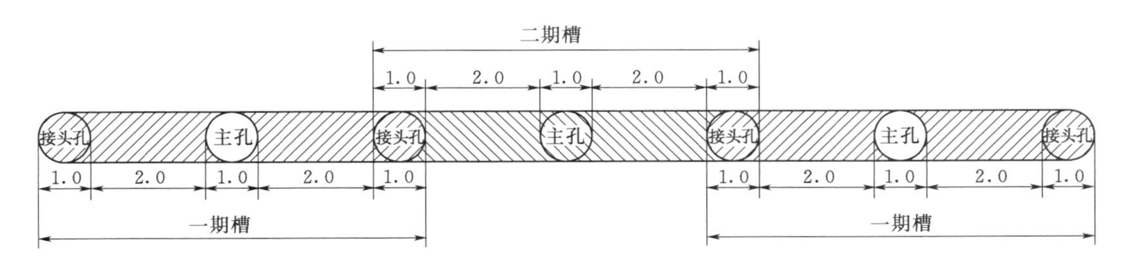

图20.2 深度小于100m槽段防渗墙典型槽段划分图（单位：m）

（2）成槽工艺。防渗墙施工分两期进行，先施工一期槽孔，后施工二期槽孔。

结合地层、施工强度、设备能力等综合考虑，该工程防渗墙成槽采用“两钻一抓”法。

主孔：采用CZ－8A型冲击钻机钻凿成孔。

副孔：上部约70m覆盖层采用利勃海尔HS843HD型钢丝绳抓斗抓取，下部覆盖层采用利勃海尔HS875HD型重型钢丝绳抓斗抓取，底部基岩采用CZ－8A型冲击钻机钻凿。

一期槽孔的端孔混凝土拔管后形成二期槽孔的端孔，待相邻的一期槽孔施工完后再施工二期槽孔。

槽孔终孔检查合格后，报请现场监理工程师进行孔位、孔深及孔形全面检查验收，合格后进行清孔换浆。

20.5 施工设备与机具

根据大河沿水库大坝基础防渗墙的实际情况，确定该工程混凝土防渗墙的主要施工机具为利勃海尔 HS875HD、HS843HD 型重型钢丝绳抓斗，CZ-6A 型改进型重型冲击钻机，JHB-200 型泥浆净化装置，全液压拔管机等。

20.6 固壁泥浆

该工程采用新型防渗墙正电胶固壁泥浆。

20.6.1 原材料选用说明

正电胶是混合金属层状氧化物的简称。由于其胶体颗粒带永久正电荷，所以统称为正电胶。以正电胶为主剂配制的浆液称为正电胶浆液。根据工程实际情况和设计要求，该工程采用正电胶、优质Ⅱ级钙基膨润土、烧碱、纯碱等复合泥浆护壁。降失水增黏剂为中黏类羧甲基纤维素（CMC），配制泥浆用水拟从河内抽取，使用前将水样送有关部门进行水质分析，以免对泥浆性能产生不利影响。

20.6.2 配合比

配合比确定之前先按规定的检测项目进行膨润土性能测定，然后通过现场试验确定具体的配合比。新制正电胶泥浆性能和配合比见表 20.1 和表 20.2。

表 20.1　　新制膨润土泥浆性能指标

项　目	性能指标	试验仪器	备　注
浓度/%	>4.5		100mL 水所用膨润土质量（g）
密　度/(g/cm^3)	<1.1	泥浆比重秤	
漏斗黏度/s	32～50	946/1500mL 马氏漏斗	
塑性黏度/(mPa·s)	<20	旋转黏度计	
10min 静切力/(N/m^2)	1.4～10	静切力计	
pH 值	9.5～12	pH 试纸或电子 pH 计	

表 20.2　　正电胶泥浆配合比表

成分	水/kg	膨润土/kg	纯碱/kg	CMC/kg	正电胶/kg	烧碱/kg
正电胶泥浆 KWXS-1X 型	1000	67.5	1.490	0	0.372	0.770

20.6.3 制备、使用与检验

(1) 泥浆制备。

1) 在配合比相同的条件下，正电胶泥浆的性能很大程度上取决于搅拌程序和搅拌时间，制备时需严格控制。

程序1：清水＋膨润土＋纯碱＋正电胶干粉＋烧碱，5种组分一同搅拌，时间为5min。

程序2：清水＋膨润土＋纯碱，3种组分先搅拌5min，然后加纯碱和正电胶再搅拌5min。

2) 应按规定的配合比配制泥浆，各种材料的加量误差不得大于2%。

3) 泥浆处理剂使用前宜配成一定浓度的水溶液，以提高其效果。纯碱水溶液浓度为20%，CMC水溶液浓度为1.5%。

4) 新制泥浆的性能应达到表20.1中规定的标准。

(2) 泥浆使用、检验。

1) 新制膨润土浆需存放24h，经充分水化溶胀后使用。

2) 储浆池内泥浆应经常搅动，保持指标均一，避免沉淀或离析。

3) 在钻进过程中，槽孔内的泥浆由于岩屑混入和其他处理剂的消耗，泥浆性能将逐渐恶化，必须进行处理。处理方法是：被使用过的泥浆通过泥浆净化系统，将土颗粒和碎石块除去，然后把干净的泥浆重新送回到槽中。

4) 经过净化处理的泥浆必须在使用前进行测试。在成槽过程中，应在循环浆沟中取样，检测有关指标，如超出限值，必须进行处理。如果膨润土的密度、黏性和含砂率无法满足要求，则要更换合格的膨润土。

5) 在槽孔和储浆池周围应设置排水沟，防止地表污水或雨水大量流入后污染泥浆。被混凝土置换出来的泥浆距混凝土面2m以内的泥浆，因受污染较严重，应予以废弃。

20.6.4 泥浆净化及回收

(1) 施工废水的形成。施工泥浆为膨润土或黏土颗粒分散在水中所形成的悬浮液，在建造防渗墙时起固壁、冷却钻具、悬浮及携带钻渣等作用。随着造孔的不断深入，部分泥浆携带施工钻渣被抽筒抽出槽孔排入排渣沟，形成施工废水；同时槽段成槽施工完成后，进行混凝土浇筑时，伴随着浇筑混凝土面的不断抬升，固壁泥浆携带钻渣被排挤出槽孔流入排渣沟，形成施工废水。

(2) 施工废水的组成。施工废水主要由施工泥浆及施工废渣组成，施工泥浆包括膨润土浆及黏土浆。膨润土浆由膨润土、水、Na_2CO_3、CMC按适当的配比组成；黏土浆由黏土、水、Na_2CO_3、CMC按适当的配比组成。为改善泥浆性能施工泥浆中有时也加入适量的水玻璃。也就是说，施工废水的组成原料主要包括水、钻渣、膨润土、黏土及少量的Na_2CO_3、CMC。

(3) 施工废水的处理。为避免施工废水造成污染，同时也为了避免制浆原料的大量浪费，基础局在施工现场建造回浆池，施工废水通过排渣沟自流至回浆池。回浆池通过中间矮墙分割成两个浆池，连接排渣沟的浆池为进浆池，矮墙另一侧为去浆池。中间矮墙比回浆池周边墙体矮1～1.5m，其作用为拦截进浆池中沉淀的砂子及小石，上方的泥浆可漫过矮墙自流入去浆池。同时在进浆池一侧设泥浆净化器1台，用来净化排入进浆池的废浆，筛分泥浆和砂石后将处理好的泥浆直接排入去浆池。在去浆池设泥浆泵1台，并设分浆阀分别连接至槽孔的去浆管道及至制浆站的回浆管道，如果经检验，去浆池的泥浆各项指标满足重复利用的标准则通过去浆管道直接排入槽孔，如不满足标准则通过回浆管道打回制浆站做相应处理。

（4）施工废渣的处理。施工废水通过排渣沟排至回浆池，伴随着钻渣的不断沉淀，排渣沟底部形成厚厚的砂石层即为废渣，同时回浆池的进浆池也会由于钻渣沉淀形成废渣。对于废渣的处理，基础局利用反铲将废渣排出排渣沟及进浆池，然后将废渣统一堆放，并安排自卸汽车运至业主指定弃渣场。

20.7 墙段连接

20.7.1 防渗墙墙段连接方案比较

墙段连接可采用接头（板）管法、钻凿法、双反弧桩法、切（铣）法等。接头管法是目前混凝土防渗墙施工接头处理的先进技术，其施工有很大的技术难度，但也有着其他接头连接技术无可比拟的优势：首先，采用接头管法施工的接头孔孔形质量较好，孔壁光滑，不易在孔端形成较厚的泥皮，同时由于其圆弧规范，也易于接头的刷洗，不留死角，可以确保接头的接缝质量；其次，由于接头管的下设，节约了套打接头混凝土的时间，提高了工效，对缩短工期有着十分重要的作用，但同时加大了施工成本。

该工程接头管起拔采用BG450型大口径液压拔管机，其吸纳了国内外同类型机的优点，又在多个工程的施工中检验了其科学性及合理性。BG450型液压拔管机具有起拔力大的特点，可避免埋管事故的发生。

20.7.2 接头管法墙段连接施工程序

一期槽孔清孔换浆结束后，在槽孔端头下设接头管，混凝土浇筑过程中及浇筑完成一定时段之内，根据槽内混凝土初凝情况逐渐起拔接头管，在一期槽孔端头形成接头孔。二期槽孔浇筑混凝土时，接头孔靠近一期槽孔的侧壁形成圆弧形接头，墙段形成有效连接。

20.7.3 接头管下设

下设前检查接头管底阀开闭是否正常，底管淤积泥砂是否清除，接头管接头的卡块、盖是否齐全，锁块活动是否自如等，并在接头管外表面涂抹脱模剂。

采用吊车起吊接头管，先起吊底节接头管，对准端孔中心，垂直徐徐下放，一直下到ϕ120mm销孔位置，用ϕ108mm厚壁（18mm）钢管对孔插入接头管，继续将底管放下，使ϕ108mm钢管担在拔管机抱紧圈上，松开公接头保护帽固定螺钉，吊起保护帽放在存放处，用清水冲洗接头配合面并涂抹润滑油，然后吊起第二节接头管，卸下母接头保护帽，

用清水将接头内圈结合面冲洗干净，对准公接头插入，动作要缓慢，接头之间绝不能发生碰撞，否则会造成接头连接困难。

吊起接头管，抽出 ϕ108mm 钢管，下到第二节接头管销孔处，插入 ϕ108mm 钢管，下放使其担在导墙上，再按上述方法进行第三节接头管的安装。重复上述程序直至全部接头管下放完毕。接头管下设施工程序如图 20.3 所示。

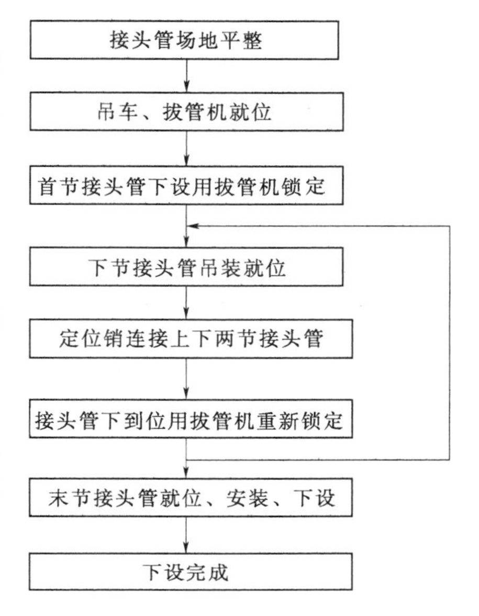

图 20.3 接头管下设施工程序图

20.7.4 接头管起拔

采用 YBJ 系列卡键直顶式大口径液压拔管机进行接头管的起拔。在一期槽段混凝土浇过程中，根据槽内混凝土初凝情况逐渐起拔接头管。

拔管法施工关键是要准确掌握起拔时间，起拔时间过早，混凝土尚未达到一定的强度，就会出现接头孔缩孔和垮塌；起拔时间过晚，接头管表面与混凝土的黏结力使摩擦力增大，增加了起拔难度，甚至接头管被铸死拔不出来，造成重大事故。

混凝土正常浇注时，应仔细分析浇注过程是否有意外，并随时从浇筑柱状图上查看混凝土面上升速度的情况以及接头管的埋深情况。

由于混凝土强度发展越快，与管壁的凝结力增长越快，其起拔力增长也越快，因此，必须准确地检测并确定出混凝土的初终凝时间，尽量减小人为配料误差。浇筑混凝土时，随着混凝土面的不断上升，分阶段制作混凝土试件，从而更精确地掌握混凝土的初终凝时间。

接头管的垂直度：发生接头管偏斜主要有两方面因素：①由于端孔造孔时，孔形不规则，下设接头管时，容易使其偏斜；②浇筑混凝土时，受到混凝土的侧向挤压，使其偏斜。一旦发生接头管偏斜，应立即采取纠偏措施，即在混凝土尚未全凝结之前通过垂向的起拔力重塑孔形，使接头管尽可能垂直或顺直。

安排专职人员负责接头管起拔，随时观察接头管的起拔力，避免人为因素发生铸管事故。

接头管全部拔出混凝土后，应对新形成的接头孔及时进行检测、处理和保护。

20.8 清孔换浆

该工程清孔方案为气举反循环法。气举反循环是借助空压机输出的高压风进入排渣管经混合器将液气混合，利用排渣管内外的密度差及气压来升扬排出泥浆并携带出孔底的沉渣。主要设备是空压机、排渣管、风管和泥浆净化机。

（1）清孔时按照施工步骤，由钻机或吊车提升排渣管在槽孔主、副孔位依次进行施工，如槽底沉淀过多，则反复清孔。槽底含砂量较高的泥浆经泥浆净化机进行处理后返回槽孔，直到净化机的出渣口不再筛分出砂粒为止。槽底高差较大时，清孔应由高端向低端推进。

（2）清孔结束前在回浆管口取样，测试泥浆的全性能。

（3）根据清孔结束前泥浆取样的测试结果，确定需换泥浆的性能指标和换浆量。用膨润土泥浆置换槽内的混合浆，换浆量一般为槽孔容积的1/3～1/2。

（4）换浆量根据成槽方量、槽内泥浆性能和新制泥浆性能综合确定。换浆在槽孔的主、副孔位依次进行，钻机的移动方向从远离回浆管的一端至靠近回浆管的一端，并通过4英寸输浆管向槽孔输送新鲜泥浆。槽底抽出的泥浆通过回浆沟进入回浆池，成槽时再作为护壁浆液循环使用。

20.9 混凝土浇筑

（1）混凝土配合比。在防渗墙生产性试验中，按技术条款要求进行混凝土室内及现场试验，确定出合适的混凝土配合比。工程承担单位推荐的初步配合比见表20.3。

表20.3 混凝土配合比

水胶比	$1m^3$ 混凝土材料用量/kg							
	水	水泥	粉煤灰	砂子	小石	中石	UNF-3A	引气剂
0.39	183	328	141	726	485	485	6.097	0.938

（2）混凝土拌制、输送。该工程防渗墙施工用混凝土由混凝土生产系统拌制，拌制好的熟料采用$6m^3$混凝土拌和车输送至浇筑槽口，经分料斗和溜槽将混凝土输送至浇筑漏斗，浇筑导管均匀放料，有利于保证混凝土面均匀上升。

（3）混凝土浇筑。混凝土搅拌车运送混凝土通过马道至槽口储料罐，再分流到各溜槽进入导管。

混凝土开浇采用压球法，每个导管均下入隔离塞球。开始浇筑混凝土前，先在导管内注入适量的水泥砂浆，并准备好足够数量的混凝土，以使隔离的球塞被挤出后，能将导管底端埋入混凝土内。

混凝土必须连续浇筑，槽孔内混凝土面上升速度不得小于2m/h，并连续上升至高于设计规定的墙顶高程以上0.5m。

（4）浇筑过程的控制。导管埋入混凝土内的深度保持在1～6m，以免泥浆进入导管内。

槽孔内混凝土面应均匀上升，其高差控制在0.5m以内。每30min测量一次混凝土面，每2h测定一次导管内混凝土面，在开浇和结尾时适当增加测量次数。

严禁不合格的混凝土进入槽孔内。

浇筑混凝土时，孔口设置盖板，防止混凝土散落槽孔内。槽孔底部高低不平时，从低处浇起。

混凝土浇筑时，在机口或槽孔口入口处随机取样，检验混凝土的物理力学性能指标。

浇筑混凝土时，如发生质量事故，应立即停止施工，并及时将事故发生的时间、位置和原因分析报告监理人，除按规定进行处理外，将处理措施和补救方案报送监理人批准，按监理人批准的处理意见执行。

20.10 预埋灌浆管的制作和下设

按设计要求在防渗墙内预埋灌浆管，其中单排预埋管孔距2m；管体采用ϕ130mm钢管，采用钢筋定位架固定。另为缩短预埋灌浆管的接头施工时间并能保证接头强度，研究采用预埋管螺纹套接法连接预埋灌浆管。

按照图20.4所示，在下部预埋管下设至孔内后，将上部预埋管采用吊车起吊至槽孔孔口，然后人工将上下部预埋管均与套筒孔口对齐，因上下部预埋管螺纹方向相反，故采用管钳转动中间套筒即可将上下部位预埋管连接。根据基础局以往类似工程经验，该方法能够最大限度地保证预埋灌浆管的连接强度，并能加快预埋管槽孔孔口连接速度。

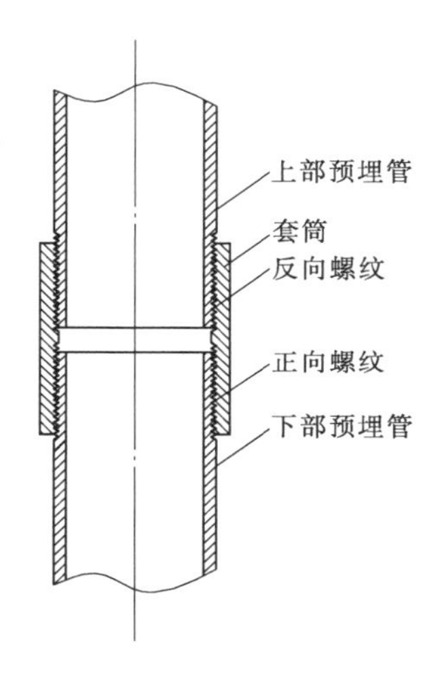

图20.4 预埋灌浆管套筒螺纹连接示意图

20.10.1 预埋灌浆管的布设

根据槽孔划分情况、接头方式等调整钢筋保持架的长度。确保相邻的灌浆管间距满足设计要求。

根据灌浆管所处的部位，对应槽孔底部高程的变化，准确调整灌浆管底部的深度与之相适应。

因该工程槽孔较深，混凝土压力较大，采用灌浆管底口缠过滤网，防止混凝土进入管内的方法容易失效，故该工程采用薄铁皮焊接对灌浆管底口进行封闭，并在薄铁皮上开孔。

20.10.2 预埋管保持架制作

采用ϕ18mm钢筋制作定位架。预埋管与钢筋架通过绑扎或焊接连接为一整体桁架。钢桁架在预先做好的加工平台上进行制作。定位架在垂直方向的间距为5m。每段桁架高度应据槽孔孔深确定。

为避免起吊时桁架变形，一方面要选好起吊位置，另一方面可考虑在灌浆管部位加设槽钢、钢管等刚性体，以增加灌浆管桁架的整体起吊刚度。

20.10.3 预埋管钢桁架下设

预埋管钢桁架采用吊车分节起吊，孔口连接，整体下设。将最底节预埋管钢桁架吊入槽内，其顶部外露导墙顶1.5m左右，用2根加强型钢横向穿过预埋管钢桁架并架立在导墙上；起吊第二节预埋管钢桁架，经对中调正垂直后即可进行对接。

当全部预埋管桁架对接完毕后，利用吊车进行整体下设。下设时一定要安全、平稳，对应好桁架在槽中的位置。遇到阻力时不得强行下放，以免桁架变形，造成管体移位，影响下设精度。

20.10.4　预埋灌浆管孔口保护

对下设完成的预埋灌浆管的孔口采取必要的保护措施，防止杂物进入管内。

第21章 向家坝水电站一期围堰防渗墙工程

21.1 概述

向家坝一期围堰防渗墙，墙体最深为81.60m，平均深度为70.47m，总成墙面积为51849.96m^2，截流后第一个枯水期4.5个月内需完成防渗墙面积45700m^2，月最大成墙面积和月混凝土浇筑面积分别达1.56万m^2和2.38万m^2，其强度之高，是极其罕见的[1]。

在围堰防渗墙施工中，系统开展了“改进钻劈法”“钻抓法”“钻铣法”等工法技术，严重漏浆塌孔地层预灌浓浆、槽内灌浆与槽内堵漏技术，崩（块）石地层槽孔辅助爆破技术和接头管接头技术等研究工作，形成了大型围堰防渗墙优质高效成套施工技术，创造了1个月内完成槽孔开挖15661.5m^2，浇筑成墙面积23820m^2的新纪录。

21.2 工程概况

向家坝水电站是金沙江段最末一级电站，具有发电、通航、防洪、拦沙和灌溉功能，并对上级电站进行反调节。装机容量为6000MW，年均发电量为307亿kW·h[2]。

21.3 工程地质条件[3]

（1）覆盖层。该围堰位于砂卵砾石滩地上，基础由厚度不一的河床覆盖层组成，一般厚度为30～40m，最厚约75m，结构松散、组成不均一，主要成分为砂卵砾石，夹有崩塌堆积块石、砂壤土，砂层局部连续分布。通过前期先导孔和防渗墙施工所揭示的地层情况从上到下分为4层：

1）人工填筑层：沿防渗轴线填筑宽3m的砂壤土心墙，分层碾压，厚度为0～5m，结构相对密实，局部夹砾石和卵石；其他以砂、卵砾石填筑；纵向段水下抛填2.0～3.0m厚砂砾石。

2）砂卵砾石层：厚8～26m，卵石含量约70%，细砂含量为20%～30%，中间粒径少，不均匀系数大，级配不良；卵石磨圆度较好，粒径主要在6～20cm，含少量粒径50～100cm的蛮石，母岩50%～60%为玄武岩、玢岩，还有石英岩、砂岩等；

天然干密度一般为1.76～2.11g/cm³，松散至中密；渗透系数为$i\times10^{-1}$cm/s，为强透水层。

3）粉细-中粗砂夹少量卵砾石层：一般厚2～15m，最厚约26m，梭形分布于坝址上游；以细砂为主，局部含淤泥质土和少量砾石，属不良级配砂；天然干密度为1.54g/cm³左右，中密；渗透系数为$i\times10^{-2\sim-3}$cm/s，中等透水。

4）含崩块石的砂卵砾石层：全线分布在覆盖层中下部，最大厚度约29m，顶板高程一般在230.00～250.00m。突出特点是普遍含有块径不等的崩块石，且结构松散、架空现象严重。崩块石最大块径达7.20m，岩性主要为灰白色中细砂岩、细砂岩和少量石英砂岩，系两岸谷坡崩塌堆积形成，呈微风化到新鲜状态。

（2）基岩。围堰地基为三叠系上统须家河组T_3^2、T_3^3、T_3^4岩组，总体倾向下游，倾角变化较大，基岩面在下游逐渐抬升，局部呈地质反坡。T_3^2与T_3^4岩组以中至巨厚状砂岩为主，岩石致密、坚硬，夹少量薄层泥质岩石透镜体。浅表层基岩主要呈微风化状态，局部存在高倾角断层带，节理裂隙中等发育，坝址附近见少量全强风化带，层厚5～50m，呈散粒状，完整性差，为Ⅲ～Ⅳ类，属中等透水。

21.4 关键技术问题研究与技术措施[4]

（1）工作量巨大，施工强度高。该工程为典型的我国西部地区大江、大河大型围堰防渗墙工程，防渗墙面积为51788m²，要在2004年11月截流后至2015年汛前完成大部分施工，确保围堰安全度汛，其施工强度前所未有。特别是因开工较计划推迟近1个月、防渗墙增加29.8%、最深槽深度增加26.8m以及深槽段均深达70.5m、地层严重漏浆导致高效成槽设备不能规模施工等原因，后期施工强度极大。

在该工程中优化组合冲击（反循环）钻机和抓斗、液压铣槽机等防渗墙钻孔挖槽设备，采用“钻抓法”“钻铣法”中的“两钻一抓法”“两钻一铣法”“上抓下钻法”和“上铣下钻法”等施工工法技术，并灵活应用。如向家坝一期围堰，由钻机施工主孔，副孔覆盖层尽可能发挥抓斗、液压铣槽机等先进设备的作用，在含崩块石的砂卵砾石层副孔施工时，则由钻机施工，发挥钻机地层适应能力强的作用，实现了各种设备的最优配置。创造了当时围堰防渗墙深度81.3m、月造孔15661.5m²与月浇筑最大强度23820.45m²等多项新纪录。

自2004年12月20日首批冲击钻机开钻至2005年6月8日，浇筑槽孔170个，历时5.5个月，浇筑成墙45218m²，汛后完成22个槽段。分时段完成情况见表21.1。

表21.1　防渗墙分时段完成情况表

时　间　分　段	槽孔开挖/m²	浇筑成墙/m²
2004年12月20日至2005年1月23日	3633	—
2005年1月24日至2月23日	7862	855
2005年2月24日至3月23日	9781	5055

续表

时间分段	槽孔开挖/m²	浇筑成墙/m²
2005年3月24日至4月23日	15075	10796
2005年4月24日至5月23日	10888	21346
2005年5月24日至6月7日	154	7653
2005年11月1日至11月30日	2535（不含回填层）	463
2005年12月1日至12月31日	1650	4550
2006年1月1日至1月17日	210	1070
合计	51788	51788

（2）地层泥浆漏失与槽孔坍塌。因地层结构松散，孔隙率大，局部架空十分严重，造孔施工时出现大量泥浆漏失。据不完全统计，在防渗墙施工时发生240多次漏浆，共漏浆11500余立方米，消耗堵漏材料53t水泥、2600m³ 黏土、200m³ 砂石料、38t膨润土，5.5t锯末，2t石灰和5000m³ 泥浆。

施工严重漏浆部位主要在3个层面：①原河床面上下处，因自然结构松散、船舶采砂、河床冲刷以及水下抛填等原因，在桩号Q1＋082上游全线分布一层深度在5～12m的卵石架空层，极易发生泥浆渗漏和槽孔坍塌；②在崩块石层顶部，因孔隙率大，块石堆积多，架空严重，此层极易发生泥浆突然大量漏失；③崩块石层底部与基岩接触带。共拌制优质泥浆23.33万m³，使用膨润土12454t、纯碱557t、其他外加剂76t，每平方米防渗墙平均消耗泥浆4.50m³。

为此，首先研究采用预灌浓浆技术进行处理。自2005年2月1日开始，投入11台（套）全液压跟管钻机和灌浆泵设备，对原河床线附近的漏失地层进行预灌浓浆。在未造孔地段采用跟管钻进技术成孔，孔距1.5～2.0m，深度为15～20m，自下而上起拔套管时向管底地层灌注水泥膨润土浆液。通过回灌、充填，对松散砂卵石进行胶结。全线完成392个孔，灌浆5343m，灌注水泥652t，使用膨润土1339t，冲砂200m³，有效减轻和预防了泥浆渗漏和塌孔。

造孔时，根据泥浆漏失情况，对于大范围漏浆地段，研究采用槽内灌浆技术，由钻机在槽内跟管钻孔，钻进至深层集中漏浆部位后，在套管内灌注豆石、砂浆、水泥、水玻璃等材料，自下而上，边灌边起拔套管。

在冲击钻施工时，研发了“平打法”施工工法，并采用槽孔施工堵漏技术，边钻进边投水泥、黏土、粉土、砂、砂砾石、锯屑和石灰黏土等材料对地层进行充填堵漏。采取随填黏土和二次投黏土等措施对地层进行挤密和堵漏处理，累计使用黏土9.8万m³。

（3）崩块石地层施工。覆盖层下部大量存在崩块石层，块石坚硬，造孔效率极低。为此，研究采用了以下技术措施：

1）钻孔预爆。当先导孔中遇见崩块石层，先导孔施工完成后，在孔内放置PVC塑料管爆破筒（根据孤石厚度确定装药量，并用黏土将上下口封好）对块石进行预爆破，之后再开始钻凿槽孔。

2）槽内水下钻孔爆破。造孔中遇崩块石和硬岩时，采用工程钻机跟管钻进，下设

ϕ114/140mm 套管或下设导向管，用地质钻机钻 ϕ91mm 孔，钻穿孤石后，提出钻具，在崩块石和硬岩部位下置 PVC 塑料管爆破筒，提起套管后引爆。爆破后漂（块）石和硬岩被破碎，继续防渗墙造孔。

3）槽内定向聚能爆破。在钻进主孔或副孔过程中遇到巨型块石或悬于孔壁的探头石，使用一个、一串或一担特制爆破筒置于巨石表面、侧壁或两侧进行爆破。爆破筒聚能穴锥角为 55°～60°，外壳用钢管或厚 1mm 的铁皮制作，外壳与炸药之间填满密实的黏土。装药量一般为 1～6kg。实施爆破前，尽量将孔底的沉积物清理干净，加大泥浆密度。在二期槽孔内则采用减震爆破筒，即在爆破筒外面加设一个屏蔽筒，以减轻冲击波对已浇筑墙体的作用。

共采用钻孔预爆 45 孔次，聚能爆破 200 余次，使用乳化炸药 1.66t。

21.5　造孔成槽施工工艺

（1）导墙建造。沿防渗轴线两侧构筑钢筋混凝土导墙，采用梯形断面结构，导墙之间以 10cm×10cm 的方木或土体进行内支撑。

考虑需承受荷载，混凝土强度等级为 C15，二级配，钢筋保护层厚度为 50mm。

（2）槽段划分。共划分为 193 个槽段，其中一期槽段长度为 6.40～6.80m，二期槽段长度为 6.80～7.40m，个别浅槽段长度调整为 8.40～9.90m，较浅和地质条件较好部位采用较大槽段长度。

（3）成槽工艺。针对基础地质特点，造孔工艺主要采用“钻劈法”和“钻抓（铣）法”。基本方案为“钻抓法”，即每个槽孔由 3 个主孔（二期槽为 2 个接头孔加 1 个主孔）和 2 个副孔组成；主孔孔径为 800mm，采用冲击（反循环）钻机自上而下一次成孔直至入岩 0.5～1.0m；副孔有效长度为 1.2～2.0m，采用抓斗或液压铣槽机开挖上部较小颗粒地层，遇到漂石、孤石或坚硬基岩时，改用冲击钻机钻劈。另外根据设备情况，部分槽孔采用了“四钻三抓法”。在预灌浓浆未进行前，因架空地层漏浆严重，基本仅可采用“钻劈法”施工，在大量填入黏土和堵漏材料后充填挤密槽壁地层，施工效率较高。副孔劈打时，部分槽孔利用接渣斗直接将较大颗粒钻渣捞出孔外；遇到崩块石时，利用钻孔预爆或聚能爆破进行处理，然后继续利用十字钻头冲击破碎成孔。冲击钻在砂卵砾石层、砂层、含崩块石层和基岩中的工效分别达到 5.59m/(台·d)、4.67m/(台·d)、3.37m/(台·d) 和 2.80m/(台·d)，抓斗和双轮铣在砂卵砾石层中的工效分别为 42.73m/(台·d) 和 147.09m/(台·d)，在砂层中的工效分别为 131.85m/(台·d) 和 73m/(台·d)。

21.6　施工设备与机具

根据地层特点、配套设备工效、工期要求和工程量等因素选择造孔设备，配置 1 台液压铣槽机、3 台抓斗、30 台冲击钻机和 20 台套冲击反循环钻机；在地质情况基本明朗后，需进行赶工，将成槽设备调整为 137 台冲击（反循环）钻机、6 台抓斗和 1 台液压铣槽机，并相应增加其他配套设备，如接头管、拔管机和混凝土运输车等。

21.7 固壁泥浆

施工轴线长且工期紧促，地层复杂且成槽深度大，采用冲击钻进等造孔方法，均对护壁泥浆的性能提出了较高要求，为此选用优质膨润土（湖南澧县二级膨润土）拌制具有高黏度、低密度且泥皮韧、失水量小的优质泥浆。为有效堵漏，除大量采用现场附近的含砾黏土外，在局部试验采用掺加适量生石灰的措施以进一步提高稠度、降低浆液流动性能。

通过试验，新制膨润土泥浆密度控制在 1.03～1.07g/cm^3，并适量掺加高黏度 CMC 后，马氏漏斗黏度可达 30～44s，失水量均小于 3%，有利于孔壁稳定、提高工效和混凝土浇筑质量以及控制成本。在高峰期选用了部分四川三台、仁寿和内江等地产膨润土，部分为人工钠基膨润土，存在失水量大或黏度低等问题。

21.8 清孔换浆

槽孔终孔后，即开始清孔换浆。二期槽终孔后先进行接头孔的刷洗。清孔换浆主要采用抽筒配合泵吸反循环法，汛后完成的 7 个 80m 深的槽段采用高风压空压机和气举反循环法清孔，也取得成功，检测的含砂量均可不大于 1%。清孔换浆的目的是使泥浆含砂量低、泥浆黏度适宜，以保证混凝土浇筑质量；有时因地层或投入黏土的原因泥浆中粉粒含量会偏多，尽管含砂量低，也容易在浇筑时因水泥影响而絮凝，从而可能造成墙体裹砂或影响浇筑测量，因此需要适量更换槽孔内的泥浆，尤其是深槽孔。该工程一般以 1/4～1/2的比例更换槽内泥浆，取得较好效果。

21.9 墙段连接

墙段连接采用 YBJ 系列卡键直顶式大口径液压拔管机和接头管施工工法，在工程施工中，YBJ 系列卡键直顶式大口径液压拔管机得到了大规模应用，创造了当时最深拔管大于 70m 的施工纪录，形成了 80m 级塑性防渗墙接头拔管施工的成套施工工法，大幅提高了工程施工的效率。

“接头管法”施工的关键在接头孔孔形、混凝土性能与浇筑速度控制以及起拔操作等方面。接头孔存在孔形弯曲或探头石均会影响接头管下设深度；在覆盖层地质条件复杂而难以确保接头孔形时，将接头管直径适当缩小至 700～720mm 以增加下设有效率，另外还需准确分析孔形情况，确定最大可下设深度，据此指导下设工作。该工程因采用高效减水剂和细砂，砂浆黏滞现象明显，初凝与终凝间隔时间较短，对接头管起拔较为不利。槽内混凝土面上升速度过快，将直接增加接头管黏结力，甚至流态混凝土会强烈冲挤管体致其弯曲，从而严重影响接头管的正常起拔。前期施工时因扩孔现象严重，端孔孔形不好及混凝土面上升速度快等原因造成两套接头管分别在孔深 55.6m 和 23.7m 处铸管。在严格控制“有管段混凝土面上升速度在 4～6m/h、管底与混凝土面高差在 30～40m”等关键措施之后起拔工作十分顺利[5]。

接头管的起拔受拔管机性能、混凝土性能与浇筑速度影响较大。所用拔管机具有灵活微动、顶升能力巨大的优点，且在接头底管设置可张开活门，均有力保证了起拔的正常操作。另外，通过取样对比试验和反复修正初起拔时间，确定最佳时间和脱管龄期，也对起拔操作顺利和提高成孔质量起到重要作用。拔管时通过系统工作油压显示判断阻力大小，并据此及时调整起拔速度，将系统压力控制在适宜范围之内。起拔过程中，需经常观察接头管内浆面下降情况并随时补充泥浆[6]。

21.10 混凝土浇筑

(1) 混凝土及配合比。

1) 设计指标 。坍落度：出机口为 200～240mm，浇筑时为 180～220mm（保持在 150mm 以上的时间不小于 1.5h）。扩散度为 340～400mm。抗压强度 $R_{28} \geqslant 4 \sim 6$MPa。弹性模量 $E_0 = 500 \sim 700$MPa（大值允许 1500MPa）。渗透系数 $K \leqslant i \times 10^{-7}$cm/s。

2) 塑性混凝土配合比。在设计配合比时，考虑到用砂细度模数仅为 1.7～1.9，石子级配不良和黏土粉品质等原因，选用三圣缓凝型高效减水剂，见表 21.2。

表 21.2 塑性混凝土配合比

设计强度/MPa	水胶比	砂率/%	1m³ 混凝土材料用量/kg					
			胶凝材料		水	砂	石	外加剂
			水泥	黏土粉				
4.0	0.85	50	178	80	220	886	886	1.550
6.0	0.76	50	211	80	220	873	873	1.744

(2) 混凝土浇筑。采用“泥浆下直升导管法”进行浇筑。导管内径为 219mm，一期槽孔布置 2 套导管，二期槽孔布置 2～4 套导管，导管间距不超过 4.0m，距接头或端头 1.0m。混凝土搅拌车运送混凝土卸入槽口储料-分料斗，由其分流到各溜槽流入导管顶部料斗；混凝土开浇采用压球法，从底部最深的导管开始。导管底口距孔底 15～25cm。开始浇筑混凝土前，先在导管内注入适量的水泥砂浆，并准备好足够数量的混凝土，以使隔离的球塞被挤出后，能将导管底端埋入混凝土 1.0m 以上。槽孔内混凝土面应均匀上升，高差控制在 0.5m 以内，混凝土面上升速度为 3～5m/h。

(3) 混凝土质量检测。

1) 混凝土拌和物性能试验。槽孔浇筑过程中，适时进行混凝土拌和物性能试验，测试其坍落度、扩散度等指标。坍落度最大值为 240mm，最小值为 180mm，平均值为 208mm，200～220mm 之间的试样数占 46.5%。

2) 硬化混凝土性能试验。汛前 170 个槽段共成型抗压强度试件 408 组，渗透系数试件 29 组，弹性模量试件 17 组。抗压强度统计数据见表 21.3。渗透系数为 $(8.02 \sim 42.5) \times 10^{-8}$cm/s；弹性模量在 701～1118MPa，平均值为 905MPa（全标距法）。

表 21.3　　抗压强度统计数据

设计强度 /MPa	组数	平均值 /MPa	最大值 /MPa	最小值 /MPa	标准差 /MPa	离差系数
6.0	379	10.28	13.98	6.4	1.64	0.16
4.0	29	7.5	11.13	4.89	1.70	0.23

弹性模量是塑性混凝土的一项重要指标，因塑性混凝土是较新型的墙体材料，测试方法仍处于研究阶段。弹性模量测试方法有多种，使用较多的是用百分表或者千分表测其变形情况。有关单位经大量实验和对比分析采用 300mm 和 150mm 标距的两种方法后认为标距为 300mm 的测试方法较为客观，其测试数据约为 150mm 标距法的 1/4～1/5。

3）墙体混凝土取芯检测。共布置检查孔 17 个，其中取芯孔 14 个。从钻孔取芯看，采取率均在 95%以上，岩芯呈柱状，长度一般为 200～500mm，最长 1.1m，质地较硬，胶结紧密，无明显蜂窝、夹泥或混浆现象。共做注水试验 107 段，渗透系数均在 $10^{-6\sim-9}$ cm/s 之间，接头孔部位岩芯结合紧密，无夹泥。

21.11　工程实施效果

向家坝一期围堰塑性混凝土防渗墙建造在深厚而松散的覆盖层中，地质条件十分复杂，造孔成槽施工难度和强度巨大。在开工延迟、工量增加、工期紧张的情况下，采用了“钻劈法”“三钻两抓法”“上抓下钻法”的新方法。地质条件摸清后，调整成槽施工设施由 54 台（套）增加到 144 台（套）。在 2005 年 4 月 1 个月内完成槽孔开挖 15661.5m^2，5 月开挖成墙面积 23820m^2，此两项均为国内纪录。监测资料表明：围堰运行年限内，无论是堰体和防渗墙变形、应力，还是渗压与渗流均在设计控制标准内。一期围堰防渗及填筑工程量较大，分两个枯水期施工。施工平台汛期防护过水，汛后恢复施工。为西部大江、大河深厚覆盖层上修建过水围堰积累了经验。

参考文献

［1］张朝金．向家坝水电站土石围堰防渗墙设计与施工［C］//中国水力发电工程学会施工专业委员会，中国长江三峡集团公司向家坝工程建设部．第二届水电工程施工系统与工程装备技术交流会论文集（下），2010.

［2］郑满军，林太举．向家坝水电站综合效益和关键技术［J］．水力发电，2014（1）：1-3.

［3］冯源．向家坝水电站工程地质条件［J］．水力发电，1998（2）：11-14.

［4］周志远．向家坝复杂地质条件下防渗墙工艺研究［C］//中国水力发电工程学会施工专业委员会，中国长江三峡集团公司向家坝工程建设部．第二届水电工程施工系统与工程装备技术交流会论文集（下），2010.

［5］杨吉忠，吴超瑜，汤文涛．接头管施工工艺在地下连续墙中的应用［J］．广东土木与建筑，2003（12）：37-38.

［6］韩伟，崔微．接头管施工拔管力确定的理论分析与监测验证［J］．人民长江，2014（5）：46-49.

第22章 溪洛渡水电站围堰防渗墙工程

22.1 概述

溪洛渡水电站围堰防渗墙工程防渗墙最大深度为52m，成墙面积为765287m^2，要求在截流后一个枯水期4.5个月内完成，工期异常紧张。在该工程施工过程中，施工单位系统开展了“改进钻劈法”“钻抓法”，严重漏浆塌孔地层预灌浓浆与槽内堵漏技术、崩（块）石地层槽孔辅助爆破技术、接头管接头技术等系列研究，形成了成套施工技术体系，保证了工期和质量，为溪洛渡水电站大坝基坑开挖和混凝土浇筑施工创造了良好的施工条件。

22.2 工程概况

溪洛渡水电站位于四川省雷波县与云南省永善县接壤的金沙江上，拦河大坝为混凝土双曲拱坝，最大坝高为278.00m，坝顶高程为610.00m，发电厂房为地下式，分设在左、右两岸山体内，各装机9台，总装机容量为12600MW。施工期左、右岸各布置有3条导流隧洞，其中左、右岸各2条与厂房尾水洞结合[1]。

上游围堰为碎石土斜心墙土石围堰，顶高程为436.00m，最大堰高为78.0m，堰体防渗采用碎石土斜心墙，心墙最大高度为58.0m；堰基覆盖层（包括堰体填筑料）防渗采用塑性混凝土防渗墙，防渗墙施工平台高程为384.00m，混凝土防渗墙最大深度为52.0m，厚度为1.0m，防渗轴线长度为120.23m，防渗面积为4296.12m^2。基岩防渗采用帷幕灌浆，防渗墙下基岩灌浆帷幕底部进入$q \leqslant 10$Lu岩层以内。

下游围堰为土工膜心墙土石围堰，顶高程为407.00m，最大堰高为52.0m，堰体防渗采用土工膜心墙，心墙最大高度为33.8m；堰基覆盖层（包括围堰填筑料）防渗采用塑性混凝土防渗墙，最大深度为52.2m，防渗轴线长度约为97.85m，防渗面积为3356.75m^2。基岩防渗采用帷幕灌浆，防渗墙下基岩灌浆帷幕底部进入$q \leqslant 30$Lu岩层以内。

22.3 工程地质条件

（1）上游围堰工程地质条件[2]。上游围堰位于大坝轴线上游约285m处，工程区地处玄武岩峡谷内，水流湍急，两岸坡脚部位可见大量的崩塌堆积物，块径较大，河床覆盖层

以粗颗粒为主。上游围堰基础覆盖层一般厚17～22m，局部可达25m，结构比较复杂，均一性较差。根据坝区钻孔揭露的资料分析，由下至上大致可分为3层。

1）含砂块碎石层，厚度变化较大，一般厚2～7m。块碎石成分为玄武岩，个别为砂岩，呈棱角状。块石粒径一般为10～30cm，碎石粒径一般为4～6cm；砂为灰色中砂。部分地段与基岩接触面上有很薄的砾石层，磨圆度较好。该层透水性较强，抽、注水试验测得渗透系数$K=10^{-1}\sim10^{-2}$cm/s。

2）砂卵石夹孤块石层，粒径极不均匀，呈层状分布，可分多个小层，架空现象比较明显，厚度变化大，一般厚7～12m。砂卵石成分比较杂，有玄武岩和砂岩、灰岩等；孤块石主要为两岸山体崩塌的玄武岩。卵石粒径一般为3～6cm，砾石粒径一般为0.2～0.5cm和1～2cm，砂为中砂，孤石粒径一般为50～100cm，个别可达300cm，块石粒径一般为10～30cm。

3）块碎石夹漂卵石，粒径不均匀，混杂分布，结构松散，架空明显，厚度变化大，一般厚1～5m。块碎石成分全部为玄武岩，漂卵石成分比较复杂，有砂岩、石英岩、灰岩、玄武岩等。块石粒径一般为15～30cm，碎石粒径一般为6～9cm，少量为2～5cm，漂（孤）石粒径一般为30～100cm，个别可达300cm，卵石粒径一般为3～7cm，部分为1～2cm。据抽水试验测得渗透系数$K=10^{-1}\sim10^{-2}$cm/s，属强透水层。

河床覆盖层总体上以粗颗粒为主，并构成骨架，无集中成带的砂层等细颗粒分布，据覆盖层的颗粒组成初步判断，第二、三层有产生管涌破坏的可能，临界比降约为1∶0.2，需做好防渗处理。此外，由于覆盖层中以粗颗粒为主，第二、三层中夹有大的漂石，块碎石含量较高，防渗墙施工时遇到坚硬、巨大的漂石，施工相当困难。

为减少围堰填筑和防渗墙施工间的相互干扰，2007年11月初大江截流前成都勘测设计研究院对设计进行了优化，将上游围堰防渗墙轴线再次上移了55.0m，且由于厂房进水口和导流洞进口开挖时大量石渣滚入金沙江内，使原围堰部位的覆盖层分布、厚度和结构发生了明显的变化，靠近两侧岸边石渣厚度较大（截流后复测最大厚度达15.6m），且以大孤石为主，架空严重，防渗墙施工难度极大。

覆盖层以下基岩为玄武岩及角砾集块熔岩。

（2）下游围堰工程地质情况。下游围堰位于大坝轴线下游约650m处，河床覆盖层厚度一般为20～30m，局部可达35m，基岩面起伏较大，一般可达5m左右。覆盖层结构特征与上游围堰相近，但厚度略有差异。

22.4 关键施工问题与技术措施

该工程与向家坝水电站工程一样，是我国西部地区大江、大河大型围堰防渗墙工程，主要有以下施工难点：

（1）覆盖层深厚，防渗墙成槽施工存在很大的施工难度。

（2）覆盖层中含砂卵石夹孤块石层架空现象比较明显，透水性强，成槽施工时极易发生大量泥浆漏失，且漏失地层无一定规律，在不同深度下均会发生漏失。

（3）地层中含有大的孤块石、漂卵石，且分布不均匀，造孔工效低。

(4) 地层中的漂卵和块碎石层成分为玄武岩，岩性坚硬，造孔工效低。

(5) 施工工期十分紧张，工序间互相干扰较大。

(6) 上下游两岸基岩面陡坡角度过大，防渗墙嵌岩困难。

针对上述施工难点，采用了以下技术措施：

(1) 采用冲击钻机和钢丝绳抓斗，进行"两钻一抓法"成槽施工。考虑到成槽施工的难度，采用"一期小槽、二期大槽"的施工方案。

(2) 施工中加大造孔泥浆的黏稠度，保证优质的泥浆质量。

(3) 在施工前先对可能出现泥浆漏失的地段研究采用预灌浓浆处理，防止混凝土防渗墙施工时槽内泥浆大量漏失，确保冲击钻机等设备的施工安全和正常作业。预灌浓浆的施工程序为：先施工Ⅰ序孔，后施工Ⅱ序孔，逐序加密。采用自下而上分段灌浆法。单孔施工工艺流程为：钻孔至终孔深度→提取钻具→提升套管1m→灌注第一段→提升套管1m→灌注第二段……，反复进行至本孔结束，封孔。

预灌浓浆的施工方法：钻孔，采用SM-400型全液压钻机跟管钻进，孔径为114mm；灌浆，采用套管内静压灌浆法，段长选择为1m，必要时可以缩短，压力为浆柱自重压力。

浆液配方根据工程实际情况结合以往施工经验确定，一般灌注水泥膨润土浆，水泥：膨润土：水=1：2：2，如果吸浆量较大，可加入适量的速凝剂，并且配合间歇灌浆、降压、限流等措施。在严重漏失地带，可选用灌注砂浆或灌注过程中往孔内抛填沙子、小砾石等。预灌浓浆结束标准为：当灌浆吸浆量小于5L/min时，即可结束本段灌浆，提升套管灌注下一段，直至超出漏失层以上1m，结束本孔的灌浆工作。

此次上下游围堰防渗墙施工共进行了46个孔的预灌浓浆，灌入水泥133926.7kg、膨润土264490.7kg。施工结果表明，进行过预爆和预灌浓浆的部位，在进行防渗墙造孔时，漏浆、塌孔情况大大减少，工效明显超过未进行预爆和预灌浓浆的部位。因此，对漏失性严重的地层，在防渗墙施工前先进行预爆和预灌浓浆的处理措施是非常必要的。

(4) 在施工中，对漏浆槽孔实施槽孔施工堵漏技术，在施工现场准备大量的堵漏材料，如黏土、石灰和锯末等。

(5) 对于孤、漂石地层，研究采用了以下处理措施：

1) 钻孔预爆。防渗墙施工前进行预灌浓浆钻孔时先对碰到的大孤石进行预爆破处理，防渗墙钻孔施工中碰到大孤石时，先利用SM-400全液压钻机进行孔内小孔径钻孔爆破，该方法爆破效果好，不危及槽孔安全，但钻孔占用直线工期。孔深超过30m以下碰到的大孤石，多采用定向聚能爆破处理。此次上下游围堰防渗墙施工共进行了418次孔内爆破，总耗炸药量为2400kg，其中上游防渗墙进行了316次孔内爆破，耗炸药量为1944kg，下游防渗墙进行了102次孔内爆破，耗炸药量为456kg。

2) 槽内爆破。在防渗墙造孔中遇漂卵石、孤石时，采用SM-400型全液压钻机跟管钻进，在槽内下置定位器进行钻孔，钻到规定深度后，提出钻具，在漂卵石、孤石部位下置爆破筒，提起套管，引爆。爆破筒内装药量按岩石段长为2～3kg/m，如系多个爆破筒则安设毫秒雷管分段爆破，以避免危及槽孔安全。

3) 聚能爆破。在漂卵石、孤石表面下置聚能爆破筒进行爆破，爆破筒聚能穴锥角为

55°～60°，装药量控制在3～6kg，最大为8kg。在二期槽孔内则采用减震爆破筒，即在爆破筒外面加设一个屏蔽筒，以减轻冲击波对已浇筑墙体的破坏作用。槽内聚能爆破方法简便易行，与防渗墙施工干扰很小，该工程在孔深30m以下碰到孤石时采用了多次聚能爆破。

4）钻头镶嵌耐磨耐冲击高强合金块。用耐磨耐冲击高强合金块作钻头或重锤的冲击底刃，可增强破岩效果，减小钻头磨损，增长钻头的使用寿命，大大节约焊钻头时间，纯钻工时利用率高，钻进工效有显著提高。

因该工程防渗墙内孤、漂石较多，导致孔斜经常出现超标现象，当槽孔施工发生孔斜时，将使墙体的有效厚度减少以及影响墙体的连续性，因此，孔斜的控制尤为重要，施工中采取了以下措施：

1）改变钻头规格、形状。冲击钻机施工中要勤测量，及时掌握孔形情况，如发现偏斜，可在钻头上加焊一圈钢筋，扩大钻头直径，扩孔改变孔斜，或在孔斜的相反方向加焊耐磨块进行修孔。

2）回填石料修孔。冲击钻机造孔中如果发生孔斜，可用20～80cm石料回填至偏斜段顶部，重新进行该段造孔，并加大造孔过程中的测斜密度，严加控制进行修孔。

3）定位、定向聚能爆破处理探头石。造孔过程中遇到探头石极易发生孔斜，可采用定位、定向聚能爆破炸掉探头石后继续钻进。

（6）陡坡段基岩中造孔。该工程围堰基岩边坡局部呈陡坡状，防渗墙按要求需入岩0.5m以上，在陡坡状基岩中造孔，由于钻具在下落冲砸基岩时容易溜钻，嵌岩很困难，施工中极易发生孔斜，不仅钻进效率极低而且钻进效果极差，如处理不好，将严重制约防渗墙工期，嵌岩不好会严重影响防渗墙质量，施工中采取了以下措施进行处理：

1）陡坡入岩，主孔钻进到岩面顶部，钻头应轻打，且钻头不能连续冲击，应间断冲击，尽量能在岩面上打出一个台阶，若岩面非常陡很难打出一个台阶，可往孔内投入和基岩强度相似的石块，使孔底的岩石强度一样，防止溜钻和孔斜超标。

2）副孔劈打到陡坡岩面时，把较浅一侧的主孔适当加深，然后把副孔突出的部分打平，和较浅的主孔深度相同，再往较浅主孔方向移动钻机，使钻头的最大截面能够在岩面上平稳冲击，直至副孔终孔深度，最后将副孔剩余的凸形部位劈打掉，找平副孔孔底。

22.5 造孔成槽施工工艺

（1）导墙建造。导墙采用“直角梯形”断面，深度为2.0m，浇筑C20混凝土，中间及底部布设受力钢筋，以增强导墙的抗弯性能，加大接头管起拔时导墙荷载能力。

（2）槽段划分。槽孔划分两序施工，Ⅰ、Ⅱ序槽孔间隔布置，先施工Ⅰ序槽孔，再施工Ⅱ序槽孔。根据以往类似工程的施工经验，该工程槽孔划分采用“一期小槽、二期大槽”的原则，在中间深槽部位一期槽长度为4.0m（2×1m+1×2.0m），即2个1.0m的主孔和1个2.0m的副孔，而在两岸孔深较浅的部位一期槽长度为6.0m（3×1m+2×1.5m），即3个1.0m的主孔和2个1.5m的副孔；二期槽长度均为6.6m（3×1m+2×1.8m），即3个1.0m的主孔和2个1.8m的副孔。典型槽孔划分如图22.1和图22.2

所示。

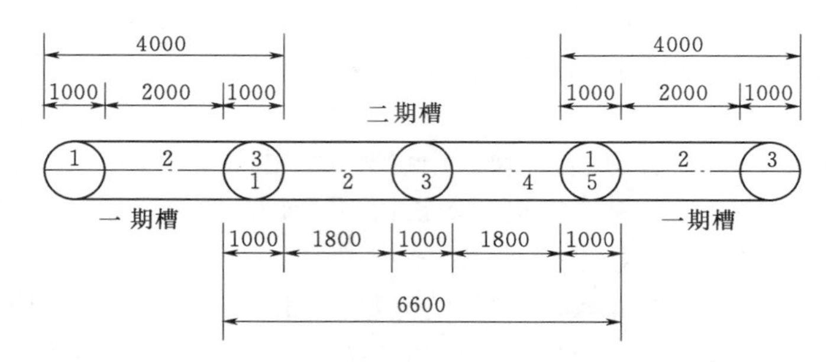

图 22.1　深槽部位槽孔划分图（单位：mm）

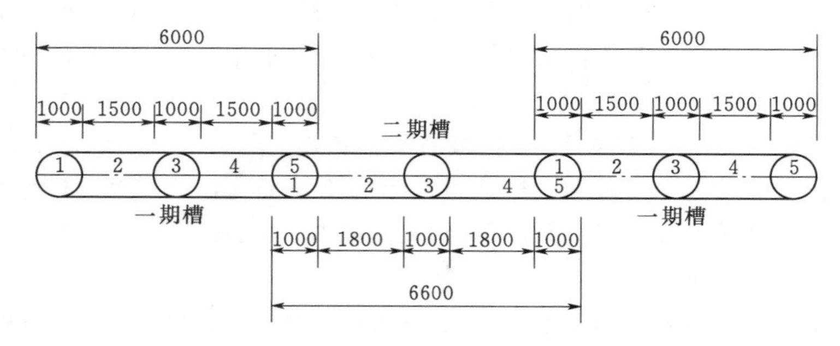

图 22.2　浅槽部位槽孔划分图（单位：mm）

（3）成槽工艺。该工程于深覆盖层中进行混凝土防渗墙施工。覆盖层主要为砂卵砾石土、砂层及砂砾块石层，且局部比较密实，在深层部位有大的孤石、块石层，针对该工程地质特点和槽深分布情况，在工程中采用“钻劈法”和“两钻一抓法”的成槽工艺。

“钻劈法”成槽工艺主要是采用 CZ－30 型或其他大功率冲击钻机钻进整个槽段。“钻劈法”相对于“两钻一抓法”工效相对较低，但比较适宜对含孤块石和硬岩地层的施工。该工程“钻劈法”槽段拟定为 4.0m，包括 2 个主孔和 1 个副孔，主孔 1.0m，副孔 2.0m。

“两钻一抓法”成槽工艺主要是采用 CZ－30 型或其他大功率冲击钻机钻进槽段主孔至嵌入岩石，主孔完成后，槽段副孔覆盖层采用抓斗直接抓取至岩石顶面，如遇含有大块孤石、漂石地层直接抓取困难时，可采用抓斗挂 10t 重锤逐点加密冲击破碎后抓取或采用冲击反循环钻机钻透块石后继续抓取下段地层。采用该工艺主要基于以下因素考虑：该工程的地层主要为孤、块碎（漂、卵）砾石土，碎（卵）砾石砂层，对这种地层大功率冲击钻机与抓斗配合施工可达到较高的工效。

CZ－30 型或其他大功率冲击钻机钻凿基岩能力强，其钻取的主孔可作为抓斗施工的导向孔，保证抓斗施工的垂直度，发挥抓斗施工速度快的特长。

利用反循环的排渣泵对槽段进行清孔，可以保证清孔的质量和孔底的沉渣厚度很小。

（4）槽孔深度的确定。

1）先导孔施工。上游围堰防渗轴线上移 55m 后，地质条件发生了变化，防渗墙施工

时需对地质情况先进行勘探，以准确确定基岩面。根据2007年9月28日在成都召开的溪洛渡水电站大坝截流和围堰防渗施工方案专家审查会要求，沿混凝土防渗墙轴线每隔10m左右布设一个先导孔，为减少工期，先导孔结合一期槽主孔施工进行，在每个一期槽的主孔中确定一个为先导孔，先利用冲击钻机钻进到设计基岩面以上0.5m左右，然后用SM-400全液压钻机下设地质套管，再用XY-2型地质钻机在套管内钻进取芯，直至满足先导孔深度要求；两岸浅槽部位直接用SM-400型全液压钻机跟管钻进至接近基岩面深度再换用XY-2型地质钻机取芯钻进。

防渗墙先导孔深度应达到各方认定的基岩面以下6.0m。如超过防渗墙设计深度6.0m仍未达到混凝土防渗墙体要求伸入的地层条件时，须继续钻进5.0m。先导孔施工时对芯样进行详细编录。对两岸基岩面坡度较陡部位进行了先导孔加密施工，确保防渗墙每个部位都嵌入基岩。

此次上下游围堰防渗墙施工共打了29个先导孔，其中上游防渗墙打了17孔（3个为陡坡段加密先导孔），下游防渗墙打了12孔（2个为陡坡段加密先导孔）。

2）基岩鉴定。防渗墙终孔深度以先导孔资料为基础，由地质监理、设计代表与施工单位的地质工程师结合施工现场取样综合判断后确定。若地质情况与设计图纸出入较大时，由监理、设计和防渗墙施工单位以及业主单位等的有关人员进行现场鉴定后确定最终深度。原则上按嵌入下伏基岩不小于0.5m进行控制。

实际施工时对所有的防渗墙主孔和两个相邻主孔基岩面高差超过1.0m的副孔，均进行基岩取样鉴定来确定终孔深度，参考设计图纸以及先导孔详细资料中的入岩深度，在接近基岩面时开始进行基岩取样，每钻进20cm取样一次，当岩层风化程度变化剧烈、地质条件明显异常时，加密取样。所有岩样在编号后予以保留，并填写基岩鉴定表，经设计地质工程师、监理工程师与施工地质工程师一起进行鉴定后签认。

22.6 施工设备与机具

造孔成槽时采用CZ-30型冲击钻机和钢丝绳抓斗。采用SM-400全液压钻机进行钻孔爆破，膨润土泥浆搅拌设备选用LSJ1500型旋流立式高速搅拌机，清孔设备为Q6PS型潜水砂石泵配ZX-200型泥浆净化机及空压机。

22.7 固壁泥浆

围堰防渗墙施工采用优质Ⅱ级钙基膨润土泥浆进行钻孔护壁，泥浆原材料选用湖南澧县生产的钙基膨润土，而造孔时的堵漏材料为当地的花椒湾黏土。清孔换浆采用新鲜的膨润土泥浆。泥浆分散剂为工业碳酸钠（Na_2CO_3）。配制泥浆用水应符合规定要求，以免对泥浆性能产生不利影响。

膨润土泥浆搅拌设备选用基础局自行研制的LSJ1500型旋流立式高速搅拌机。每槽膨润土浆的搅拌时间为5min。各种原材料的加量误差不得大于5%。防渗墙施工期间每天对新拌制泥浆的3项指标进行检测，新制膨润土泥浆性能应达到表22.1中规定的标准。

表 22.1　　新制膨润土泥浆性能指标

项　目	性能指标	试验仪器	项　目	性能指标	试验仪器
密度/(g/cm³)	<1.1	泥浆比重秤	10min 静切力/(N/m²)	1.4~10	静切力计
漏斗黏度/s	32~50	946/1500mL 马氏漏斗	pH 值	7~11	试纸
塑性黏度/(mPa·s)	<20	旋转黏度计			

防渗墙造孔过程中，抽筒抽出的浆渣用清水稀释后，经排浆沟流至集浆坑，沉淀后上部含砂量较少的浆液可回收重新利用。清孔换浆时，经潜水砂石泵抽出的泥浆由 ZX－200 型泥浆净化机处理后直接返回槽孔。浇筑混凝土时，用排污泵将槽内排出浆液输送至集中制浆站回收池内，检验各项指标后，针对性地进行再生，重复使用，降低了工程成本。

22.8　清孔换浆

采用气举反循环法清孔换浆，先用抽筒清一遍，将孔底大的沉渣全部抽出，然后将排渣管下入孔内，排渣管底口距离孔底 50~100cm，启动砂石泵，孔底浆渣被泵吸出孔外至泥浆净化系统，被净化后的泥浆流回槽孔内，同时，向槽内不断补充新鲜泥浆。清孔时还可以下入钻头不断搅动孔底沉积物，以彻底清除沉渣。一个单孔清孔完毕后，移动钻机及排渣管，逐孔进行清孔。该工艺具有清孔效率较高，质量好，孔内淤积少，造孔时被污染的泥浆可被大批量地抽吸出孔外进行净化，保证泥浆在长时间静置后仍有较高的清洁度的特点。

清孔设备为 Q6PS 型潜水砂石泵配 ZX－200 型泥浆净化机及空压机。在清孔的同时，不断地向槽内补充膨润土新浆，以改善泥浆的性能，有利于混凝土浇筑，确保成墙质量。补充新浆的数量以槽内泥浆各项性能指标符合设计标准为止，补充新浆的数量达到槽内总浆量的 1/3~1/2 即可。当单元槽段内各孔孔深不同时，清孔次序为先浅后深。

二期槽接头孔的刷洗采用具有一定质量的圆形钢丝刷子，通过调整钢丝绳位置的方法使刷子对接头孔孔壁进行施压，在此过程中，利用钻机带动＋刷子不断地由孔底至孔口进行往返运动，从而达到对孔壁进行清洗的目的。接头孔壁洗刷结束的标准为：刷子钻头基本不带泥屑，且孔底淤积不再增加。

22.9　墙段连接

鉴于溪洛渡水电站围堰防渗墙工期极为紧张的特点，此次混凝土防渗墙接头全部采用“拔管法”进行施工，接头管未下到底的部位采用“钻凿法”进行施工。采用 25t 吊车配合 YBJ－1000 型液压拔管机下设与起拔接头管，拔管方法为慢速限压拔管法。上游防渗墙混凝土接头拔管 25 个孔，拔管进尺为 661.56m。下游防渗墙混凝土接头拔管 20 个孔，拔管进尺为 555.79m。上下游防渗墙总共拔管 1217.35m，节约混凝土 955.6m³，混凝土接头拔管成孔率为 99.7%，采用接头拔管的新工艺不仅节约了混凝土，还大大提高了施工工效，为防渗墙施工赢得了宝贵的时间。

22.10 混凝土浇筑

塑性混凝土施工物理特性指标按下列要求进行控制：入槽坍落度为18～24cm，扩散度为34～44cm，坍落度保持15cm以上的时间不小于1.0h，初凝时间不小于6h，终凝时间不大于24h，混凝土密度不小于2100kg/m³。

该工程围堰防渗墙施工中采用了两种塑性混凝土，配合比见表22.2。

表22.2 围堰防渗墙塑性混凝土配合比表

配合比	胶凝材料				水/kg	骨料		备注
	水泥/kg	粉煤灰/kg	膨润土/kg	黏土粉/kg		砂/kg	小石/kg	
配比1	175	100	60	80	241	795	754	四川名山膨润土
配比2	185	100	40	80	252	652	887	湖南澧县膨润土

围堰防渗墙浇筑初期因遇南方雪灾，湖南澧县的膨润土无法按时供应，故前期浇筑的14个槽段采用了1号配合比的塑性混凝土，而其他剩余的33个槽孔浇筑采用了2号配合比的塑性混凝土。

该工程上下游围堰防渗墙共布置了6个检查孔进行混凝土墙体取芯和注水试验，其中上游防渗墙布置3个检查孔，下游防渗墙布置3个检查孔，上下游均为1个深孔、2个浅孔，上游FSJ-03号检查孔为S25-05与S26-01之间的骑缝检查孔。因塑性混凝土强度较低，部分检查孔取芯率不理想，主要进行注水试验，6个检查孔共进行了36段注水试验，试验结果均满足和优于设计技术要求。

防渗墙检查孔采用地质钻机双管取芯，取出的岩芯完整致密，无夹泥现象，芯样送到试验室做室内物理、力学试验。试验结果表明，各项指标均满足或优于设计要求，墙体混凝土施工质量属“优良”等级。塑性混凝土墙体芯样检测成果见表22.3。

表22.3 上下游围堰防渗墙检查孔塑性混凝土墙体芯样检测成果表

部位	检查孔号	槽孔位置	桩号	取样深度/m	抗压强度/MPa			渗透系数/(cm/s)	弹性模量/MPa		
上游围堰	FSJ-01	S03-02	纵0+040.61	15.0	9.4	9.2	9.5	2.78×10^{-8}	—	—	—
	FSJ-02	S17-02	纵0-021.84	41.5	8.2	9.3	8.5	—	1840	1820	1940
	FSJ-02	S17-02	纵0-021.84	12.5	—	—	—	2.78×10^{-8}	—	—	—
	FSJ-03	S25-05与S26-01骑缝	纵0-061.74	8.2	9.0	9.1	9.1	—	—	—	—
下游围堰	FXJ-01	X00-05	纵0+047.37	10.0	12.2	10.9	10.9	3.34×10^{-8}	—	—	—
	FXJ-02	X09-02	纵0+007.47	36.4	8.4	7.6	7.8	3.83×10^{-8}	1790	1990	1880
	FXJ-03	X18-01	纵0-028.33	20.5	10.3	9.5	9.8	—	—	—	—

防渗墙和墙下帷幕灌浆施工完成后，在往上接高混凝土和土工膜前，对槽段墙顶进行

了开挖，清除表层浮浆和质量欠佳的混凝土，直至设计高程（上游下挖 50cm 到高程 383.50m，下游下挖 1.0m 到高程 378.50m），挖完后查找槽段接缝检查墙段连接质量，结果表明混凝土防渗墙浇筑质量可靠，墙段之间接缝咬合紧密，无任何缝间夹泥现象，且防渗墙墙顶高程全部大于设计高程，均满足设计要求。

22.11 工程实施效果

溪洛渡水电站上下游围堰防渗墙和帷幕灌浆工程工期非常紧迫且工程量大、任务重，防渗墙内大孤石含量多、直径大，且架空现象严重，漏浆塌孔现象频繁，施工难度极大。整个上下游围堰防渗工程施工过程中质量控制有序、施工措施得当、进度满足要求、文明环保控制合理，未发生一起质量和安全事故。2008 年 4 月上旬大坝基坑开始抽水，抽水结果表明上下游围堰防渗墙和墙下帷幕灌浆工程未发现漏水点，围堰渗漏量远远低于设计要求，围堰防渗工程效果较好。上下游围堰防渗工程的按期完工为围堰填筑赢得了宝贵的时间，也为溪洛渡水电站大坝基坑开挖和混凝土浇筑施工创造了良好的施工条件。

参 考 文 献

[1] 溪洛渡水电站工程概况 [J]. 水利水电施工，2014 (3)：4-10，119.
[2] 张世荣. 溪洛渡水电站围堰防渗墙施工 [C] //中国水利水电地基与基础工程专业委员会，中国岩石力学与工程学会锚固与注浆分会. 地基基础工程与锚固注浆技术：2009 年地基基础工程与锚固注浆技术研讨会论文集，2009.